中國茶全書

贵州遵义凤冈卷

李廷学 主编

中国林業出版社
·北京·

图书在版编目（CIP）数据

中国茶全书.贵州遵义凤冈卷/李廷学主编.——北京：中国林业出版社，2022.8
ISBN 978-7-5219-1807-6

Ⅰ.①中… Ⅱ.①李… Ⅲ.①茶文化-凤冈县 Ⅳ.①TS971.21

中国版本图书馆CIP数据核字(2022)第141153号

中国林业出版社
策划编辑：段植林　李　顺
责任编辑：李　顺　马吉萍
出版咨询：（010）83143569

出　版：中国林业出版社（100009 北京市西城区刘海胡同7号）
网　站：http://www.forestry.gov.cn/lycb.html
印　刷：北京博海升彩色印刷有限公司
发　行：中国林业出版社
电　话：（010）83143500
版　次：2022年8月第1版
印　次：2022年8月第1次
开　本：787mm×1092mm　1/16
印　张：25.25
字　数：500千字
定　价：268.00元

《中国茶全书》
总编纂委员会

总 顾 问：	陈宗懋　刘仲华　彭有冬
顾　　问：	周国富　王　庆　江用文　禄智明
	王裕晏　孙忠焕　周重旺
主　　任：	刘东黎
常务副主任：	王德安
总 主 编：	王德安
总 策 划：	段植林　李　顺
执行主编：	朱　旗
副 主 编：	王　云　王如良　刘新安　孙国华　李茂盛　杨普龙
	肖　涛　张达伟　张岳峰　宛晓春　高超君　曹天军
	覃中显　赖　刚　熊莉莎　毛立民　罗列万　孙状云
编　　委：	王立雄　王　凯　包太洋　匡　新　朱海燕　刘贵芳
	汤青峰　孙志诚　何青高　余少尧　张式成　张莉莉
	陈先枢　陈建明　幸克坚　卓尚渊　易祖强　周长树
	胡启明　袁若宁　蒋跃登　陈昌辉　何　斌　陈开义
	陈书谦　徐中华　冯　林　唐　彬　刘　刚　陈道伦
	刘　俊　刘　琪　侯春霞　李明红　罗学平　杨　谦
	徐盛祥　黄昌凌　王　辉　左　松　阮仕君　王有强
	聂宗顺　王存良　徐俊昌　王小文　赵晓毛　龚林涛
	刁学刚　常光跃　温顺位　李廷学
副总策划：	赵玉平　伍崇岳　肖益平　张辉兵　王广德　康建平
	刘爱廷　罗　克　陈志达　昌智才　喻清龙　丁云国
	黄迎宏　吴浩人　孙状云

策　　　划：罗　宇　　周　宇　　杨应辉　　饶　佩　　施　海　　廖美华
　　　　　　吴德华　　陈建春　　李细桃　　胡卫华　　郗志强　　程真勇
　　　　　　牟益民　　欧阳文亮　敬多均　　余柳庆　　向海滨　　张笑冰
编　辑　部：李　顺　　陈　慧　　王思源　　陈　惠　　薛瑞琦　　马吉萍

《中国茶全书·贵州遵义凤冈卷》编纂委员会

顾　　　　问：王继松　马　华　柯小勇　田景高　周宗琴
主　　　　任：张正伟
副　主　　任：陈兴建　田茂荣　任　胜
成　　　　员：吴　亮　任克贤　肖平义　李忠书　安文友　罗胜明
　　　　　　　罗　逸　汤　权　吴长刚　陈昌霖　汪孝涛　张天明
　　　　　　　安斯旭　张绍伦　方英艺　张晓波　秦智芬

编辑部

主　　　　编：李廷学
副　主　　编：谢晓东
执　行　主　编：任克贤
执 行 副 主 编：李忠书　肖平义　安文友　吴　亮
编　撰　人　员：汤　权　任克贤　安斯旭　安其然　吴长刚　汪孝涛
　　　　　　　陈昌霖　何江斌　罗胜明　张天明　罗　逸　张绍伦
　　　　　　　张晓波　唐彬彬　秦智芬　方英艺　黄小兵　洪俊花
　　　　　　　敖维琼　吴小勇　杨开霞
总　　　　纂：李忠书　肖平义

出版说明

2008年,《茶全书》构思于江西省萍乡市上栗县。

2009—2015年,本人对茶的有关著作,中央及地方对茶行业相关文件进行深入研究和学习。

2015年5月,项目在中国林业出版社正式立项,经过整3年时间,项目团队对全国18个产茶省的茶区调研和组织工作,得到了各地人民政府、农业农村局、供销社、茶产业办和茶行业协会的大力支持与肯定,并基本完成了《茶全书》的组织结构和框架设计。

2017年6月,在中国林业出版社领导的指导下,由王德安、段植林、李顺等商议,定名为《中国茶全书》。

2020年3月,《中国茶全书》获国家出版基金项目资助。

《中国茶全书》定位为大型公益性著作,各卷册内容由基层组织编写,相关资料都来源于地方多渠道的调研和组织。本套全书可以说是迄今为止最大型的茶类主题的集体著作。

《中国茶全书》体系设定为总卷、省卷、地市卷等系列,预计出版180卷左右,计划历时20年,在2030年前完成。

把茶文化、茶产业、茶科技统筹起来,将茶产业推动成为乡村振兴的支柱产业,我们将为之不懈努力。

王德安

2021年6月7日于长沙

凤茶三"度"（代序一）①

早在三年前，我就对自己有一个定位，我是来"卖"凤冈的。为什么这么说呢？这并不是我不喜欢凤冈，恰恰相反，我非常热爱这片土地。近年来，我越发坚定这个信心和决心。卖什么呢？卖山、卖水、卖生态，卖茶、卖牛、卖健康。今天专门卖茶。

茶叶看上去并不起眼，是一片薄薄的、小小的叶子，没有立体感，但在我心里，凤冈的茶叶它是立体的、三维的，它有厚度、有温度、有长度。

第一是有厚度。厚，是忠厚、是宽厚。凤冈茶人正是本着忠厚和宽厚，牢牢把控住了凤冈茶叶的品质，马华县长给大家讲到的"两减两替代"，这是"双有机"的核心，凤冈就是要千方百计确保茶叶的干净。但茶叶的干净也不过是表象，根本上是人要讲良心，"为干净人、做干净茶"就是凤冈茶人自己对自己的勉励。

第二是有温度。凤冈这片土地，位于北纬27°31′~28°22′，这是一个神奇的纬度，成就了很多自然界的奇迹，锌和硒就是其中之一，但是仅仅有锌和硒就能够成就凤冈茶吗？我看未必。茶叶在24℃的气温下生长，经过300℃左右的高温制作，将春天的味道和记忆牢牢锁定在这片小小的叶子里，用100℃的开水冲泡，又将收藏其中的春天记忆全部释放，我们把这叫作"高温泡，不洗茶"，这是贵州绿茶和其他绿茶的区别之一。无论是24℃、300℃，还是100℃，始终是以人为中心的，这就是温度。同时，我们把茶和瑜伽结合在一起。一杯茶，看上去很柔和很宁静，却经历了与母体分离、炼狱般的炒制，还有高温冲泡的过程，这是对成长的诠释，是宁静致远的人生态度。瑜伽，动作很优美、很漂亮，从体式上真正将身体屈到极致、伸到极致，屈伸的过程极大地拓展了我们的身体自由度。硒是抗癌之王，牢牢地守住我们健康的底线，锌有促进发育、提高免疫力等功效，能改善生活质量，

中共凤冈县委书记王继松推介凤冈锌硒茶

---

① 此文系中共凤冈县委书记王继松2019年4月20日在凤冈茶产业推介会上的推介发言，编入本书时有所改动。

是幸福生活的保障。所以，富含锌硒的茶与瑜伽有很多相似之处，两者的有机结合，把我们的健康底线守住了，幸福高度拓展了，生命自由度提升了，这就是"禅茶瑜伽·养生凤冈"的文化内涵所在。

第三是有长度。有几个关键时间节点和故事需要与大家分享。唐代陆羽的《茶经》第八卷中记述"黔中生思州、播州、费州、夷州……往往得之，其味极佳"。这其中的夷州就是凤冈，所以说，我们有着厚重的茶文化历史，这并没有夸大其词。但我们真正产业化、规模化的历史却很短，这一点也不假。改革开放以后，以孙德礼为代表的新一代茶人"悄悄"在农村开始小规模种植茶叶，这位凤冈茶业发展的关键人物之一，为凤冈茶叶的发展作了铺垫。到后来，老县委书记王贵带领县委领导班子确定了绿色发展的战略，开始大规模调整产业结构，凤冈茶叶种植面积从2000年的不到1333.3hm^{2}发展到现在的33333.3hm^2，凤冈茶产业化发展的序幕正式拉开。现在，我们结合土壤富含锌硒的特色优势，全力打造"双有机"，坚持走"绿色、生态、有机"之路，在种植、生产、加工、销售等环节，严格按照标准化实施，全力保障凤冈锌硒茶的产品品质和质量安全，凤冈先后荣获了"中国富锌富硒有机茶之乡""中国有机食品生产示范基地"等众多荣誉称号，可以说，凤冈茶叶在发展进程中所走的每一步，都是稳扎稳打、实实在在、问心无愧的。凤冈锌硒茶虽然犹如小家碧玉，很清纯，甚至还有几分青涩，但今天已与全国各地有名的茶界人士相遇于此，大家也都在为凤冈茶喝彩和点赞，这预示着凤冈茶产业发展的美好未来，我也相信，有各位茶人的关心和关爱，"小家碧玉"一定能够成为"大家闺秀"，"东有龙井·西有凤冈"定会更加响亮。

朋友们，温度、厚度、长度成就了一片立体的、感性的、可爱的凤冈茶。关于茶和人的美好故事，还有很多，都藏在一望无际的茶园里，经济潜力和文化历史底蕴就在这片土地上，它的神秘面纱，我们将在万顷茶海里一一揭开。

王继松
2020年8月25日

凤冈茶好在哪儿？（代序二）①

绿色是多彩贵州的主色，茶叶是绿色贵州的珍宝，凤冈是这众多珍宝中最璀璨的一颗明珠。凤冈是贵州绿茶的核心区和产茶大县，古有"黔中乐土"之称，今有"锌硒茶乡"之誉。我们的锌硒茶，是一杯干净的良心茶。

说到凤冈，距今4亿多年前的古生代志留纪后期，地球上第一片"绿叶"在凤冈县洞卡拉从海洋悄然爬上了陆地。洞卡拉出土的"黔羽枝"化石被认定是迄今为止地球上最早的陆生植物化石，有"生命的起源"之称，正是这片"绿叶"孕育了绿色大地，为万物繁衍生息创造了基本条件，茶叶亦在其中。

南方有嘉木，其叶有真香。凤冈种茶历史悠久，唐代茶圣陆羽所著《茶经》记载"黔中生思州、播州、费州、夷州……往往得之，其味极佳"；乐史《太平寰宇记》有载"夷州、播州、思州以茶为土贡"。古夷州治所就在凤冈县绥阳镇。凤冈现今依然生长着上千年的古茶树，民间流传有熬油茶、品茶点、煨罐罐茶、祭茶神等传统习俗，茶歌、茶诗、茶戏、茶宴源远流长，这些都彰显了凤冈悠久的茶历史和厚重的茶文化。

凤冈人民历来种茶、喝茶、懂茶、敬茶，生活中离不开茶，脱贫致富奔小康更是要依靠茶。茶叶改变了凤冈，凤冈因茶而兴、因茶而名，凤冈的希望在茶、凤冈的未来在茶、凤冈的生命在茶，茶叶是凤冈的"老底子""命根子""钱袋子"。

凤冈特殊的地理环境和条件，凤冈善良的人民历来秉承"为良心人、做干净茶"的生活理念，造就了凤冈锌硒茶独特的品质和魅力。

凤冈茶好，好在生长环境独特。高山云雾出好茶，好山好水好人家。凤冈县位于北纬27°31′~28°22′，是最适宜茶叶生长的黄金纬度带，冬无严寒，夏无酷暑，雨量充沛，日照充足，生态优美，气候宜人。

马华县长推介凤冈锌硒茶

---

① 本文系中共凤冈县委副书记、县长马华2019年4月20日在凤冈茶产业推介会上的致辞，编入本书时有所改动。

凤冈属亚热带湿润季风气候，平均海拔720m，年均气温15.2℃，年均降水量1205.6mm，年均日照970h，无霜期270d，是全国公认的唯一兼具"低纬度、高海拔、寡日照"条件的原生态产茶区。全县森林覆盖率达67%，产茶区普遍高达90%以上，空气负氧离子高达3万~5万个/m³。凤冈是传统农业县，工业极不发达，人们依然沿用传统的农耕生产方式，所以土壤、水源、空气均未受到污染。凤冈保持原始的生态系统，茶中有林、林中有茶、林茶相间，形成了林茶一体的生态体系。凤冈锌硒茶，是一杯产自森林的原生态茶。

凤冈茶好，好在蕴含元素独具。民间有一句顺口溜，"喝了锌硒茶，生对龙凤娃；一个上北大，一个读清华"。凤冈茶叶中含有锌、硒、锰、铁等多种对人体有益的微量元素，特别是锌硒同具，世界少有，中国唯一。锌是"生命之花、智力之源"，硒是"长寿元素、抗癌之王"。经国内权威部门抽样检测，我县茶叶中锌含量平均值为48.66mg/kg，硒含量平均值为0.049mg/kg，均达到了保健饮品最佳值。凤冈锌硒茶得到国际国内茶界专家的高度评价，中华全国供销合作总社杭州茶叶研究所名誉所长于观亭赞之为"神茶"，中国茶文化专家林治称赞为"中国第一保健茶"，中国工程院院士陈宗懋赞叹"好山好水出好茶，锌硒佳茗甲天下"，杨亚军、王庆、刘枫等茶学专家均给予了高度赞扬和肯定。凤冈锌硒茶，是一杯健脑益智、延年益寿的保健茶。

凤冈茶好，好在质量管控独到。品质是长出来的，质量是管出来的。我们始终坚持绿色兴农、质量兴农、品牌强农战略，全力推进"两减两替代"工程（两减：减少农药和化肥施用量；两替代：生物农药替代化学农药、有机肥替代化肥），全面推行"九制"农药管理法（培训上岗制、守法保证制、连锁加盟制、执照管理制、市场准入制、购销台账制、强化服务制、定期检测制、农药经营管理考核制），严格执行县、镇、村、组、茶企（茶农）"五级防控"机制和土长、林长、河长"三长制"管控，坚持从生产源头"产出来"、全程监管"管出来"、质量标准"严起来"、品牌提升"树起来"等方面综合施策，形成了"生产有记录、信息可查询、流向可追踪、责任可追究、产品可召回"的质量管理体系和追溯体系，成功创建国家级出口茶叶质量安全示范区、国家有机产品认证示范区、国家农产品质量安全县。凤冈锌硒茶先后出口到欧盟、美国、俄罗斯、东南亚等10多个国家和地区。凤冈锌硒茶，是一杯管控严格、原汁原味的良心茶。

凤冈茶好，好在发展模式独创。早在20多年前，我县就提出"建设生态家园，开发绿色产业"的发展思路，着力实施"营造绿色环境，培育绿色基地，实施绿色加工，打造绿色品牌"的"四绿工程"。近年来，我们坚守生态和发展两条底线，全力推进"四绿工程"转型升级，坚持以"双有机"（全域有机，全产业链有机）战略为引领，坚持以

"东有龙井·西有凤冈"品牌文化为主导，坚持以锌硒同具为特色，坚持以"茶旅一体化"（茶区景区一体化、茶旅设施一体化、茶旅文化一体化、茶旅品牌一体化、茶旅商品一体化）为引擎，全力做大做优做强茶产业，实现了绿水青山变金山银山。绿色已成为我们最深的底色，有机已成为我们最靓的特质，锌硒已成为我们最响的品牌，茶旅一体已成为我们最火的爆点。凤冈锌硒茶，是一杯品质独特、底蕴深厚的有机茶。

凤冈茶好，好在市场前景独好。"东有龙井，西有凤冈，龙凤呈祥"，2014年2月，时任贵州省委副书记、省长，现任中央政治局委员、重庆市委书记陈敏尔考察凤冈锌硒茶产业时，给出了这样的评价和定位。凤冈与杭州西湖正是基于共同的品质特色和价值追求，进行了深入的战略合作，并连续4年举办了"东有龙井·西有凤冈"品牌与茶文化论坛交流活动。同时，凤冈还与中国瑜伽行业联盟开展了"禅茶一味·养生瑜伽"休闲养生发展战略合作，并连续2年举办了中国禅茶瑜伽大会，凤冈是中国瑜伽论坛永久举办地。凤冈锌硒茶获批"国家地理标志保护产品"，成功入选中国茶叶博物馆馆藏，列入首批100个中欧互认地理标志产品名单和全国名特优新农产品目录，先后荣获国内外金奖57个，畅销20多个省（自治区、直辖市）。在2020年中国茶叶区域公用品牌价值评估中，"凤冈锌硒茶"品牌价值22.96亿元，全国排名第39位，被评为"中国最具品牌发展力"的三大品牌之一。凤冈锌硒茶，是一杯前景广阔、潜力巨大的财富茶。

热忱欢迎大家与我们深度合作，做大您的事业，做靓我们的产业。

选择凤冈，成就梦想！

马　华

2020年8月25日

前言

茶是风靡世界的三大健康饮品之一。中国,是茶之古国,是茶及茶文化的发源地,是世界上最早种茶、制茶、饮茶的国家。漫漫茶香,浸透在中国人的生活里。伴随着历史的不断演进与发展,茶的物质文化和精神文化也越来越博大精深和丰富多彩。

凤冈产茶历史悠久,其地域文化个性和独特的品质特征,既是当今茶界的一支奇葩,也是中华茶文化的一个组成部分。根据晋常璩撰《华阳国志·卷一·巴志》记载:"北接汉中,南极黔涪……鱼盐铜铁丹漆茶蜜……皆纳贡之。"又载:"涪陵郡……无桑麻,少文学,惟出茶丹漆蜜蜡。"北宋乐史撰《太平寰宇记》记载:"谢本所论,晋志所志,今夷、费、思、播及黔南等五州,悉是涪陵故地。"古夷州治所,在今凤冈绥阳镇境内,既然夷州晋代属涪陵范围,据此推断凤冈产茶历史,可上溯到东晋时代。若以《华阳国志》成书时间东晋永和四年至永和十年为限,凤冈产茶历史可考时间已有1700年左右。中唐陆羽著《茶经》一书,赞美夷州茶"其味极佳",算是凤冈茶品质好的最早记载了。千余年来,凤冈人虽在生活中逐渐形成了与茶有关的礼仪习俗和茶歌茶灯等民间茶文化艺术。但在茶的种植方面却长期处在野生采摘和分散零星人工种植状态。1949年中华人民共和国成立后,随着社会的发展变化,20世纪50年代,凤冈开始有规模的成片的茶园种植,之后在起伏中发展壮大,20世纪80—90年代凤冈茶产业发展有了较大的规模,并开始凤冈茶锌硒特色的研究和品牌的打造。21世纪初,凤冈茶叶产业进入了发展的黄金时期,茶园面积、产量、产值大幅提高,茶叶的品质、品牌效应明显提升。到2020年全县有茶园面积33333.3hm^2,其中有机茶园333.3hm^2;茶叶总产量6万t,茶叶产值达53亿元,综合产值超过100亿元,茶叶加工企业280余家,品牌价值达22.96亿元,全国排位第39位,茶叶出口占贵州省茶叶出口量一半以上。凤冈已成为"中国名茶之乡","凤冈锌硒茶"被列为中华人民共和国地理标志保护产品、中国驰名商标。凤冈县2019年、2020年连续2年排中国茶业百强县第六位,凤冈茶因其有机品质和锌硒特色成为中国茶界的后起之秀和健康保健茶的时尚骄子而驰名中外。可以这样说:茶,不仅融入凤冈人的生活;茶,正改变着凤冈人的生活;茶,曾经全力推动凤冈人脱贫致富奔小康;茶,也必将成为凤冈乡村振兴不可或缺的助推器。

回望过去,由于历史等种种原因,大家对凤冈茶的物质和精神文化缺乏系统的著述和研究,与当前茶叶产业蓬勃发展的形势极不协调。编著一本凤冈的专业茶书势在必行。根据县委县政府的安排,以凤冈县茶文化研究会人员为主,组织编写的这部《中国茶全书·贵州遵义凤冈卷》填补了凤冈茶文化的历史空白。全书章节体结构,共13章,80节,计50万字,对凤冈茶历史、茶地理、茶环境、茶品种、茶种植、茶加工、茶科技、茶品牌、茶营销、茶旅游、茶民俗、茶文艺、茶艺茶道、茶馆茶饮、茶器茶具以及茶政、茶企、茶人等做了较为全面、系统、翔实的记述。为我们研究凤冈茶提供了一个具有资料性、史志性、经典性、可读性的茶文化专业文本。

这是一部凤冈茶的百科全书,也是一项具有首创性的文化系统工程。从酝酿到编写,历时四年,历尽艰辛,始成此书,是全体撰稿编辑人员集体智慧和心血的结晶。《中国茶全书·贵州遵义凤冈卷》的出版发行,对凤冈茶文化的研究和茶产业的发展具有里程碑的作用,对凤冈文化的发展也有着重要的意义。本书不仅对茶的研究者、茶企、茶人有着工具书的作用,我们更希望通过这部书让更多的人认识凤冈茶、了解凤冈茶、爱上凤冈茶;并通过茶认识凤冈人、了解凤冈事、爱上凤冈美。茶,不仅提升着凤冈的知名度和美誉度,茶产业的发展,也更加坚定了我们凤冈人的文化自信、发展自信、创新自信。

该书的编写是凤冈县委县政府认真贯彻落实习近平总书记"要把茶文化、茶产业、茶科技统筹起来"重要指示的具体体现。县委县政府十分重视该书的编撰工作,王继松书记多次过问编撰情况,马华县长要求把它做成凤冈的名片,张正伟、陈兴建、田茂荣、任胜等领导及时协调帮助解决撰编审印刷等费用和有关工作问题,《中国茶全书》总主编王德安先生在该书编写出版过程中,做了不少指导协调工作。在此,一并表示感谢!

该书的撰写和修改,都是利用休息时间完成的,大家任劳任怨,不辞辛苦,积极支持工作,这里一并表示感谢!诚然,由于认知水平有限,书中不足在所难免,敬请读者谅解!

李廷学

凤冈县政协原主席,现任凤冈县茶文化研究会会长

2021年6月10日

凡例

一、本书按照"中国茶全书"系列丛书总编纂委员会的要求，运用历史唯物主义和辩证唯物主义的观点和方法，客观、真实、全面地反映凤冈县行政区域内的茶产业与茶文化活动。坚持横排竖写原则，尽力厘清茶产业发展的历程和现状，展现其全貌，使之让全社会知晓和关注，同时为经济社会可持续发展提供科学依据，为加快推进凤冈茶产业提供有益借鉴，为读者系统了解凤冈欣欣向荣的茶产业和丰富多彩的茶文化提供方便。

二、本书时限，上至东晋，下限止于2020年12月，记载范围为现凤冈行政区域。

三、本书体裁，按章、节、目的层次编写，卷尾附凤冈茶业发展大事记。另附参考资料目录和后记。全书辅以图片和表格，图片随文附图形式编排，随文图片和表格按章编号。

四、本书严格按照"'中国茶全书'系列丛书撰稿与编审要求"进行编撰。除引文外，一律用现代汉语记述，使用第三人称和规范简化汉字。历史资料中涉及的名词术语及计量单位，按原有资料加注今名或换算为现行法定计量单位（涉及的文件及图中所含"亩"不予改变）。

五、本书以历史纪年统合古今，中华人民共和国成立前采用朝代年号并括注公元纪年；中华人民共和国成立后采用公元纪年。一些具有标志性的时段不以具体时间出现，如"文化大革命""改革开放"等。

六、本书设人物篇，介绍人物时仅记述其与茶产业、茶文化直接相关的职务与事迹。

七、本书数据，以统计部门公布的或茶产业管理部门统计数据为准。

八、本书资料力求翔实可靠，主要源于撰稿人所收集，也广泛参阅了历史文献、行业媒体、各类档案、本地涉茶图书资料和年鉴、政府茶产业管理部门、本区域内规模较大的茶叶企业所提供的材料。在此一并向上述资料的提供者和制作者致谢。

目 录

凤茶三"度"（代序一） ··· 7

凤冈茶好在哪儿？（代序二） ································· 9

前 言 ··· 12

第一章 凤冈茶历史 ··· 001
  第一节 凤冈茶史概述 ··································· 002
  第二节 凤冈锌硒茶的发展 ······························· 009

第二章 凤冈茶地理 ··· 017
  第一节 凤冈茶产业概况及茶区分布 ······················· 018
  第二节 凤冈茶树品种分布 ······························· 023
  第三节 凤冈古茶树 ····································· 026

第三章 凤冈茶加工 ··· 031
  第一节 凤冈绿茶加工 ··································· 032
  第二节 凤冈红茶加工 ··································· 038
  第三节 凤冈白茶加工 ··································· 046
  第四节 凤冈黑茶加工 ··································· 049
  第五节 凤冈青茶加工 ··································· 054
  第六节 凤冈黄茶加工 ··································· 056

第七节　凤冈抹茶加工 …… 058

　　第八节　凤冈苦丁茶加工 …… 063

　　第九节　凤冈老鹰茶加工 …… 065

　　第十节　凤冈甜茶加工 …… 066

第四章　凤冈茶的品牌营销 …… 069

　　第一节　凤冈茶的品牌与宣传 …… 070

　　第二节　龙凤佳话 …… 079

　　第三节　茶企名录 …… 084

　　第四节　市场营销 …… 084

　　第五节　重点企业介绍 …… 091

第五章　凤冈茶与科技 …… 113

　　第一节　政府检测机构 …… 114

　　第二节　凤冈茶叶企业检测设备 …… 116

　　第三节　凤冈茶的质量安全管理 …… 118

　　第四节　凤冈茶叶"三品一标"认证 …… 126

　　第五节　凤冈茶叶的综合开发利用 …… 131

　　第六节　凤冈茶教育机构与人才培训 …… 136

　　第七节　科技创新与人才引进 …… 138

第六章　凤冈茶与旅游 …… 145

　　第一节　凤冈"茶旅一体"融合发展 …… 146

　　第二节　凤冈锌硒茶与旅游重大活动 …… 159

　　第三节　祭茶大典及春茶开采节 …… 161

第四节　中秋品茗活动 ……………………………………………… 163

　　第五节　禅茶瑜伽·养生凤冈 ……………………………………… 165

　　第六节　重阳节敬老茶会 …………………………………………… 168

　　第七节　凤冈锌硒茶品鉴活动和茶王大赛 ………………………… 170

　　第八节　世界国际茶日系列活动 …………………………………… 172

第七章　凤冈茶与民俗 …………………………………………………… 175

　　第一节　凤冈油茶汤 ………………………………………………… 176

　　第二节　凤冈罐罐茶 ………………………………………………… 177

　　第三节　凤冈茶食品 ………………………………………………… 179

　　第四节　凤冈药用茶 ………………………………………………… 182

　　第五节　凤冈茶礼俗 ………………………………………………… 184

　　第六节　凤冈茶地名 ………………………………………………… 193

　　第七节　凤冈茶歌 …………………………………………………… 194

第八章　凤冈茶与水 ……………………………………………………… 201

　　第一节　夷州故城大龙塘与茶 ……………………………………… 202

　　第二节　龙井水烹茶味甚佳 ………………………………………… 203

　　第三节　偏刀水泉水 ………………………………………………… 206

　　第四节　仁孝之乡好茶水 …………………………………………… 208

　　第五节　当代泡茶用水 ……………………………………………… 210

第九章　凤冈茶具器皿 …………………………………………………… 215

　　第一节　金属茶器 …………………………………………………… 216

　　第二节　漆器茶器 …………………………………………………… 216

第三节　民间茶器 …… 217
　　第四节　当代茶器 …… 220

第十章　凤冈茶馆与茶饮 …… 225
　　第一节　凤冈茶馆介绍 …… 226
　　第二节　茶艺欣赏 …… 229
　　第三节　茶艺曲目 …… 234
　　第四节　凤冈绿茶泡饮 …… 243
　　第五节　凤冈红茶泡饮 …… 246
　　第六节　凤冈白茶泡饮 …… 249
　　第七节　凤冈青茶泡饮 …… 251
　　第八节　凤冈黑茶泡饮 …… 254

第十一章　凤冈茶与文艺 …… 257
　　第一节　凤冈茶灯 …… 258
　　第二节　凤冈茶诗 …… 267
　　第三节　茶歌曲、茶赋、茶联 …… 272
　　第四节　"东有龙井·西有凤冈"网络茶美文 …… 288
　　第五节　禅茶一味美文 …… 295
　　第六节　茶的说唱 …… 300
　　第七节　茶谚、茶谜 …… 303
　　第八节　茶书刊 …… 304
　　第九节　凤冈茶事古图 …… 306

第十二章　凤冈茶与人物 ············ 311

第一节　茶界名人与凤冈锌硒茶 ············ 312
第二节　茶界先贤与当代茶人 ············ 319
第三节　中外人士寄语凤冈锌硒茶 ············ 340

第十三章　凤冈茶政 ············ 345

第一节　茶政概述 ············ 346
第二节　涉茶文件概要 ············ 347
第三节　涉茶制度选登 ············ 349
第四节　茶叶管理机构演变 ············ 353
第五节　凤冈县西部茶海办公室 ············ 354
第六节　凤冈县茶叶协会 ············ 354
第七节　凤冈县茶文化研究会 ············ 355
第八节　凤冈县生态茶业商会 ············ 355
第九节　凤冈茶的未来 ············ 356

参考文献 ············ 360
附　录 ············ 361
凤冈县茶业发展大事记 ············ 361
后　记 ············ 381

第一章 凤冈茶历史

贵州省遵义市凤冈县，原名龙泉县，建县于明万历二十九年（1601年），1913年废府州建置后，更名为凤泉县，1930年改名为凤冈县。凤冈县种茶历史悠久，最早记载可见于晋代《华阳国志》、唐代茶圣陆羽的《茶经》，尔后的史志、典籍均有所提及。1978年改革开放以来，尤其是进入21世纪以来，凤冈县茶产业获得突飞猛进的发展，所产的锌硒有机茶以其"有机品质、锌硒特色"誉满中华，行销世界，成为全县人民脱贫奔小康的支柱产业，茶文化亦同步兴起。

第一节　凤冈茶史概述

从晋代起，凤冈茶就有了记载的历史。近两千年来，凤冈茶经历了漫长的发展历程。

一、古代茶事

从晋代起，凤冈就有了种茶的历史记载。明本《华阳国志·卷一·巴志》记载："南极黔涪……桑麻柠鱼盐铜铁丹漆茶蜜……皆纳贡之。"又载："涪陵郡，……惟出茶丹漆蜜蜡。"宋《太平寰宇记》称："晋志所志，今夷费思播及黔南等五州，悉是涪陵故地。"

图1-1 《华阳国志》《太平寰宇记》《茶经》均对凤冈茶记载

唐代茶圣陆羽在《茶经》中记载："茶之出……黔中生思州、播州、费州、夷州……往往得之，其味极佳。"其提到的唐夷州治所就在今凤冈县绥阳镇一个叫"城址"的地方。由此可见，凤冈茶有记载的历史最少也可追溯至晋代、唐代（图1-1）。

据史料载，古夷州辖今凤冈、湄

图1-2 夷州故城遗址之城沟、城墙（汤权摄）

潭、务川等地域，而夷州治所，长时间位于凤冈地域。如今，绥阳镇的"城址"还保留着百余米长、丈许宽的土夯古城墙，墙外三丈多宽的城沟亦依然可辨。原"城址"宽500余米，长600余米。现在，"城址"内的田土中，还遍地可见瓦砾碎陶（图1-2）。"城址"正中遗留的基础下面，还有大量的古代砖瓦条石。"城址"原北门外有三棵古柏，每棵胸径都在2m以上，它们一直耸立至20世纪90年代初，后因人为的因素枯死被砍伐。由北门直通老寨"大龙塘"的车水道路和通往古思州的古驿道就从树下经过。树旁原有一座规模较大的寺庙，1949年后被毁。在庙基下，近年村民挖沼气池挖出了一窑老砖瓦及其他残陶。1996年中国地图出版社出版的《简明中国历史地图集》，在唐代篇地图上，清楚地标明了古夷州治所与今凤冈县的地理位置关系，在《贵州通史》中，亦叙明了古夷州与今凤冈县的历史演变过程。

这座"城址"的遗迹存在和相关史料，佐证了凤冈茶在唐代就以优异的品质而被载入《茶经》，凤冈茶的文化亦随着陆羽的《茶经》而传扬异域都城了。也许当年陆羽品评的夷州茶，就是从绥阳镇"城址"这个地方起程，或水路，或旱路，或水路旱路交替，进入了陆羽的茶盏，经茶圣品尝后而载入典籍的。

凤冈种茶源自何时难以考证，但在唐朝就已走向闹市、京都，得到极高评价，足以证明早在1300多年前，凤冈茶的种植生产就具有了一定规模和相当好的加工技术。

原始的凤冈茶树是什么样不得而知，但通过近年的调查考证，在花坪镇关口村、龙泉镇文昌村等处相继发现了古茶树群，人们能够目睹到古茶树的模样。

从唐宋直至明清，凤冈茶树多半是人工在房前屋后或田边土角简单的栽上三五棵，任其自由生长，少有修剪，有的可高达丈许，采摘要靠爬树或搭梯而为之。大多人家种茶只为满足自用，或馈赠没有茶树的邻里亲戚。有的大家族寨子，会有几棵祖辈遗留下来的老茶树，枝虬叶茂，它们自然成为了共有资料，寨中人可以随便采摘享用，即便是外族人来采摘些自食，也是不用付钱的，这是凤冈地域上千百年来的不成文的茶之文明，人们一般将这类老茶树称为家茶。而一些地方的能人富户，则将茶树种植成园，以制茶、贩茶为养家活口的一项主业，大多这样的人家又为子承父业，辈辈相传。因其时年长久，故而专业种茶的地方，人们就习惯性地以"茶"来呼其名了，如米茶园、茶腊湾等。直到今天，凤冈以茶为名的村子、土坡、山坳等，至少也在五十处以上。

二、现代茶事

1949年以前，凤冈茶叶生产的发展极为缓慢，多为农户在自家田边土坎或房前屋后零星的小丛种植，种植的品种主要是本地苔茶，产量极低。在民国时期，由于抗战的需要，中央实验茶场从东部整体搬迁，落户在湄潭永兴与凤冈交界一带，彼时永兴场的北半街属凤冈行政辖区。因受中央实验茶场的影响与引导，凤冈茶开始步入了江浙模式的规范大茶园种植期，亦陆续有外来茶树品种落户凤冈。1939年，浙江大学西迁到湄潭，并与中央实验茶场联合开办贵州省立湄潭实用职业学校初级茶科班和高级农科班，培养了杨思华、罗胜寅等茶学学生。1941年全县产茶15担，1945年产茶18担。新中国成立后，杨思华、罗胜寅等人为凤冈早期茶叶发展作出了突出贡献。

三、当代茶事

1949年中华人民共和国成立后，中国茶业经历了艰难曲折的发展过程，直到2000年以后才步入了发展的快车道。20世纪50—60年代的20年间，凤冈茶叶的年产量在5~18t徘徊。1949年，凤冈县18万人口，茶叶年产量仅为8.5t，年需饮茶量为115t，尚差106.5t。1958年，全县21万多人口，年产茶叶17.95t，消费量155t，相差137.05t。这期间除了由县政府每年组织50t茶叶供应外，不足的部分人们只能以苦丁茶和老鹰茶来替代。

为了解决供需矛盾，从20世纪50年代，政府开始组织生产茶叶（图1-3）。大致经历了以下几个发展阶段。

图1-3《凤冈县人民委员会关于茶叶生产的通知》

1. 初期发展及其挫折阶段（20世纪50—70年代）

从20世纪50—70年代为初期发展阶段。凤冈县人民政府于1958年冬季发动群众在龙潭区水河公社开山办土，计划开辟万亩茶园。1969年，凤冈县革命委员会规划开发茶叶333.3hm^2，并以水河为试点，带动全县茶叶生产的发展。水河公社发动群众，在原来开垦的荒废梯土上种了35.73hm^{2}茶树，办起了全县第一个社队联办茶场，即现在何坝镇水河村"知青茶山"的前身。接着永安、田坝、石径、新建等公社又相继开辟茶园，到1972年春，全县共有茶园180hm^2，此后几年，全县各公社几乎都开辟茶园、兴办茶场，部分大队和生产队也办了茶场，茶种大部分是浙江中小叶种（鸠坑种），种植方式是有性系种子点播。由于在短时间内大批茶场的兴起，大面积茶园的开辟，使得产、供、销一时无法协调，技术指导不力，制茶机具缺乏，土法加工，质量较差，有的茶场年年亏本，有的茶场长期无产量而成了包袱，因而出现了严重的毁茶种粮现象。

到1976年，全县共种茶2920hm^2，有137个社队茶场，280个生产队茶场，全县用于茶场的投资270万元。田坝公社1301户农民，种茶88hm^2，户均1亩茶。但因当时强调"以粮为纲"，农民重粮轻茶，在茶园内大种粮食作物，许多茶园成了"一年种、二年铲、三年四年光板板"。到1978年对全县茶园进行普查时，实有茶园1538.6hm²。这期间，全县创办的乡村茶场绝大多数已经垮掉，仅存17个茶场由集体专业队耕管经营。

1972—1980年，凤冈茶叶由县供销社系统负责茶叶种子等物资投入和统购内销，外贸销售由凤冈县外贸公司负责，生产技术指导由各区农技站承担，行政管理由各公社、大队和生产队负责，实行产、供、销分离。

1981年，农村实行生产包干到户责任制，茶场解散，茶园下放给村民分户管理，有的荒芜，有的毁茶种粮，加上县供销社大量收购边茶，茶园再一次受到毁坏。到1982年，全县茶园仅有858.2hm²，平均亩①产茶叶0.009t，亩产值仅有23.80元。

2. 科技攻关与徘徊发展阶段（20世纪80—90年代）

1982—1999年，是凤冈茶叶生产发展史上的"恢复发展期"。面对茶园产量低、质量差、效益不佳，成片被毁的状况，省农业厅和省科委组织部分县进行低产茶园的技术攻关改造，并在经营管理上采取了相应的措施。凤冈县政府成立了茶叶技术攻关领导小组，从1982—1985年，共改造低产茶园427.2hm²，新（换）种茶园649.6hm²，共投资340多万元，办了良种基地，建立了22个初制加工厂，改造的茶园产量和质量都有了提高，平均亩产0.0625t，亩产值由原来的23.80元提高到322.00元，使凤冈茶产业得到了恢复。

1986年，中共凤冈县委、县政府号召在非耕地上搞开发，利用非耕地开发贷款47万元，低改茶园69.2hm²，换种茶园85.2hm²。1987年，利用扶贫资金26.1万元和省地贴息开发贷款86.9万元，低改茶园149.5hm²，新种茶园568.61hm²。1988年，利用贴息贷款150万元（实际到位60万元），新种茶园539.3hm²，换种茶园100.6hm²。1989年，从省茶科所引进良种扦插苗60多万株，建立高标准良种茶园15hm²，新发展的茶园引进"福鼎大白茶"品种和无性系列良种苗。至1989年底，全县茶园面积又发展到2721.2hm²。

期间，凤冈县作为全省五个重点产茶县参加了省农业厅和省科委组织的低产茶园改造技术攻关项目。1982年10月，县政府批准县农业局农技站茶叶组改建成立股级茶叶公司，聘请贵州省茶科所的专家作技术指导，通过"深耕、补密、稳水、增肥、除草、修剪"等技术手段和措施，使濒临荒芜的低产茶园重新焕发了生机。1985年1月，由凤冈县农业局、贵州省茶科所和17个乡村茶场成立"凤冈县茶叶联营公司"，实行生产、技术、科研和供销四位一体联营。在低改技术攻关中，先后组织了基础条件比较好的宏丰、水河、大堰、大都、天桥、田坝、茶花、金鸡、官田、柏梓、桃坪、船头、土溪、星竹、新建、蜂岩、胜利等乡村茶场参加，总面积344hm²。1987年12月，县人民政府成立局级

---

① 1亩=1/15hm²。

茶叶公司，负责全县茶叶的生产、技术、供销等服务及管理职能。1989年后，茶叶产品由二类商品放开，允许自由经营，外销基本停止。县茶叶公司由于承担茶叶贷款230万元，并支付银行本息及各种费用，同时还要对茶农进行技术培训，导致县茶叶公司不堪重负，无力对茶叶产业进行支撑，茶叶发展又陷入一个低谷。到1992年底，出现茶园严重丢荒，茶叶品质下降，全县茶园实际管理面积下降到$1931.8hm^2$。

面对全国计划经济体制改革，国营茶叶收购、销售公司纷纷倒闭，私营购销体系又不健全，致使茶叶销售比较困难。1993年，县茶叶公司通过清算债务的方式，先后接管了大堰、大都、田坝、金鸡、新建、西山茶场进行直接管理。1994年，聘请安徽农业大学专家组刘和发教授一行4人指导开发凤冈"富锌富硒绿茶"和名优茶生产。并在贵州省茶科所、遵义地区茶叶学会及县技术监督和食品卫生部门的帮助下制定了《凤冈富锌富硒绿茶名优茶企业标准》和《凤泉雪剑名优茶企业标准》。1995年，公司引进珠茶机械20台（套）和眉茶加工设备1套，目的是改变当时炒青绿茶销售困难的局面。1996年，公司加大名优茶开发力度，购进名优茶机械10台，加强技术培训，提高了名优茶的产量和质量。1997年，受全国茶叶市场复苏的拉动，四川、湖南等地客商纷至沓来，全县各茶场生产销售量大增，使凤冈县跨入了750t以上产茶大县。1998年，名优茶产量继续增加，产值提高。凤冈县茶叶公司组织"凤冈富锌富硒绿茶""凤泉雪剑"两个产品参加了农业部在北京农业展览馆组织的农产品博览会。1999年，凤冈县茶叶公司在田坝村改造种植无性系良种茶苗$20hm^2$，培育良种茶苗300万珠。"凤泉雪剑"特级茶荣获遵义市首届评比优质名茶称号，"凤冈富锌富硒绿茶"被评为消费者信得过产品。2000年，全县改造种植无性系良种茶苗$46.7hm^2$，培育良种茶苗400万珠。2001年，县茶叶公司充分利用小额信贷扶贫资金和生态建设项目资金，对全县老茶园进行品种改良工作，并建立茶树良种苗圃基地$3.4hm^2$、苦丁茶苗圃$1.4hm^2$。同时推广无公害茶叶生产技术，当年实现无公害管理茶园$1400hm^2$。2002年，县茶叶公司改制，成立凤冈县茶叶事业办公室，当年主要负责实施省农业厅安排的《茶叶机械化采摘项目》和《名优茶采制技术推广项目》。完成机械采摘面积$333.3hm^2$，技术培训400多人次，发放技术资料1000多册。在无公害茶叶生产技术推广实施中，技术小组的18名技术人员在公司的3个基地茶场进行了重点示范推广，然后组织全县50多名农民技师在全县的$1333.3hm^2$茶园中逐渐推广实施，生产无公害茶叶960t。

到2002年，全县共有19个茶场参与县茶叶公司联合经营，有初制厂房19间，红茶设备5台（套），绿茶机具100台（套），珠茶机械20台（套），名优茶机械30台（套），茶叶修剪机15台，精制绿茶设备15台（套），茶叶精制厂1间（1000m²）。主要产品有炒青绿茶、烘青茶、红碎茶、珠茶和名优绿茶。名优茶中有开发生产的"凤泉雪剑""凤泉毛峰""凤泉毛尖""富锌富硒绿茶"。其中"富硒富锌绿茶"获中国攀枝花市第四届苏铁观赏暨物资交易会"金奖"，田坝茶场生产的"富硒绿茶"获"中国现代家庭消费品质量鉴评和最佳质量保健品"金奖。产品销往湖南、四川、广东、山东、广西、上海和本省各地。代表凤冈茶叶形象的"仙人岭"商标通过国家工商行政管理总局商标局注册，"仙人岭"系列包装茶叶精品深受广大消费者的青睐。

3. 快速发展阶段（2000年至今）

21世纪初，凤冈县确立"建设生态家园、开发绿色产业"的发展战略。茶叶产业因其生产环境、产品质量、产品特色等优势而被列为绿色产业发展的重中之重，凤冈茶叶产业进入了快速发展阶段。

2000年，凤冈县委、县政府印发《实施国家西部大开发战略的初步意见》，把建设富锌富硒茶基地列入六大产业基地之一。2003年5月，凤冈县成立绿色产业办公室。2003年8月，时任县长王贵率县绿色产业办公室及相关部门负责人在永安镇召开北部四乡镇（永安镇、绥阳镇、土溪镇、新建乡）茶叶发展专题会议明确了坚持"高端运作、抢占先机"的思路；坚持"差异就是特色"的发展理念；坚持"猪—沼—茶—林"生态循环经济的建园模式，自此拉开了凤冈大力发展茶叶产业的帷幕。2003年，凤冈县绿色产业办公室统揽有机茶的申报及认证工作。2005年，茶叶基地面积恢复发展到333.3hm²，有机茶认证面积189.8hm²。2006年，县政府《加快茶叶产业发展的实施意见》中提出，"十一五"期间（2006—2010年），坚持每年以1333~2000hm²的速度推进茶园建设。至2010年，永安、龙泉、何坝等核心区域茶园面积达到6000hm²；土溪、新建、绥阳、花坪、进化、琊川等重点区域茶园面积达到8000hm²，边远乡镇约2000hm²，全县茶叶总面积达到16000hm²，实现有机茶1120hm²、无公害茶14880hm²的目标。

凤冈县委、县政府提出"以茶富民，以茶兴县、以茶扬县"的发展思路，先后出台50多项茶产业发展的优惠政策，吸引外来投资者，支持鼓励机关干部职工创办茶叶企业。2007年7月，贵州省委、省人民政府制定《关于加快茶叶产业发展的意见》后，县委、县政府进一步提出举全县之力、聚全民之智，加速凤冈茶叶产业的发展，并进一步完善优化扶持政策，决定连续5年由县财政每年拿出1000万元资金，支持茶叶产业发展。

表1-1 1978—2020年凤冈县茶叶产量表(单位:万kg)

年份	产量	年份	产量	年份	产量
1978	3.20	1993	45.00	2008	250.00
1979	3.70	1994	59.50	2009	300.00
1980	9.44	1995	55.00	2010	350.00
1981	13.70	1996	62.00	2011	430.00
1982	17.80	1997	70.00	2012	1500.00
1983	25.33	1998	80.00	2013	1900.00
1984	26.30	1999	85.00	2014	2500.00
1985	32.70	2000	90.00	2015	2700.00
1986	36.60	2001	95.00	2016	3500.00
1987	39.60	2002	96.20	2017	4500.00
1988	42.60	2003	106.70	2018	5500.00
1989	33.40	2004	111.20	2019	5700.00
1990	31.50	2005	120.50	2020	6000.00
1991	38.80	2006	152.40		
1992	37.71	2007	239.90		

优良环境的潜在力、优质产品的吸引力、优惠政策的助推力、人文环境的亲和力，吸引各方投资者纷至沓来，茶叶产业蓬勃兴起（表1-1）。仅2007年，全县新建茶园约1333.3hm²，茶园面积达到4666.6hm²。茶叶产量2399t，产值约1亿元。2008年，全县茶园面积达到6000hm²。茶叶产量2500t，产值1.25亿元。2009年，全县茶园面积达到12200hm²，其中，有机茶园面积581.9hm²。茶叶产量3000t，产值约1.5亿元。2010年，全县茶园面积达到14793.3hm²，其中，有机茶园面积1120hm²。茶叶产量3500t，产值约1.75亿。2011年，全县茶园面积达到18806.6hm²，其中，有机茶园面积1850.6hm²。茶叶产量4300t，产值约3.8亿元。2012年，全县茶园面积达到23467.1hm²，其中，有机茶园面积1850.6hm²。茶叶产量15000t，产值约5.4亿元。2013年，全县茶园面积达到23467hm²，其中，有机茶园面积1746.6hm²。茶叶产量19000t，产值约13.68亿元。2014年，全县茶园面积达到26806.6hm²，其中，有机茶园面积2120hm²。茶叶产量25000t，产值约15亿元。2015年，全县茶园面积达到30140hm²，其中，有机茶园面积1853.3hm²。茶叶产量27000t，产值约20亿元。2016年，全县茶园面积达到33333.3hm²，其中，有机茶园面

积1660hm²。茶叶产量35000t，产值约25亿元。2017年，全县茶园面积达到33333.3hm²，其中，有机茶园面积1853.3hm²。茶叶产量45000t，产值约35亿元。2018年，全县茶园面积达到万33333.3hm²，其中，有机茶园面积1813.3hm²。茶叶产量55000t，产值约45亿元。2019年全县茶园面积达到33333.3hm²，其中，有机茶园面积2120hm²。茶叶产量57000t，产值约47亿元。2020年全县茶园面积达到33333.3hm²，其中，有机茶园面积2120hm²。茶叶产量60000t，产值约53亿元。

第二节　凤冈锌硒茶的发展

凤冈锌硒茶是凤冈茶叶公共品牌。在地域品牌中，同时含有锌、硒微量元素的茶叶，目前只有凤冈。它的发现和打造，引起全国茶界的高度关注。

一、凤冈锌硒茶的发现

20世纪90年代，科技兴茶日渐加强。20世纪90年代初，经贵州省理化测试分析研究中心测试分析，凤冈县的茶叶中富含锌硒两种微量元素（图1-4）。这个发现，令凤冈茶就像一颗璀璨的明珠，出现在世人面前。

1994年1月，在中国民主建国会贵州省委时任副主委王录生的引荐下，安徽农业大学刘和发教授一行4人到凤冈开展科技智力支边活动，帮助凤冈开发"富锌富硒绿茶"和名优茶生产。同年7月，王录生在《贵州日报》发表《有待开发的我省天然保健品富硒茶富锌茶》（图1-5）；10月，在贵州省茶科所、遵义地区茶叶学会及县技术监督和食品卫生部门的帮助下制定了《凤冈富锌富硒绿茶》《凤泉雪剑》名优茶企业标准。至此，"富锌富硒绿茶"就正式诞生了（图1-6）。

图1-4 凤冈县内茶场土壤富含锌硒元素的测试报告

图1-5《贵州日报》文摘

图1-6 "凤泉香剑"名茶

1994年、2005年、2007年，有关部门3次对县境土壤普查检测，发现凤冈绝大部分土壤中含锌硒元素，尤以中部和北部地区土壤中锌硒元素含量富而适中。这就是凤冈茶的独特自然优势，是目前国内唯一的，其他任何地方不能比拟和取代的天然优势。

锌是一种微量元素，在人体所需的含量及每天所需摄入量都很少，人体正常含锌为1~2g；锌元素对人体的性发育、性功能、生殖细胞的发育都能起到举足轻重的作用，与人的大脑和智力发育也有关，故有"生命的火花"或"婚姻和谐素"之称。

硒是人体所需的微量元素。全球有40多个国家属低硒或缺硒区，中国有72%的地区和人口缺硒。人体缺硒会造成肝脏坏死、心肌变性、心肌早衰、生殖机能衰退等一系列病变。硒具有抗氧化、抗衰老、抗辐射、抗病毒、保护视力、提高人体免疫力的作用。因此，硒有"月亮元素"和"抗癌之王"的美称。

凤冈锌硒茶因其独具的特色而受到茶界专家学者的一致好评。茶叶能含锌或硒的一种元素已属稀有，凤冈茶锌硒同聚，堪称绝品。中国工程院院士陈宗懋说："锌硒同聚，全国唯一，凤冈锌硒茶金不换。"中华茶人联谊会常务理事、著名茶叶专家于观亭称赞凤冈锌硒茶为"锌硒神茶"；中国国际茶文化研究会常务理事、茶文化专家林

图1-7 《中国茶全书》总主编王德安（右一）考察凤冈锌硒茶

治赞誉凤冈锌硒茶为"中国第一保健茶"。《中国茶全书》总主编王德安先生（图1-7）说："'东有龙井，西有凤冈'是凤冈茶很好的一张名片。"

二、凤冈锌硒茶的快速发展

凤冈锌硒茶作为地域品牌，在全县众多茶叶品牌中脱颖而出，形成了广泛的共识。从此，县委、县政府就举全县之力，推动凤冈锌硒茶的快速发展。

2000年，凤冈县委、县政府印发《实施国家西部大开发战略的初步意见》，把建设富锌富硒茶基地列入六大产业基地之一。

2003年8月，时任县长王贵在永安镇召开北部四乡镇茶叶发展专题会议明确：坚持"高端运作、抢占先机"的思路；坚持"差异就是特色"的发展理念；坚持"猪—沼—茶—林"生态循环经济的建园模式，至此拉开了大力发展凤冈锌硒茶的帷幕。

2003年，凤冈县绿色产业办公室统揽有机茶的申报及认证工作。

2004年5月13日，南京国环有机产品认证中心对凤冈县申报的189.8hm^{2}茶园进行转换期颁证，3家茶叶加工厂同时获有机茶加工厂认证。同年8月，凤冈县获得"中国富锌 富硒有机茶之乡"的称号（图1-8）。

图1-8 凤冈县荣获"中国富锌 富硒有机茶之乡"的牌匾

图1-9 凤冈锌硒茶获奖牌匾

2005年4月8日，在北京老舍茶馆举行的全国茶界纪念当代茶圣吴觉农先生诞辰108周年大会上，中国工程院院士陈宗懋等茶界高端人士盛赞凤冈锌硒有机茶。

2005年5月，贵州省首届茶文化节在凤冈成功举办，开创了贵州举办大型茶文化活动的先河，同时"凤冈锌硒绿茶"获"贵州十大名茶"称号（图1-9）。同年6月，中国茶文化专家林治应邀对凤冈茶产业和茶文化进行详细考察后，提出"打好锌硒牌、打好有机牌、打好高原牌、打好生态牌"的理念，称凤冈锌硒茶为"中国营养保健第一茶"，并欣然出任凤冈茶文化顾问。同年11月，国际茶业科学文化研究会常务副会长、美国哥伦比亚大学教授、美国新西理工大学生物信息与系统研究中心副主任、茶与肿瘤研究专家、美籍华人王志远先生赴凤冈考察锌硒有机茶基地及锌硒茶研发加工情况，并作《关于现代茶业发展思路探讨》专题报告。当年，全县茶园面积发展到3333.3hm^2。

2006年1月24日，国家质量技术监督检验检疫总局发布《关于批准对凤冈富锌富硒茶实施地理标志产品保护的公告》。同年，县政府制定《加快茶叶产业发展的实施意见》，提出"十一五"期间每年以1333.3~2000hm^{2}的速度推进。

2007年3月31日，中国西部茶海·遵义首届春茶开采节在凤冈举办，此次活动的主题为"生态·环保·茶文化·绿色健康带回家"，旨在宣传推介凤冈锌硒有机茶、原生态茶文化风情和旅游资源；7月，凤冈县人民政府针对茶产业发展的现状，从基地建设、茶园管理、茶叶加工、人才培训、科学研究、文化推介等八个方面出台了50条茶产业激励政策，强有力地推动了凤冈茶产业的发展；10月15—16日，中国工程院院士陈宗懋考察凤冈县茶产业（图1-10），高度评价了凤冈茶叶的内在品质和茶产业发展思路和运作方式，称凤冈"好山好水出好茶，锌硒有机茶金不换"，接受凤冈县人民政府的聘请，成为茶产业发展首席顾问。

图1-10 中国工程院院士陈宗懋（右三）考察凤冈茶叶

2008年3月，凤冈县茶海办与北京理工大学合作，就凤冈锌硒茶进行"锌硒微量元素在土壤和茶叶中的存在方式""凤冈锌硒茶最佳冲泡方式""凤冈锌硒茶对人体免疫功能"三项内容的科学实验；8月，凤冈县政府与中国农业科学院茶叶研究所合作，就凤冈茶业开展茶树品种的选择与布局、茶叶标准化体系建设、茶叶栽培与加工技术培训以及凤冈锌硒茶宣传与推介四个课题的合作与研究；12月，贵州凤冈黔风有机茶业有限公司被农业部授予第五批国家级龙头企业称号。

2009年3月，人民日报、光明日报、中央电视台、中央人民广播电台四大国家级主流媒体齐聚凤冈，对凤冈茶产业进行了深度报道；3月21日，以"有机茶叶绿了青山富了农"为题在中央电视台新闻联播中推介凤冈锌硒茶；4月25—26日，由中国农业科学院茶叶研究所、中国茶叶学会、贵州省旅游局主办，凤冈县委、凤冈县人民政府、遵义市旅游局承办的"中国绿茶专家论坛暨茶海之心旅游节"在凤冈举行。在本次论坛期间，凤冈县人民政府与中国农业科学院茶叶研究所共同签署了"茶产业合作协议"，就"泛珠三角区域茶产业合作"达成共识，共同签署了"泛珠三角区域茶产业合作"之"凤冈宣言"。

2010年10月，由贵州省茶文化研究会、贵州省茶叶协会和贵州省绿茶品牌发展促进会共同发起的"贵州五大名茶"评选活动中，凤冈县茶海办、凤冈县茶叶协会选送的"凤冈锌硒茶"获"贵州三大名茶"（图1-11）和"贵州五大名茶"称号。凤冈县被中国茶叶流通协会授予"全国特色产茶县"称号和中国茶叶学会颁发的"中国名茶之乡"殊荣。

2011年8月，由凤冈县茶叶协会申请的"凤冈锌硒茶"地理标志证明商标经国家工商行政管理总局商标局批准注册（图1-12）。同年12月，由贵州凤冈贵茶有限公司生产的"绿宝石"，通过欧盟414项指标检测，顺利出口德国。

2012年8月3—6日，"凤冈锌硒茶走进山东（济南）"系列活动正式启动。本次活动

图1-11 凤冈锌硒茶获"贵州三大名茶"称号　　图1-12 凤冈锌硒茶国家地理标志证明商标

开创了"茶事活动"在销区举办的先例。同年10月10日,中央电视台朝闻天下(行进中国栏目)、10月25日新闻联播以"探访茶海之心、寻找生态发展之路"为题,全方位报道了凤冈茶叶产业的发展。

2013年12月27日,国家工商行政管理总局商标局公布认定"凤冈锌硒茶"证明商标为中国驰名商标,成为凤冈首个农产品类驰名商标。同年,中国茶叶100强区域公用品牌价值排行榜中,凤冈锌硒茶以品牌价值4.93亿元而榜上有名,名列全国第74名。

2014年,凤冈锌硒茶品牌价值6.83亿元,名列全国第64名。

2015年7月,"凤冈锌硒茶"获得百年世博中国名茶金奖国际殊荣;10月30日,第一次"东有龙井·西有凤冈"品牌与茶文化交流论坛在杭州市西湖区举行。凤冈锌硒茶品牌价值9.63亿元,名列全国第60名。

2016年4月17—19日,第二次"东有龙井·西有凤冈"品牌与茶文化交流论坛暨中国瑜伽大会在凤冈县茶海之心景区举办(图1-13)。当年,凤冈锌硒茶品牌价值11.86亿元,名列全国第51名。

2017年4月26—30日,第三次"东有龙井·西有凤冈"浙黔茶业大会暨中国瑜伽大会、中国有机大会在凤冈县永安镇田坝茶海之心景区举行(图1-14);4月,"凤冈锌硒

图1-13 第二次"东有龙井·西有凤冈"茶文化论坛　　图1-14 浙黔茶业大会

茶"登陆中国茶萃厅，成为中国茶叶博物馆上榜品牌；12月，农业部优质农产品开发服务中心将"凤冈锌硒茶"收录入全国名特优新农产品目录。凤冈锌硒茶品牌价值13.53亿元，名列全国第45名。

2018年6月，中国茶叶博物馆"好茶征集"活动中，"凤冈锌硒茶"系列的翠芽、毛峰、茗珠、工夫红茶经专业评审被评为"馆藏优质茶样"。凤冈锌硒茶品牌价值16.49亿元，名列全国第44名。

2020年被列入首批中欧互认地理标志产品名单特优新农产品目录。同年品牌价值22.96亿元，全国排名第39位。2019年、2020年连续2年排中国茶业百强县第六名。2020年全县茶叶总产量6万t，总产值达53亿元，综合产值超过100亿元。出口茶叶2074t，出口金额9200万美元。

三、凤冈锌硒茶的历史贡献

凤冈县委、县政府全力抓茶产业，特别是成功承办贵州省首届茶文化节（图1-15），引起了市、省领导的高度重视，遵义市、贵州省相继出台茶产业发展政策。从此，凤冈县推动贵州省茶产业发展如火如荼，欣欣向荣。

凤冈县委、县政府的决策者们以海纳百川的胸襟，以求真务实的态度，以农民的利益为出发

图1-15 2005年5月28日贵州省首届茶文化节开幕式现场

点，站在科学发展观的高度，把茶业作为开发绿色产业的抓手，举全县之力、聚全民之智，坚持每年投入1000万元人民币用于发展茶叶产业，通过5~8年的努力，初步实现"以茶富民，以茶兴县、以茶扬县"的目标。先后出台50多项茶产业发展的优惠政策，吸引外来投资者，支持鼓励机关干部职工创办茶叶企业。为实现因茶扬县，因茶富民的愿景，凤冈人敢为人先，2005年5月28—30日，成功地举办了"贵州省首届茶文化节"；2006年3月，"凤冈锌硒茶进京"活动名扬北京；2007年3月31日又成功地举办了"中国西部茶海·遵义首届春茶开采节"。通过三次茶事活动的举办，让更多的人了解了凤冈，知道了凤冈。"到凤冈投资茶产业去"一时成为热门话题和行动，凤冈茶产业因此奠定了快速发展的人气基础，掀起了促进贵州茶业发展的"凤冈现象"。

2005年11月，时任遵义市委书记傅传耀在对凤冈等地茶叶发展情况进行充分调研的基础上发表了《道茶——建设黔北百万亩茶海的基本条件和可行性》一文，对凤冈茶业提供了政策支持和发展动力。

2006年6月，遵义市召开百万亩茶园工程建设工作会。2007年7月，贵州省委、省政府出台《关于加快茶叶产业发展的意见》。凤冈茶业如沐春风，得以快速发展。

第二章 凤冈茶地理

凤冈地处贵州省东北部，位于中国盛产名优茶的北纬27°31′~28°22′。地形呈南北狭长，南北长90.1km，东西窄小，东西宽42.6km，在唐代属中国八大茶区之一的黔中茶区夷州地（今凤冈）。夷州治所系今凤冈县绥阳镇。凤冈今为西南茶区，全国重点产茶县，中国名茶之乡，中国富锌富硒茶之乡。凤冈茶区地处地球富锌富硒土壤特殊地质构造带，全国唯一，世界罕见。

第一节　凤冈茶产业概况及茶区分布

一、凤冈茶产业概况

凤冈茶区分布在全县14个乡镇（图2-1），涉及77个村、社区；14个乡镇分别是永安镇、新建乡、土溪镇、绥阳镇、龙泉镇、何坝乡、花坪镇、进化镇、琊川镇、蜂岩镇、石径乡、永和镇、天桥镇、王寨镇。按照"园区带动、北部提升、中部跨越、协调推进"的原则，推进茶产业转型升级，构建全面发展新格局。总体布局为"1根主轴、2条长廊、3个园区、4个茶区"。

① 一根主轴：以G56杭瑞高速凤冈段为主轴，建设茶产业发展集群。

② 二条百里茶海长廊：分别沿省道、县道两侧（平地1000m、山地公路可视范围之内）打造百里茶海长廊。其一沿"余庆县松烟镇界—琊川—进化—何坝—县城—永安大道—田坝—仙人岭"一线，其二沿"湄潭县永兴茶场界—326国道—县城—绥阳—土溪石林垭—新建"一线。

③ 三个茶叶园区：以省级重点园区——田坝有机茶生产示范园区（拓展至官田村）、市级重点园区——太极养生园区（延伸至琊川镇）、县级重点园区——金玛瑙茶旅休闲示范区为引领，带动全县茶产业发展。

④ 四个茶区：将全县所有涉茶乡镇分为北部茶区、中部茶区、南部茶区、东部茶区四个茶区，按各自特色进行打造，详见表2-1。

表2-1　茶区分布及产茶情况

名称	涉及乡镇	主要茶叶品种
北部茶区	永安镇、新建乡、土溪镇、绥阳镇	翠芽、毛峰、绿宝石、炒青、烘青、绿片茶、碾茶、工夫红茶、红宝石、白茶
中部茶区	龙泉镇、何坝乡、花坪镇	翠芽、毛峰、绿宝石、炒青、绿片茶、工夫红茶、红宝石、乌龙茶
南部茶区	进化镇、琊川镇、蜂岩镇、天桥镇	翠芽、毛峰、炒青、工夫红茶、黑茶
东部茶区	石径乡、永和镇、王寨镇	翠芽、毛峰、碾茶、工夫红茶

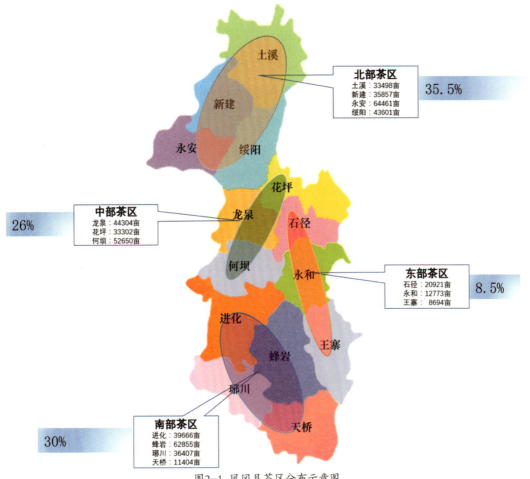

图2-1 凤冈县茶区分布示意图

位于北部茶区的永安镇田坝社区是全县最大的涉茶村（社区）（图2-2），国家4A级景区"茶海之心"所在地，是"全国乡村旅游重点村""贵州最美茶乡""全省100个高效农业示范园区""省级民主法治示范村"。社区距县城38km，总面积35km²，耕地面积为526.13hm²。社区辖10个支部，14个村民组，60个村民小组，总户数2156户9169人。20多年前的田坝是个远近皆知的穷乡，"田坝田大坝，三年两不收，有女不嫁田坝汉，三年两载吃荞面"，这是当年田坝的真实写照。近年来，凤冈县委、县政府结合田坝社区自然、地理环境的实际情况，提出了"调整产业结构、水路不通走旱路""开发绿色产业、建设生态家园"等战略思路。田坝社区立行立改，围绕县委县政府提出的发展思路，率先调整产业结构，从当时的几百亩茶园发展成如今1866.66hm²茶园的茶业专业村，人均茶园面积近0.2hm²。2020年社区总产值达5.66亿元，人均可支配收入达18000元，真正实现了群众安居乐业，民生富足，成为"绿水青山就是金山银山"的典型代表。

图2-2 田坝社区生态茶园

二、凤冈"十三五"茶产业发展

"十三五"期间,为推动全县茶产业持续健康发展,凤冈县认真贯彻落实省委省政府、市委市政府、县委县政府决策部署,以"双有机"战略为引领,重点围绕茶园提质增效、质量安全、加工升级、品牌宣传、市场拓展、人才培育等实施"六大提升工程",取得了显著成效。

1. 基地建设持续推进

全县按照"提高质量,增加效率"的思路,围绕田坝有机茶生产示范园区、太极生态养生园和玛瑙山茶旅景区三大园区推进茶园集中连片发展,大力推进茶园标准化建设。种植面积从30000hm²增加到33333.33hm²,其中投产面积从18000hm²增加到31333hm²,补植改造低产茶园2266.66hm²。茶叶产量从2.7万t增加到6万t,产值从20亿元增加到47亿元,茶叶面积、产量和产值稳居全省第二。茶树品种由原来的福鼎、黔湄601、金观音、黄观音为主的几个常规品种增加了黔茶1号、金牡丹、黄观音、金观音、黄金芽等一系列优良品种,茶树品种逐步多元化,茶叶产品种类得到了丰富。每年都有山东、浙江、安徽、福建、重庆、四川等地的大量茶商集聚于此,将"凤冈制造"的茶叶产品输往全国。

2. 质量安全全面提升

2016年,凤冈县委、县政府提出"双有机"发展战略,全县人民秉承着"为良心人、做干净茶"的职业操守来种茶、管茶、制茶、卖茶。以"千人誓师、万人行动"的方式,率先在全省吹响了"宁要草,不要草甘膦"的冲锋号,打响了"全民清剿草甘膦"的歼灭战。执法监管更加严厉：通过开展农资打假"春雷"行动、农产品质量安全"利剑"行动、乡村治理农药市场乱象整治等专项整治行动，严厉打击无证经营和经营假劣农药行为，严厉打击销售和使用违禁农药，严厉打击乱用、滥用农药行为。村民自治更加完善：大力推行"五级防控""五位一体""3+2"管理模式，制定茶叶质量安全管理村规民约，落实村民自治，增强茶农自律意识，全方位提升群众的茶叶质量安全意识。行业自律更加注重：制定相关制度，以"公司+合作社+农户"模式，建立自觉遵守、相互监督、合作共赢的茶叶质量安全管理体系。茶青在进厂之前必须严格检测，把不合格茶青一律挡在加工厂外。企业产品累计送检525个，合格率达99.8%以上，牢牢守住了企业诚信经营底线。科技支撑更加有力：与贵州大学合作开展茶树病虫草害绿色防控，建立示范基地35个，采集优势天敌种群3个，筛选病害绿色防控技术5套，推行茶树病虫害草害绿色防控技术模式4种。在永安田坝、龙泉柏梓、蜂岩小河等茶园相对集中连片区域安装视频监控300余台。74家茶叶企业进入"国家农产品质量安全监控平台"，30家茶叶企业进入"贵州省质量安全云服务平台"上线运行，14家茶叶企业实施二维码、有机码追溯，20家茶叶企业进入新华数讯云平台实施质量追溯，实现"大数据+茶叶质量安全"网上监管。

3. 茶叶加工提质增量

加工产能明显增大：新增、改扩建茶叶自动化生产线20条，加工厂房50间。其中：绿茶生产线10条，红茶生产线6条，碾茶生产线4条，大大提升了全县茶叶规模化生产水平。全县茶叶年加工能力达10万t以上。加工水平显著提升：立足绿茶、红茶加工向白茶、黑茶、花茶、乌龙茶等其他茶类转变，产品实现多元化，逐步适应市场需求。通过更新设备、改良技术、完善工艺，茶叶加工水平得到了明显提升。贵州黔知交茶业有限公司生产的"金牡丹"红茶，2019年、2020年连续2年获得贵州省秋季斗茶大赛红茶"茶王"称号。凤冈县娄山春茶叶专业合作社生产的绿茶获第九届海峡两岸茶文化季暨"鼎白"杯两岸春茶茶王擂台赛绿茶金奖。贵州省凤冈县洪成金银花茶业有限公司生产的"红宝石"获首届"贵茶联盟"斗茶大赛"茶王"称号。精深加工取得突破：凤冈县大宗茶精制拼配加工中心已建成投用，年加工精制茶2万t，产品标准得到进一步统一，产品价值得到进一步提高。贵州国科建设集团有限公司投资建设的"绿色食品精深加工基地"，填补了全县茶保健品开发的空白，茶叶精深加工将取得历史性突破。加工行为逐步规范：对全县茶叶加工点、加工车间、加工厂进行全面排查整顿，规范生产经营行为，全面完成全县119家小作坊清理备案登记。实现了创新发展一批，重组整合一批，清理退出一批，进一步夯实了产业发展基础，增强了竞争实力。

4. 品牌文化建设成效显著

凤冈始终坚持"东有龙井·西有凤冈""凤冈锌硒茶·给世界一杯净茶""锌硒茶乡·醉美凤冈""干净凤茶·全球共享"为宣传口径，举全县之力打造"凤冈锌硒茶"公共品牌。品牌打造成果丰硕：从2016年以来，"凤冈锌硒茶"区域公共品牌价值从9.63亿元发展到22.96亿元，平均年增加2.66亿元，全国排名从第56位发展到第39位，平均年上升3.4位。荣获中国百年世博中国名茶金奖、中国驰名商标、贵州十佳影响力品牌。2020年7月，"凤冈锌硒茶"成功进入首批中欧地理标志互认产品名单，品牌的影响力逐渐彰显，品牌管理成效显著。凤冈县在公用品牌形象塑造的同时，探索并实施了凤冈锌硒茶公用品牌管理的一系列机制办法，成立了凤冈锌硒茶地理标志证明商标品牌管理领导小组，明确了"凤冈锌硒茶"地理标志证明商标持有人；制定出台了《凤冈锌硒茶产品标准和加工技术规程》《凤冈锌硒茶地理标志证明商标管理办法（试行）》《凤冈锌硒茶地理标志证明商标"五统一"管理办法实施意见》，为促进企业技术进步、建立秩序、提高产品质量、规范企业标准化生产和保护消费者利益提供了共同依据；建立授权许可制度，强化地标授权许可工作。文化氛围逐渐浓烈：通过每年举办"茶文化节""春茶开采暨民间祭茶大典""茶王大赛""中秋品茗""敬老茶会""全民茶会"等各类茶事活动，丰富了凤冈锌硒茶文化氛围；积极开展古茶树普查和保护工作，先后在蜂岩、何坝、龙泉、石径4个乡镇发现108株古茶树群落，得到了省茶基因专家的认定和高度赞扬，弥补了凤冈县无古茶树的空白，对凤冈县茶叶历史文化研究具有重要意义。

5. 市场拓展全面发力

紧紧围绕县委、县政府"巩固提升山东市场，积极拓展北方市场，努力对接海外市场"的战略部署，全方位开拓茶叶市场。积极参与茶事推介活动：依托茶叶博览会、农产品博览会、产销对接会等茶事活动，通过新媒体与传统媒体的有机结合，组织企业参加产品展示展销，推介凤冈锌硒茶。针对性到西北市场、华北市场、东北市场开展"凤冈锌硒茶"推介活动。共组织参加各类茶事活动50余场次，现场销售金额达800万元，达成合作意向135笔，涉及金额达1.2亿元。通过不断努力，凤冈锌硒茶市场秩序逐步规范，消费者信赖度越来越高。锁定区域布局渠道：采取"请进来""走出去"方式，分别到浙江、上海、西安、甘肃、黑龙江、山东、宁夏等目标区域邀商招商。借助一年一度的贵州茶博会，举办凤冈锌硒茶采购商采风活动。邀请省外茶叶经销商深入茶园基地、加工厂实地考察。充分发挥产地优势，精准对接，促使凤冈茶叶快速融入目标市场。线上、线下同步推进：完善产品包装、打造微型茶馆19间，在山东、宁夏、山西、浙江等目标区域布局凤冈锌硒茶营销中心，新增"凤冈锌硒茶"专卖店26间，累计达到263间，新增产品销售专柜458个，累计达到3274个，新增网店57个，累计达到77个。初步形成了"代工+自营""线下+线上"，多维度、多元化、多方式的营销模式。茶叶出口逐年提升；从2015年茶叶出口数量不足200t，金额不足1000万美元，到2019年出口数量1890t，出口金额达5933.1万美元，一跃成为贵州省出口茶叶第一县，占据了全省的"半壁江山"。

6. 人才培育纵深推进

按照"产业所需、行业所求、个人所长"的基本原则。与浙江大学、贵州大学、贵州茶科所等多家单位合作，实施"润草"人才培育工程，举办茶叶种植、茶叶加工、茶艺师、评茶师专题培训50期，累计培训1000余人次。其中：评茶员100余人次，茶艺师200余人次，制茶能手400余人次，销售精英100余人，茶叶科技推广者200余人。为改进绿茶工艺、提升红茶品质、传播茶文化等提供了人才保障；聘请"凤冈锌硒茶"技术顾问，每年在春茶生产和夏秋茶生产季节定期举办茶叶加工技能提升培训，并出版了《贵州工夫红茶制作》教材；聘请"凤冈锌硒茶"品牌顾问，对凤冈县茶艺表演、品牌营销等方面开展人才培训、指导；指导编排了凤冈县首个创新型茶艺表演《百鸟朝凤》；苏贵茶旅公司制茶能手毛洪毅荣获"全国优秀农民工"称号，贵州野鹿盖茶业公司制茶能手陈世勇荣获"贵州省劳动模范"荣誉称号，不夜之侯清茶馆茶艺师冉琼荣获"遵义市五一劳动奖章"和"遵义工匠"荣誉称号。

第二节　凤冈茶树品种分布

一、凤冈茶树生长自然环境

凤冈海拔高度平均在850m左右，最低海拔为398m（乌江边），最高海拔1433.7m（永安镇大银坳）。现有茶园种植地平均海拔在800m左右，最低海拔为500m左右（蜂岩镇小河村），最高海拔1100m左右（天桥镇石桥社区）。

凤冈属黔东北山原区，总体地貌为喀斯特地貌，南端群山林立、沟谷纵横、地面破碎，中部多丘陵、地势开阔、盆坝散落其间，北部多山地。南北起翘并均向东面缓倾呈"马鞍"形状。境内岩溶地貌广布，发育强烈，石山、溶丘、漏斗、陷井、落水洞、伏流（暗河）几乎遍布全县。现有茶园中，平地茶园（坡度0°~5°）占10%以下，缓坡茶园（5°~15°以下）占30%左右，坡地茶园（15°~35°及以上）在60%以上。

凤冈属中亚热带湿润季风气候区，夏无酷暑、冬无严寒、雨量充沛、热量丰富、雨热同季、四季分明，立体气候明显。年平均温15.2℃，无霜期257~302d，年平均降水量1257.1mm，年平均湿度为25%~80%；春夏两季雨水充足，全年分干雨两季，雨季为4—

10月，干季为11月至次年3月，雨热同季。属全国低日照区，年平均1139h，日照多集中于下半年。

凤冈属中亚热带常绿阔叶林植被带，贵州高原偏湿性常绿阔叶林地带，多为次生植物；主要有中亚热带针叶林和针叶混交林、针阔混交林、中亚热带阔叶林混交林、亚热带阔叶混交林、亚热带竹林、中亚热带灌丛林。森林植物有154科410属698余种，全县森林覆盖率达67%，生态环境良好。

凤冈已种植茶树的土壤，以黄壤为主（占70%以上），其余依次为红壤、水稻土（种植初期）、褐色土，土壤肥力中等，土壤有机质偏下；pH值在4.2~6.5；土层厚度大多在50cm左右（最低为30cm，≥100cm以上占30%左右）；土壤富含锌、硒等微量元素，锌、硒地带呈"南北走向"、点状分布，含量不均，总体情况是：含硒量0.52~3.72mg/kg，含锌量67.22~95.34mg/kg。

二、凤冈茶树原生品种

凤冈茶树的原生品种是什么样？近年在花坪关口、龙泉文昌等处相继发现了古茶树群。从唐宋直至明清，凤冈茶树多半是人工在房前屋后或田边土角简单的种上，任其自由生长，少有修剪，有的可高达丈许，采摘要靠爬树或搭梯而为之。通过调查考证，1949年以前，凤冈茶叶原生品种多为农户在自家田边土坎或房前屋后零星的小丛种植，种植的品种主要是本地苔茶，产量极低。

三、凤冈茶叶品种引进、繁育与分布情况

1. 茶叶品种引进

① 第一次引进时间及品种：1975—1976年，品种为浙江省鸠坑种，实生种（即种籽、茶籽）。种植面积最大的地点为原龙潭区水河人民公社水河茶场，同期种植的还有柏梓茶场、船头茶场、金鸡茶场、官田茶场、新建茶场、田坝茶场、琊川茶场、大堰茶场、蜂岩十二湾茶场、天桥茶场、茶花坪茶场、新民茶场12个茶场。

② 第二次引进时间及品种：1985—1988年，品种为福鼎大白茶，全部是有性系（即：实生种、茶籽）。种植面积最大的区域为原永安区200hm^2，主要在田坝乡、永安乡、崇新乡，同期种植面积较大的还有龙潭区、绥阳区、琊川区。

③ 第三次大规模引进时间及品种：2002—2012年，为集中引进时段，先后引进品种有21个，全部是无性系（即：扦插苗），国家级良种占多数；来源地为贵州省、福建省、四川省、浙江省、湖北省。种植区域遍布全县14个乡镇，种茶范围占全县所有村居

（86个）的90%以上，无性系茶园占总面积的90%以上。

至今全县保存下来、面积较大的茶树品种有25个，处于面积（2012年）前5位的是福鼎大白茶、黄观音、浙江中小叶品种、福鼎大白茶群体种、黔湄601，分布情况详见表2-2。

表2-2 凤冈县茶树品种引进及分布情况表

品种名称	首次引进年份	原产地或引进地	品种类别	审（认）定情况	2012年面积（亩）	位次
浙江中小叶品种	1976	浙江省	种子	生产名	9000	3
福鼎大白茶群体种	1986—1989	福建省	种子	生产名	8000	4
福鼎大白茶	1986	贵州省茶科所	国家级	GS13001—1985	146033	1
黔湄809	1989	贵州省茶科所	国家级	国审茶2002007	1277	11
福云6号	2002	福建省福安市	国家级	GS13033—1987	1504	9
梅占	2003	福建省	国家级	GS13004—1985	233	20
黔湄601	2004	贵州省茶科所	国家级	GS13013—1994	6497	5
名山白毫131	2005	四川省雅安市	省级	四川省级良种	5100	7
福选9号	2005	四川省雅安市	省级	重庆市茶树新品种	1333	10
台茶12号	2005	福建省	省级	闽审茶2011002	364	17
丹桂	2005	福建省	省级	闽审茶1998003	550	14
黄金桂	2005	福建省	国家级	GS13008—1985	200	21
金观音	2005	福建省	国家级	国审茶2002017	5221	6
黄观音	2005	福建省	国家级	国审茶2002015	9463	2
龙井长叶	2005	浙江省	国家级	GS13008—1994	877	13
龙井43	2005	浙江省	国家级	GS13007—1987	334	19
迎霜	2005	浙江省	国家级	GS13011—1987	200	22
安吉白茶	2005	浙江省	省级	浙江省级良种	520	15
铁观音	2007	福建省	国家级	GS13007—1985	407	16
鄂茶1号	2007	湖北省恩施市	国家级	国审茶2002013	350	18
中茶108	2011	浙江省	国家级	国评鉴茶20100013	930	12
金牡丹	2011	福建省	省级	闽审茶2003002	1649	8
平阳特早	2011	浙江省	省级	浙江省级良种	165	23
黄金芽	2012	四川省	省级	福建省级良种	506	24
中黄2号	2012	浙江省	省级	福建省级良种	268	25

2. 品种繁育

① 第一次无性系繁育：凤冈县茶树无性系繁育（即：扦插育苗）始于1986年，苗圃面积为15hm²，育苗地点为大堰茶场、水河茶场、柏梓茶场和田坝乡龙江村，繁育品种为福鼎大白茶、黔湄601、黔湄303；技术支持单位为贵州省茶叶科学研究所，技术指导为纪德绿（高级农艺师）；组织单位为凤冈县茶叶公司（科级企业），技术人员有杨思华、张天明、黄小兵、李佳业。

② 第二次大规模无性系繁育：2007—2009年，每年育苗面积在33.3hm²亩以上，累计育苗面积在266.6hm²以上，累计出苗在60000万株以上；主要地点为永安镇、龙泉镇、进化镇、琊川镇、土溪镇、花坪镇及原何坝乡、新建乡8个，繁育品种主要有福鼎大白茶、黔湄601、黄观音、龙井43；技术指导单位为县茶叶事业办公室、县茶产业发展中心；育苗单位有茶叶公司、合作社、苗圃场及个体工商户、茶农。

③ 新品种引进试验：2017年1月，县茶产业发展中心成立课题工作组，开展了"5个'黄化'品种在贵州凤冈的适应性研究"课题，已于2017年2月引进了黄金芽、黄金叶、中黄1号、中黄2号、川黄1号（四川雅安过渡种），对照品种为福鼎大白茶；试验期限为3年（2017—2019年），试验地点为柏梓顶（海拔高度1045m）、丹勇兴旺茶厂（水河村、海拔高度820m），课题工作组人员有张天明（主持人）、洪俊花、张绍伦、方英艺、唐彬彬、王俊红、王恒7人。

第三节 凤冈古茶树

凤冈早在唐代就属于黔中茶区，按贵州省茶学家刘其志先生"贵州五大茶树品种生态区"之划分，凤冈属乌江中游茶区重镇。凤冈有得天独厚的地理地质特点。在4.28亿年前，凤冈县洞卡拉海潮退去的海滩上一丫羽状扁平植物"黔羽枝"化石，被世界古生物植物专家称为亿万年前地球上的"第一抹绿"。贵州出土的百万年前的茶籽化石，再到1939—1940年中央实验茶场李联标、叶知水等专家关于对凤冈、湄潭、务川、德江四县古茶树资源的考察，都表明凤冈古茶树资源的丰富多样性。如中北部花坪关口的古茶树群、龙泉镇六里村马耳沟古茶树群（图2-3）、何坝镇水河

图2-3 龙泉镇六里村马耳沟古茶树

村余家院子明代屯田开垦古茶园、南部蜂岩镇小河桃坪村古茶树群（图2-4）、南部天桥镇天桥村古茶树群、南部琊川镇甲子山古茶树、北部土溪镇古茶树等，都待进一步的考察研究和保护。

图2-4 蜂岩小河古茶树

一、凤冈古茶树资源分布

在1939—1940年中央实验茶场筹建前后，中茶公司专家叶知水、中央实验茶场技士李联标两位专家沿古代黔中茶区核心区域徒步开展凤冈、湄潭、务川、德江四县野生地方茶品种调查，在务川县老鹰岩和紧靠凤冈县土溪镇的务川县黄都镇先后发现十数棵野生乔木大叶茶，并整理出了贵州最早有关茶树品种资源调查和分类的茶树原生地：野生乔木叶大树茶、半乔木大叶大树茶、灌木大叶茶、团叶茶、长叶茶、苔茶、柳叶茶、鸡嘴茶、兔耳茶十大类型茶树科研文献。根据省林业厅、省农委《省林业厅关于启动全省古茶树资源调查工作的通知》中《贵州省古茶树资源调查工作方案》的安排，凤冈县人民政府印发《县人民政府办公室关于印发凤冈县古茶树资源调查工作方案的通知》，及时制定凤冈县古茶树资源调查工作方案，2018年1月22日组织了各乡镇林业站长、技术人员全面开展凤冈县古树大树名木的外业调查。本次古茶树外业调查工作于2018年4月23日全面完成，2018年4月26日完成外业调查质检工作，2018年4月29日完成数据库录入工作。

通过初步调查，凤冈县古茶树共计108株，拍摄古茶树照片348张。其中，何坝镇60株、琊川镇11株、龙泉镇10株、石径乡7株、蜂岩镇6株、永和镇5株、土溪镇4株、花坪镇3株、天桥镇1株、绥阳镇1株。该次调查的古茶树108株，属国有的46株，属个人的61株，其他1株。

全县古茶树全部为三级古树。其中，地围≥80cm的1株；70cm≤地围<80cm的11株；60cm<地围<70cm的11株；30cm<地围<60cm的85株。正常生长的57株，衰弱的51株。

二、古茶树资源的保护

首先从分布上来说，生长在森林里的古茶树，占全县古树大树名木总数量的42.6%（图2-5），其余皆分布在乡村的田边、土角、房前、屋后，受人为干扰极大，特别是部分古茶都生长在耕地内，群众为了不影响其他农作物的生长，随时都有可能挖掉这些古茶树，故保护有一定的难度。如：琊川镇余粮村52032702176号古茶树、52032702177号古茶树，因为农户种地开垦和伐桩长新枝该两株茶树已经岌岌可危，现只剩不足1m高的树桩；其次从管护方面来说茶一直作为人们心目中的一种经济作物，历史文化价值的开发还需去搜集更多相关资料，这是一个比较漫长的过程，导致大多数人对古茶树的价值估值认识不够，保护的意识不强，因而多数古茶树处于一种无人保护的状态。

图2-5 凤冈古茶树保护碑

古茶树是经历了千百年的自然变迁和社会发展而生存下来的佼佼者，是历史的见证，是社会文明程度发展变迁的标志。古茶树是祖先留给我们和子孙后代的宝贵财富，具有不可替代的作用和重要价值，我们必须善待和保护好。

2017年8月3日，贵州省人大常委会第三十九次会议通过了《贵州省古茶树保护条例》，并于当年9月1日开始实施，关键的问题是依法抓好落实。首先是层层落实古茶树保护责任制，出了问题要有人承担职责；其次是每株古茶树都有专人管护养护；三是针对目前生长衰弱和濒危的古茶树及时进行抢救，改善它们的生长环境，使其能够尽量恢复生长势头；四是针对因城市开发与古茶树生长出现矛盾的地方，及时研究并落实保护方案；五是各级政府及财政部门要加大对古茶树保护、修复、抢救经费的投入，减少人们对古茶树经济价值的依赖。

三、古茶树资源的开发利用

一是开展古茶树的科学普及和科学研究工作（图2-6~图2-9）。古茶树具有重要的历史文化价值、科学研究价值，它们历经沧桑，在自然界的严酷竞争中胜出，展示了人类生活、气候、水文、地理、植被、生态等自然环境和社会因子的变迁，是真实历史信息的记录和传递者，在开展古茶保护和抢救的同时，有必要开展古茶树的科学普及和科学研究工作。二是将古茶树资源集中用于旅游和古树茶产品的合理开发，筹集资金用于对古茶树进行更好的保护。

图2-6 专家现场测量古茶树

图2-7 贵州省古茶树保护与利用专业委员会名誉主任赵德刚主持鉴定会

图2-8 贵州省古茶树保护与利用专业委员会专家在凤冈考察凤冈县古茶树鉴定会会场

图2-9 关于对凤冈县古茶树初步鉴定的意见

第三章 凤冈茶加工

根据茶界对六大茶类的区分情况，凤冈六大茶类兼具，但以绿茶、红茶生产为主。本章除介绍六大茶类的加工外，还对产自凤冈县的抹茶、苦丁茶、老鹰茶、甜茶的加工进行全面介绍。

第一节　凤冈绿茶加工

一、凤冈锌硒绿茶品质特征

凤冈锌硒绿茶：根据DB52/T 489—2015《地理标志产品　凤冈锌硒茶》（贵州省质量技术监督局于2015年2月15日发布，2015年3月15日实施），即：以凤冈县境内适宜茶树品种的鲜叶为原料，按凤冈锌硒茶加工技术规程加工而成的绿茶产品，按形状分为扁形茶、卷曲形茶（图3-1、图3-2）、颗粒形茶（图3-3、图3-4）三类。

图3-1　卷曲形绿茶外形及色泽

图3-2　卷曲形绿茶叶底及汤色

图3-3　颗粒形绿茶外形及色泽

图3-4　颗粒形绿茶汤色及叶底

（一）锌硒绿茶感官品质要求

详见表3-1~表3-3。

表 3-1 凤冈锌硒绿茶（扁形茶）的感官品质要求

等级	外形	内质			
		香气	汤色	滋味	叶底
特级	扁直，绿润，匀整	香气持久	嫩绿明亮	鲜爽	嫩绿明亮，匀整
一级	扁直，较绿润，匀整	香气尚持久	绿尚亮	清醇	嫩绿尚亮，较匀整

表 3-2 凤冈锌硒绿茶（卷曲形茶）的感官品质要求

等级	外形	内质			
		香气	汤色	滋味	叶底
特级	条索紧细卷曲，显毫，绿润，匀整	香高持久	嫩绿明亮	鲜爽回甘	嫩绿明亮，匀整
一级	条索紧结较卷曲，有毫，绿润，匀整	香气尚持久	绿明亮	鲜爽醇厚	嫩绿尚亮，较匀整
二级	条索紧结尚卷曲，绿，尚匀整	纯正	黄绿	纯正	绿尚亮，较匀整

表 3-3 凤冈锌硒绿茶（颗粒形茶）的感官品质要求

等级	外形	内质			
		香气	汤色	滋味	叶底
特级	颗粒紧结重实，绿润有毫，匀整	香高持久	黄绿明亮	鲜爽回甘	黄绿明亮，匀整
一级	颗粒紧结重实，黄绿润，较匀整	香气尚持久	黄绿尚亮	鲜爽醇厚	绿亮，匀整
二级	颗粒尚紧结，墨绿，尚匀整	纯正	黄绿	纯正	绿尚亮

（二）锌硒绿茶理化指标

详见表3-4。

表 3-4 理化指标要求

项目	锌硒绿茶
水分（质量分数）/（%）	≤ 6.5
水浸出物（质量分数）/（%）	≥ 40
总灰分（质量分数）/（%）	≤ 6.5
碎末茶（质量分数）/（%）	≤ 5
粗纤维（质量分数）/（%）	≤ 14
锌（Zn）/（mg/kg）	40~100
硒（Se）/（mg/kg）	0.05~4.0

（三）锌硒绿茶安全指标

① 污染物限量：应符合GB 2762的规定。

② 农药最大残留限量：应符合GB 2763的规定。

（四）原料（鲜叶）及采运

根据 DB52/T 1003—2015《凤冈锌硒茶 加工技术规程》（贵州省质量技术监督局于2015年2月15日发布，2015年3月15日实施），凤冈锌硒茶对原料及采运的要求如下：

1. 采运要求

盛装茶青的工具必须为清洁的无毒无异气的竹制品。使用透气良好的清洁竹篓装运茶青，运输茶青的车辆必须清洁，不得日晒雨淋，不得与有异味、有毒物品混装，不得紧压，保持茶青新鲜无劣变。

2. 鲜叶基本要求

采用凤冈县境内优良茶树品种的鲜嫩芽叶为原料，要求芽叶完整，色泽绿，新、鲜、匀、净，无劣变、无异味和无机械性损伤，无其他非茶类夹杂物。原料（鲜叶）要求，应符合表3-5的规定。

表3-5 鲜叶要求

鲜叶级别	原料要求
特级	单芽至一芽一叶初展，芽叶完整，嫩度、匀度、净度一致
一级	一芽一叶到一芽二叶初展，芽叶完整，同等嫩度对夹叶及单片不得超过5%
二级	一芽二叶为主，一芽三叶初展在30%以下，同等嫩度对夹叶及单片不超过10%
三级	一芽三叶为主，一芽四叶初展在30%以下，同等嫩度对夹叶及单片不超过3%

二、凤冈绿茶加工工艺技术要求

根据 DB52/T 1003—2015《凤冈锌硒茶 加工技术规程》，凤冈锌硒茶的加工工艺技术要求如下：

（一）锌硒绿茶（扁形茶）

1. 原料

选用特级绿茶鲜叶（图3-5）。

图3-5 扁形绿茶原料

2. 工艺流程

摊青→杀青→理条（做形）→干燥（脱毫）→提香→评审定级。

3. 技术要求

① **摊青**：茶青摊放于清洁卫生，设施完好的贮青槽或者竹垫、篾质簸盘上（图3-6），不允许直接摊放在地面。不同品种的鲜叶、晴天叶与雨水叶、上午与下午采的鲜叶应分开摊放。鲜叶摊放过程中要求适当轻翻，一般每2~3h轻翻一次为宜。雨水叶、露水叶采用机械摊青。摊至含水量65%~68%为宜，以芽叶稍软、色泽翠绿略暗、微显茶花青香或花香

为宜。

② **杀青**：采用滚筒茶青机、微波杀青机、热风杀青机进行作业。要求投叶量稳定，火温均匀，高温杀青，先高后低，老叶嫩杀，嫩叶老杀。要求杀透、杀匀、杀适度。杀青适度时含水量为60%~62%，减重率为35%~40%；茶青叶色泽由鲜绿转变为暗绿，叶质变软，梗子弯曲折之不断，无生青、焦边、爆点，芽叶完整青草气除茶香显露为宜，杀青后需及时降温散发水汽，使用风机或者降温装置进行冷却后摊晾。

图3-6 绿茶加工——摊青

③ **理条（做形）**：主要采用槽式理条机进行理条，至茶条扁直（图3-7）；色泽墨绿；手握茶条较软且有轻微刺手感为适度。理条后下机摊晾。摊晾后采用名茶多用机进行做形（图3-8），用手触摸茶叶略有刺手感，茶叶色泽浅绿，扁、平、直，香气略显。做形后摊晾。

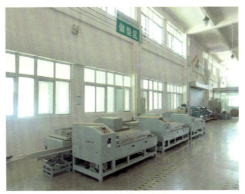

图3-7 槽式理条机

④ **干燥（脱毫）**：干燥与脱毫同时进行。一般顺序为冷脱毫（炒干机不设温度）→热脱毫（炒干机温度40~60℃）→再脱毫（名茶多用机）。至茶叶含水量9%~11%时，外形扁、平、光滑，白毫基本脱尽为宜。

图3-8 名茶多用机

⑤ **提香**：利用多用机（图3-9）、瓶式炒干机、提香机等"旺火提香"，至茶叶扁平直滑，光泽绿润，手捏茶叶成粉末（含水量为4%~6%）为适度。

⑥ **评审定级**：应符合DB52/T 489的规定。评审官堆：评审应符合GB/T 23776的规定。评审后的茶叶按分级标准进行拼样官堆，包装贮存。

图3-9 茶叶烘干多用机

（二）锌硒绿茶（卷曲形茶）

1. 原料

选用特级、一级、二级绿茶鲜叶（图3-10）。

2. 工艺流程

摊青→杀青→揉捻→做形→干燥（烘干或炒干）→提香→评审定级（图3-11）。

图3-10 卷曲形绿茶采样标准

图3-11 卷曲形绿茶干茶

3. 技术要求

① 摊青：与锌硒绿茶（扁形茶）摊青要求相同。

② 杀青：与锌硒绿茶（扁形茶）杀青要求相同。

③ 揉捻：揉捻采用揉捻机（图3-12），要求揉好外形，兼顾内质，嫩叶冷揉、轻揉，老叶加压、长揉。投叶量为揉桶的4/5为宜，揉捻全程时间25min。叶细胞破碎率45%~55%，揉捻叶成条率98%。芽叶揉成条状，茶汁溢出，有粘手感觉为揉捻适度。加压方式及时间符合表3-6的要求。

图3-12 揉捻机

表3-6 揉捻加压方式及时间表（单位：min）

项目	不加压	轻压	中压	重压	中压	轻压	不加压	全程时间
时间	4	4	5	3	4	2	3	25

④ 做形：一般为单级加工、单级付制。特级原料一般采用双锅曲毫机做形（图3-13），一级、二级原料一般采用炒干机做形。适度判定：茶条卷曲，毫毛初显，略有刺手感；含水量为20%~25%。

⑤ 干燥：多数采用烘干，少数采用炒干。一般采用90型或110型瓶炒机采用滚筒炒干机（图3-14），温度80~120℃，要求温度一定要适当，同时整个锅体受热要均匀，整个锅体温度过高或过低、锅体局部高温或低温都会造成茶叶粘锅。时间25~35min。后下机摊晾至水分重新分布均匀。适度判定：含水量控制在10%左右时，外形卷曲、色泽绿润。

图3-13 双锅曲毫工艺

图3-14 滚筒炒干机

⑥ 提香：采用提香机提香。适度判定：手捏茶叶成粉末（含水量为4%~6%）。

⑦ 评审定级：应符合DB52/T 489的规定。评审官堆：评审应符合GB/T 23776的规定。评审后的茶叶按分级标准进行拼样官堆，包装贮存。

（三）锌硒绿茶（颗粒形茶）

1. 原料

选用三级绿茶鲜叶（图3-15）。

2. 工艺流程

摊青→杀青→摊晾→揉捻→脱水→做形→烘干→评审定级。

图3-15 颗粒形绿茶鲜叶采样标准

3. 技术要求

① 摊青：与锌硒绿茶（扁形茶）摊青要求相同。适度判定：摊放叶含水量为65%~70%，摊青适度以芽叶稍软、色泽翠绿略暗、微显茶花青香为适宜。

② 杀青：与锌硒绿茶（扁形茶）杀青要求相同。适度判定：失水量达到10%~15%，当含水量为60%~65%，要求投叶量稳定，茶青叶色泽由鲜绿转变为

图3-16 杀青工艺

暗绿，叶质变软，无生青、焦边、爆点，芽叶完整，青草气除茶香显露（图3-16）。

③ 摊晾（回潮）：将茶坯均匀洒在干净的篾质簸盘内，厚度不超过50px，时间为10~20min，使水分重新分布均匀。

④ 揉捻：与锌硒绿茶（扁形茶）揉捻要求相同。适度判定：保证成条率85%以上细胞破坏率在45%~55%；触摸揉叶有湿润念手感，待叶均匀成条时即可下机，然后及时解块冷却。

⑤ 脱水：一般选择100型烘干机或60型热风脱水机。适度判定：脱水均匀，要烘匀、烘透。避免烘叶重叠合增加透气性，叶由嫩绿转墨绿，手握不刺手且略有粘手感，脱水程度以脱水叶含水量的30%~45%为宜。

⑥ 做形：做形一般在双锅曲毫机中进行（图3-17）。按炒小锅、炒对锅和炒大锅的步骤进行。适度判定：炒小锅时炒到含水量30%~35%为适度，炒对锅时炒到含水量15%~20%为适度，炒大锅时炒到含水量6%~7%为适度。

⑦ 烘干：一般分为毛火和足火。一般采用100型烘干机、20型链板式自动烘干机烘干（图3-18）。毛火温度：110~120℃，烘至含水量15%~20%，下机及时摊晾、冷却；冷却摊晾时间：40min左右，不超过1h；足火温度：100~110℃，烘至毛茶含水量4%~6%。适度判定：水量为6%~7%，用手捏茶叶即成粉末。

图3-17 双锅曲毫机工艺

图3-18 链板式自动烘干机

⑧ 评审定级：应符合DB52/T 489的规定。评审官堆：评审应符合GB/T 23776的规定。评审后的茶叶按分级标准进行拼样官堆，包装贮存。

第二节　凤冈红茶加工

凤冈红茶分工夫红茶（图3-19）和颗粒形红茶（图3-20）。凤冈红茶产量仅次于绿茶，在市场上深受消费者青睐。

图 3-19 工夫红茶

图 3-20 颗粒形红茶

一、凤冈锌硒红茶品质特征

凤冈锌硒红茶分工夫红茶和颗粒型红茶。原料细嫩，制工精细，条索紧细或颗粒紧实，匀整，色泽乌润，显金毫，香气浓郁，汤色红艳明亮，滋味甜醇甘浓，形质兼优。

（一）锌硒红茶感官品质要求

详见表3-7。

表 3-7 凤冈锌硒红茶感官品质要求

等级	外形	内质			
		香气	烫色	滋味	叶底
特级	条索紧细或颗粒紧实，显金毫，乌润，匀整	甜香有花果香	红明亮	甜醇	嫩，红亮，匀齐
一级	条索或颗粒紧结，有金豪，乌较润，较匀整	甜香	红亮	浓醇	红尚亮，较匀整
二级	条索或颗粒较紧结，乌褐，较匀整	纯正	尚红亮	纯正	尚红，尚匀整

（二）锌硒红茶理化指标

详见表3-8。

表 3-8 理化指标要求

项目	锌硒红茶
水分（质量分数）/（%）	≤ 6.5
水浸出物（质量分数）/（%）	≥ 34
总灰分（质量分数）/（%）	≤ 6.5
粉末茶（质量分数）/（%）	≤ 1.2
粗纤维（质量分数）/（%）	≤ 16
锌（Zn）/（mg/kg）	40~100
硒（Se）/（mg/kg）	0.03~4.0

二、凤冈锌硒红茶加工工艺

凤冈锌硒红茶属全发酵茶,汤色和叶底均为红色,故称为红茶。鲜叶经过摊青、萎凋、摇青、揉捻、发酵、做形、烘干、提香、评审等级九个工序加工而成的。

三、凤冈锌硒红茶加工操作规程

(一)鲜叶要求

凤冈锌硒红茶原料选用特级、一级、二级红茶鲜叶,要求鲜叶细嫩、匀净、新鲜,进厂后,按照鲜叶分级标准进行检验分级(表3-9),分别加工制作。

表3-9 鲜叶要求

鲜叶级别	鲜叶要求
特级	单芽至一芽一叶初展,芽叶完整,嫩度、匀度、净度一致
一级	一芽一叶到一芽二叶初展,芽叶完整,同等嫩度对夹叶及单片不得超过5%
二级	一芽二叶为主,一芽三叶初展在30%以下,同等嫩度对夹叶及单片不超过10%

(二)技术要求

1. 摊青

茶青摊放于清洁卫生,设施完好的贮青槽或者竹垫、篾质簸盘上(图3-21),不允许直接摊放在地面。不同品种的鲜叶、晴天叶与雨水叶、上午与下午采的鲜叶应分开摊放。鲜叶摊放过程中要求适当轻翻,一般每2~3h轻翻一次为宜。雨水叶、露水叶采用机械摊青。适度判定:摊晾到常温,防止鲜叶品质变质,鲜叶含水量至72%~75%。

图3-21 摊青工艺

2. 萎凋

根据茶青摊青适度判定:叶面失去光泽,叶色暗绿,青草气减退;叶形皱缩,茎脉失水柔软,弯曲而不宜折断,紧握成团,松手即缓慢松散,透出萎凋叶特有的清香。萎凋叶含水量60%~65%,春茶略低58%~61%,夏秋茶略高61%~64%。鲜叶减重率在30%~40%。

① 摊叶:萎凋进程中,摊叶厚度与茶叶品质有一定关系。摊叶过厚,上下层水分蒸发不匀,香味差。摊叶过薄,叶子易成空洞,以及被利用度不高,而且萎凋不匀,影响质量。一般每32斤厚度20cm。鲜叶老嫩不同,摊叶厚度出不同。1~3级鲜叶,厚度为

15~18cm，每槽（15m²）摊叶量约400~460斤左右。三级以下厚度为20cm，每槽500斤左右。对肥厚叶子，嫩叶及雨水叶要适当薄摊，以利表面水蒸发。

② 翻拌：为使萎凋均匀和缩短时间，在萎凋过程中，适当进行翻拌（图3-22）。频率1次/2h，雨水叶在萎凋期间1h翻拌一次。当表面水基本消失后，每2h翻拌一次。在翻拌时，停止鼓风，以免吹散叶子。翻拌要翻底，翻得透，动作要轻，以免损伤鲜叶。萎凋时间长短与鲜叶老嫩度、含水量、温度、摊叶厚度、翻拌次数等因子都有密切的关系。一般正常情况下，在35℃，需3~4h，春茶气温低，湿度大需要5h左右，雨水叶要5.5~6.0h才能完成萎凋。叶子肥厚或较细嫩的鲜叶，适当延长时间。总之，萎凋时间应根据鲜叶和工艺的具体情况，灵活掌握。

图3-22 萎凋工艺

图3-23 日光萎凋工艺

凤冈锌硒红茶萎凋方法有三种类型：一是自然萎凋包括室内自然萎凋、日光萎凋（图3-23）；二是人工加温萎凋（图3-24），包括萎凋槽、加温萎凋；三是萎凋机萎凋（图3-25）。其中萎凋槽萎凋结构简单，萎凋槽由热气发生炉、鼓风机、槽体三部分组成。由鼓风机送入的热空气是影响萎凋质量的重要因素，一般槽体内热空气的温度应掌握在35℃为适当，但超过40℃以上，失水速度过快，萎凋时间太短，内含化学成分不能正常变化进行影响萎凋质量，同时往往出现红变、焦芽、焦边的萎凋不匀现象，在夏秋季节，气温高于30℃以上，可不必加温，只需要鼓风机鼓风，就能达到工艺要求。

图3-24 室内电热风萎凋工艺

图3-25 自动萎凋机

在萎凋过程中，经常检查温度的变化，调节冷热风门，掌握温度高低。一般在萎凋初期温度可略高，后期降低。下叶前5~10min，停止加温，鼓冷风。雨水叶在上叶后，先鼓冷风，除去表面水后再加温，以免产生水闷现象。

萎凋不足：主要是萎凋叶内含水量偏高，生物化学变化尚嫌不足。揉捻时芽叶易断碎，芽尖脱落，条索不紧，揉捻时茶汁大量流失，发酵困难，香味青涩，滋味淡薄，毛茶条索松，碎片多。

萎凋过度：主要是萎凋叶含水量偏少，生物化学变化过度，造成枯芽、焦边、泛红等现象。揉捻不易成条，发酵困难，香低味淡，汤色红暗，叶底乌暗，干茶中碎片末多。

萎凋不匀：同一批萎凋叶萎凋程度不一。萎凋过度，不足叶子占有相当比例，这是采摘老嫩不一致及操作上不善造成的，揉捻和发酵均发生很大困难，制出毛茶条索松紧不匀，叶底花杂。

3. 摇青

按"循序渐进"原则，摇青转速由少渐多，用力由轻渐重，摊叶由薄渐厚，时间由短渐长、发酵由轻渐重（图3-26）。把握"五看"，一看品种摇青：叶厚多摇，叶薄轻摇。二看季节摇青：春茶气温低、湿度大，宜于重摇；夏暑茶气温高，宜轻摇；秋茶要求达到"三秋"（即秋色、秋得、秋味），宜于轻摇，总之，要做到是"春茶消，夏暑皱，秋茶水守牢"。三看气候摇青：南风天，轻摇；北风天，重摇。四看鲜叶老嫩摇青：鲜叶嫩，水分多，宜于晒足少摇，鲜叶粗老宜于轻晒多摇。五看晒青程度：摇青晒青轻则重摇、晒青重则轻摇。适度判定：叶子由硬变软，达到"绿叶红镶边"。把握三个关键点：一摸，摸鲜叶是否柔软，有湿手感；二看，看叶色是否由青轻为暗绿，叶表出现红点；三闻，闻青气是否消退，香气显露。

图3-26 摇青工序

图3-27 自动化揉捻机组

4. 揉捻

采用的揉捻机是中小型揉捻机，机型以45型、55型以及65型等揉捻机为主（图

3-27）。采用揉捻机揉捻，要揉好外形，兼顾内质，嫩叶冷揉、轻揉，老叶加压、长揉。投叶量为揉桶的4/5为宜，揉捻全程时间90~120min。适度判定：条索紧卷，茶汁外溢，黏附于茶条表面为适度。细胞破损率80%以上，叶片90%以上成条。芽叶揉成条状，茶汁溢出，有黏手感觉为揉捻适度。加压方式及时间要符合表3-10的要求。

表3-10 揉捻加压方式及时间表（单位：min）

不加压	轻压	不加压	重压	松压	轻压	不加压	全程时间
20	10	15	15	15	10	5	90
15	20	15	20	15	20	15	120

原料老嫩对投叶量有一定的影响，嫩叶投叶量多些，较粗老叶投叶量少些。

投叶量过多：叶子揉桶内翻转困难，揉捻不均匀，扁条多，揉捻时间延长。

投叶量过少：叶子在揉捻时翻转不规则，也易形成扁条，揉捻效果差。

要获得良好揉捻叶，则要求萎凋叶必须均匀适度，萎凋不足或过度都会影响揉捻叶质量。

揉捻不足：条索较松，发酵困难，滋味淡薄，茶汤不浓，叶底花青。

揉捻过度：茶叶条索断碎，茶汤泽暗，滋味淡薄香气低，叶底红暗。

揉捻过程中值得注意的问题是解决筛分：主要是解散茶团，散热降温，分出老嫩，使之揉捻均匀，叶卷成条，同时调节和控制叶内化学成分的变化。一方面，凤冈锌硒红茶在揉捻过程中，由于叶子在桶内受到机械力的作用和多酚类化合物氧化，产生大量热能，使叶温升高，特别是夏秋气温高，必须及时散热降温，以调节和控制多酚类化合物氧化缩合的速度。否则，多酚类化合物缩合过多，茶叶品质降低。另一方面，嫩度好的原料，揉捻时易造成较紧的团块，因此，解决分筛更为重要。其次，对老嫩混茶叶来说，嫩叶揉捻时间较短些，易揉成较紧的条索，而老叶揉捻难以成条，时间要长些，压力更重些。当嫩叶达到适度，老叶揉捻不足；当老叶达到适度，嫩叶则揉捻过度，产生断碎。因此，在揉捻过程中，要求分2~3次进行，每次揉后进行解决筛分，分别进行发酵，使之揉捻均匀一致。

5. 发酵

发酵是凤冈锌硒红茶初制的第三道工序。发酵在正常的萎凋，揉捻的基础上，是形成凤冈锌硒红茶色香味的关键，是绿叶红变的主要过程。将揉捻好的茶叶解块后放入发酵室发酵，发酵叶厚度10~15cm，厚薄均匀。发酵室温24~26℃，湿度89%~99%，叶温26~33℃，保持空气流通，每间隔0.5h吹冷风一次，鼓风时间3~5min。

发酵时间：春季3~5h，夏秋季2~3h。

发酵方法：发酵过程要有适宜的环境条件，才能获得良好的效果。揉捻叶的发酵要具备的条件：设发酵室，大小要合适、门窗要适当设置，便于通风，避免阳光直通射。最好水泥地面，四周开沟排水，便于冲洗，室内装置增温增湿的设备（图3-28、图3-29）。

图3-28 室内发酵

图3-29 红茶发酵机发酵工艺

发酵程度：发酵叶青草气消失，出现花果香味，特级、一级茶的发酵叶叶色黄红，二级茶呈黄色或绿黄色。发酵叶象见表3-11。适时地掌握发酵适度表征，才能获得优良品质的红茶。

表3-11 红茶发酵叶象

项目	要求
一级叶象	青绿色，有强烈青草气
二级叶象	青黄色，青草气
三级叶象	黄色，微青香
四级叶象	黄红色，花果香，果香明显
五级叶象	红色，低香
六级叶象	暗红色，香低，发酵过度

发酵不足：香气不纯，带香气，冲泡后，汤色欠红，泛青色，味青涩，叶底花青。

发酵过度：香气低闷，冲泡后，汤色红暗而浑浊，滋味平淡，叶底红暗多乌条。

6. 做形

卷曲形红茶（图3-30）：不需要做形，发酵适度后直接进入干燥环节。

直条形红茶（图3-31）：将发酵叶放入理条机中理条，使茶坯条索挺直，含水量达到30%~40%时下机摊凉。

颗粒形红茶（图3-32）：做形之前需要先脱水，脱水要求高温快速。脱水叶黏性降低，手握茶坯成团，松手后可散开，色泽深红，茶坯含水量约为45%。

图3-30 卷曲形红茶

图3-31 直条形红茶

图3-32 颗粒形红茶

做形在双锅曲毫机中进行（图3-33）。利用茶坯在锅内滚动和相互挤压，在一定的温度和水分条件下，通过炒坯、第一次并锅和第二次并锅共三个环节来完成做形。

① 炒坯：将脱水并摊晾回潮后的发酵叶投入预热至80℃左右的双锅曲毫机中，投叶量约为12~15kg，启

图3-33 双锅曲毫机

动双锅曲毫机，调到大幅档位、设备运行速度约为110次/min，使茶坯在锅中能顺利翻转为宜，炒制时间约为40min。炒至芽叶卷曲状、色泽乌褐，稍显甜香，含水量约35%时，迅速下锅，短暂摊晾，搓散团块，筛去碎末。

② 第一次并锅：将经过炒坯并筛去碎末的茶坯6~7kg投入到预热至70℃左右的双锅曲毫机中，将设备运转速度降至90次/min，根据茶坯在锅中的翻转情况设定为大幅或小幅档，炒制时间约为45min，至茶坯整体为乌褐，甜香明显，条索较结紧，茶坯含水量25%左右时，迅速下锅，短暂摊晾，筛去碎末。

③ 第二次并锅：将经过第一次并锅并筛去碎末的茶坯投入到预热至60℃左右的双锅曲毫机中，投叶量为11~12kg，转速为60次/min左右，炒制时间约为50min，至颗粒紧结重实，整体乌褐油润或红褐油润，甜香显，含水量约为10%时下锅，摊晾，完成做形工序。

7. 烘干

① 干燥方法：普遍使用的毛茶烘干机（图3-34）。一般分为毛火和足火。一般采用100型烘干机、20型链板式自动烘干机烘干。毛火温度：110~120℃，烘至含水量15%~20%，下机及时摊晾、冷却。冷却摊晾时间：40min左右，不超过1h。足火温度：100~110℃，烘至毛茶含水量4%~6%。适度判定：水量为6%~7%，用手捏茶叶即成粉末。

毛火掌握高温快速的原则，抑制酶的活性，散失叶内水分。中间适当摊晾，使叶内水分重新分布，避免外干内湿，但摊放不宜太厚，时间不能太长，否则对品质产生不良影响。足火掌握低温慢烤的原则，继续蒸发水分，发展香气。

② 干燥程度：毛火适度的叶子，手捏稍有刺手，但叶面软有强性折梗不断，含量为20%~25%。足火适度的叶子，条索紧结，色泽乌润，香气浓烈，含水量6%左右。

图3-34 毛茶烘干机

烘干程度要掌握适当，特别是含水量要符合要求。如果烘干过度，产生火茶，甚至把茶叶烘焦，造成品质下降。烘干不足，含水量较高，香气不高，滋味不醇，在毛茶贮运过程中容易产生霉变，严重影响品质。

8. 提香

采用提香机或瓶式炒干机提香（图3-35）。适度判定：手捏茶叶成粉末（含水量为4%~6%）。

9. 评审定级

应符合DB52/T 489的规定。评审官堆应符合GB/T 23776的规定。评审后的茶叶按分级标准进行拼样官堆，包装贮存。

图3-35 自动提香机

第三节 凤冈白茶加工

白茶，属微发酵茶，指茶青采摘后，不经杀青和揉捻，只经过晒或文火干燥后加工的茶。具有外形芽毫完整，满身披毫，毫香清鲜，汤色黄绿清澈，滋味清淡回甘的品质特点。因其成品茶多为芽头，满披白毫，如银似雪而得名。基本工艺包括晒青（萎凋）、烘焙（或阴干）、拣剔、复火等工序。晒青茶的优势在于口感保持茶叶原有的清香味。萎凋是形成白茶品质的关键工序。目前在凤冈加工白茶的企业主要有万壶缘茶业公司等企业（图3-36~图3-38）。

图 3-36 凤白茶

图 3-37 白茶外形

图 3-38 白茶汤色

一、凤冈白茶品质特征

凤冈白茶成茶满披白毫、汤色清淡、味鲜醇、有毫香。主要特点是白色银毫，芽头肥壮，汤色黄亮，滋味鲜醇可口，叶底嫩匀，兼具锌硒微量元素。白茶温性清凉，具有退热降火之功效。

二、凤冈白茶的制作工艺

白茶的制作工艺是最自然的，把采下的新鲜茶叶薄薄地摊放在竹席上，置于微弱的阳光下，或置于通风透光效果好的室内，让其自然萎凋。晾晒至七八成干时，再用文火慢慢烘干即可。制作过程简单，以最少的工序进行加工。

采用单芽为原料按白茶加工工艺加工而成的，称之为银针白毫；采用一芽一、二叶，加工而成的为贡眉；采用抽针后的鲜叶制成的白茶称寿眉（图3-39）。白茶的制作工艺，一般分为萎凋和干燥两道工序，而其关键在于萎凋。萎凋分为室内自然萎凋、复式萎凋和加温萎凋。根据气候灵活掌握，以春秋晴天或夏季不闷热的晴朗天气，采取室内萎凋或复式萎凋为佳。其精制工艺是在剔除梗、片、蜡叶、红张、暗张之后，以文火进行烘焙至足干、以文火烘托茶香，待水分含量为4%~5%时，趁热装箱。白茶制法的特点是既不破坏酶的活性，又不促进氧化作用，且保持毫香显现，汤味鲜爽。

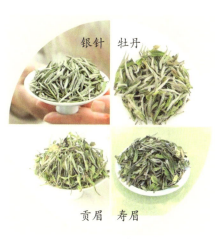
图 3-39 白茶分类

三、凤冈白茶加工操作规程

1. 鲜叶要求

白茶根据气温采摘玉白色一芽一叶初展或一芽二鲜叶为原料,芽叶成朵,大小均匀,留柄要短,轻采轻放,竹篓盛装、竹筐贮运。

2. 萎凋

采摘鲜叶用竹匾及时摊放,厚度均匀,不可翻动(图3-40)。摊青后,根据气候条件和鲜叶等级,灵活选用室内自然萎凋、复式萎凋或加温萎凋(图3-41)。当茶叶达七八成干时,室内自然萎凋和复式萎凋都需进行并筛。

3. 烘干

初烘:烘干机温度100~120℃,时间:10min;摊凉:15min。复烘:温度80~90℃;低温长烘70℃左右。

图3-40 白茶萎凋

4. 压饼

白茶的压饼过程,与普洱的压饼过程,是总体一致,但有细微差别。

① 去末:白茶散存、在搬运过程中,由于干燥度极高,含水量低,容易断碎,碎末较多,因此,要进行去末,把散茶倒入筛上,通过筛孔筛去碎末,以确保白茶的美观和口感(图3-42)。

图3-41 白茶复式萎凋

② 称量:将去末后的散白茶散放于茶操作台上,称重。称重重量视其压饼白茶的重量而定,由于压制过程中会有损耗,因此压饼前称重就要多一些。凤冈白茶饼一饼多为350g。

③ 蒸软:将称重好的散白茶用量筒装好,并用布罩住置于蒸汽机上,以使茶叶吸水、软化。

图3-42 白茶上筛去末工艺

④ 包揉:将蒸软的茶叶,量茶筒倒置过来,茶叶收入包揉布袋里,缠绕布袋一端,再双手旋转,逐渐轻压、收紧布袋这一端,团成一团,进而成一块表面光滑的饼,型美而散边。

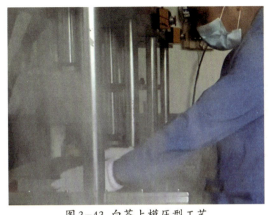

图3-43 白茶上模压型工艺　　　　　图3-44 白茶上筛摊放工艺

⑤ **压型**：把包揉好的茶饼，放进压制机饼模里，设置好力度，压制定型。这个过程，调节好压制力度非常重要，压得紧，后期不好干燥，喝时不易拆。压松了，就崩开散掉，不利于后期存放。这一过程，也因此造成了白茶饼饼心窝处，多有黑块、黑条（图3-43）。

⑥ **摊放**：将压制成型的饼，放在水筛上，摊晾、透气、去湿、去热气等，让它干一会儿（图3-44）。

⑦ **干燥**：进箱，烘干。把晾过的饼，放到烘箱里，低温慢干，一般要3~4d的时间，但也不能时间过长，避免闷出馊臭味。当饼干燥达到标准要求含水量时，再静置、包饼纸、装入饼筒、装箱封存转化。

第四节　凤冈黑茶加工

为了提高茶叶的下树率，增加农民和茶企的收入，凤冈一些茶企一直在探索加工黑茶，本节就凤冈黑茶加工工艺进行简要阐述。

一、凤冈黑茶的品质特征

黑毛茶一般是干茶色泽黑褐油润，滋味醇厚，香气持久，纯而不涩，汤色黄褐、橙黄或橙红，叶底黄褐粗大，条索粗卷欠紧结。从成品形态上黑茶可分为散装黑茶、压制黑茶和篓装黑茶。凤冈黑茶主要以散装黑茶和压制黑茶为主，压制黑茶形状有砖形茶（如茯砖、花砖、黑砖、青砖等）。压制茶品质总要求：外观形状与规格要符合该茶类应有的规格要求，如成型的茶，外形平整、个体压制紧实或紧结、不起层脱面、压制的花纹清晰。茯砖茶还要求砖内发花茂盛。各压制茶的色泽具有该茶类应有的色泽特征；内质要求香味纯正，没有酸、馊、霉、异等不正常气味，也无粗、涩等气味（图3-45、图3-46）。

图3-45 贵州华盛道茶业有限公司黑茶产品　　　图3-46 黑茶汤色

二、凤冈黑茶加工工艺

黑茶所用鲜叶原料较粗老；都有渥堆变色过程，有的是干坯渥堆变色，有的采用湿坯渥堆变色；都要通过蒸压过程和缓慢干燥过程。黑毛茶的制造工艺分杀青、初揉、渥堆、复揉、干燥五道工序。

三、凤冈黑茶加工操作规程

1. 鲜叶要求

黑毛茶鲜叶原料以新梢青梗为对象，不采一芽一、二叶。鲜叶原料一般分为四个级别：一级以一芽三、四叶为主，二级以一芽四、五叶为主，三级以一芽五、六叶为主，四级以小满前后一芽五叶和同等嫩度的对夹叶为主，稍带嫩梗。

2. 杀青

由于黑毛茶鲜叶原料粗老，含水量低，叶质硬化，杀青时不容易杀透杀匀，所以在杀青前对鲜叶原料一般都要进行洒水处理（图3-47）。洒水量一般为鲜叶重量的10%左右。但也要根据鲜叶的老嫩程度和采茶季节灵活掌握，通常是嫩叶少洒，老叶多洒；春茶少洒，夏秋茶多洒；雨水叶、露水叶、一级叶不洒。洒水的操作技术是边洒水，边翻拌，做到洒水

图3-47 杀青工艺

均匀一致，叶面、叶背都要有水附着，以水不往下滴为度。

凤冈黑毛茶杀青采用长滚筒连续杀青机，当滚筒内温达到杀青要求时，操作方法与绿茶杀青基本相同，杀青程度以叶色由青绿变为暗绿，青气基本消失，发出特殊清香，

茎梗折而不断，叶片柔软，稍有黏性为度。

3. 初揉

初揉的作用主要在于破坏叶的细胞，使茶汁附于叶的表面，并使叶片初步成条。杀青叶出滚筒后，趁热揉捻。热揉捻有利于叶片卷折成条，塑造良好外形。

目前使用的揉捻机主要有55型和65型两种，投叶量分别为20~25kg和40~50kg（图3-48）。揉捻方法与一般红、绿茶揉捻相同，加压也要掌握"轻、重、轻"的原则，但以松压和轻压为主，即采用"轻压、短时、慢揉"的办法。如揉捻过程中加重压，时间长，转速快，则会使叶肉叶脉分离，形成"丝瓜瓤"状，茎梗表皮剥脱，形成"脱皮梗"状，而且大部分叶片并不会因重压而折叠成条，对品质并不利。揉捻机转速以37r/min左右为好，加轻压或中压，时间15min左右。

揉捻程度以掌握较嫩叶卷成条状，粗老叶大部分褶皱，小部分成"泥鳅"状，茶汁溢出，叶色黄绿，不含扁片叶、碎片茶、丝瓜瓤茶和脱皮梗茶少，细胞破坏率15%~30%为度。

图3-48 揉捻工艺

4. 渥堆

渥堆是黑茶制造中的特有工序，经过这道工序，使叶内的内含物质发生一系列复杂的化学变化，以形成黑茶特有的色、香、味。

渥堆要求有适宜的条件。渥堆场所要清洁，无异味，无日光直射，室温保持在25℃以上，相对湿度在85%左右（图3-49）。

渥堆要求操作过细。一、二级叶初揉后解散团块，堆在篾垫上，厚15~25cm，上盖湿布，并加覆盖物以保湿，促进化学变化。在渥堆进行中，应根据堆温变化情况，适时翻动1~2次。三、四级叶初揉后不需解块，立即堆积起来，堆成高100cm、宽70cm的长方形堆，并再加覆盖物。一般不翻动，但堆温如超过45℃，要翻动一次，以免烧坏茶

图3-49 渥堆工艺

坯。如初揉叶含水量低于60%，可浇少量清水或温水，100kg茶坯喷水6kg左右，并要喷细、喷匀，以利渥堆。在渥堆过程中，为做到保温，还要注意将茶堆适当筑紧。但不能筑紧过度，以防堆内缺氧，影响渥堆质量。渥堆时间，在正常情况下，春季12~18h，夏秋季8~12h。

渥堆程度，以茶堆表面出现由热气而凝结的水珠，叶色由暗绿变为黄褐，青气消除，发出酒糟气味，附在叶表面的茶汁被叶肉吸收，黏性减少，结块茶团一打即散为适度。渥堆不足的茶坯，叶色黄绿，有青气味，黏性大，茶团不易解散。渥堆过度的茶坯，手摸有泥滑感，闻之有酸馊味，用手搓揉时叶肉叶脉分离，形成丝瓜瓤状，叶色乌暗，汤色浑浊，香味淡薄。因此，渥堆过度茶叶不宜复揉，应单独处理，不与正常茶叶混合。

渥堆需要适宜的堆温，堆温以30~40℃，不超过45℃为宜。在渥堆过程中，堆温是逐步上升的。随着堆温的上升，化学变化加速进行，茶坯的色、香、味也发生明显的变化。当渥堆进行到16~18h，堆温升到36~38℃，叶色呈暗黄色，酒糟气味浓烈，黑茶品质特点已趋于完美。

5. 复揉

复揉的主要目的是使渥堆时回松的叶子进一步揉成条，并在初揉的基础上进一步破坏叶的细胞，以提高茶条的紧结度和香味的浓度。方法是将渥堆适度的茶坯解块后再上机复揉，揉法和初揉相同，但加压更轻些，时间更短些。以一、二级茶揉至条索紧卷，三级茶揉至"泥鳅"状茶条增多，四级茶揉至叶片褶皱为适度。

6. 干燥

干燥是黑茶初制中最后一道工序。如今，凤冈黑茶干燥采用烘干机。

烘干机烘干一般分为毛火和足火。一般采用100型烘干机、20型链板式自动烘干机烘干。毛火温度：110~120℃，烘至含水量15%~20%，下机及时摊晾、冷却。冷却摊晾时间：40min~60min。足火温度：100~110℃，含水量为6%~7%，用手捏茶叶即成粉末。

四、砖茶的加工工艺

凤冈砖茶是以优质黑毛茶或者晒青为原料，经过筛、扇、切、磨等过程，成为半成品，再经过高温汽蒸压成砖。其汤如琥珀，滋味醇厚，香气纯正，独具菌花香，长期饮用砖茶，能够帮助消化，有效促进调节人体新陈代谢，对人体起着一定的保健和病理预防作用（图3-50）。

图3-50 凤冈砖茶

五、凤冈砖茶的分类及特点

① **青砖茶**：以老青茶作原料，经压制而成青砖茶。成茶的外形端正光滑，厚薄均匀，砖面色泽青褐。汤色红黄明亮，具有青砖茶特殊的香味，无青涩感觉，叶底粗老呈暗褐色。青砖茶饮用时需将茶砖破碎，放进特制的水壶中加水煎煮，茶汁浓香可口，具有清心提神，生津止渴，御化滞利胃，杀菌收敛，治疗腹泻等功效。

② **米砖茶**：以红茶的片末茶为原料蒸压而成的一种红砖茶，因其所用原料皆为茶末，所以被称为"米砖茶"。米砖茶成品外形十分美观，棱角分明，砖面色泽乌亮，冲泡厚汤色红浓，香气纯和，滋味十分醇厚。

③ **黑砖茶**：是以黑毛茶为原料压制而成的。外形为长方砖形，砖面平整端正，四角分明，厚薄一致，色泽黑褐；内质香气纯正，汤色红黄微暗，叶底老嫩尚匀，滋味浓厚中微带些涩味。

④ **花卷茶**：花卷茶外形为圆柱形，色泽黑褐，正面边有花纹，色泽乌黑法润；内质香气纯正，汤色红黄，滋味浓厚微涩，叶底老嫩尚匀。花卷茶是以优质黑毛茶作原料，制造工艺与黑砖基本相同（图3-51）。

⑤ **茯砖茶**：以黑毛茶为原料，经压制而成的方块砖形茶，由于茯砖茶的加工过程中有一个特殊的工序——发花。要求砖体松紧适度，便于微生物的繁殖活动。烘干的速度不要求快干，整个烘期比黑、花两砖长1倍以上，以求缓慢"发花"。俗称"发金花"，金花生长得越多，代表茯砖茶的品质越好。茯砖茶砖面色泽黑褐，内质香气纯正且有黄花清香，汤色红黄明亮，叶底黑褐尚匀，滋味醇厚平和（图3-52）。

图3-51 锌硒花卷茶

图3-52 贵州华盛道茶业有限公司茯茶

第五节　凤冈青茶加工

青茶是我国六大茶类之一，在福建、广东、台湾一带生产是主体。凤冈茶产业发展起来后，由于土壤中富含锌硒微量元素受到外商青睐。2005年前后，福建人庄秋生率先来到凤冈，建起了锌硒乌龙茶厂。

一、凤冈青茶的品质特征

凤冈青茶属半发酵茶，既具有绿茶的清香，又具有红茶的醇厚，天然的花果香味和"绿叶红镶边"特征，同时含有不可多得的锌硒微量元素。青茶独特的香气、滋味以及保健作用日渐为人们所青睐。目前，凤冈青茶主要有凤冈县乌龙茶厂生产的锌硒乌龙（图3-53）。

图3-53　凤冈青茶

二、凤冈青茶的制作工艺

凤冈青茶的加工工艺通常采用包揉做形，需要反复进行"束包、揉捻、解块和干燥"，定型至烘干，各环节需要较多的人反复操作，在包揉过程中造成的碎末茶较多，且摇青、炒青工序影响成品青茶在揉捻机成型、茶叶香气、滋味等，对茶叶品质、碎茶率造成一定影响。青茶的制作包括晒青、摇青、萎凋、杀青、揉捻、烘焙和包装环节。

三、凤冈青茶加工操作规程

1. 晒青

将采摘回来的新鲜茶叶放置于室内阴凉处晒青，摊开厚度为5~7cm，放置2~3h至茶叶含水量为90%以下（图3-54）。

2. 摇青

将晒青后的茶叶进行两次摇青，第一次，将茶叶放入摇青机内轻摇

图3-54　室内晒青工艺

6~8min，摇青机转速为15~20r/min，然后将茶叶置于室内摊凉，摊叶厚2~3cm，室内温度

控制在20~25℃，时间2~4h。第二次将茶叶放入摇青机内要重摇4~5min，摇青机转速为40~50r/min，将茶叶置于室内摊凉2~3h，室内温度22~25℃，摊叶厚2~3cm（图3-55）。

图3-55 摇青机

摇青经轻摇和重摇，使茶叶细胞散发香气，又不至于堆积成一块，摇青之后再进行萎凋，使青茶充分进行酶促反应后，形成青茶特有的香气和滋味。

3. 萎凋

将摇青的茶叶用鼓风机吹3~5h，控制鼓风机出风温度25~28℃，再将茶叶摊开4~7cm，置于室内自然萎凋50~70min，间隔15~20min翻叶，萎凋至茶叶含水量为40%~50%。

4. 杀青

将萎凋的茶叶置于杀青机内进行杀青，控制杀青机温度为220~250℃，杀青时间3~5min，杀青结束后静置15~30min（图3-56）。

图3-56 杀青机

5. 揉捻

初揉时，茶叶杀青出锅后，翻动2~3次使热气消失，即用揉捻机揉捻，揉捻3~5min后解块。将初揉叶解块后置于干燥机初步烘干，至叶表面无水，握之柔软有弹性不粘手（半干）时将初干叶摊于避风处静置3~5h，再进行包揉。包揉又称团揉，将初干的茶叶先用滚筒杀青机加热回软，叶温

图3-57 包揉机

达60~65℃时，将1~2kg在制品装入特制的布巾或布袋中，用包揉机或手工进行快速揉搓。其间要多次复火，反复包揉，适时松包解袋，使水分慢慢消失，外形变得逐渐紧结圆润（图3-57）。

6. 烘焙

包揉结束后即用烘干机上烘焙，烘干机温度为80~100℃，烘焙4~6min，摊凉回潮10~15min后，将茶叶置于温度为60~80℃，烘焙10~15min，摊凉获得成品毛茶（图3-58）。若原料较老，为使外形紧结重实，可用二次干燥法，即先将茶叶用干燥机初烘6~10min，摊凉回潮后再用揉捻机复揉整形，然后用80~90℃的温度进行第二次干燥。

图3-58 烘焙机

第六节 凤冈黄茶加工

凤冈黄茶生产量极少，目前仅永安镇万壶缘茶业公司有少量生产。由于黄茶属六大茶类之一，故本节亦作介绍。

一、凤冈黄茶品质特征

黄茶属轻发酵茶类，加工工艺近似绿茶，只是在干燥过程的前或后，增加一道"闷黄"的工艺，促使其多酚叶绿素等物质部分氧化。

凤冈黄茶的品质特点是黄汤黄叶，兼具锌硒元素。制法特点主要是闷黄过程，利用高温杀青破坏酶的活性，其后多酚物质的氧化作用则是由于湿热作用引起，并产生一些有色物质。变色程度较轻的是黄茶，变色程度重的，则形成了黑茶（图3-59）。

图3-59 凤冈黄茶

二、凤冈黄茶制作工艺

凤冈黄茶的制作需经过杀青、揉捻、闷黄、干燥。其中杀青、揉捻、干燥等工序均与绿茶制法相似，最重要的工序在于闷黄，这是形成黄茶特点的关键，主要做法是将揉捻后的茶叶用纸包好，或堆积后以湿布盖之，时间以几十分钟或几个小时不等，促使茶坯在水热作用下进行非酶性的自动氧化，形成黄色。

三、凤冈黄茶加工操作规程

1. 杀青

黄茶通过高温杀青,以破坏酶活性,防止多酚类化合物的酶促氧化,同时蒸发部分水分,散发青草气,对香味的形成有重要作用(图3-60)。与绿茶一样,黄茶杀青也遵循"高温杀青、先高后低"的原则,以彻底破坏酶活性,防止产生红梗红叶,并要杀匀杀透。但黄茶的品质特点是黄叶黄汤,因此杀青温度与技术有其特殊之处。与同等嫩度的绿茶相比,黄茶杀青的投叶量偏多,锅温偏低,时间偏长。这就需要杀青时适当多闷少抛,以迅速提高叶温,达到破坏酶活性的要求,同时通过湿热作用,促进内含物向有利于黄茶品质形成的方向发展。

图3-60 高温杀青机

2. 揉捻

黄茶揉捻时趁热揉捻,在湿热作用下既有利于揉捻成条,也起到闷黄作用。同时,热揉后叶温较高,有利于加速闷黄过程的进行。因此,黄茶在杀青后,立即趁热揉捻做条。黄茶揉捻用力要轻,防止茶汁挤出,色泽变黑。

3. 闷黄

闷黄是黄茶加工的独特工艺,也是黄茶品质形成的关键工序(图3-61)。黄茶闷黄在揉捻后的湿坯闷黄(图3-62)。影响闷黄的主要因素有茶叶含水量和叶温。闷黄的初始叶温,对闷黄的影响较大,为了控制黄变的进程,通常要趁热闷黄,有时候还要用烘、炒来提高叶温,促进黄变;但也可通过翻堆来降低叶温。闷黄过程中要控制茶坯的含水量变化,防止水分的大量散失,尤其是湿坯堆闷要注意环境的相对湿度和通风状况,必要时应盖上湿布,以提高局部湿度和控制空气流通。

图3-61 黄茶闷黄机

图3-62 湿坯闷黄

闷黄时间长短与黄变要求、茶坯含水量、叶温密切相关。一般杀青或揉捻后的湿坯闷黄，由于叶子的含水量较高，变化较快，闷黄时间较短；而初烘后的干坯闷黄，由于叶子的含水量少，变化较慢，闷黄时间较长。

4. 干燥

黄茶干燥一般采用分次干燥的方式。干燥的方法有烘干（图3-63）和炒干两种。干燥的温度比其他茶类偏低，且遵循"先低后高"的原则。先低温烘炒，创造湿热条件，使茶叶再缓慢地干燥失水，在湿热作用下，内含物转化，有进一步闷黄的作用，即边干燥、边闷黄，使品质的形成和发展更加完善。后期采用较高温度的烘炒，固定已经形成的黄茶品质，同时在干热条件下，发展香味。

图3-63 自动烘干机

第七节　凤冈抹茶加工

凤冈抹茶属于绿茶中的新兴茶类，它是以碾茶为原料加工而成。主销市场为国内大中型城市及出口日本，主要消费对象为年轻人，消费习惯为快速、便捷；贵州抹茶主要生产企业有贵州贵茶有限公司、安顺御茶村茶业有限责任公司，贵州贵茶有限公司开发的品种较多。

凤冈2017年开始加工抹茶，但起点较高，为"欧标"抹茶，2018年生产企业只有凤冈贵茶有限公司、凤冈县绿池河茶旅有限公司，企业各有1条成套设备生产线，设备生产商分别是日本进口、浙江红五环制茶叶装备股份公司；2019年新增5条碾茶生产线。

一、抹茶分类及定义

凤冈抹茶执行《贵州抹茶》T/GZTPA 0001—2018标准，由贵州省绿茶品牌发展促进会于2018年6月10日发布，2018年10月1日实施），分类及定义如下：

1. 贵州碾茶

在贵州境内，选用适制碾茶的茶树品种，采用覆盖栽培的茶树鲜叶按《贵州抹茶加工技术规程》（T/GZTPA 0003—2018）工艺加工而成的片状茶产品（图3-64）。

2. 贵州抹茶

以贵州碾茶为原料，经研磨工艺加工而成的微粉状茶产品，具有色鲜绿、覆盖香、味清爽的特点（图3-65）。

图 3-64 凤冈碾茶

图 3-65 凤冈抹茶

二、凤冈抹茶品质特征

1. 碾茶

① 感官品质：应符合表 3-12 规定。

表 3-12 碾茶感官品质要求

等级	外形	内质			
		汤色	香气	滋味	叶底
特级	墨绿或鲜绿，油润，匀净	嫩绿明亮	覆盖香（或鲜香）显著	鲜醇	嫩匀
一级	绿润，较匀净	绿明亮	有覆盖香（或鲜香）	醇和	嫩尚匀
二级	绿尚润，尚匀净	浅黄绿	纯正	纯正	尚嫩

② 理化指标：应符合表 3-13 规定。

表 3-13 理化指标

项目	指标		
	特级	一级	二级
水分（质量分数）	≤ 6.0%		
总灰分（质量分数）	≤ 8.0%		
粉末（≤ 40 目）（质量分数）	≤ 5.0%		
茶氨酸总量（质量分数）	≥ 1.5%	≥ 1.0%	≥ 0.5%

③ 安全指标：污染物限量，除铅 ≤ 4.0mg/kg，其他应符合 GB 2762 的规定。农药最大残留限量：应符合表 3-14 规定。

表 3-14 农药最大残留限量

项目	指标（mg/kg）
吡虫啉	≤ 0.2
草甘膦	≤ 0.5
虫螨腈	≤ 10

续表

项目	指标（mg/kg）
啶虫脒	≤ 0.2
联苯菊酯	≤ 2.0
茚虫威	≤ 2.0

注：其他指标应符合 GB 2763 的规定。

2. 抹茶

① **感官品质**：应符合表 3-15 规定。

表 3-15　抹茶感官品质要求

等级	外形		内质		
	外形	颗粒	香气	汤色	滋味
特级	鲜绿明亮	柔软细腻均匀	覆盖香显著	鲜浓绿	鲜醇味浓
一级	翠绿明亮	柔软细腻均匀	覆盖香明显	浓绿	纯爽味浓
二级	绿亮	细腻均匀	覆盖香	绿	纯正

② **理化指标**：应符合表 3-16 规定。

表 3-16　理化指标

项目	指标		
	特级	一级	二级
粒度（D60）	18μm		
水分（质量分数）	≤ 6.0%		
总灰分（质量分数）	≤ 8.0%		
粉末（≤ 40 目）（质量分数）	≤ 5.0%		
茶氨酸总量（质量分数）	≥ 1.5%	≥ 1.0%	≥ 0.5%

注：D60 为样品总量的 60%。

③ **安全指标**：污染物限量、农药最大残留限量与碾茶要求一致。

3. 原料（鲜叶）及采运

① **原料（鲜叶）要求**：应符合表 3-17 的规定（图 3-66、图 3-67）。

表 3-17　原料（鲜叶）要求

项目	要求
嫩度	一芽 3~5 叶或同等嫩度的开面叶，叶片柔软，色泽浓绿，嫩度基本一致，避免老梗、老片
匀度	长度一致、颜色均匀
净度	同批加工茶树品种相同，不得有非茶类夹杂物
新鲜度	茶青浓绿鲜活，无红梗红叶

图 3-66 碾茶原料

图 3-67 碾茶采样标准

② **覆盖要求**：碾茶园需要进行遮阴覆盖，覆盖时间为 15~20d，覆盖后采摘前 5~7d 需间隔 2~3d 观察茶青长势（图 3-68、图 3-69）。

图 3-68 洪成金银花茶业公司抹茶茶园

图 3-69 绿池河茶旅公司抹茶茶园

③ **采运要求**：碾茶采摘期在一芽 3~5 叶或同等嫩度的开面叶，叶片柔软，色泽浓绿时开始采摘。分批分次及时采摘和运输，避免紧压。采摘过程中避免茶青在阳光下暴晒，遮阳网应即揭即采，鲜叶置于阴凉处，避免烧青或色泽变化，且及时摊晾。

三、加工工艺流程

1. 初制（碾茶）工艺流程

鲜叶储存→切割→筛分→蒸汽杀青→冷却散茶→碾茶炉干燥→梗叶分离→二次烘干→茎叶分离→检验入库。

2. 精加工工艺流程

初制碾茶→匀堆→精制→拼配匀堆→磨粉→检验入库。

四、加工技术要求

1. 碾茶加工（初制）技术要求

① **鲜叶储存**：茶青摊放于清洁卫生的摊青槽中，不得直接摊放在地面。不同品种、不同嫩度的茶青分开摊放，倒入槽内后确保茶青呈鲜活冷却状态。露水叶、晴天叶分开管理、加工。摊晾时间不得超过18h。

② **切割**：切割有利于鲜叶原料大小较为一致，便于后序的杀青与干燥工艺。

③ **筛分**：筛分主要是避免碎叶、包叶和茶梗等混入茶叶中容易堵塞杀青机网孔，阻碍蒸汽流通，导致杀青不足，同时这些物质进入到烘干设备也容易变焦，导致正常茶叶产生焦臭味，进而影响总体茶叶品质。

④ **蒸汽杀青**：通过调节蒸汽流量、压力、蒸机筒转速、轴转速、角度等使杀青适度，鲜叶变软，有清香，无青臭闷钝味。需定期对杀青机进行清洗，避免杀青机出现堵塞的情况，导致杀青不透。露水叶需吹干后进行加工，避免杀青不透或干茶色泽发暗（图3-70）。

图3-70 碾茶自动化生产线

⑤ **冷却散茶**：冷却散茶的目的是在杀青后及时把茶叶表面的水分与热量散失，避免茶叶出现重叠影响品质。

⑥ **碾茶炉干燥**：碾茶炉干燥是利用辐射热的方式对蒸汽杀青后的茶青进行烘烤，使茶叶从内而外散发水分，并使水分降低为10%左右。

⑦ **梗叶分离**：使用梗叶分离机，通过螺旋刀和风选装置分离梗叶。

⑧ **二次干燥**：烘干温度控制在70℃左右，使水分降低到6%以下。

⑨ **茎叶分离**：使用茎叶分离机，通过螺旋刀和风选装置分离茎叶。最终碾茶粉末含量≤3%，水分≤6%（图3-71）。

2. 抹茶加工（精制）技术要求

① **匀堆**：按品质相近原则将初制碾茶进行匀堆操作，使其混合均匀。

图3-71 碾茶自动化生产线

② 精制：按照质量要求进行剔梗、剔叶脉、复火提香等操作。

③ 拼配匀堆：抹茶没办法拼配混匀，故在磨粉前对精制碾茶进行拼配匀堆，以保证抹茶品质等级。碾茶拼配要求从色、香、味等方面进行把控，选取相应数量的精制碾茶进行拼配匀堆，使混合均匀。

图3-72 自动化抹茶研磨机

④ 磨粉：在低温、低湿条件下采用特制研磨设备进行研磨，使抹茶粒度达到要求（图3-72）。

第八节　凤冈苦丁茶加工

凤冈人历史上就有生产加工、饮用苦丁茶的习惯，只是到了现在加工工艺已发生了很大的变化。本节就苦丁茶加工作简要介绍。

一、凤冈苦丁茶品质特性

凤冈苦丁茶树系木樨科女贞属乔木植物。茶叶外形色泽绿润，汤色碧绿，叶底鲜绿，滋味味甘甜微苦，品质优良，口感怡适，经久耐泡，滋味持久。有生津止渴、清热解暑之功效，是一种特殊的纯天然保健饮料。

二、凤冈苦丁茶加工工艺

成品苦丁茶目前主要有四种不同外形，即普通形（无规则形状）（图3-73）、针形、卷条形（图3-74）、珠形。其加工工艺技术与绿茶相似，但又揉合了其他茶类加工工艺，

图3-73 无规则形状苦丁茶

图3-74 卷条形苦丁茶

主要工艺流程有：萎凋→杀青→揉捻→沤堆→做形→初烘→复火→精选包装，其中做形视苦丁茶外形要求而定。

三、凤冈苦丁茶加工技术要求

1. 原料要求

采摘来的鲜茶叶，注意将老嫩、粗细、长短基本一致的放在一起，便于分级摊放、分级加工，切勿层积堆沤，以免叶落腐烂。

2. 杀青

苦丁茶的初加工按杀青方法分煮制法、炒制法、蒸制法。

1）煮制法

① 杀青：选用能装15kg水的铁锅，用水洗净后升高温至锅红，用制茶油抹锅，然后用皮纸擦洗，直到锅中无青烟冒出，降温冷却（以下二炒、三炒等备用铁锅准备方法同此）。盛水10kg，加热至水沸，将鲜叶放入，每次投放500~700g，投入后迅速搅拌，使其受热均匀，当茶梗全部变软时（30~60s）迅速滤起。

② 冷却：杀青叶起锅后迅速放入准备好的冷水中冷却。

③ 脱水：将冷却后的杀青叶用纱布包好后放入脱水机中进行1~2min的脱水，取出解块，使其松散。

2）炒制法

① 杀青：将备用杀青锅（参照口径为70cm）加温，当锅温度达240℃以上时投入250~500g鲜叶，快速翻炒，抖闷结合，杀青时间一般1~2min，当茶梗全部杀透变软后立即起锅。杀青叶要求无焦边、焦叶、红梗、红叶。杀青原则：高温杀青，先高后低；抖闷结合，嫩叶多抖少闷，老叶多闷少抖；老叶嫩杀，嫩叶老杀（图3-75）。

② 冷却：起锅后迅速均匀散热冷却。

图3-75 炒锅机杀青

图3-76 蒸汽杀青机

3）蒸制法

① 杀青：当蒸汽温度达100~110℃时，鲜叶按0.7~1kg/m²均匀平铺杀青皿，即可进行杀青（图3-76）。杀青时间约1min，待茶梗全部杀透变软后取出。

② 冷却：起锅后迅速均匀散热冷却。

3. 揉捻

杀青叶冷却后，按"轻—重—轻"原则沿同一方向揉捻，一边揉捻一边抖动，使之匀整，揉捻成形度达85%~95%即可。

4. 做形

① 二炒：将揉捻叶500g投入温度为120℃的待用炒锅中用手快速翻炒，使揉捻叶水分迅速蒸发（翻炒时偶有轻微爆鸣声，若出现连续爆鸣声，应迅速降温）。温度由高到低，逐渐降至40~60℃，当苦丁茶半成品干燥至手捏成团，手松能散时开始做形。

② 做形：苦丁茶按形状分条形、珠形、片状等，做形要根据外形要求而定，其加工工艺与绿茶相同。

5. 干燥

停止做形后，适当提高锅温（70~80℃，不能低于60℃），快速翻炒至足干（两手轻捻成粉末，含水量<7%），起锅封装储存的成品即为毛茶。

第九节　凤冈老鹰茶加工

凤冈历史上曾加工饮用老鹰茶，现在农村边远之处仍然如此。老鹰茶加工饮用虽不是主流，但有记录价值，故本节作简要介绍。

一、凤冈老鹰茶的品质特征

老鹰茶树又称老阴茶，属常绿乔木，叶互生，叶质厚，泽深绿。老鹰茶的叶片呈椭圆形，面绿背白，故又称白茶。老鹰茶含芳香、油很多，含多酚类化合物，泡饮时较清香，滋味厚实，先涩后甘，滋味浓而口劲大，在夏天饮用更觉得消暑解渴、健胃开脾。其茶汤呈琥珀色，用叶少，出汁多，茶水在夏季隔夜不馊，老鹰茶的主要生化成分中不含咖啡碱物质，无兴奋作用，不影响睡眠，而且可溶性糖含量高达8.5%，饮用时清香回甜（图3-77）。

图3-77　老鹰茶

二、凤冈老鹰茶生产工艺

一是传统加工（杀青—晒干）：用沸水杀青（将老鹰茶幼叶倒入沸水中，不停地拌混，要求杀透、杀熟、杀匀，杀青时间1~2min），晒干，也可直接晒干。二是采用现代加工工艺（鲜叶→分选→萎凋→杀青→揉捻/不揉捻→烘干→精选→包装）。

三、凤冈老鹰茶加工技术要求

1. 鲜叶

① 采收老鹰茶树的嫩叶：鲜叶采收时间3—6月。采摘单芽至一芽三叶加工出来的茶品质较高，但产量较小。茶汤浓度不及老茶叶，但色香味俱佳，颇显品质。

② 采收老鹰茶的老叶：这种叶片缩水性不高，产量有保证。市场上大量销售的老鹰茶均为老叶。用老叶冲泡出的茶汤味道浓郁，色泽如琥珀。在制作茶叶蛋或松花蛋的时候，可以用老叶做辅料，做出来的茶叶蛋更具风味，松花蛋更香。

2. 萎凋

摊放厚度为3~5cm，摊放时间4~8h，通风过程中要注意散热，防止机械损伤及发热红变。

3. 杀青

温度控制在120~150℃，杀青时间1~2min，致含水分55%~65%。

4. 烘干

温度控制在110~130℃，时间40~50min，最终成品水分控制在8%以内。

老鹰茶性甘凉，有兰麝之香，经夜不馊，具醒神、强心、开窍、生津、消暑之功。

老鹰茶无兴奋作用，不影响睡眠，且富含矿物质元素，参与人体蛋白质、氨基酸和碳水化合物的代谢，对心血管具有保护作用。特别是消除油腻的功效显著，长期饮用可降血脂、降血压，其中高含量的硒更有驻颜美容之用。

第十节　凤冈甜茶加工

野生甜茶（图3-78）中富含18种氨基酸，以及钙、锌、锗、硒、钾、镁、磷、铁、钠、铜、铬、锶、锂等多种元素，不含砷铝等有毒物质，不含咖啡因。

甜茶是凤冈农村群众从古至今生产的一种茶，市面流通量不大，目前只有天桥镇有一家加工厂在生产。市场占有量少，在熟人范围销售居多。作为一种特有的茶饮，本节作简要介绍（图3-79、图3-80）。

图3-78 甜茶植物

图3-79 甜茶（干茶）

图3-80 凤冈甜茶

一、凤冈甜茶的品质特征

甜茶，又名多穗石柯，是喜阴植物，乔木，有的树冠高达10m，主要分布在长江以南西部的部分省份，四季常青，生长在海拔800m以上的林地，春季发出嫩叶，生吃嫩叶，有甘甜带微苦味。甜茶的叶子呈椭圆形，嫩梢紫红，边缘有锯齿，味微甜，但不含糖分，属天然甜植物，适宜糖尿病人少量食用。

二、凤冈甜茶加工工艺

一是农村传统加工：用沸水杀青（将甜茶幼叶倒入沸水中，不停地拌混，要求杀透、杀熟、杀匀，杀青时间1~2min），煮后晒干即可泡水饮用，其颜色为黑色，通常在夏季饮用解渴，此种加工方式容易将所含的部分维生素丢失。下面重点介绍凤冈野生甜茶改进后的加工工艺：原料的拼配（鲜叶）→萎凋→揉捻→烘干。

三、凤冈甜茶加工加工技术要求

① 原料的拼配：采集一芽一叶和一芽二叶的混合物鲜叶作为原料；其中，春茶时期，鲜叶原料中一芽一叶和一芽二叶的重量配比是3∶7；夏茶时期，鲜叶原料中一芽一叶和一芽二叶的重量配比是2∶3；秋茶时期，鲜叶原料中一芽一叶和一芽二叶的重量配比是7∶13。

② 萎凋：将步骤①中准备好的鲜叶原料均匀摊放，并进行萎凋处理，控制鲜叶原料的失重率在35%~45%，得到萎凋叶。

③ 揉捻：将萎凋叶轻揉25~35min，然后加压揉捻15~25min，再轻压揉捻25~35min，得到揉捻叶。

④ 烘干：将揉捻叶投入烘焙机中烘干，得到含水量是4%~6%的成品。

第四章 凤冈茶的品牌营销

凤冈产茶历史悠久，史料早有记载。但凤冈茶到20世纪90年代初，才开始出现如"龙泉毛峰""凤泉雪剑""黔北翠芽""龙江翠芽"等几个简易的茶叶商标。伴之其简陋的包装，在极有限的销售空间露面。直到1999年凤冈县茶叶公司的"凤泉雪剑"茶荣获遵义市首届名优茶品评"优质产品"称号，凤冈茶才对外亮出了自己在现代茶业界和营销领域的"小荷尖尖角"和"小家碧玉般的青涩倩影"，凤冈茶品牌，真正走向全省全国茶业界和消费者的视野。2005年在凤冈县举办的"贵州省首届茶文化节"，当属一个标志性的凤冈茶品牌宣传腾飞的起点。

第一节　凤冈茶的品牌与宣传

凤冈茶品牌的历史不长，但凤冈茶的品牌发展与竞争力确实是惊人的。短短二十余年的品牌史及其辉煌成就，足以令世人刮目相看。

一、凤冈茶的注册商标

凤冈产茶历史悠久。然而，凤冈茶商标的使用和发展却是1978年改革开放之后的事情。历史上的凤冈，茶叶交易多为散茶交易，对茶的品类品质划分，多用细茶、粗茶来区别。对茶叶的产地来源，多用地域名或家族姓氏来命名。如绥阳茶叶、蜂岩茶叶，安家茶叶、李家茶叶等。

图4-1　20世纪80—90年代凤冈茶叶包装产品

凤冈茶叶商标的使用，始于20世纪80年末至90年代初。当时，凤冈县茶叶公司、凤冈县田坝茶厂开始在其简易的茶叶包装上使用"龙泉毛峰""凤泉雪剑""凤绿茶""黔北翠芽""永安翠芽""龙江翠芽"（图4-1）等字样来命名出产或抽检的茶叶。1994年，凤冈县茶园土样及产出茶叶中，经贵州省理化测试分析研究中心检测，发现富含

图4-2　凤冈富硒富锌茶获金奖证书

硒锌。随之"富硒绿茶""富硒富锌绿茶"开始作为商标在凤冈茶包装上使用。1994年，凤冈县田坝茶厂选送的"富硒绿茶"获得"中国现代家庭消费质量鉴评"金奖。1995年，凤冈县茶叶公司选送的"富硒富锌茶"获中国攀枝花市第四届苏铁观赏暨物资交易会金奖（图4-2）。1999年，凤冈县茶叶公司选送的"凤泉雪剑"茶获遵义市首届名优茶品评"优质产品"称号。从此，凤冈茶对外有了自己的商标和品牌形象。遗憾的是，上述茶叶商标均未申请注册，也未能持续使用使其成为固化的品牌形象。

凤冈县最早的茶叶注册商标"仙人岭"，是1996年12月28日由当时的凤冈田坝茶厂申请获得的，随后几年惠云、浪竹、芸馨等茶叶商标相继注册并走向市场。而同期凤冈茶独有的锌硒品质越来越受到茶界的好评和消费者的关注，"富硒富锌""富锌富硒""凤冈锌硒"等字样大量出现在凤冈茶叶产品包装上及对外宣传中。2004年以来，凤冈县根据市场调研结果并听取各方专家的建议，开始使用"凤冈锌硒茶"商标统称"凤冈茶"，全面开启了茶叶公共商标的申报和打造之路。

2005年5月28日，凤冈县承办贵州省首届茶文化节以后，凤冈茶业进入快速发展期，凤冈茶商标的使用和注册也随之进入快速发展期。2006年1月24日，"凤冈富锌富硒茶"获得了国家质量监督检验检疫总局批准的地理标志保护产品。2011年12月7日，历经多年的努力，"凤冈锌硒茶"终于通过国家工商行政管理

图4-3 凤冈锌硒茶荣获中国驰名商标牌匾

总局商标局的审查，被批准注册为"地理标志证明商标"，商标注册号：8585068。2013年12月27日，"凤冈锌硒茶"被国家工商行政管理总局商标局在国际商标分类第30类茶商品上认定为"中国驰名商标"（图4-3）。2014年12月29日，"凤冈锌硒茶"商标被贵州省工商行政管理局认定为"贵州省著名商标"。同期，凤冈茶叶企业商标通过近十年的发展，商标注册量突破100件。从此，凤冈茶产业界，以公共商标"凤冈锌硒茶"为母商标，以企业商标为子商标的母子商标组合发展或母子商标并行发展格局全面形成。

自1996年以来，凤冈县茶商标经过二十多年的发展，商标注册量大增，注册领域也从单一的茶叶商标，向茶饮、茶食和茶文化相关领域拓展。至2018年11月，凤冈县茶叶商标申报量超过400件，注册商标数量已达271件，而这一数量还在动态增长。其中商标数量增长的同时，凤冈茶商标的使用及注册领域开始向茶酒、茶饮、茶食、茶馆、茶文化等领域扩展。

茶酒商标有文士、锌友、虎爸、猫妈、邵氏（使用未注册）、十二花园姊妹；茶饮料商标有寿精汤、凤栖潭、茅喷、陆氏（使用未注册）；茶食商标有灯笼山（泡茶）、蜂岩（泡茶）、余家坡黄家茶汤、夷寿山老油茶、斐大妈茶麦耳朵；茶馆及茶文化商标有不夜之侯、十二花园姊妹、吴钩、百紫然等。

在茶业商标发展中，凤冈茶商标的知名度和品牌影响力正在日渐提升。除"凤冈锌硒茶"先后获得中国驰名商标、贵州省著名商标外，仙人岭、浪竹、野鹿盖、娄山春、万壶缘、田坝、伊侬草、绿玛瑙等茶叶商标也先后被评为"贵州省著名商标"。

随着凤冈县"全域有机、全产业链有机"产业发展模式的纵深推进，有机茶品牌也随之兴起。至2018年11月，凤冈县有机茶品牌有野鹿盖、野鹿红、仙人岭、浪竹、香珠玉叶、娄山春、德凤谷、野珠林、大娄山、绿水青山好日子、天桥红韵等，并逐步为消费者认可和喜爱。

二、凤冈茶的品牌宣传

凤冈茶叶大发展，始于西部大开发。2002年10月，凤冈县茶叶协会成立。2002年11月，凤冈县茶叶事业办公室成立，县政府明确一名副县级领导干部专抓专管，构建了"政府+协会+企业+生产者"四位一体及"1+N"的产业发展新格局。2003年5月，凤冈县绿色产业办公室成立，开启凤冈有机茶认证新纪元。2003年8月5日"永安会议"召开，确立了茶产业"有机品质·锌硒特色"新的发展方向。至此"凤冈富锌富硒茶"作为农业产业结构调整的重要实践，作为农民增收和农村稳定的重要产业，作为生态环境建设的重要载体，承载着富裕一方百姓、助力区域经济腾飞的新希望正式启航。

1. 制定产品技术标准

按照县委、县政府茶产业要标准化、品牌化发展的要求，县茶叶协会和县茶叶产业发展中心先后组织专家、企业代表结合产业发展实际制定和修订了"凤冈锌硒茶"的技术标准，并通过专题讲座、座谈会、生产技术培训等措施予以贯彻，企业的标准化意识全面提高。

2005年12月22日，DB52/489—2005《地理标志产品 凤冈富锌富硒茶》由贵州省质量技术监督局发布，2006年1月1日实施。标准规定了凤冈天然富锌富硒茶地理标志产品保护范围、术语和定义、鲜叶质量、分级及实物标准样、要求、试验方法、检验规则、标志标签、包装及贮藏运输要求。该标准的发布实施，结束了凤冈茶叶生产没有统一标准的历史。

2007年11月26日，DB52/534—2007《地理标志产品 凤冈锌硒乌龙茶》由贵州省质量技术监督局发布，2007年12月1日实施。该标准的制定填补了贵州省（青茶类）茶叶标准的空白。

2008年11月1日，DB520 327/T2—2008《凤冈锌硒绿茶产地环境条件》标准规定了凤冈锌硒绿茶生产技术的术语和定义、基地选择、品种选育、园地开垦、茶树种植、肥培管理、病虫草害防治、冻害预防、茶树修剪和鲜叶采摘等。

2015年2月15日，DB52/T 489—2015《地理标志产品 凤冈锌硒茶》由贵州省质量技术监督局发布，2015年3月15日实施。该标准与DB52/489—2005的主要差异：一是修改了标准名称，将《地理标志产品 凤冈富锌富硒茶》修改为《地理标志产品 凤冈锌硒茶》；二是对标准文本进行了规范性修改。标准规定了凤冈锌硒茶地理标志产品的保护范围、术语和定义、分级和实物标准样、要求、试验方法、检验规则及标志标签、包装、运输和贮存。

2015年2月15日，DB52/T 1003—2015《地理标志产品 凤冈锌硒茶加工技术规程》由贵州省质量技术监督局发布实施，2015年3月15日实施。标准规定了凤冈锌硒茶的术语和定义、加工场所、原料（鲜叶）及采运、加工工艺技术要求。

2. 区域公共品牌产地荣誉

在县委、县政府正确领导和高度重视下，茶园种植面积迅速扩张，茶叶加工能力大幅提升，尤其是通过对生态环境的保护和建设，对农耕文化的传承与弘扬，对茶叶质量安全的严格管控和零容忍态度，对凤冈富锌富硒茶与人体健康课题的研究，创建了凤冈大基地、凤冈干净茶、凤冈大宗茶、凤冈特色茶的品牌核心与价值。

2004年8月，中国特产之乡推荐暨宣传活动组织委员会授予凤冈县"中国富锌富硒有机茶之乡"称号。2007年1月，国家环保总局批准凤冈县为国家级生态示范区。2009年10月，中国茶叶流通协会授予凤冈县"全国重点产茶县"称号和"全国特色产茶县"称号。2010年11月，凤冈县获"中国名茶之乡"殊荣。2013年1月，由人民网主办的"城市符号征集活动之最具影响力十大茶产地"评选，凤冈县位居第二名。2014年5月，"茶海之心"景区被全国旅游景区质量等级评定委员会批准为"国家4A级旅游景区"。2014年10月，中国茶叶流通协会组织开展的2014年度全国重点产茶县基本情况调查结果公布：在评选的100个全国重点产茶县中，凤冈县列16名，位居贵州第二。2014年12月，凤冈县创建成为"国家级出口茶叶质量安全示范区"。2015年10月，凤冈县获得"中国茶业十大转型升级示范县"称号。2016年10月，凤冈县被中国茶叶流通协会评为"中国十大最美茶乡"。2018年5月，凤冈县茶旅线路被中国茶叶流通协会评定为"中国十大茶乡旅游精品线路"。2020年12月，商务部公布了2020年国家外贸转型升级基地公示名单，当年新增国家外贸转型升级基地64个，凤冈县外贸转型升级基地（茶叶）是全省唯一入选基地。

3. 公用品牌和茶叶企业主要荣誉

2005年5月,"凤冈富锌富硒绿茶"获"贵州十大名茶"称号(图4-4)。2008年1月和5月,凤冈锌硒茶两进中南海和人民大会堂。2009年7月,"凤冈锌硒茶"被评为"贵州十大名茶"。2010年1月,"凤冈锌硒茶"获2009—2010年度"多彩贵州十大特产"荣誉称号。2010年

图4-4 贵州省十大名茶评选会现场

10月,"凤冈锌硒茶"获"贵州三大名茶"和"贵州五大名茶"称号。2013年1月,"凤冈锌硒茶"获贵州省自主创新品牌100强称号。2015年7月,"凤冈锌硒茶"获得百年世博中国名茶金奖国际殊荣。2017年4月,"凤冈锌硒茶"登陆中国茶萃厅,成为中国茶叶博物馆上榜品牌。2017年12月,农业部优质农产品开发服务中心将"凤冈锌硒茶"收录入全国名特优新农产品目录。2018年6月,中国茶叶博物馆"好茶征集"活动中,"凤冈锌硒茶"系列的翠芽、毛峰、茗珠、工夫红茶经专业评审被评为"馆藏优质茶样"。

在公共品牌的带动下,优秀企业不断涌现,凤冈良好的营商环境孕育国家级农业产业化龙头企业——贵州凤冈黔风有机茶业有限公司,创建了"绿宝石""仙人岭""野鹿盖""寸心草""浪竹""万壶缘""娄山春""伊依草""春江花月夜"等知名度较高的企业品牌。凤冈茶企累计获得"中茶杯""中绿杯""国饮杯""黔茶杯"等全国性或区域性名优茶评比金银奖78个。"寸心草牌·金黔眉红茶"在贵州省2017年度秋季斗茶中喜获"茶王"称号。"黔知交·金牡丹红茶"在2019年度、2020年度秋季斗茶中连获"茶王"称号。

4. 公用品牌保护

随着凤冈锌硒茶知名度的提升、市场规模的扩大,凤冈茶人加强了品牌保护工作,以规范企业经营行为和防范来自各方面的侵害及侵权行为。

2006年1月,"凤冈富锌富硒茶"成功申报国家质量监督检验检疫总局地理标志产品保护(图4-5)。

图4-5 凤冈富锌富硒茶荣获国家地理标志保护产品

2011年12月,"凤冈锌硒茶"取得国家工商行政管理总局商标局颁发的商标注册证书(地理标志证明商标)。

2014年3月,"凤冈锌硒茶"获中国驰名商标认定。

2014年11月,"凤冈锌硒茶"取得农业部农产品地理标志登记。

2014年12月,"凤冈锌硒茶"获贵州省工商局著名商标认定。

2015年5月,县政府针对茶叶企业规模偏小,商标相对较多的现状,印发了《凤冈县锌硒茶地理标志证明商标管理办法(试行)》和《凤冈县锌硒茶地理标志证明商标"五统一"管理办法实施意见》,以授权使用方式将全县茶叶统一在"凤冈锌硒茶"的注册商标下,实行公用品牌和企业品牌并存的子母商标运作模式,取得了良好的品牌集聚效应。

2017年3月,"凤冈锌硒茶象征图形"取得国家版权局登记。

2017年6月,"凤冈锌硒茶"纳入"中欧100+100"地理标志产品互认保护名录。这是对凤冈茶叶品质、品类及安全性、健康性的高度肯定。

凤冈锌硒茶商标以授权使用方式将全县茶叶统一到公用品牌旗下,形成了"公用品牌+企业品牌"的运作模式。

截至2020年,全县授权企业达100家(表4-1)。资格保护措施既给企业创造了广阔发展空间,助推其又好又快发展,同时凤冈锌硒茶品质也更加保障,品牌集聚效应明显。

表4-1 "凤冈锌硒茶"公用品牌授权使用企业

序号	公司名称	序号	公司名称
1	贵州凤冈县仙人岭锌硒有机茶业有限公司	19	贵州省凤冈县翠巅香生态茶业有限公司
2	贵州聚福轩万壶缘茶业有限公司	20	凤冈县绿缘春茶场
3	贵州野鹿盖茶业有限公司	21	贵州省凤冈县洪成金银花茶业有限公司
4	贵州省凤冈县浪竹有机茶业有限公司	22	贵州省凤冈县蜀黔茶业有限公司
5	贵州省凤冈县田坝魅力黔茶有限公司	23	贵州凤冈县天绿茶业有限责任公司
6	凤冈县娄山春茶叶专业合作社	24	凤冈县风雅黔春有限公司
7	贵州省凤冈县红魅有机茶业有限公司	25	凤冈县凤鸣春茶业有限公司
8	贵州省凤冈县茗都茶业有限公司	26	凤冈县苏贵茶业旅游发展有限公司
9	贵州省凤冈县永田露茶业有限公司	27	贵州省凤冈县绿池河茶旅有限公司
10	贵州省凤冈县朝阳茶业有限公司	28	贵州凤冈县茗馨茶业有限公司
11	贵州省凤冈县黔雨枝生态茶业有限公司	29	贵州省黔馨生态茶业有限公司
12	凤冈县田坝明雨茶厂	30	贵州黔知交茶业有限公司
13	凤冈县龙江汇绿茶厂	31	凤冈县绿鼎山茶厂
14	贵州凤冈乌龙锌硒茶业有限公司	32	凤冈县华媚茶业有限公司
15	贵州凤冈县盘云茶业有限公司	33	凤冈县焕发茶叶加工厂
16	凤冈县秀姑茶业有限公司	34	遵义林仙康茶旅有限公司
17	贵州省凤冈县富祯茶业有限公司	35	贵州露芽春生态茶业有限公司
18	贵州凤冈县凤茗泉生态茶业有限责任公司	36	凤冈县馥雅春茶叶加工厂

续表

序号	公司名称	序号	公司名称
37	凤冈县绿韵茶业有限责任公司	69	贵州省凤冈县旺龙茶业有限公司
38	凤冈县海山茶业有限公司	70	贵州省凤冈县黄荆树茶业有限责任公司
39	开阳凤冈锌硒茶业	71	凤冈县曾小兰茶叶店
40	贵州省凤冈县旺龙茶业有限公司	72	凤冈县大坡茶业有限公司
41	贵州奇茶茶叶加工厂	73	凤冈县东峰农业开发有限责任公司
42	凤冈县馨力康茶厂	74	凤冈县林云茶叶加工厂
43	凤冈县凤绿茶业有限公司	75	凤冈县远飞制茶厂
44	贵州放牛山茶业有限公司	76	凤冈县刘香茶业有限公司
45	凤冈县森绿茶业有限公司	77	凤冈县秀山春茶叶加工厂
46	凤冈县黔北佳木生态茶业有限公司	78	凤冈县和顺茶艺有限公司
47	贵州德凤谷生态农业有限公司	79	凤冈县春霖茶业
48	贵阳市观山湖区黔碧针茶叶店	80	凤冈县春香绿茶业有限公司
49	贵州锌硒佳茗电子商务有限公司	81	凤冈县冯氏茶叶加工厂
50	贵阳春秋实业有限公司	82	凤冈县凤香怡茶业有限公司
51	贵州省凤冈县旺龙茶业有限公司	83	凤冈县福来茶叶加工厂
52	贵州省凤冈县百壶春茶业有限公司	84	凤冈县海山茶业有限公司
53	贵州省凤冈县翠凤茗茶业有限公司	85	凤冈县花龙岭茶业有限公司
54	凤冈县风雅黔春有限公司	86	凤冈县君达茶业有限公司
55	凤冈县慧兴茶叶加工厂	87	凤冈县露茗春茶业有限公司
56	凤冈县普紫山茶业有限公司	88	凤冈县露枝韵茶业有限公司
57	凤冈县一品茗苑茶叶有限公司	89	凤冈县妙韵回香茶叶加工厂
58	凤冈县忆茗春茶厂	90	贵州省凤冈县茗壶香茶业有限公司
59	遵义市德鸿春茶业有限公司	91	凤冈县黔品硒茶业有限公司
60	凤冈县水坝茶厂	92	凤冈县强桃茶叶有限公司
61	贵州凤冈众葫缘茶业有限责任公司	93	凤冈县十二湾代仿制茶厂
62	凤冈县黔凤鑫茶业有限公司	94	凤冈县万壶春茶业有限公司
63	凤冈县神泉林茶厂	95	凤冈县万灵香茶业有限责任公司
64	凤冈县砚台春茶叶加工厂	96	凤冈县万绿春茶业有限公司
65	凤冈县夷州雾茗茶业有限公司	97	凤冈县雨黔春茶叶有限公司
66	贵州甘仙草茶业有限公司	98	凤冈县大顶制茶厂
67	凤冈县旺昇茶叶专业合作社	99	贵州凤冈锌硒茶业发展有限公司
68	凤冈县紫云香茶茶叶加工厂	100	凤冈县华鑫胜茶叶加工厂

5. 公用品牌价值

凤冈县采取"规模化、标准化、品牌化、市场化"运作方式推进茶产业全面发展,"凤冈锌硒茶"品牌影响扩大,品牌价值倍增。2011—2020年短短十年间,"凤冈锌硒茶"品牌价值由4.32亿元提升到22.96亿元(表4-2),排名从全国百强区域品牌第73位上升至第39位。

表 4-2 凤冈锌硒茶品牌价值增幅情况

年度	价值(亿元)	备注
2011年	4.32	全国排名73位
2012年	4.57	
2013年	4.93	
2014年	6.83	五力品牌
2015年	9.63	
2016年	11.86	全国排名51位
2017年	13.53	全国排名45位
2018年	16.49	全国排名44位、最具品牌发展力品牌
2019年	19.57	全国排名42位
2020年	22.96	全国排名39位

注:数据来源:2011—2020年度中国茶叶品牌价值评估课题组、浙江大学CARD中国农业品牌研究中心、《中国茶叶》杂志。

6. 公用品牌标识

凤冈锌硒茶,是基于县域范畴,由政府主导、协会管理,由产业集群、产品类别等形成的区域公用品牌(图4-6),于2011年12月7日取得商标注册证,证书号为8585068,注册人:凤冈县茶叶协会。

图 4-6 凤冈锌硒茶公用品牌标识

① 商标字样：见图4-7。

图4-7 凤冈锌硒茶商标字样

② 象征图形：《诗经·大雅》云："凤凰鸣矣，于彼高冈。梧桐生矣，于彼朝阳。"凤凰为百鸟之王，自古是凤冈人的图腾。凤冈锌硒茶"锌硒同聚、有机品质"为净茶之最、百茶之尊。凤冈锌硒茶象征图形以凤凰作为主视觉元素（图4-8），一是结合县名，二是精神向往。图形中的凤冠为茶叶、凤翼为茶田、背腹为山水、祥云缭绕喻茶区生态。山、水、云等元素体现上的结合，表明凤冈茶叶生长于青山绿水高山云雾之间，是好山好水孕育的好茶。黑色代表夜晚，月朗星稀、微风清爽、静怡祥和，正如"锌硒同聚、有机品质"的凤冈锌硒茶，温润而泽、宁静致远的品格。同时也将"生命的火花"锌、"月亮元素"硒融入其中。以抽象的苗族姑娘和腊染纹样等贵州人文符号作为装饰，告诉人们凤冈的地理位置。凤冈锌硒茶象征图形美在"凤舞苍穹、星月相伴、云霞相枕、山水相随、宁静祥和"。

凤凰图案的各个组成部分分别体现了凤冈的自然及人文，整体形象是对凤冈锌硒茶各方面视觉符号化的概括与表现。

图4-8 凤冈锌硒茶公用品牌标识设计视觉元素

7. 品牌广告语

东有龙井·西有凤冈；锌硒茶乡·醉美凤冈；凤冈锌硒茶·给世界一杯净茶。

第二节　龙凤佳话

"东有龙井·西有凤冈"这个命题，由时任贵州省委副书记、省长陈敏尔同志提出后，在浙黔两地茶界引起高度关注。两地政府围绕命题，积极开展交流合作，推动了浙黔两地茶产业茶文化的深度交流。

素有"黔中乐土，锌硒茶乡"之称的凤冈县，因陆生植物化石"黔羽枝"（图4-9）的发现被誉为"生命的起源，养生的天堂"。它可追溯到4亿多年前的早期维管植物，是植物进化史上从海生藻类到陆生蕨类之间的关键环节，对于人类认识陆地植物的起源演化和陆地生态系统的形成，具有十分重要的科学价值。据有关专家介绍："地球上有植物后才有动物生存的可能。先有植物，后才有动物，动物植物的和谐相处，才有了生物的进化，才有人类的今天，才有今天的世界。"因此，有专家认为"黔羽枝"化石可以有力地证明"地球上的第一抹绿"就出现在贵州凤冈这片神奇土地上。这就是凤冈作为生命的起源之地的由来（图4-10）。

在中华茶文化悠久的历史长河中，作为世界茶树原产地的贵州高原"茶籽化石"的发现，它给全球茶树植物研究提供了地球上最早的陆生茶树植物标本。经中国科学院地球化学研究所和中国科学院南京地质古生物研究所鉴定，确认为四球茶籽化石，距今至少已有100万年，是世界上迄今为止发现最古老的唯一的茶籽化石（图4-11）。它的发现，将茶叶历史推进了100万年。由此表明：世界之茶，源于华夏，华夏之茶，源于云贵，贵州才是茶叶的故乡。

从这两块陆生植物化石在贵州高原的发现，特别是凤冈境内陆生植物化石"黔羽枝"的发现，更加佐证了凤冈这片生命起源之地绝佳生态环境的渊源。让世人通过凤冈陆生植物化石"黔羽枝"看到了4亿年前的植物模样。"茶籽化石"与"黔羽枝化石"交相辉映，成为中外茶业界和自然科学界关注的焦点。这一科考成果，让凤冈一时间成了20世

图4-9 "黔羽枝"化石

图4-10 中外专家在凤冈县考察"黔羽枝"化石

图4-11 世界唯一的、发现于贵州的茶籽化石

纪70—90年代，中外科学家和地质旅游爱好者的科考探秘之地。从贵州省地质矿产勘测局专家焦惠宽先生1972年在凤冈县六池河畔进行地层勘测，首次发现"黔羽枝"化石送中国科学院南京地质古生物研究所。经过21年的研究，蔡重阳与导师等6位专家于1996年在英国《自然》杂志联合发表题为《一种早志留纪的维管植物》的文章开始。相关学术界认为凤冈"黔羽枝"的发现，证明4.3亿年前贵州出现地球上最早的维管植物。比英国卡蒂夫大学维管植物研究专家爱德华教授的观点"地球上最早的维管植物出现在距今3.9亿年前的爱尔兰"早4万年。由此，在国内外学术界引起强烈反响。围绕"黔羽枝"陆生植物起源之说，被中外专家称为"中国之谜"和"世界生物谜案"，引来英国专家爱德华教授三次到凤冈考察"黔羽枝"成因之谜。

随着时空的更替和时代的变迁，凤冈这片蕴含丰富的人文资源和自然资源的生命起源的热土，也像植物和生物的进化一样，不断演绎出许多精彩的华章。

当岁月的年轮定格在21世纪中国盛世年华之际，地处中国西南贵州北部边陲，北纬27°31′~28°22′的夷州故地——凤冈县却因一片锌硒同具的山间灵草"凤冈锌硒茶"，再次引爆业界专家和国内外媒体的眼球，在中国茶界引起了高端人士的高度关注。一度时期，在全国茶业界曾有中国生态茶叶"凤冈现象"之美誉。

特别是2014年2月，曾经在西湖龙井茶的故乡浙江省担任过省级领导，当时在贵州担任省委副书记、省长的陈敏尔同志，对"凤冈锌硒茶"给予很高的肯定，并将"凤冈锌硒茶"与"西湖龙井茶"这位"中国绿茶皇后"相提并论，作出了"东有龙井·西有凤冈"的嘉勉。由此，激起了中国茶之海洋中西湖龙井茶与凤冈锌硒茶的层层涟漪。

一、夷州故地茶缘起，龙井凤冈如梦来

2014年2月12日，陈敏尔同志到凤冈县调研。在深入凤冈茶企、茶叶基地，茶农走访和听取了凤冈县委的工作汇报后，他对凤冈茶产业发展取得的可喜成绩，特别是凤冈锌硒茶独特的品质给予了很高的评价，并寄予了极大的期望。陈敏尔省长是浙江人，对浙江茶，特别是西湖龙井茶有很深的了解。来贵州省工作后，对贵州茶产业十分重视，特别是黔茶如何出山，尤为关注。他针对浙黔两地茶产业发展，在新形势、新常态下，如何优势互补合作共赢，如何传承和弘扬中华茶文化，振兴中国茶产业、茶经济，首次提出了"东有龙井·西有凤冈"这个概念，并说："一个龙井，一个凤冈，龙凤配啊！"

二、西子湖畔祥云起，东西合璧连姻缘

有言道："十年不晓窗外事，一语惊醒梦中人。"有领导的鼓励，凤冈锌硒茶这位养在深闺人未识的"大家闺秀"，终于鼓起勇气，沿着北纬30°向东去西湖之滨找寻仰慕已久的"茶中王子""西湖龙井"抛出了神奇的橄榄枝。2015年7月28日，杭州市西湖区人民政府与遵义市凤冈县人民政府在中国西部茶海之心凤冈县签订了《关于联合开展"东有龙井·西有凤冈"茶产业战略合作框架协议》。此合作协议的签订，东龙西凤"龙凤结缘"，向世人展示了贵州土家族传统婚俗中的第一道习俗"头道茶"，后面的茶道越来越精彩。

三、中华茶奥架鹊桥，西湖之滨龙凤配

2015年金秋十月，在美丽的西子湖畔杭州举办的首届"东有龙井·西有凤冈"文化品牌交流论坛，被媒体赞誉为：中国茶界21世纪"龙凤"恋爱之旅。2015年10月31日，凤冈县与西湖区人民政府，在浙江杭州签订了《关于联合开展"东有龙井·西有凤冈"战略合作五年行动纲要》（图4-12）。西湖龙井茶在我国茶界有

图4-12《关于联合开展"东有龙井·西有凤冈"战略合作五年行动纲要》

"绿茶皇后"之美誉，品牌影响力十分强劲，文化底蕴更是丰富多彩，与之衍生出的龙井茶的传奇故事，早已闻名天下。凤冈锌硒茶，因其独有的锌硒特色和有机品质，被国内外茶界专家称为"茶界新贵"，《东有龙井·西有凤冈》战略合作五年行动纲要》的诞生，真正形成了闻名中外的"西湖龙井茶"与"凤冈锌硒茶"强强联合的新格局，成功实现了中国茶界老牌和茶界新秀联合发展的新趋势，架起了东部与西部跨越时空合作共赢的鹊桥，给品质绝佳的凤冈锌硒茶搭建了一个更高更优的市场平台。让众多的消费者通过凤冈锌硒茶，更进一步认识凤冈，认识遵义，认识贵州，进而推进黔茶走向更加广阔的市场，使凤冈锌硒茶真正成为黔茶出山的先锋，中国茶界的明星。

四、《茶经》一部姻缘定，夷州天竺前世缘

俗话说姻缘本是前世定，今身相遇皆是缘。据唐代茶圣陆羽编著的世界上第一部茶

叶专著《茶经》记载："黔中生思州、播州、费州、夷州……往往得之，其味极佳。"根据《中国历史地图集》显示，公元741年唐代道州设置绘制的"黔中道地图"介绍，夷州治所就在今天的凤冈县绥阳镇。由此可见，《茶经》中的"夷州茶"其味极佳，就是凤冈锌硒茶的前世。

《茶经》中同样记载：杭州"天竺、灵隐"二寺产茶。这里所指的"天竺、灵隐"所产之茶，就是龙井茶的前世，只是到了宋代才称为"龙井茶"。也就是后来所说的"龙井茶"之名始于宋，闻于元，扬于明，盛于清的说法。

茶圣陆羽早在一千多年前，就对贵州凤冈锌硒茶（夷州茶）和西湖龙井茶（天竺、灵隐茶）同载世界第一部《茶经》，并得到茶圣对"凤冈锌硒茶"（夷州茶）和"西湖龙井茶"（天竺、灵隐茶）极佳品质的赞赏，以及制茶技术的认同，使得两地的茶叶载入我国的首部茶叶盛典，并传承一千多个春秋。在茶文化的历史长河中，源远流长，演变更替，各自寻找自己的归宿。

西湖龙井茶，在一千多年的历史演变过程中，借助于江南沿海特殊的地缘和经济优势，从最早的寺僧茶和寻常百姓的家常饮品，逐渐发展成帝王将相的贡品，到国家外交礼品，展示了其色彩纷呈和耀眼的辉煌。

凤冈锌硒茶同样受到茶圣陆羽青睐，但由于地缘、历史和经济原因，使得地处高原深处的"凤冈锌硒茶"这片仙草灵芽，在中国西南边陲的大山里，很难走出重重关山，只能默默地翘首期盼今天的繁荣盛世，冲出万重关山走出深闺，彰显其神奇的丰姿。

五、神秘北纬牵红线，东龙西凤不懈缘

据相关资料显示：中国国内的绝大部分传统名茶均产自北纬30°附近。因此，在国内茶界常传一句话："北纬30°附近出好茶""北纬30°附近是中国优质茶区"，就是神秘的北纬30°这条神奇的纬线在冥冥之中，将东部的西湖龙井与西部的凤冈牵起了"东西合作，龙凤呈祥"的红线，架起了东西两地茶文化人文资源开发、茶叶生产技术交流、品牌打造等诸多方面，资源共享互利共赢的通道和平台。从自然生态密码中，无形中暗合了"凤冈锌硒茶"与"西湖龙井茶"的不解之缘。

2016年阳春四月，在中国西部茶海之心——凤冈，由贵州省农业委员会、浙江省农业厅、杭州市西湖区人民政府、凤冈县人民政府主办，凤冈县茶文化研究会、杭州市西湖区茶文化研究会、凤冈县茶叶协会承办的"东有龙井·西有凤冈"品牌与茶文化论坛（图4-13），在锌硒茶乡隆重举行。论坛会上，浙黔两地政界分别展望了两地在茶旅游、茶品牌、茶工艺、茶文化输出和借鉴吸收等战略宏图。中国农业科学院茶叶研究所副所

长鲁成银，贵州省农业委员会常务副主任胡继承，中国国际茶文化研究会常务理事林治，西湖龙井茶叶有限公司总经理戚英杰，杭州龙冠实业公司总经理姜爱芹，凤冈县茶文化研究会会长李廷学，凤冈县茶叶协会会长谢晓东，无锡市茶叶研究所原副所长、现贵州凤冈野鹿盖茶业有限公司技术总监曹坤根，浙江省茶叶集团公司董事长毛立民，贵州贵茶有限公司副总经理兼生产技术总监，贵州凤冈"绿宝石"茶叶研发人牟春林，浙江在凤冈投资茶叶产业投资商许才富等茶业界专家、学者、实业家，就浙黔两地茶叶在《东有龙井·西有凤冈"战略合作五年行动纲要》指引下，如何实现"西湖龙井茶"与"凤冈锌硒茶"龙飞凤舞，名茶共兴，品牌共荣，茶业振兴，以及利用凤冈优越的茶园生态环境，优良的茶叶品质与龙井茶品牌深厚的品牌底蕴、技术、人才、营销渠道等方面的优势进行龙井茶异地开发，实现资源互补，资源共享互利合作共赢的新模式，两地茶文化、茶叶市场开发等诸多方面进行了热烈的交流（图4-14）。可以说"东有龙井·西有凤冈"承载着原贵州省委书记陈敏尔书记对浙黔两地合作发展实现黔茶振兴和华茶腾飞的一种深情期盼，更是对凤冈茶产业的真情关怀和鞭策鼓励。

图4-13 "东有龙井·西有凤冈"品牌与茶文化论坛

图4-14 中国茶叶研究所与贵州省农委签约茶叶科技合作

六、珠联璧合龙凤配，华茶盛世谱新篇

"东有龙井·西有凤冈"品牌与茶文化交流论坛和浙黔茶界交流品茗会（图4-15）等活动的成功举办，使浙黔两地建立起了十分亲密交流的合作机制，同时作为两地政府，也为两地茶人搭建了茶叶企业常态化交流的生产营销合作平台。有"东有龙井·西有凤冈"这

图4-15 浙黔茶界交流品茗会合影

张充满无限生机和活力的金名片,在引领凤茶出山,黔茶出山,振兴贵州茶产业,乃至中国茶文化、茶产业、茶经济的历程中,必将爆发其强大的动力。最终实现中华茶业龙飞凤舞,名茶共兴,品牌共赢,凤冈锌硒茶与西湖龙井茶比翼齐飞,共创中华茶业新篇章美好愿景。珠联璧合龙凤配,华茶盛世谱新篇。特引用中国国际茶文化研究会常务理事林治盛赞"西湖龙井茶"和"凤冈锌硒茶"的名句作本节的结尾:"西湖龙井甲天下,凤冈翠芽沁心田,江山代有名茶出,各领风骚数十年。"

第三节 茶企名录

凤冈茶叶生产虽然历史悠久,但真正形成茶叶企业规模化生产的时间不长,二十世纪七八十年代才具雏形,20世纪90年代组建19家茶厂,由县茶叶公司经营管理。从20世纪90年代开始,到2020年全县拥有涉茶叶企业571家。其中:茶叶加工厂205家(停产6家),茶酒加工厂2家,茶饮料加工厂2家,以销售、茶馆为主的有251家,从事茶叶电商销售的有9家,涉茶农合组织有102家。龙头企业52家(国家级1家,省级16家,市级20家,县级15家)。

企业涉及茶叶生产、茶叶加工、茶饮料、茶叶生活用品、茶旅游、茶营销等领域。重点企业介绍见本章第五节。

第四节 市场营销

凤冈始终秉承绿色发展理念,坚持全域有机、全产业链有机的"双有机"战略,以茶叶为代表的山地高效特色农业蓬勃发展。2019—2020年,经中国茶叶流通协会评选,凤冈位列中国茶业百强县第六位。

一、经营主体

凤冈将茶产业作为主导产业以来,积极实施"主体培育"工程,培育壮大了一批新型农业经营主体。2005年10月13日,中共凤冈县委办公室、凤冈县人民政府办公室印发《关于2005年生猪茶叶产业发展有关优惠扶持政策的通知》以来,每年都会根据产业发展实际情况,优化完善茶产业政策,调动广大干部群众发展茶叶产业。至2020年全县茶叶生产经营主体达571个(家),其中永安镇219个,龙泉镇125个,进化镇38个,何坝街道30个,花坪镇26个,蜂岩镇25个,绥阳镇23个,琊川镇21个,土溪镇17个,石径乡15个，新建镇11个，永和镇8个，王寨镇7个，天桥镇6个[①]。

二、主要产品

2000—2017年，全县累计新增无性系良种茶园47.25万亩，目前正处于盛产期，年茶青产量达30余万t。贵州"高海拔、低纬度、寡日照、多云雾"的气候特征，给凤冈茶叶提供了得天独厚的生长环境，境内生产的茶芽肥壮色绿，内含物质丰富，酚氨比达3.8，水浸出物普遍高于40%。

县内茶叶企业依托福鼎大白茶、龙井长叶、龙井43、黄观音、金观音、金牡丹及黔茶系列品种等适制名优绿茶和高端红茶的品种种植规模优势，不断引进先进设备，提升加工能力，优化加工工艺，挖掘品种潜能，打造出了独具魅力的锌硒绿茶和锌硒红茶。

锌硒绿茶主要以福鼎大白茶为原料加工制作而成，经品质成分分析，平均含量为氨基酸4.37%、茶多酚16.81%、酚氨比3.88、水浸出物47.77%、可溶性糖3.19%、咖啡碱3.52%、总黄酮1.74%，锌元素含量40~100mg/kg，硒元素含量0.05~4.0mg/kg，具有贵州绿茶"嫩、鲜、浓、醇"明显特点。锌硒绿茶按外形分为卷曲形绿茶、颗粒形绿茶、扁形绿茶。卷曲形绿茶和颗粒形绿茶是凤冈的区域特色优势产品。卷曲形绿茶，具有条索紧结、色泽绿润、汤色明亮、香高持久、滋味鲜爽、叶底鲜活的品质特征，原料为春夏秋三季的一芽一叶初展至一芽二、三叶茶青，成品茶按外形和内质不同划分为特级、一级、二级3个等级。颗粒形绿茶，是2007年由凤冈县春秋茶业公司牟春林先生开发并推广的一款新产品。该茶以一芽二、三叶茶青为原料，干茶呈盘花状颗粒，具有外形圆结紧实、色泽绿润显毫、汤色黄绿明亮、香气浓郁持久、滋味鲜爽醇厚、叶底鲜活匀整，特别耐冲泡的品质特征。

锌硒红茶主要以黄观音、金观音、金牡丹为原料加工制作而成，其锌元素含量40~100mg/kg，硒元素含量0.03~4.0mg/kg。锌硒红茶按外形分为工夫红茶和颗粒形红茶。锌硒工夫红茶是无锡市茶叶研究所原副所长曹坤根先生受贵州野鹿盖茶业有限公司邀请来到凤冈后，用江苏工夫红茶的加工工艺结合凤冈茶树品种特点，经不断技术革新，引领开发的红茶产品。其滋味、口感、香气与"遵义红""滇红""祁门红茶"截然不同，是贵州红茶新秀。

[①] 数据为2021年7月，贵州省人民政府批准同意调整龙泉街道、花坪镇、永和镇行政区划，新设立凤岭街道前的统计数据。

三、销售区域

凤冈是贵州优质茶叶的核心产区。每年春季省内外茶商大量云集，以县内茶青为原料的茶叶产品源源不断输送全国。2020年，干茶年产量5万t，其中绿茶占73%、红茶占22%、白茶占3.2%、其他茶类占1.8%，茶叶总产值50亿元，产量、产值分别占全省的13.2%和9.7%。凤冈茶叶销售，目前仍以批发毛茶或订单加工为主；预计包装成品茶销售的比率较小，约8%。

锌硒绿茶主要销往省内的贵阳、遵义、安顺等地和山东、江苏、浙江、安徽、广东、山西、陕西、四川、重庆等省（自治区、直辖市），高档名茶主要销往上海、北京、深圳等大城市。锌硒红茶主要销往福建、广东。部分茶叶产品间接或直接出口美国、德国、阿联酋、俄罗斯、摩洛哥、蒙古及东南亚国家和中国香港地区（图4-16、图4-17）。

图4-16 凤冈仙人岭茶业公司山西太原茶叶专卖店　　图4-17 凤冈锌硒茶中国茶城专卖店窗口

四、茶叶出口

近年来，凤冈充分利用茶叶产业资源优势，以"双有机"战略为引领，践行"绿水青山就是金山银山"，守牢优质干净底线，恪守质量安全核心，政府、企业、群众三方携手，大力打造质高品优的茶叶产业，通过招商引资、营商环境建设，积极开展茶叶出口工作（图4-18、图4-19）。

2016年，全县茶叶出口87t、238万美元，全部为第三方出口，实现了茶叶出口破零的目标。

2017年，全县茶叶出口235t、758万美元，同比分别增长170.12%、218.49%，其中自营出口19t、59万美元，实现了自营出口零的突破。

2018年，全县茶叶出口386t、1206万美元，同比分别增长64.26%、59.1%，其中自营出口24t、73万美元，同比分别增长26.32%、23.73%。全县完成茶叶税收264.56万元。

图4-18 凤冈娄山春茶叶出口美国

图4-19 凤冈国投公司精制茶厂茶叶出口摩洛哥

2019年,凤冈县设立了进出口贸易办公室,安排专人开展该项工作,出口工作有了一个大的飞跃,全县完成茶叶出口1680t、5933万美元,同比分别增长335.23%、391.96%,其中完成自营出口348.7t、1323万美元,同比分别增长1352.92%、1712.33%,茶叶出口市场一举占据全省"半壁江山"。全县完成茶叶税收449.39万元。

2020年,全县共完成茶叶出口2074.76t、9279万美元,同比分别增长23.5%、56.4%,其中茶叶自营出口416t、1958万美元,同比分别增长19.3%、48%,继续领跑全省。全县完成茶叶税收1075.52万元。

五、品牌推广

为跳脱产业局限、占领竞争高位,形成消费认知,将小树叶做成大产业,县委、县政府一直致力于提高凤冈锌硒茶品牌知名度,举办多场活动推广凤冈锌硒茶品牌。

2005年4月8日,在北京老舍茶馆纪念当代茶圣吴觉农先生诞辰108周年纪念会上,凤冈锌硒绿茶得到中国工程院院士陈宗懋等国内外茶界知名专家的一致好评,凤冈富锌富硒茶"浓而不苦,青而不涩,鲜而不淡,醇厚回甘,锌硒同具,全国唯一"由此而得。

2005年5月28—30日,由遵义市人民政府、贵州省人民政府研究室、贵州省茶叶协会主办,凤冈县人民政府承办的"贵州省首届茶文化节"在凤冈县成功举办,主题是"锌硒特色、有机品质"。

2007年3月31日,中国西部茶海·遵义首届春茶开采节在凤冈举办。此次活动的主题为"生态·环保·茶文化·绿色健康带回家",旨在宣传推介凤冈锌硒有机茶、原生态茶文化风情和旅游资源。

2007年10月15—16日,中国工程院院士陈宗懋考察凤冈县茶产业,高度评价了凤冈茶叶的内在品质和茶产业发展思路与运作方式,称凤冈:好山好水出好茶,锌硒有机茶金不换。陈宗懋院士欣然接受县委、县政府邀请,出任凤冈县茶产业发展首席顾问。

2009年3月，人民日报、光明日报、中央电视台、中央人民广播电台四大国家级主流媒体齐聚凤冈，对凤冈茶产业进行了深度报道。同年，3月21日，以"有机茶叶绿了青山富了农"为题在中央电视台新闻联播中播出。

2009年4月25—26日，由中国农业科学院茶叶研究所、中国茶叶学会、贵州省旅游局主办，中共凤冈县委、凤冈县人民政府、遵义市旅游局承办的"中国绿茶专家论坛暨茶海之心旅游节"在凤冈举行。

2009年5月，中央电视台七频道《乡土》栏目到凤冈拍摄"端午问茶"，通过"茶农过端午节"展示了凤冈厚重的茶文化，反映了凤冈良好的生态环境和凤冈茶独具魅力的有机品质、锌硒特色，该节目于同年6月1日在央视七频道播出。

2014年8月，参加"多彩贵州绿茶好"贵州茶行业十大系列评选活动，凤冈茶业能人辈出，受到了多方面的肯定。其中：贵州寸心草有机茶业有限公司获十大外商投资茶叶企业奖；贵州凤冈县仙人岭锌硒有机茶业有限公司、贵州省凤冈县浪竹有机茶业有限公司获十大本土企业奖；贵州野鹿盖茶业有限公司陈胜建获十大种茶能手奖；贵州省凤冈县茗都茶业有限公司周朝都、贵州省凤冈县田坝魅力黔茶有限公司张泽旻、贵州省凤冈县浪竹有机茶业有限公司陈其波获十大制茶能手奖；凤冈县田坝村孙流琴、贵州贵茶有限公司何培丽和李梅获十大采茶能手奖；田坝村茶海之心获贵州十大茶旅目的地奖；贵州露芽春生态茶业有限公司、凤冈县连帮林茶农民专业合作社周咪和凤冈县成友茶叶加工厂杨秀贵获贵州茶叶行业十大返乡农民创业之星奖。

2015年10月30日，2015"东有龙井·西有凤冈"品牌与茶文化交流论坛在杭州市西湖区举行。

2016年4月17—19日，2016"东有龙井·西有凤冈"品牌与茶文化交流论坛暨中国瑜伽大会在凤冈县茶海之心景区举办。

2017年4月26—30日，凤冈县2017"东有龙井·西有凤冈"浙黔茶业大会暨中国瑜伽大会、中国有机大会在凤冈县永安镇田坝茶海之心景区举行。

2018年10月12—14日，2018"锌硒茶乡·醉美凤冈"山东推介活动在济南市广友茶城举行。山东省茶文化协会会长侯国云女士出席，并为两地茶企合作牵线搭桥。该届活动深化了凤冈茶人与济南茶界的交流，进一步传递了产区信息、促进了供需对接。

2019年4月28日，凤冈县举行采购商大会，与山东和黑龙江等客商进行现场推介凤冈锌硒茶（图4-20、图4-21）；5月10—15日，2019年"锌硒茶乡·有机凤冈"茶产业推介活动在山东济南舜耕国际会展中心举行。期间，两地茶界人士在"天下茶人是一家"的框架共识下，立志于"推动产销对接，发展茶业经济，实现国茶振兴"目标，开展了

"黔茶出山·风行齐鲁"泉城产销对话，三方（产地、纽带、销方）就相关话题热烈讨论、畅所欲言、直抒己见，最终达成"泉城共识"。贵州省人大常委会原副主任傅传耀先生和山东省茶文化协会会长侯国云女士出席。

图4-20 凤冈县领导与哈尔滨客商合影　　　　图4-21 凤冈县领导与山东客商合影

2020年8月14—19日，2020"贵州绿茶·凤冈锌硒茶"山东推介活动在青岛市、泰安市举行。期间，"高水温、多投茶、快出汤、不洗茶"的贵州冲泡方式惊艳四座。

六、主要展会

2012年以来，凤冈锌硒茶先后参加了国内外举办的各种展会（表4-3），推介"锌硒茶乡·醉美凤冈"，并多次获奖（图4-22~图4-27）。

图4-22 凤冈锌硒茶获2015年百年　　　　图4-23 神仙茶厂董事长袁贵强
世博中国名茶金奖　　　　　　　　　　与国际茶文化专家组委会合影

图4-24 贵州凤冈县仙人岭锌硒有机茶业有限　　图4-25 贵州省凤冈县神仙茶厂2015年获
公司2015年获百年世博中国名茶金骆驼奖　　　　百年世博中国名茶金骆驼奖

图4-26 凤冈红魅茶业公司赴美国参加2018年世界茶叶博览会　　图4-27 凤冈红魅茶业公司赴美国参加2018年世界茶叶博览会合影

表4-3 凤冈参加的各类品牌推介和展会

展会名称	时间	地点
2012 中国·贵州国际绿茶博览会	7月13—20日	贵州省贵阳市
2013 第十三届全国大学生田径锦标赛	7月22—27日	甘肃省兰州市
2013 年中国（山东）茶业交易博览会会展	8月8—12日	山东省济南市
2013 中国·贵州国际绿茶博览会	8月29—31日	贵州省贵阳市
2014 第十三届国际茶文化研讨会暨中国（贵州·遵义）国际茶产业博览会	5月28—29日	贵州省湄潭县
2014 第二十一届上海国际茶文化旅游节暨上海茶业·茶乡旅游博览会	5月30日—6月2日	上海市闸北区
2014 中国·贵阳国际特色农产品交易会暨绿茶博览会	8月22—29日	贵州省贵阳市
2014 第七届中国北方茶业交易博览会	8月7—10日	山东省济南市
2014 年第九届中国（深圳）国际茶产业博览会	12月18—21日	广东省深圳市
2015 第四届中国（四川）国际茶业博览会	5月8—11日	四川省成都市
2015 中国（贵州·遵义）国际茶文化节暨茶产业博览会	5月28—31日	贵州省湄潭县
2015 年第十届中国北方（济南）茶业交易博览会	8月14—17日	山东省济南市
2015 中国·贵阳国际特色农产品交易会	8月21—23日	贵州省贵阳市
2015 贵州茶产业发展大会暨都匀毛尖世博名茶百年品牌推介活动	9月22—25日	贵州省都匀市
2015 第三届中国茶叶博览会	10月16—19日	山东省济南市
2015 年第十二届中国国际茶业博览会	11月12—15日	北京市朝阳区
2015 年中国（广州）国际茶业博览会	11月19—23日	广东省广州市
2015 年中国（海南）国际热带农产品冬季交易会及品茗活动	12月12—15日	海南省海口市
2016 中国·贵州国际茶文化节暨茶产业博览会	4月18—19日	贵州省湄潭县
2016 中国·贵阳国际特色农产品交易会	8月26—28日	贵州省贵阳市

续表

展会名称	时间	地点
2016 中国·贵州国际茶文化节暨茶产业博览会	4月18—21日	贵州省湄潭县
2016 "丝绸之路·黔茶飘香"成都推介活动	7月26—27日	四川省成都市
2017 中国·贵州国际茶文化节暨茶产业博览会	4月28—30日	贵州省湄潭县
2017 年首届中国国际茶叶博览会	5月18—21日	浙江省杭州市
2017 中国·贵阳国际特色农产品交易会	9月16—18日	贵州省贵阳市
2017 北京国际茶业展·马连道国际茶文化展·遵义茶文化节	6月16—19日	北京市西城区
2017 "丝绸之路·黔茶飘香"重庆推介活动	7月21—23日	重庆市江北区
2018 中国·贵州国际茶文化节暨茶产业博览会	5月6—8日	贵州省湄潭县
2018 第二届中国国际茶叶博览会	5月18—22日	浙江省杭州市
2018 上海国际茶业展	9月7—10日	上海市静安区
2018 "锌硒茶乡·醉美凤冈"山东推介活动	10月12—14日	山东省济南市
2018 中国（深圳）国际茶产业博览会	12月13—17日	广东省深圳市
2019 贵州茶一节一会暨凤冈锌硒茶采购商采风活动	4月18—20日	贵州省湄潭县、凤冈县
中国凤冈 2019 锌硒茶乡国际半程马拉松赛	5月26日	贵州省凤冈县
2019 "良心产业·有机凤冈"哈尔滨推介活动	6月3—5日	黑龙江省哈尔滨市
2019 中国·贵阳国际特色农产品交易会	9月25—29日	贵州省贵阳市
2019 中国（深圳）国际茶产业博览会	12月12—6日	广东省深圳市
2020 第12届贵州茶文化节暨茶叶采购商大会凤冈县采风活动	5月28—29日	贵州省凤冈县

第五节　重点企业介绍

全县有各类茶叶经营主体571家，其中生产加工类企业287家，茶叶加工能力6万t以上。

一、各类重点企业名单

1. 农业产业化经营龙头企业（表4-4~表4-7）

表4-4　国家级龙头企业

企业名称	所在乡镇	注册商标
贵州凤冈黔风有机茶业有限公司	永安	春江花月夜

表 4-5　省级龙头企业

企业名称	所在乡镇	注册商标
贵州凤冈贵茶有限公司	永安	绿宝石
贵州凤冈县仙人岭锌硒有机茶业有限公司	永安	仙人岭
贵州寸心草有机茶业有限公司	绥阳	寸心草
贵州野鹿盖茶业有限公司	永安、土溪	野鹿盖
贵州省凤冈县浪竹有机茶业有限公司	永安	浪竹
贵州省凤冈县黔雨枝生态茶业有限公司	何坝	黔雨枝
贵州省凤冈县田坝魅力黔茶有限公司	永安	田坝
贵州聚福轩万壶缘茶业有限公司	永安	万壶缘
贵州省凤冈县红魅有机茶业有限公司	永安	红魅
贵州省凤冈县茗都茶业有限公司	永安	新尧
贵州省凤冈县永田露茶业有限公司	永安	永田露
贵州省凤冈县富祯茶业有限公司	永安	富祯
凤冈县茗品茶业有限公司	永安	茗品
凤冈县秀姑茶业有限公司	永安	秀菇
贵州省凤冈县翠巅香生态茶业有限公司	永安	翠巅香
贵州黔韵福生态茶业有限公司	蜂岩	大娄山

表 4-6　市级龙头企业

企业名称	所在乡镇	注册商标
贵州省凤冈县玛瑙山茶业有限责任公司	绥阳	绿玛瑙
贵州嘉和茶业有限责任公司	何坝	正昌祥、绿玉澜
贵州省凤冈县福人茶业有限公司	琊川	福漫天下
贵州凤冈乌龙锌硒茶业有限公司	龙泉	庄秋生
凤冈县世外茶源有限责任公司	琊川	绝谷草
贵州省凤冈县洪成金银花茶业有限公司	何坝	黄金苔、柏梓顶
贵州凤冈凤茗泉生态茶业有限公司	何坝	韵茗春
贵州凤冈天绿茶业有限责任公司	花坪	翁茗天下
凤冈县娄山春茶叶专业合作社	土溪	娄山春

续表

企业名称	所在乡镇	注册商标
贵州省凤冈县朝阳茶业有限公司	花坪	尚青云、野珠林
凤冈县锌甜茶业有限公司	新建	锌甜
贵州省凤冈县绿池河茶旅有限公司	石径	绿池河佳茗
贵州露芽春生态茶业有限公司	永安	露芽春
贵州凤冈县盘云茶业有限公司	丰岩	百善舞春
贵州古之源科技茶业有限公司	进化	黔君
贵州省黔馨生态茶业有限公司	永安	黔馨
凤冈县海山茶业有限公司	永安	海山
凤冈县苏贵茶业旅游发展有限公司	绥阳	白寿、米寿
凤冈县凤鸣春茶业有限公司	永安	黔凤鸣春
遵义林仙康茶旅有限公司	永安	林仙康

注：排名不分先后。

表4-7 县级龙头企业

企业名称	所在乡镇	注册商标
贵州省凤冈县迎仙峰茶业有限公司	琊川	迎仙峰
贵州省凤冈县芳智锌硒茶业有限公司	永安	人生绿
凤冈县劲叶春茶业专业合作社	绥阳	
凤冈县纤芝雨茶业有限公司	土溪	
凤冈县六池河茶业专业合作社	石径	
贵州凤冈天演点贡农业综合开发有限公司	进化	
凤冈县林云茶叶加工厂	花坪	
凤冈县馥雅春茶叶加工厂	土溪	馥雅春
凤冈县新星茶叶农民专业合作社	永和	
凤冈县篱篱草茶叶种植基地	花坪	
贵州遵义邵氏农业科技有限公司	花坪	
凤冈县绿韵茶业有限公司	绥阳	
贵州省凤冈县杨氏生态茶业有限公司	绥阳	
贵州省凤冈县连帮林茶农民专业合作社	永安	
贵州省凤冈县迎仙峰茶业有限公司	琊川	

2. 省级市级扶贫龙头企业（表4-8）

表4-8　扶贫龙头企业

省级	市级
贵州凤冈黔风有机茶业有限公司	贵州嘉和茶业有限责任公司
贵州寸心草有机茶业有限公司	贵州省凤冈县福人茶业有限公司
贵州凤冈县仙人岭锌硒有机茶业有限公司	贵州凤冈乌龙锌硒茶业有限公司
贵州省凤冈县浪竹有机茶业有限公司	贵州省凤冈县洪成金银花茶业有限公司
贵州野鹿盖茶业有限公司	贵州凤冈凤茗泉生态茶业有限责任公司
贵州黔韵福生态茶业有限公司	贵州省凤冈县永田露茶业有限公司
贵州省凤冈县田坝魅力黔茶有限公司	凤冈县娄山春茶叶专业合作社
贵州聚福轩万壶缘茶业有限公司	凤冈县锌甜茶业有限公司
贵州省凤冈县黔雨枝生态茶业有限公司	贵州省凤冈县绿池河茶旅有限公司
	贵州凤冈贵茶有限公司
	贵州省凤冈县红魅有机茶业有限公司

3. 公众熟知的茶叶品牌（表4-9）

表4-9　凤冈茶业知名品牌

商标名称	商标类别	持有人
凤冈锌硒茶	中国驰名商标	凤冈县茶叶协会
绿宝石	贵州省著名商标	贵州凤冈贵茶有限公司
寸心草	贵州省著名商标	贵州寸心草有机茶业有限公司
仙人岭	贵州省著名商标	贵州凤冈县仙人岭锌硒有机茶业有限公司
浪竹	贵州省著名商标	贵州省凤冈县浪竹有机茶业有限公司
野鹿盖	贵州省著名商标	贵州野鹿盖茶业有限公司
田坝	贵州省著名商标	贵州省凤冈县田坝魅力黔茶有限公司
万壶缘	贵州省著名商标	贵州聚福轩万壶缘茶业有限公司
娄山春	贵州省著名商标	凤冈县娄山春茶叶专业合作社
绿玛瑙	贵州省著名商标	贵州省凤冈县玛瑙山茶业有限责任公司
春江花月夜	贵州省名牌产品	贵州凤冈黔风有机茶业有限公司
黔雨枝	贵州省著名商标	贵州省凤冈县黔雨枝生态茶业有限公司

注：排名不分先后。

4. 名牌产品（表4-10）

表4-10　凤冈茶叶名牌产品

名称	类别	生产者
仙人岭牌凤冈锌硒茶（红茶）	贵州省名牌产品	贵州凤冈县仙人岭锌硒有机茶业有限公司
仙人岭牌凤冈锌硒茶（绿茶）	贵州省名牌产品	贵州凤冈县仙人岭锌硒有机茶业有限公司
春江花月夜牌绿茶	贵州省名牌产品	贵州凤冈黔风有机茶业有限公司
绿宝石牌绿茶	贵州省名牌产品	贵州凤冈贵茶有限公司
香珠玉叶牌绿茶	贵州省名牌产品	贵州省凤冈县浪竹有机茶业有限公司
万壶缘牌凤冈锌硒茶	贵州省名牌产品	贵州聚福轩万壶缘茶业有限公司

5. 从事出口贸易茶企业（表4-11）

表4-11　凤冈从事出口贸易的茶叶企业

公司名称	
贵州省凤冈县黔雨枝生态茶业有限公司	凤冈县锌硒茶业发展有限公司
贵州省凤冈县永田露茶业有限公司	贵州凤冈县仙人岭锌硒有机茶业有限公司
贵州省凤冈县富祯茶业有限公司	凤冈县凤鸣春茶叶公司
贵州省凤冈县红魅有机茶业有限公司	贵州鼎嘉茶业有限公司
贵州省凤冈县田坝魅力黔茶有限公司	贵州黔馨生态茶业有限公司
贵州省凤冈县洪成金银花茶业有限公司	贵州省凤冈县翠凤茗茶业有限公司
贵州凤冈县翠巅香生态茶业有限公司	贵州省凤冈县蜀黔茶业有限公司
凤冈县秀姑茶业有限公司	贵州省凤冈县旺龙茶业有限公司
贵州省凤冈县浪竹有机茶业有限公司	凤冈县花龙岭茶业有限公司
遵义林仙康茶旅有限公司	贵州小苔茶事茶业有限公司
贵州陆圣源茶业有限公司	凤冈县刘香茶业有限公司
贵州聚福轩万壶缘茶业有限公司	凤冈县露枝韵茶业有限公司
贵州省凤冈县昶晟茶业有限公司	贵州黄金苔茶业有限公司
贵州凤冈县景大茶业有限公司	贵州省凤冈县黔佳茗茶业有限公司
贵州省凤冈县茶海红茶业有限公司	

注：排名不分先后。

6. 茶馆（茶室）（表4-12）

表4-12 凤冈县茶馆茶室名录

名称	营业面积/m²	年营业额/万元	区域分布
陈氏茶庄	3200	600	永安镇田坝村
不夜之侯清茶坊	660	30	龙泉镇石景小区
田坝红茶庄园	600	—	永安镇田坝村
紫薇堂茶庄	600	1260	永安镇田坝村
野鹿盖茶室	150	350	龙泉镇迎新大道
雨逢春茶室	145	50	龙泉镇有机食品城
茗馨茶庄	120	300	龙泉镇迎新大道
浪竹茶业专卖店	75	150	龙泉镇迎新大道
岚翠堂茶舍	60	15	龙泉镇飞雪街
仙人岭专营店	410	286	政通路与双拥路交叉口
仙茶坊茶庄	260	160	永安镇田坝村仙人岭
仙紫阁茶庄	60	69	永安镇田坝村仙人岭

二、重点企业介绍

1. 贵州凤冈黔风有机茶业有限公司

贵州凤冈黔风有机茶业有限公司（图4-28）是一家以现代生态文明为核心，倡导健康生活理念，集优质茶叶基地建设、科研、生产、加工、销售、生态农业综合开发等为一体的现代农业开发企业。

图4-28 贵州凤冈黔风有机茶业有限公司

公司是农业产业化国家级重点龙头企业，贵州省茶叶优秀企业，已通过SC认证、质量管理体系认证、食品安全管理体系认证。

公司坐落于中国西部茶海之心景区，占地3.22hm²，其中生产办公面积16382m²。公司目前拥有先进自动化生产线4条，其中，拥有进口绿宝石茶生产线1条，日产干茶1.6t；进口碾茶线（抹茶原料）1条，日产干茶0.7t；国产绿片茶生产线1条，日产干茶1t；国产名优茶生产线1条，日产干茶0.3t。公司生产的绿宝石绿茶先后通过了德国Galab、中国香港SGS和德国Eurofins等多家世界权威检测机构的农残检测，检测项全部合格，凭借其欧盟标准质量，绿宝石茶已出口到德国、美国等国家。绿宝石绿茶先后荣获第三届中国国际茶叶博览会金奖、第五届中国国际茶叶博览会金奖、第九届广州国际茶文化博览会金奖、世界茶联合会第七届国际名茶评比金奖、第六届中国国际茶叶博览会金奖，荣获贵州十大名茶、"中茶杯"全国名优茶评比一等奖等殊荣。

公司自有直接管控茶园66.6hm^2，合作共管茶园2000hm^2，全部为欧盟标准茶园。按照茶树品种优良化、茶园建设生态化、基地管理无害化、茶叶加工卫生化、茶叶产品标准化"五化"规程，组织高品质天然锌硒有机茶的生产和加工，以先进的品牌经营理念和先进的有机茶深加工技术为起点，全心全意致力于打造中国高品位和高品质生态名优茶品牌。

2. 贵州凤冈贵茶有限公司

贵州凤冈贵茶有限公司是贵州贵茶有限公司全资子公司，为贵州省最大、最先进的有机茶生产企业之一，贵州省农业产业化龙头企业。公司拥有全省首家引进的与国际接轨、集清洁化、全电能、环保型有机茶生产于一体的流水线2条，并拥有贵州省最大的茶叶冷藏库，以及日加工鲜叶10t的茶叶加工厂。所有生产设备、工艺流程和生产环境完全符合农业部有机食品生产标准，填补了贵州省有机茶深加工的空白。

目前公司已发展成为以现代生态文明为核心，以倡导健康生活为理念，集有机茶叶基地建设、生产、加工、销售、科研、生态农业综合开发等为一体的农业产业化经营企业。

3. 贵州寸心草有机茶业有限公司

贵州寸心草茶业系金贵实业旗下公司（图4-29），来自中国锌硒有机茶之乡、全国生态建设示范县和全国绿化造林百佳县——贵州凤冈，是一家集基地建设、生产加工、连锁经营和茶文化推广为一体的农业龙头企业，是贵州最大的茶叶企业之一。

公司在贵州凤冈已建有机茶园及供应茶园共2000hm^2，茶园基地拥有得天独厚的自然生态条件，孕育出了香高馥郁、滋味鲜爽醇厚并富含独特"高原茶韵"的锌硒有机茶，高标准的生态有机茶园在源头上确保了寸心草产品的优良品质；在生产设备上，公司拥有现代化茶叶加工厂，厂房面积达15000m^2，年生产能力3000t，拥有目前国内最先进的制茶设备和生产技术。

在企业的经营上，公司本着"尽精微，臻至善"的企业精神赢得了更广阔的发展空间，以"精于品质，志于创新"为宗旨，追求卓越品质，创新经营理念，在不断的进取和创新中，全力将"寸心草"品牌打造成为中国茶行业的领军品牌。

图4-29 贵州寸心草有机茶业有限公司

4. 贵州凤冈县仙人岭锌硒有机茶业有限公司

贵州凤冈县仙人岭锌硒有机茶业有限公司（图4-30）成立于2007年，是本土民营企业，法人孙德礼。公司坐落在中国西部茶海富锌富硒有机茶之乡——凤冈田坝，现为省级农业、林业、扶贫重点龙头企业和首批省级休闲观光旅游示范点、全国森林康养建设示范单位、食品安全示范单位、省级企业技术中心、中国有机食品生产基地。

公司自成立以来，在各级部门的关心和支持下，不断增强自身能力，目前已成为有机茶种植、加工、研发、销售及森林康养和茶旅一体化的科技型民营企业。资产总值1.7亿元，建有标准化、清洁化生产线2条，厂房总面积18000m^2，设有管理中心、生产中心、营销中心、财务中心、科技中心、康养中心6个部门，现有固定员工118人，拥有茶叶基地176.5hm^2，其中有机茶基地16.2hm^2。公司主要的生产"仙人岭"牌系列产品，以绿茶、红茶为主，近100个包装类型。通过"给世界一杯干净茶"的发展理念，公司产品相继通过SC、有机产品、HACCP等相关质量认证。"仙人岭"牌凤冈锌硒有机茶先后荣获国际国内多项大奖，2015年荣获百年世博中国名茶金骆驼奖，同年被评为贵州省名牌产品，深受消费者喜爱。

公司于2008年领办凤冈县十字茶叶专业合作社开始，以"公司+合作社+基地+农户"的模式进行订单生产，目前入社社员325户，土地面积208.5hm^2。社员以茶园的方式入股，以茶青交售占比，进行农资和现金的方式返利分红；具体在二次返利中体现：一是以农资方式补助社员（对入社成员每亩每年发放价值550元的有机肥和生物剂）；二是以销售茶青的数量，对茶青高于市场价收购；直接带动325户茶农，每户均增收4000多元。

公司在"仙人岭"品牌建设和市场营销上，结合一二三产业融合发展，采取以"走出去""请进来"的运营模式，取得了一定效果。在"走出去"中，以各地省、市级城市

图 4-30 贵州凤冈县仙人岭锌硒有机茶业有限公司

为主攻阵地,目前已在全国各地开设直营店18家,加盟店39家。省外市场主要在山东、山西、广东、上海、河南、湖南等地,省内主要分布在贵阳、遵义、湄潭、凤冈;通过公司的优惠政策,向外面发展的忠实客户群体,以"请进来"的方式进行体验消费。年销售收入达6600万元。

2020年公司为扩大生产规模,巩固茶产业健康发展,于11月在凤冈县琊川镇成立贵州凤冈县仙人岭农旅开发有限公司,投资新建年产800t名优茶加工生产线(绿茶、红茶生产线各1条),以点带面辐射带动周边开发茶园基地533.3hm^2,助推茶农快速进入全面小康社会,提高茶园经济效益。

公司在脱贫攻坚工作中被县政府评为优秀非公有企业,这充分体现了公司发挥的重要主体作用,尤其是产业扶贫这可持续稳定的方式,化解了返贫风险。按照各级各部门对重点龙头企业的考核要求,结合公司自身实际情况和规划目标。为推进贵州茶产业发展,开拓创新、扎实苦干,以提高茶农增收致富,确保产品质量安全。为全面建设小康社会发挥好地方扶贫龙头企业的引领作用。为打造公司"千城万店"的远大理想而努力、拼搏、奋斗。

5. 贵州省凤冈县浪竹有机茶业有限公司

贵州省凤冈县浪竹有机茶业有限公司(图4-31)成立于2005年8月,是集生产、加工、销售、乡村旅游、休闲度假为一体的省级产业化经营龙头企业。公司拥有现代化、清洁化、规模化的茶叶加工厂2个,建筑面积达10000m^2,茶叶专业合作社1个,有机茶园面积100hm^2,基地农户茶园面积近万亩,年产有机绿茶250t,产值6000万元。

公司位于中国茶海之心——凤冈县永安镇田坝村,这里群山环绕,山峦起伏,气候温和,雨量充沛,冬无严寒、夏无酷暑,平均海拔800~900m,茶区森林覆盖率达90%,

图 4-31 贵州省凤冈县浪竹有机茶业有限公司

形成了林中有茶、茶中有树、林茶相间的特殊地理环境，土壤中富含锌、硒等对人体有益的微量元素，是一块未受到污染的净土。

公司坚持"以人为本，质量至上，安全健康，诚实守信"的生产经营理念。采取"公司+基地+合作社"带动农户的经营方式，严格按照有机茶标准进行生产加工和包装销售。主营产品有"浪竹"牌陈氏手工茶、捌柒壹号、陈氏手作、春芽茶、翠芽茶、毛峰茶、毛尖茶、红尖茶、香珠玉叶等系列，十余个品种，另外公司还拥有"凤头羽""浪竹红尖""香珠玉叶""竹晓春露"等多个注册商标。公司先后通过了SC、ISO22000食品安全管理体系和ISO9001质量管理体系认证、职业健康安全管理体系认证、有机产品认证、HACCP认证。

2005年，茶界专家于观亭在北京老舍茶馆品尝到公司生产茶叶后，给予"养在深闺人未识"的高度评价；2005年10月，公司生产的"浪竹"牌龙江春芽在北京第五届中国国际茶业博览会上荣获国际金奖；2006年10月公司的"浪竹"牌龙江翠芽在北京第三届中国国际茶业博览会上荣获国际银奖；2007年10月公司荣获贵州省优秀企业称号；2007年12月荣获遵义市市级龙头企业称号；2009年12月"浪竹"商标被评为贵州省著名商标；2008年10月获第五届中国国际茶博会金奖；2010年11月被授予2010年度中国食品安全年会"食品安全示范单位"；2010年12月被评为贵州省农业产业化经营省级龙头企业；2015年10月省经信委授予"创新型企业"和"贵州省企业技术中心"；2015年12月"浪竹"牌香珠玉叶被评为贵州省名牌产品；2016年1月贵州省林业厅授予"省级林业龙头企业"；2016年7月中共凤冈县委授予浪竹党支部"先进两新党组织"；2017年4月获国环南京有机产品认证中心颁发"有机产品证书"；2017年12月获2017年度贵州茶行业"最具影响力企业"称号；2018年12月获"2018年度消费者最喜爱的贵州茶叶品牌"称号；2019年12月获2019年"干净黔茶·全球共享"优秀茶商荣誉称号；2019年12月凤冈县委县政府授予"2019年出口茶优秀企业"荣誉称号；2020年8月中国森林食品博览会授予"第三届中国森林食品博览会金奖"荣誉称号。

公司建立了完善的售后服务体系，24h不间断为用户、中间商提供服务、咨询、指导和帮助。产品销售至北京、上海、天津、重庆、浙江、山东、河南等省内外各大城市，在全国11个地区设有共14间专卖店，同时通过国内大中型电子商务平台进行网络销售，公司产品还出口至东南亚各国。

6. 贵州省凤冈县田坝魅力黔茶有限公司

贵州省凤冈县田坝魅力黔茶有限公司（图4-32）成立于2007年12月，是一家集茶叶种植、加工、销售、进出口贸易、产品研发、茶旅融合发展于一体的民营企业。公司位于贵州省凤冈县永安镇田坝村核心区，占地面积17300m^2余，拥有生产、检验、库房、办公、生活和旅游用房达6900m^2，有绿茶、红茶生产线和检验检测设备320余台（套），拥有核心茶园33.86hm^2。

公司以"敬畏自然、自然而然"为立企之本，以"只做生态好茶，演绎黔茶魅力"为企业核心价值，以"一片净土、一杯净茶"为质量方针，以"天地间，一片心田"的中华田道文化为内涵，塑造"田坝"核心品牌，推出"田坝"牌系列绿茶、红茶20余款产品。

贵州省凤冈县田坝魅力黔茶有限公司于2019年入围省森林康养基地试点。魅力黔茶森林康养试点基地坚持茶旅融合发展、坚持"以茶促旅、以旅扬茶""林地宜养化、茶园生态化、工厂庄园化、体验智能化"等思路，建成了集茶园观光、采茶制茶体验、休闲健身、茶区风情体验等于一体的综合园区——田坝红·茶庄园，实现年接待能力10万余人。

公司先后获得SC认证、无公害产地和产品认证、HACCP体系认证，多次受到省、市、

图4-32 贵州省凤冈县田坝魅力黔茶有限公司

县政府表彰奖励，产品先后荣获"中绿杯""中茶杯""黔茶杯""遵义茶业集团杯"名优茶评比金奖12次，公司、品牌及员工先后被评定为"贵州省农业产业化经营省级龙头企业""贵州省省级林业龙头企业""贵州绿色生态企业""贵州省省级扶贫龙头企业""遵义市扶贫龙头企业""贵州省著名商标""贵州省十大制茶能手""贵州省十佳营销员"等多项荣誉。

7. 贵州野鹿盖茶业有限公司

贵州野鹿盖茶业有限公司（图4-33）成立于2006年9月，是一家集茶园基地种植、茶叶生产、加工、销售一体的农业产业化经营省级重点龙头企业，同时也是贵州省扶贫龙头企业和贵州省省级林业龙头企业。

图4-33 贵州野鹿盖茶业有限公司

企业现有有机茶园201.1hm²，厂房建筑面积7800m²，资产总额5600万元；现有茶叶加工生产线6条、各种先进设备120多台（套），年加工优质名优茶生产能力500t。而且在加工过程中不断购进加工设备，如自动扁茶机、自动化茶叶包装机、杀青机、揉捻机等先进设备，大大提升了标准化、清洁化、规模化生产能力。截至2020年12月，公司生产高端优质茶20t，实现营业收入1350万元，年总产值达1550万元。公司在不断发展的同时，始终不忘肩负的社会责任，通过"公司＋基地＋农户"的经营模式，联结带动农户种植3500余户，其中带动建档立卡贫困农户116户，惠及村民14000多人；并积极参与社会公益活动，2020年公司捐赠"凤冈县抗击新型冠状病毒感染的肺炎疫情防控"价值人民币15万元的物资。

公司依托凤冈得天独厚的锌硒有机茶叶的资源优势，不断优化、整合资源，努力打造"野鹿盖"锌硒有机茶品牌，本着"凤冈锌硒茶"茶叶大众化、差异化的经营思路，坚持以"有机茶"为核心，倡导原生态文化，为消费者创造了一个真正的健康生活方式，并积极带动茶农脱贫致富，以点带片，辐射和带动周边地区的种植农户发展有机茶种植和观光茶园项目，公司贯彻创新、协调、绿色、开放、共享发展理念，壮大锌硒有机产业基地规模。现公司生产的"野鹿盖"牌系列绿茶、红茶被评为"贵州十大名茶、贵州三大名茶"；从2009年至今产品都获得南京国环有机认证产品，2015年获得出口食品生产企业备案证明、出口食品原材料基地备案证明，2019年通过ISO9000、SC认证。

公司生产经营发展信誉良好，获得了社会各界人士认可，2009年获得第八届"中茶杯"全国名优茶评比一等奖；2009年获得中华全国工商业联合会医药业商会养生基地管理委员会指定使用产品证书；2009年获得中国国际健康养生美食大赛指定贵宾礼品；2009年获全国科普惠农兴村先进单位；2020年11月荣获中国有机品牌百强企业，同时，公司基地被环保部评为全国有机食品生产基地，中国优质茶生产基地；2013年10月陈胜建董事长被中国茶叶流通协会颁发"2013年度中国茶叶行业贡献奖"，2014年8月陈胜建董事长被贵州省评为"十大种茶能手"。

公司始终坚持绿色、环保、有机可持续发展的理念，坚持以质量求生存，以效益求发展，努力打造世界少有、中国独有的高、精、尖的健康的有机食品、茶中茅台；每年都从浙江聘请加工师傅来公司加工，红茶主要是无锡茶叶研究所曹坤根老师进行指导生产；公司每年都举办加工技术培训班满足企业发展的需要，使国内的先进茶叶加工技术能在凤冈县开花、结果；此外，公司组建了党支部、职工工会、职代会等组织，为企业发展建言献策，完善企业内部管理制度，积极培训职工的茶叶加工技能和种茶技能、茶园的病虫害防治等工作，建立职工书屋，丰富职工物质及文化生活水平。随着公司知名度也越来越大，公司将从省外引进国家级人才，不断地开发和研制新产品，提高产品的科技含量及产品的附加值，提升产品的知名度，为打造凤冈乃至贵州、全国高端精品有机茶而努力奋斗。

8. 贵州聚福轩万壶缘茶业有限公司

贵州聚福轩万壶缘茶业有限公司（图4-34）成立于2005年6月。公司有员工30人，其中大专以上学历10人、中级以上技师5人。公司是集生产、加工、销售和茶馆经营为一体的省级龙头企业，拥有一间占地面积为6000m²、年加工能力达300t的茶叶加工厂、66.6hm²"欧标"茶园基地、600m²办公楼和700m²的综合楼。公司销售"凤冈锌硒茶"系列产品，"万壶缘"商标获"贵州省著名商标"，生产产品被评为"贵州名牌产品"和国际茶博会及"中茶杯"金奖产品。公司加工厂获HACCP认证及出口备案认证，申报有机茶园和有机产品获得通过，成功申报3个专利并获贵州省科技型种子企业。

图4-34 贵州聚福轩万壶缘茶业有限公司

公司是贵茶联盟企业,长期为贵茶公司生产符合"欧盟标准"的红、绿宝石出口产品。公司在遵义、贵阳、广东、山东、河南、乌鲁木齐等地建立了直销店,在淘宝网、阿里巴巴等电商平台上建立和加盟销售店5家。公司帮扶5户贫困农户发展致富,社会及经济效益十分明显。

9. 贵州省凤冈县红魅有机茶业有限公司

贵州省凤冈县红魅有机茶业有限公司(图4-35),成立于2010年3月,是一家集茶园基地种植、茶叶生产、加工、对内外贸易销售及互联网营销为一体的农业产业化经营省级重点龙头企业。

企业现有无公害认证茶园320hm²,厂房建筑面积4820m²,资产总额4659万

图4-35 贵州省凤冈县红魅有机茶业有限公司

元;现有茶叶加工生产线2条、各种先进设备80多台(套),年加工优质名优茶生产能力500t。2019年新增红茶自动揉捻系统、自动化茶叶包装机等先进设备,大大提升了标准化、清洁化、规模化生产能力。截至2020年10月,公司茶叶加工生产319t,实现营业收入7407万元,年总产值达10443万元。公司在不断发展的同时,始终不忘肩负的社会责任,通过"公司+基地+农户"的经营模式,联结带动农户种植3000余户,其中带动建档立卡贫困农户108户,惠及村民10000多人;并积极参与社会公益活动,2020年公司捐赠"凤冈县抗击新型冠状病毒感染的肺炎疫情防控"价值人民币21.58万元的物资。

公司依托凤冈得天独厚的锌硒有机茶叶的资源优势,不断优化、整合资源,努力打造"红魅"锌硒有机茶品牌,本着"凤冈锌硒茶"茶叶大众化、差异化的经营思路,坚持以"有机茶"为核心,倡导原生态文化,为消费者创造了一个真正的健康生活方式,并积极带动茶农脱贫致富,以点带片,辐射和带动周边地区的种植农户发展有机茶种植和观光茶园项目,公司贯彻创新、协调、绿色、开放、共享发展理念,壮大富锌富硒绿茶产业基地规模。现公司生产的"红魅"牌凤冈锌硒茶被评为"贵州十大名茶";公司及系列产品质量优良,已通过ISO9000、SC质量安全认证、出口食品生产企业备案证明、出口食品原材料基地备案证明、HACCP认证、无公害农产品产地认定证书等。公司生产经营发展状态良好,获得了社会各界认可,2014年,公司被授予"市级扶贫龙头企业";

2016年，被授予"第八批农业产业化经营省级龙头企业"；2018年，被授予"凤冈县脱贫攻坚先进帮扶企业"；2019年，被授予"出口茶优秀企业"和"干净黔茶·全球共享"优秀茶商；2020年，获得贵州省第九批省级扶贫龙头企业荣誉称号。公司还被授予"2020年度消费者最喜爱的贵州茶叶品牌"；2020年12月，公司董事长陈其秀被评选为2019—2020年度贵州省优秀企业家荣誉称号。

公司主要从生产技术管理创新、销售网络体系创新、管理体系创新等入手提高公司核心竞争力，努力做大做强农业产业化龙头，引领健康原生态茶行业潮流，提高"红魅"牌凤冈锌硒茶市场占有率。主动融入"一带一路"大格局，加快走出去步伐，公司成立专业的线上、线下销售团队，已成功与淘宝、阿里巴巴、京东、抖音等电商平台接轨，成立企业网上自营店铺，加入"一码贵州""多彩宝""幸福优选""832扶贫""贵州扶贫馆"等多渠道销售，"互联网+"的营销模式逐渐完善，并积极参加国内外各类茶事活动宣传凤冈锌硒茶，寻找新客户。现公司生产的"红魅"牌雀舌、翠芽、毛尖、毛峰、凤珠以及各类红茶等锌硒茶系列产品市场广阔，在北京、上海、广州、南京、重庆、武汉、成都、贵阳等大中城市均建有销售网点，已在省内外开了茶叶专卖店5家，商超100余家。

公司坚持"绿色有机、健康养生、质量至上、诚实守信"的生产经营理念，逐步建立国际标准的现代化质量管理体系。

10. 贵州省凤冈县黔雨枝生态茶业有限公司

贵州省凤冈县黔雨枝生态茶业有限公司（图4-36）成立于2009年4月16日，是一家标准化茶园建设、管理与清洁化生产、加工、销售、研发、外贸出口为一体的规模化茶叶生产省级龙头企业。公司位于贵州省凤冈县何坝镇凌云村，占地面积达8600m^2，拥有自动清洁化绿茶、红茶标准加工厂房2间（6200m^2），自有种植高标准化茶园180hm^2，带动当地周边老百姓种植茶园3733.3hm^2。公司现有员工42人。

图4-36 贵州省凤冈县黔雨枝生态茶业有限公司

2008年"黔雨枝"牌锌硒绿茶在北京荣获中国第五届国际茶博会金奖；2009年"黔雨枝"牌锌硒春芽荣获"中茶杯"名优茶评比一等奖；2010年公司被农业部、工商总局、质检总局评为食品安全示范单位；2010年凤冈锌硒茶获得"贵州三大名茶"称号；2010

年9月公司荣获贵州省省级扶贫龙头企业；2011年3月公司茶园基地获得中国茶叶研究所颁发的"有机茶园认证证书""有机加工者·贸易者证书""有机茶产品销售证书"；2018年被评为贵州省"专精特新"培育企业称号，同年10月获得贵州省农业产业化经营重点龙头企业。

公司主营产品：凤冈锌硒茶"黔雨枝"牌手工茶、春芽茶、翠芽茶、毛尖茶、毛峰茶、锌硒茗珠茶及各类红茶系列产品。其包装系列产品有绿茶：翠鸟一号（翠芽）、翠鸟二号（毛峰）、翠鸟三号（茗珠）、小罐礼盒装（翠芽）；礼品礼盒装（翠芽）红茶：胭脂一号（红茶）、胭脂二号（红茶）、小罐礼盒装（红茶）、礼品礼盒装（红茶）等。

公司从2017年以来，积极拓展海外市场，生产的茶叶出口中国香港、迪拜、越南、新加坡、泰国、马来西亚等地，2020年出口额达8630.29万元。公司结合多年来做茶的传统经验，独创了一套特有技术，并于2012年获4项包装设计外观专利，于2016—2017年分别获得2项锌硒红茶制备发明专利，2020年申请3项发明专利、4项新型实用专利。品牌建设使企业也赢得了广阔的市场前景，产品销往香港、北京、上海、广东、四川等省外大中城市。为实现品牌价值，提高品牌知名度和市场占有率。公司经过进一步的规划，依靠"互联网+"为载体，不断发展电子商务，加大宣传力度，提高服务水平，不断开拓销售渠道，形成线上线下相互发展的商业模式。实施品牌战略计划，建立品牌管理体系，提升品牌知名度和市场竞争能力；继续推动了企业技术创新能力水平提升建设，开展了茶叶加工工艺技术的科技成果转化和应用示范推广，在稳定内销的基础上，扩大红茶产量，促进茶叶出口。在各级党委政府的关心帮助和支持下，公司不断发展，为推动全省工业企业高质量发展指明了方向，坚定了企业的发展信心。

11. 贵州省凤冈县茗都茶业有限公司

贵州省凤冈县茗都茶业有限公司（图4-37），位于中国西部茶海之心——凤冈县永安镇田坝村，是专注于各类茶叶初制加工，面向全国客户开展产品订制业务，拥有较强市场竞争力的茶叶加工制造企业。

自2012年9月公司成立以来，公司以"分享健康、共建和谐"的发展理念，以"勇于开拓、敢于尝试"经营模式，持续创新投入，提

图4-37 贵州省凤冈县茗都茶业有限公司

升产品质量，凭借优质的茶青原料、先进的加工设备、严格的质量控制、完善的销售服务，在生产制造、科技创新、市场开发等方面取得了长足发展。公司现有各类茶叶加工机械200余台（套），年处理各类茶青1350t，年产干茶300t，生产的"新尧"牌系列绿茶和红茶产品均得到消费者的青睐和好评，为客户源源不断累积财务、创造价值。

历经十年的风雨锤炼，公司先后获得"贵州省省级龙头企业""贵州省省级扶贫龙头企业""'中茶杯'一等奖""贵州省十大制茶能手""贵州省十大销售精英"等各类荣誉称号和奖项。未来，公司将更好地发挥龙头带动作用，积极融入贵州茶产业大发展，为"乡村振兴"和"干净黔茶·全球共享"尽微薄之力，愿与天下茶人共创美好未来。

12. 贵州省凤冈县永田露茶业有限公司

贵州省凤冈县永田露茶业有限公司（图4-38），坐落于永安镇田坝村，是地理标志"凤冈锌硒茶"品牌旗下专注于康养旅游、茶叶种植、茶叶加工、茶叶国内销售及进出口贸易的一家民营茶叶企业。先后获得"贵州省农业产业化经营省级重点龙头企业""贵州省省级林业龙头企业"

图4-38 贵州省凤冈县永田露茶业有限公司

"消费者最喜爱的贵州茶叶品牌"等荣誉称号，通过了"无公害农产品产地认定""HACCP体系""中国绿色食品A级产品"等认证。

公司自2012年成立以来，始终坚守"诚信为本、做放心茶、做干净茶"的理念，锐意进取、勇于开拓，凭借严格的质量控制、持续的研发投入、诚信的销售服务、过硬的产品质量，创建了"永田露"茶叶品牌，系列产品有翠芽、毛尖、毛峰、高绿、茗珠、红茶与永田露手工茶等。

公司现拥有标准化茶叶加工车间5200m^2，综合性办公楼1栋4500m^2，设有生产、营销、办公、财务等部门；有清洁化自动化的绿茶生产线1条、红茶生产线1条，茶叶机械设备160余台，检验检测设备10余台（套），配备800m^3茶叶冷藏库，年加工优质茶400t，产销率达到95%。公司人员配备及组织架构健全，设立有办公室、生产部、采购部、质检部、财务部、市场部、技术中心等部门，同时带动农户组建茶叶专业合作社1个，各部门严格按照组织机构分工合作，建立健全各项管理制度，实行岗位责任制。公司现有职工34人，其中中级以上人员12人，具有大专及以上学历人员7人，中高级以上茶艺师、评茶员、农技师6人。

销售方面，公司以自有制茶技术和自有产品为核心，以良好的制茶设备和国内外市场信誉为基础，面向全国乃至周边邻国客户开展产品自营和定制业务，致力在核心产品上为客户创造价值。未来，永田露将深化对茶叶市场的理解，吸纳优秀人才、优化产品结构、提升服务品质，秉持"做干净好茶"的初心，结合中国与全球茶叶现状和公司发展规划，高标准地塑造"永田露"品牌，努力把"永田露"茶叶系列打造成为世界都喜欢的凤冈锌硒茶产品。

13. 贵州省凤冈县富祯茶业有限公司

贵州省凤冈县富祯茶业有限公司（图4-39），成立于2013年9月29日，公司是集茶叶种植、生产、加工、销售和进出口贸易为一体的标准规范化茶企业，位于有"中国西部茶海之心""中国富锌富硒有机茶之乡"之称的凤冈县永安镇田坝村。公司占地面积12000m²，办公楼1栋

图4-39 贵州省凤冈县富祯茶业有限公司

1400m²，综合楼1栋1000m²，加工车间1栋4000m²，先进的绿茶自动化生产线2条、红茶生产线1条，配备2间茶叶冷藏库，拥有各类先进制茶设备200台（套）。现公司设备达到了标准化、规模化、产业化生产目的，年设计加工产能500t，2020年度产值达5600余万元。

公司注册有"富祯""三大口"等商标，倾力打造"凤冈锌硒茶"系列绿茶、红茶等产品。公司严格控制质量标准，产品现已在山东、江苏、安徽、浙江、四川、重庆、贵州等城市销售。公司生产产品：翠芽、毛尖、毛峰、直条毛峰、绿宝石等各类高中低档绿茶，品质独特、香高味纯，深受广大消费者青睐。先后获得SC认证、绿色食品认证、HACCP质量体系认证；公司、品牌和员工先后被评定为：贵州省"农业产业化经营省级重点龙头企业"、遵义市"市级扶贫龙头企业"；2014年度凤冈县茶叶生产"先进企业"，凤冈县2014年度茶产业发展工作综合目标考核"三等奖"；2017年5月被授予"国家农产品质量安全县产品质量追溯示范点""国家农产品质量安全县产品准入准出示范点"，被凤冈县委县人民政府授予"凤冈县脱贫攻坚先进帮扶企业"；2018年度凤冈茶行业"先进企业"，周朝友荣获"十佳茶人"；2018年2月成为贵州大学茶叶工程技术研究中心的"科研实验基地、教学实习基地"；2019年被评为出口茶"优秀企业"、2019年度干净黔

茶·全球共享"最具竞争力企业";2019年度"遵义茶业集团"杯首届遵义春季斗茶选茶大赛荣获绿茶类银奖;2019年度"遵义茶业集团"杯第二届遵义春季斗茶选茶大赛获得红茶类银奖等多项殊荣。

公司自成立以来,始终以产品质量求生存,把企业信誉求发展放在首位;坚持分享健康、共建和谐的经营理念;肩负与时俱进,开拓创新的社会责任;以"只做健康锌硒有机茶,演绎黔茶魅力新时代"为企业宗旨。本着"坚持标准、提高质量、优化结构、发挥带头作用"的方针,努力推动"凤冈锌硒茶""东有龙井·西有凤冈"这一公共品牌的发展,以达到为企业增收、带动更多的茶农致富为最终目标,让农民过上城里人的生活,走小康之路,为县委、县政府提出的茶旅一体化、推进茶产业转型升级工作作出应有的贡献。

14. 凤冈县茗品茶业有限公司

凤冈县茗品茶业有限公司(图4-40)位于凤冈县永安镇田坝村,成立于2013年8月,是一家集茶叶种植加工、销售、茶旅为一体的标准化企业,至2018年年底,公司拥有资产总额3180万元,其中固定资产1920万元。

图4-40 凤冈县茗品茶业有限公司

公司现有标准化茶叶加工车间3900m², 综合性办公楼1栋1200m², 建有清洁化绿茶生产线1条、红茶生产线1条,拥有各类先进制茶设备95台(套),目前拥有原料基地240hm², 其中自有基地面积33.3hm², 辐射带动周边茶园基地种植面积200hm²。公司以自有技术和自有基地为依托,以良好的制造管理经验和市场信誉为基础,面向全国客户开展产品的自主销售和定制业务,是一家在茶叶产品加工上拥有较强市场竞争力的制造企业。

茗品茶业本着"诚信天下"的经营准则,以献身茶叶事业、发扬茶人精神、弘扬茶道文化、为中国茶产业国际化努力奋斗;推动茶健康生活方式,推动茶园资源整合使千家万户喝到"安全、方便、高品质的好茶"为公司使命。

15. 遵义林仙康茶旅有限公司

遵义林仙康茶旅有限公司(图4-41)位于遵义市凤冈县永安镇田坝村,是一家集茶叶种植、加工、旅游、餐饮、康养的茶旅一体化龙头企业。公司坚持绿色生态发展理念"开发绿色产业,发展生态经济",弘扬茶文化,做强茶产业。长期以来,"公司+基地+农户"的利益联结方式建成有机茶园示范面积33.3hm²（主要有黄金桂、龙井长叶、铁观音、黔湄601、小叶福鼎五大系列品种）。先后获得省级林业龙头企业、贵州省农业产业化省级重点龙头企业、贵州十大本土茶叶企业、锌硒茶品优秀奖、工业经济三等奖、县级龙头企业、出口茶优秀企业等荣誉之称。

图4-41 遵义林仙康茶旅有限公司

自2016年成立以来，公司产品先后获得QS认证、绿色食品认证、HACCP体系认证等质量认证，深受一致好评，提升了产品市场占有率，远销越南缅甸等地方；公司在脱贫攻坚方面，提供贫困户就业岗位5人，人均年收入增收8000余元，季节性用工200余人，促进了地方经济发展，增加了茶农收入，创造了就业机会，现有职工30人，其中茶叶加工人员12人，生产服务人员18人。本科学历及以上人数6人，中级以上职称人数8人；巩固了脱贫攻坚成果，对稳定社会、繁荣地方经济起到了积极的作用。

康养旅游方面结合了景观资源、空气资源、农耕活动、人文资源、饮食资源、环境资源来大力发展康养基地；基地按照旅游"六要素"相关要求，大力培育新旅游业态、将果蔬、茶叶等采摘体验巧妙与"禅茶瑜伽"文化、"康体养老"文化、商务会议培训、大学生实践、山地旅游等旅游业态相结合，凭借核心地域及土壤优势，加快推进森林康养休闲项目基地建设。目前，公司已建设养生餐厅300m²、养生民宿700m²、健康管理中心200m²等附属设施；公司外围森林覆盖率达95%以上，空气负氧离子含量达到2500个/m³，被万亩茶海环绕，四面林业密布，茶中有林、林中有茶、林茶相间，常年鸟语花香，是康体养生、避暑休闲等最佳康旅圣地。

公司未来将从茶旅一体化开发，促进一二三产业融合发展方向，秉承绿色生态发展的理念，以坚持不懈、不断进取、不断创新的精神，使公司更上一层楼；坚持品牌化建设和技术创新，紧密结合茶叶产业和公司种植、加工现状，围绕生态茶园建设、产品品质提升、新技术和新工艺及新产品等进行研究和开发，同时始终不忘肩负的社会责任，切实承担企业应有的社会责任。

16. 贵州黔韵福生态茶业有限公司

贵州黔韵福生态茶业有限公司（图4-42）位于贵州省凤冈县蜂岩镇巡检村，成立于2008年3月，公司共有员工69人（其中农艺师3人、畜牧师3人、技术员12人），主要从事茶叶种植、加工和销售。截至2016年12月，公司已投资5000余万元，以"公司+农户+基地+专业合作社+加工厂"经济组织结构为载体,严格采取"猪—沼—茶—林"生态循环经济管理模式,已建标准化高香型有机茶园40hm², 规范化生猪养殖总场1个、生产管理房和养殖分场7个、沼气池12个、沼液管网7560m、茶区公路15.4km、蓄水池18个共4600m、4条年加工7500t茶青清洁化流水线加工厂、1条年产3000t边茶(黑茶)生产线。公司荣获"国家有机食品生产基地""贵州省省级扶贫龙头企业""贵州省农业产业化经营省级重点龙头企业""中国高品质绿茶产区示范基地""科技部现代农业'猪—沼—茶—林'循环经济示范基地"等称号,采用传统与现代工艺相结合加工生产的"大娄山"系列产品,荣获2012年北京国际茶博会金奖,2014年上海国际茶文化旅游节金奖。产品具有以下特点:

图4-42 贵州黔韵福生态茶业有限公司"大娄山"系列产品

产地特色:产自贵州北部大娄山南麓乌江北岸——中国锌硒有机茶之乡凤冈县蜂岩镇巡检村。这里平均海拔1200m, 常年云雾缭绕,绿水青山,植被郁郁葱葱,鸟语花香,是"高山出好茶"的绝佳生态净地。锌硒特色:富含锌硒微量元素和人体所需的十多种有机质,锌给生命以活力,被称为"生命的火花"和"婚姻和谐素"之称,硒可以抵抗多种疾病,被誉为"月亮元素"。

茶种特色:金观音茶树是铁观音茶树升级的高香型新品种,所制锌硒绿茶,具有"汤色黄绿明亮,花香馥郁幽长,滋味醇厚甘爽,经久耐泡"的独特"韵味"。

有机品质:现有产茶园40hm², 严格按照有机茶标准进行人工除草、施用沼渣沼液有机肥,获得国家有机产品认证,是安全健康的有机食品。

第五章 凤冈茶与科技

第一节 政府检测机构

一、凤冈县质量技术监督检测中心

为打造凤冈"锌硒"特色茶产业,在凤冈县委、县政府的大力支持下,凤冈县质量技术监督局于2004年4月组建了"凤冈县质量技术监督检测所",并于当年12月取得"实验室资质",资质检测内容涵盖茶叶外形评审、内质评审、理化指标和微生物指标检测。之后"实验室资质"升为"食品检验机构资质",机构名称更名为"凤冈县质量技术监督检测中心"(图5-1),检测内容增设了农残、重金属,对凤冈县茶叶质量的控制起到了指导性的保障作用。同时以检测机构为载体,以凤冈县质量技术监督局为主要牵头单位,相关职能部门支持和参与,先后拟定并通过省级认证的凤冈茶叶标准有《地理标志产品 凤冈富锌富硒茶》(DB52/489—2005)和《地理标志产品 凤冈锌硒茶》(DB52/T 489—2015)标准,标准的制定规范了茶叶生产企业加工规程、清洁化生产,同时也为"凤冈富锌富硒茶地理标志产品""凤冈锌硒茶品牌产品"的创建打下了基础,但由于"体制改革"单位合并(2014年10月),检测人员流动,凤冈县质量技术监督检测中心的检测业务暂停,"食品检验机构资质"于2016年6月期满失效。

图5-1 凤冈县质量技术监督检测中心实验室

二、凤冈县农产品质量检验检测中心

凤冈县农产品质量检验检测中心的前身是凤冈县农产品质量安全监督检测检验站,2010年成立,属县农林畜牧局下属的一个股级单位。检测中心被列入县财政全额预算管理,事业编制6人,其中站长1名,专业技术人员4名,工勤1名。

2012年11月,机构整合,将凤冈县农产品质量安全监督检测站承担的行政职能划入农牧局机关承担,在农牧局机关增设农产品质量安全监督股,加挂有机产业办公室的牌子；将凤冈县农产品质量安全监督检测站与县土肥站化验室，合并组建成凤冈县农产品质量检验检测中心，2012年12月凤冈县农产品质量检验检测中心就正式成立，设置事业编制人员6名，设置中心主任1名，副主任2名，专业技术人员3名，工勤人员1名，列入县财政全额预算管理。

1. 凤冈县农产品质量检验检测中心实验室情况

2016年搬迁到新建化验室，中心实验室一楼一底总面积为640m^2。其中：检验检测用房面积450m^2，控温控湿面积100m^2，办公室用房面积35m^2，危险物品及药品保管室55m^2。有气相色谱仪室、液相色谱仪室、原子吸收光谱仪室、原子荧光光谱仪室、天平室、前处理室、控温室、标液保管室、样品保管室、资料室、农残检测室、危险物品、药品保管室及办公室等（图5-2、图5-3）。

图5-2 凤冈县农产品质量检验检测中心实验室

图5-3 农残检测仪

主要大型仪器设备有：气相色谱仪进口仪器设备、液相色谱仪进口仪器设备、原子吸收光谱仪进口仪器设备、原子荧光光谱仪、分析电子天平（千分之一）等29样，总台数46件（套），总计金额为164.6万元。

中心实验室宗旨是为全县农产品质量安全提供检验检测服务。业务范围职能职责是：承担上级农业行政主管部门下达的农、牧、水产品质量检验检测任务；组织实施本县农、牧、水产品例行监测工作；承担本县农业投入品质量鉴定、跟踪调查、风险评估等工作；承担本县农业环境质量监测、调查、风险评估等工作；对全县各乡镇农产品质量电子监控网点的技术指导和培训，对接上级同类机构相关工作；研究推广新的检测技术和方法，承担或参与有关农业标准的制修订和试验验证；承担本县农产品质量安全风险评估工作；参与农产品质量安全事故的调查和处理；为合理利用土肥资源提供技术与监测服务；土壤保护技术、土壤肥料监测、土壤检测、肥料环境影响监测、农田水利监测、农田废弃监测；新型肥料技术的推广应用；肥料市场的日常监督管理等。

2. 凤冈县农产品质量检验检测中心资质取得情况

2016年中心实验室检验检测机构资质认定（计量认证）进行了全面的论证和考核，并顺利通过，于1月27日获得了实验室检验检测机构资质认定证书（证书有效时间为6年），取得了农残（有机磷类）农药检测资质，主要有：敌敌畏、甲拌磷、甲基对硫磷、对硫磷、杀螟硫磷、水胺硫磷、三唑磷、甲胺磷、乙酰甲胺磷、马拉硫磷、氧化乐果、毒死蜱、辛硫磷、乐果、六六六、DDT、久效磷17项；取得了农残（有机氯及拟除虫菊酯类农药）农药检测资质，主要有：百菌清、三唑酮、甲氰菊酯、三氟氯氰菊酯、氟氯氰菊酯、氰戊菊酯、氯氰菊酯、溴氰菊酯、联苯菊酯、腐霉利10项；取得了兽残（畜产品、水产品）检测资质，主要有：金霉素、土霉素、四环素、多西环素、恩诺沙星、环丙沙星、达氟沙星、替米考星、磺胺类9项；取得了重金属类的检测，主要有：铬、镉、铅、汞、砷、铜及微量元素锌、硒9项的认定工作，共计认定检验检测项44项。

2016年12月，省农委对凤冈县农产品质量检验检测机构进行了现场考核评审，于2017年2月28日颁发了农产品质量安全检测机构考核合格证书，证书有效期3年。为此，凤冈县农产品质量检验检测中心"双认证"，即：实验室检验检测机构资质认定证书和农产品质量安全检测机构考核合格证书，标志着农产品质量检验检测中心有资质为农产品、畜产品、水产品、重金属进行检测并出具相应的检测报告，并于2017年取得重金属能力验证，2018年取得畜产品能力验证。

第二节　凤冈茶叶企业检测设备

2002年前，凤冈茶企均未建立规范的检验检测制度，检测硬件设施参差不齐，茶叶质量全凭眼看、手触、口尝以及多年制茶经验来判断，所以当时的茶叶质量因操作人员主观因素，导致批次间的产品质量差异较大。2005年9月1日《中华人民共和国工业产品生产许可证管理条例》（下称《条例》）

图 5-4　凤冈茶叶企业检测设备

出台，《条例》的实施配套出台了《生产许可证审查细则》（下称《细则》），《细则》对生产设备、检验设备作出严格要求。为了规范凤冈茶叶生产企业生产行为，根据《条例》和《细则》的要求，县级业务主管部门拟定了《茶叶生产企业必备的生产设备和检验设备》（图5-4）。具有必备的生产和出厂检验茶叶设备的企业见表5-1。

表 5-1 凤冈县具有必备的生产和出厂检验茶叶设备的企业名称

序号	企业名称	生产地址	法人
1	凤冈县黔北佳木生态茶业有限公司	永安镇田坝村	喻敢波
2	凤冈县瑰缘生物科技有限公司	进化镇临江村	易志英
3	贵州省凤冈县洪成金银花茶业有限公司	龙泉镇柏梓村	高洪成
4	贵州省凤冈县玛瑙山茶业有限责任公司	绥阳镇金鸡村	张著军
5	凤冈贵叶雅黛电子商务有限公司	花坪镇彰教工业园区	葛中耀
6	贵州凤冈县天绿茶业有限责任公司	花坪镇关口村	翁国清
7	贵州古之源科技茶业有限公司	进化镇临江村	王添华
8	凤冈县娄山春茶叶专业合作社	土溪镇大连村	罗明刚
9	凤冈县风雅黔春有限公司	永安镇田坝村	袁代琼
10	贵州凤冈乌龙锌硒茶业有限公司	龙泉镇西山村	林学钱
11	贵州省凤冈县茗都茶业有限公司	永安镇田坝村	周朝都
12	贵州省凤冈县神仙茶厂	永安镇田坝村	袁贵强
13	贵州省凤冈县朝阳茶业有限公司	花坪镇鱼跳村	练朝阳
14	贵州省凤冈县富祯茶业有限公司	田坝村新民组	周朝友
15	凤冈县忆茗春茶厂	永安镇田坝村	陈仕富
16	贵州野鹿盖茶业有限公司	永安镇崇新村	陈胜建
17	贵州聚福轩万壶缘茶业有限公司	永安镇崇新村	毛廷芬
18	贵州省凤冈县田坝魅力黔茶有限公司	永安镇田坝村	金江
19	凤冈县黔之源茶业有限责任公司	新建镇官田村	邓勇
20	陈其洪茶厂	永安镇田坝村	陈其洪
21	凤冈县绿鼎山茶厂	永安镇田坝村	刘敏
22	贵州凤冈县茗馨茶业有限公司	永安镇田坝村	陈江
23	贵州省黔馨生态茶业有限公司	永安镇田坝村	夏晓玉
24	贵州露芽春生态茶业有限公司	永安镇田坝村	周咪
25	凤冈县馥雅春茶业加工厂	土溪镇官坝村	秦胜
26	贵州德凤谷生态农业有限公司	琊川镇茅台村	王仕祥
27	凤冈县苏贵茶业旅游发展有限公司	绥阳镇新岗村	许成秀
28	贵州省凤冈县红魅有机茶业有限公司	峰岩镇龙井村	陈其秀
29	凤冈县众一茶叶实业有限公司	峰岩镇桃坪村	牟春林
30	贵州省凤冈县盘云茶业有限公司	峰岩镇小河村	刘建伦

续表

序号	企业名称	生产地址	法人
31	贵州省凤冈县浪竹有机茶业有限公司	永安镇田坝村	陈其波
32	贵州寸心草有机茶业有限公司	绥阳镇金鸡村	王清添
33	贵州黔韵福生态茶业有限公司	峰岩镇巡检村	罗林
34	贵州省凤冈县昶晟茶业有限公司	琊川镇琊川村	郭剑文
35	贵州放牛山茶业有限公司	天桥镇石桥社区	李贵
36	贵州省凤冈县黔雨枝生态茶业有限公司	何坝镇凌云村	任斌
37	凤冈县灵蔓茶业农民专业合作社	花坪镇石盆村	石官焕
38	贵州省凤冈县夷洲有机茶业有限公司	龙泉镇西山村	黄明
39	凤冈县华媚茶业有限公司	永安镇田坝村	孙媚
40	贵州凤冈凤羽茶业有限公司	土溪镇大连村	田茂安
41	贵州省凤冈县永田露茶业有限公司	永安镇田坝村	朱永霞
42	贵州黔知交茶业有限公司	绥阳镇金鸡村	陈锦瑜
43	凤冈县秀姑茶业有限公司	永安镇田坝村	杨秀贵
44	贵州凤冈县仙人岭锌硒有机茶业有限公司	永安镇田坝村	孙德礼
45	贵州省凤冈县蜀黔茶业有限公司	永和镇鱼塘村	熊伟
46	贵州凤冈黔风有机茶业有限公司	永安镇田坝村	罗春霞
47	凤冈县绿韵茶业有限责任公司	绥阳镇金鸡村	张菽浪
48	凤冈县田坝明雨茶厂	永安镇田坝村	孙流修
49	凤冈县龙江汇绿茶厂	永安镇田坝村	陈龙
50	凤冈县凤鸣春茶业有限公司	永安镇崇新村	朱芷影
51	贵州凤冈贵茶有限公司	永安镇田坝村	陈小平

第三节 凤冈茶的质量安全管理

为切实加强凤冈县茶叶质量安全管理，推动引领全县茶产业健康发展，按照"标本兼治"的原则，以源头治理为发力点，结合全县现状，探索建立了以田坝为试点的茶叶产业质量安全"五级防控"的管理模式，以"两防一治"工作载体为抓手，依托和完善相关技术设备设施，落实和明确主体责任，形成了茶农与茶企的自我约束、自我管理、自我监督的质量安全意识和管理机制。从而提升凤冈锌硒茶质量标准和维护茶叶的质量安全，确保茶叶产业持续健康发展，做大做强"良心产业·有机凤冈"品牌，最终实现"以茶富民、以茶兴县、以茶扬县"的目标。

一、茶叶质量安全管理

（一）"五级防控"管理模式

"五级防控"管理模式是由监督体系和管理体系共同参与对辖区内的茶叶质量安全进行管理的模式。

1. "五级防控"管理模式的职能职责

1）监督体系防控职责

县农业农村局。一是依法对农药及肥料市场进行管理，对茶园进行抽样检测、对违法使用农业投入品的行为依法进行处罚。二是监督村委会、一级网格的日常质量管理工作。三是做好病虫害的绿色防控工作。

县市场管理局。一是依法对茶叶企业按照标准化的生产过程、场地卫生、产品质量进行日常检查；二是对茶叶经营过程进行监督管理。

县茶叶产业发展中心。一是依照主管部门的职能职责对茶园、茶叶生产企业进行技术指导和技术培训；二是协助村委会争取项目、资金，对茶青市场进行升级改造；三是对一级网格的日常质量管理工作进行指导与监督。

2）管理体系防控职责

乡镇人民政府。要履行属地管理职能，加大对各行政村茶叶质量安全工作的统筹指导，加大宣传，加强对企业内部管理、专业合作社内部管理以及各网格责任人对基地管理的巡查力度，维护茶青市场收购秩序。

行政村。充分发挥村委会的"村民自治"作用，村委会要组建一支集服务、技术指导、执行村规民约于一体的队伍，及时解决茶区内出现的茶叶生产、加工技术等方面的问题，检查辖区内出现的不按茶叶质量安全标准生产的违法违规行为。一是严格执行村规民约，对违反村规民约的进行张榜发布，所有企业和茶叶专业合作社不得收购其所产茶青，并按承诺书交纳违约金；二是对涉及违背法律法规的茶企和合作社，及时联系并移交上级部门依法处理；三是要制定、规范茶青交易市场的管理办法，可收取一定的管理费用，管理费主要用于管理人员、服务队伍工资及卫生费、水电费、维护费等；允许盈利，但必须用于标准化管理的物资补助、扩大规模及提升服务功能等。

茶叶专业合作社。要承担茶叶质量安全的主体责任，充分发挥合作社的"自律"作用。组建病虫害综合防治队伍，依照章程和村规民约的管理要求，对茶园使用的肥料、农药等物资进行统筹调配；对合作社网格内基地实施统防统治。

茶叶企业。要承担茶叶质量安全的主体责任，充分发挥企业的"自主"作用，在网格内认购或流转茶园；依照村规民约收购茶青。

村民自我防控职责。茶农是茶叶质量安全防控的核心主体,要充分树立"质量是脱贫致富奔小康"的意识,要履行茶叶安全的守护责任。

2. "五级防控"管理模式的工作内容

茶叶基地"五级防控"管理方式,将在部门与镇政府、村委会的职能整合方面,在茶农与合作社、茶企的工作融合方面进行探索,着力解决执法程序多、周期长、处罚轻及茶青质量得不到长期稳定保证的难题,最终实现茶园建设精品化、茶园管理机械化、茶青交易规范化、茶叶加工清洁化、产品质量安全化的"五化"目标:一是乡镇人民政府统揽各行政村的茶叶质量安全工作;二是各村委会要主动担负起本村质量管理的主体责任,通过开展村民代表大会,制订村规民约,以村民组作为单元进行网格化管理,从源头上保障茶青质量安全;三是以签订、履行《承诺书》为手段,促进茶农、茶叶合作社自律和企业自主,注重茶园投入品的安全管理;四是引导企业认购茶园,建立质量追溯体系,强化茶叶质量安全管理;五是充分发挥部门行业管理的职能职责,切实保障工作的有效推进。

① **村规民约管理**:制订村规民约。制定以抓茶叶质量安全为核心的村规民约,落实村民自治。通过张贴、发放资料以及召开村民代表大会、村民组群众会等方式进行广泛宣传,增强茶农自我管理、自我约束和监督管理意识。

② **履行双向承诺**:一是村委会与一级网格,即一级网格向村委会承诺履行村规民约及相关法律法规的具体义务,并签订承诺书;二是一级网格与二级网格,即合作社、企业向茶农承诺服务的具体事项,并签订承诺书。

③ **基地网格化管理**:划分基地网格架构。一是全村按生产主体划分一级网格;二是在一级网格内以村民组为单位设置二级网格。

④ **明晰责任主体**:各网格内明确具体的责任人和管理人员,形成"每个网格有人抓、每块茶园有人管"的质量安全责任机制。一级网格内的专业合作社和茶叶企业法人代表为该网格的第一责任人,二级网格内的村民组长和所辖企业法人代表为第一责任人,同时民主推荐2~5名公道正派、群众信任的村民为管理人员。

3. 市场行为规范化管理

茶青市场管理。各村委会是茶青市场规范管理的第一责任人,可自行或委托其他单位进行茶青市场的营运。在生产加工时节负责督促所有茶叶企业到茶青交易市场收购茶青,并根据村规民约收取相应的摊位费和管理费用。企业自有基地生产的茶青可不通过茶青市场直接到公司销售,但收购自有基地以外的茶青,必须到茶青市场收购,不得另外设置收购点。

投入品管理。行政村要按照茶园的标准化等级管理茶园的投入品，严格控制化学肥料、化学农药、生长素及除草剂等。

（二）两防一治

"两防一治"主要是以宣传培训为引导、科学技术为依据、法律法规为手段来加强和推进茶叶质量安全管理的方式。

1. 强力推进"技术防控"管理

① **建立监管平台**：充分应用网络技术，完善和利用现有"天眼"监控网络平台，将全县重点产茶区监控系统接入网络终端，实现"大数据+茶叶质量安全"网上监管，建立茶叶质量安全可追溯体系，实现茶叶质量安全生产过程全程可视化。

② **严格源头检测**：在全县茶青市场设置质量监管检测站，由各镇乡安排专业检测人员，对进入市场的茶青进行随机抽样检测，凡不合格的茶青坚决不予收购。

③ **严格市场流通检测**：加强对全县茶产品的抽检力度，严禁不合格产品进入市场流通。

④ **严格属地检测**：各镇乡在茶叶生产和加工季节要坚持长期持续开展茶叶监督抽检工作，县农业农村局针对各镇乡茶产业发展实际制定下发抽样检测任务，原则上全县每年抽样检测不得少于3000批次。

2. 强化提升"意识防控"管理

① **强化培训力度**：通过集中培训、田间地头现场培训等多形式、多渠道召开茶叶质量安全业务培训会，重点对《中华人民共和国农产品质量安全法》《中华人民共和国食品安全法》《凤冈锌硒茶标准》《凤冈锌硒茶生产技术规程》和"茶园绿色防控技术"等内容开展培训，切实提高茶叶企业和茶农的标准化、规范化、科学化、无害化生产质量安全意识。

② **强化责任压实**：通过层层签订茶叶质量安全责任书，明确部门监管责任和镇乡的属地管理责任；通过签订质量安全承诺书，严格落实茶企业的质量安全主体责任。

③ **强化宣传引导**：通过广播、电视、微信、报纸、大喇叭等宣传方式，将"致全县茶农和茶叶生产企业的一封信"和茶

图5-5 凤冈县茶叶质量安全宣传现场会宣誓

树禁用农药名单等资料进行广泛宣传，切实提高茶农质量安全防范意识（图5-5）。

3. 从严实施"法律法规"治理

① **从严加强农业投入品监管**：农药以"经营许可"为管理根本，严格要求农业投入

品经营主体必须规范、守法、诚信经营,加大对未建立经营电子台账、未设立限用农药专柜、经营不合格和违禁农业投入品的农资经营主体的整治和处罚力度。

② **从严加强茶叶种植基地管理**:加强对茶叶种植基地的监督检查,督促茶叶生产企业如实建立田间生产管理档案,规范农业投入品使用行为,凡是未如实建立田间生产管理档案、违规使用农业投入品的企业,坚决列入凤冈县农产品质量安全"黑名单"进行监督管理。

③ **从严把关生产许可审批**:从严审查茶叶生产企业资质,达不到许可条件的,一律不予许可审批;对不能持续满足生产条件的,必须依法关停并强制退出;建立健全茶叶生产企业食品安全信用档案,促进企业依法生产、诚信经营、优胜劣汰。

④ **从严规范生产环节管理**:加强对企业原料采储、生产环境条件、生产档案记录、出厂检验及销售记录等各个环节的检查力度,督促企业持续满足生产许可条件,确保茶产品符合有关生产标准要求。

⑤ **从严管理生产过程控制**:每年定期或不定期开展茶叶质量安全专项整治及综合执法行动,从严、从重、从快、从速打击使用不合格原料和滥用食品添加剂生产茶叶等违法行为。

⑥ **从严打击违法行为**:依法查处茶叶生产、加工、销售中的违法违规行为,坚决打击制假售假和危害人民群众食品安全和生命安全的违法行为。

(三)具体做法

1. 全面建立质量安全监管名录

一是每年年初对全县茶叶生产企业、茶叶专业合作社和种植大户进行摸底排查核实,实行建档立卡,建立监管名录。二是对监管对象进行分类管理。对县级以上的龙头企业,规模达 $33.3hm^2$ 以上、影响大、风险较高的生产企业和茶叶专业合作社、种植大户纳入重点监管对象;其他的作一般监管对象。三是监管对象签订茶叶质量安全承诺书,签订率达100%。

2. 建立和完善"五级防控"的管理体系

以职能部门(农牧局、茶中心、市管局)、镇政府(属地管理)村(制订村规民约)、组(划分网格)、茶叶企业或专业合作社(网格的管理)"五级防控"的管理模式。核心是制订村规民约。以村民自治为载体,村规民约为重点,以村民小组自我管理、专业合作社监督管理、茶叶企业认购或流转茶园管理的网格化管理为抓手,从源头管理茶叶产业质量安全。每个乡镇根据实际情况,成立相应的专业化组织或创新性地对全镇茶园进行统一管理。

3. 全面推广绿色防控技术，实现"陆空"立体植保防控

一是继续加强与贵州大学的合作关系，为绿色防控提供技术保障和技术支撑。二是加大植保无人机（图5-6）、车载式喷雾器等硬件设施的投入。基本满足茶园集中连片、交通设施较好、地势宽阔的区域从"陆空"实施立体植保的绿色防控。三是继续鼓励和支持茶叶企业在茶园中安装太阳能杀虫灯、安置诱虫屋、黄板，购买高效低残留或生物农药或有机农药。

图5-6 茶园植保无人机喷施有机农药

4. 大力实施茶园"天眼"监控工程

为时时有效地监控和管理茶园动态的情况，要对全县集中连片 $6.66hm^2$ 以上的茶园基地安装"天眼"（图5-7），以"优先实施自有茶园基地的企业、重点实施茶叶专业村、逐步实施茶叶产业带"的逐步实施原则，将全县60%的茶园纳入"天眼"监控范围进行"可视化"管理运营（图5-8）。

图5-7 茶园基地天眼工程

图5-8 茶园监控"可视化"管理

5. 加强茶青市场的统一管理和规范

一是加强有机茶区的茶青销售市场的统一管理和规范运营。为有效防止农药残留超标、来源不明、鱼目混珠、以次充好的茶青流入市场，由茶叶企业按照收购数量交纳管理费用后将茶青市场委托给合作社实行有偿服务的统一管理。茶叶企业、茶农只能在茶青市场内进行茶青的交易，且在交易时茶农必须出示有机茶销售卡后茶叶企业方能收购，坚决杜绝顺路茶、无卡茶和贩子茶。二是清理并恢复全县已建茶青市场的应用功能。督促乡镇对已建和现有茶青市场进行清理，凡是茶青市场被占为他用的要一律清退，基础设施被损坏的修复后恢复应用功能。

6. 建立以二维码为主的产品追溯体系

茶叶产品的质量安全能否进行过程追溯体系是茶叶企业势在必行的趋势。目前，凤冈县有规模型企业56家，中小型企业178家，共计234间茶叶加工企业（厂），鼓励和支持56家规模型企业（加工厂）全部实行二维码可追溯体系（图5-9），实现产品有溯可追、有源可查。

图5-9 二维码可追溯体系

7. 加大茶青检测的力度和密度

一是增加抽样检测的密度。每年县农产品质量安全检测中心每月对规模型企业抽样检测1次以上，全年至少6次，其他茶叶加工企业全年抽样检测不少于2次。二是加大田坝茶青市场的管理和抽检力度。田坝村要加大对茶青市场速测室的管理力度，严格按照《田坝村村规民约》对茶青交易市场进行管理。三是强化茶叶加工企业自检工作。凡是获得速测仪的茶叶加工企业，在茶青进厂时，必须启动速测仪开展自检工作，同时将检测结果上传。凡是没有完成检测任务和未开展此项工作的纳入农产品质量安全"黑名单"管理，在"黑名单"管理期间不享受任何政策补助。

8. 大力宣传和强制贯彻执行《地理标志产品 凤冈锌硒茶》标准

一是大力宣传，提高茶企、茶农对《地理标志产品 凤冈锌硒茶》（DB520/T 489—2015、DB52/T 489—2015）标准的知晓率，有利于标准的贯彻执行。二是组织培训。要聘请加工理论高和实操强的专业老师，组织茶叶加工企业举办理论和实际操作培训，培养加工技术人员。三是检验检测结果实行"红黑榜"名单公布制度。在茶叶生产加工季节对茶叶产品抽样，分别对抽样产品的农药残留情况、锌硒含量情况进行检测，检测结果向农产品质量安全领导小组报送。对抽检不合格的茶叶企业，将按照《凤冈县农产品质量安全红黑榜名单管理制度（试行）》的相关规定进入黑榜名单并在相关媒体进行公布。四是全面清理产品包装及标识。当前，凤冈县茶叶产品的包装和产品标识的使用比较混乱，存在产品以次充好、以甲代乙，包装上夸大功能、乱贴标识等五花八门的情况。一方面要根据省农委《关于延长贵州省十个茶叶品牌旧版包装产品使用期的通知》要求全面进行清理，凡还在使用旧版包装的一律要求下架，对劝说不听或有意不执行的没收其上架产品和所有旧版包装。另一方面要对未取得销售证书而在产品包装上乱贴无公害、绿色、有机等标识诱导消费者行为的，一律要求产品下架后据实重贴标识，对劝说不听或有意不执行的没收上架产品和所有产品标识。

9. 加强"三品一标"的质量认证和管理工作

大力宣传"三品一标",即无公害农产品、绿色食品、有机农产品(图5-10)及农产品地理标志,鼓励并支持茶叶企业、专业合作社及个人争取"三品一标"的质量认定、认证工作。一是全县完成茶园无公害产地认证26666.6hm^2,占全县茶园总面积的80%。二是完成茶园基地的有机认证1866.6hm^2,占全县茶园总面积的5.6%。到2018年底,无公害和有机产地产品认证面积达32000hm^{2}以上,认证面积占全县茶园总面积的96%以上。

图5-10 有机产品认证书

10. 建立质量安全有奖举报制度

一是制定有奖举报制度。有奖举报制度包括举报的内容或行为或范围、举报的方式、举报电话、举报人的奖励标准等。二是有奖举报制度的宣传。要在茶叶集中区域、主要基地制定有奖举报制度的标识标牌,让有奖举报制度和内容家喻户晓,人人皆知。三是建立举报保密制度。为了保障举报人的人身安全,有效防止被举报人的打击报复行为,对举报人的姓名、举报内容进行保密。

11. 强制要求企业建立生产台账

强制要求茶叶生产企业对农业投入品的购买(包括物资名称、日期、数量、生产厂家和地址、登记证号)、田间管理(包括使用物资名称、日期、数量、面积、方式)、茶青采摘或收购(包括日期、数量、销售去向及茶青来源)、茶叶加工(包括加工时间、产品名称、数量)、茶叶出入库五部分生产过程或环节的信息进行如实记录。对不主动建立生产记录档案或者伪造生产档案记录的企业及合作社,按照《贵州省农产品质量安全条例》第三十六条及《中华人民共和国农产品质量安全法》第四十七条规定,给予责令其限期改正,逾期不改正的,处以500元以上2000元以下罚款。

(四)保障措施

1. 加强领导,强化组织保障

成立以县长任组长,分管茶叶工作的领导任副组长,县政府办公室、县公安局、县农牧局、县茶叶产业发展中心、县市管局等单位为成员的茶叶质量监管工作领导小组,负责全县茶叶质量监管工作的决策、协调、调度等工作。永安镇要成立以镇长为组长的茶叶质量安全领导小组,明确专人分管此项工作。拟定工作推进计划,并按计划抓好落实。田坝村要抓好村民自治，完善好村规民约，搭建好网格架构，做好监督管理和服务工作。

2. 加强联动，强化部门协作

通过定期或不定期召开茶叶质量监管工作调度会，加强统筹调度。各级各部门要加强工作沟通与衔接，密切配合、形成合力，重点在原料把控、组织生产、市场监管等方面实现上下联动、齐抓共管、整体推进的工作格局，确保茶叶质量监管工作取得实效。

3. 加强督查，强化检查考核

建立联合督查工作机制，县督查局、县农牧局、县茶叶产业发展中心、县市管局要组建茶叶质量监管工作专项督查组，对各镇乡茶叶质量监管工作情况开展督查，特别是围绕关键季节和重点区域范围开展督促检查，督查检查结果将纳入年度综合目标考核。

4. 加强宣传，强化意识提升

各级各部门要加大茶叶质量安全的宣传力度，通过组织召开好党员代表大会、村民代表大会、企业代表大会、各网格群众会等进行广泛宣传，做到家喻户晓，人人皆知，不留死角，不漏盲区。

5. 加强管理，强化资金保障

各相关部门要加大项目资金的争取力度，多方式、多渠道整合项目资金，全力支持当地茶青市场建设、统防统治作业设备、监控系统、道路设施等硬件投入。

第四节　凤冈茶叶"三品一标"认证

1999年，凤冈县委、县政府提出了"建设生态家园、开发绿色产业"的发展战略，2003年8月召开的中共凤冈县委九届三次全会上，围绕"建设生态家园、开发绿色产业"的战略定位，进一步作出了《关于加快绿色产业发展的决定》，系统阐述了绿色战略的深远意义和丰富内涵，强调了树立"生态立县"的发展理念。

为推动全县农产品质量安全上水平，进一步突显凤冈县农产品"绿色、生态、有机"特色，逐步形成凤冈农产品"生产有记录、信息可查询、流向可追踪、质量有保障"的农产品质量安全追溯体系。2015年，县委、县政府决定创建国家农产品质量安全县，其中工作之一是要切实抓好农业标准化建设，开展"三品一标"认证申报工作。

一、凤冈县有机产业发展及有机茶产品的认证

20世纪90年代末开始，凤冈县一直在探索和总结县域经济发展的方向和路子，2016年底为了更好地把"绿水青山"变为"金山银山"，真正将生态优势转化为经济优

势，县委、县政府创新提出了全域有机和全产业链有机的"双有机"战略（全域有机即在县域范围内广泛推行有机农业生产方式，提高县域合格农产品、绿色食品和有机产品占比，实现"人人讲有机，村村抓有机"；全产业链有机指的是"贯穿产加销，覆盖农工旅；企业是主体，环环抓有机"）。回首凤冈县茶叶产业"三品一标"认证进程，大体经历了以下四个阶段：

第一阶段：1999—2007年为起步发展阶段。1999年，凤冈县委县政府提出"建设生态家园，开发绿色产业"发展战略，制定了《贵州凤冈县有机产业发展规划》，并相继实施了"四绿工程"（营造绿色环境、培育绿色基地、实施绿色加工、打造绿色品牌）、"四生一有"（生态农业、生态工业、生态城镇、生态旅游和有机田园文化）以及特色农业"4+1"（人均1亩茶、1亩花卉苗木、1尾大鲵、1亩蔬菜，农民人均纯收入达1万元）工程。2002年6月，开始进行国家级生态示范区建设试点；2007年1月，经国家环保总局批准凤冈成为国家级生态示范区。

第二阶段：2008—2012年为加快发展阶段。2010年3月，凤冈县189.7hm^2有机茶基地成功申报为国家有机产品生产基地，是贵州省首个国家级有机产品生产基地；2010年4月，贵州省首个出口农产品食品质量安全示范区——凤冈县出口茶叶质量安全示范区挂牌成立；2012年凤冈县人民政府与北京大学环境公共政策研究社合作编制了《贵州省凤冈县生态农业可持续发展规划》，全县有机农业种植面积达到4120hm^2，其中有机茶叶种植规模3333.3hm^2。

第三阶段：2013年后为发展减速阶段。由于市场疲软、产业结构调整以及企业积极性消退等内外因素，凤冈县有机产业发展显现下滑态势，有机认证面积、产量及产值同步下降，有机产业发展的势头明显放缓。

第四阶段：2016年以后走进新历程。为了全面夯实有机产业发展的基础，凤冈县委、县政府借力省委"黔货出山"的战略部署，提出了"全域有机、全产业链有机"发展战略，成立了以县长任组长，县委、县人大、县政府、县政协分管或联系领导为副组长，相关职能部门和各镇乡主要领导为成员的"双有机"工作领导小组，专门负责有机产业的规划、组织、协调、监督等相关工作，再一次开启了有机产业发展的新历程。

2004年，凤冈县第一张有机产品认证证书颁发，同时确立了茶叶的主导产业地位，以及有机产业战略定位。经过十余年发展，截至2020年，全县有机茶规模达2130.7hm^2（表5-2），认证企业23家，其中加工企业12家，认证产品涵盖有机茶青及三大类茶，包括有机绿茶、红茶、白茶，有机茶青认证产量4342.82t，有机茶成品认证产量254.509t，有机茶产值9.7亿元（表5-3）。

表 5-2 2015—2020 年凤冈锌硒茶有机认证情况一览

年份	规模 /hm²	获证企业 / 个	加工企业 / 个
2015	1835.0	11	9
2016	1659.2	11	8
2017	1852.5	15	8
2018	1811.2	15	9
2019	1943.5	21	9
2020	2130.7	23	12

表 5-3 2020 年有机茶叶认证企业情况一览

序号	认证主体	产品名称	基地规模/hm²	种植产量/t	加工产量/t	产值/万元
1	贵州华盛道茶业有限公司	茶青	78.88	300		1200
2	贵州凤冈县盘云茶业有限公司	茶青、绿茶	79.96	121	22	5000
3	凤冈县船头山种养殖农民专业合作社	茶青	42.25	19.1		120
4	凤冈县强桃茶叶有限公司	茶青	30	18		140
5	凤冈县阳灵山种养殖专业合作社	茶青	30.66	1.95		15
6	贵州省凤冈县朝阳茶业有限公司	茶青	49.79	3.86	0.899	160
7	凤冈县子龙茶叶种植农民专业合作社	茶青	132.81	99		1500
8	贵州省万年马灵光生态农业专业合作社	茶青	43.6	107		800
9	凤冈县和顺茶艺有限公司	茶青	13.5	50.64		300
10	贵州省凤冈县洪成金银花茶业有限公司	茶青、绿茶、红茶	100	390	68.64	9200
11	凤冈县馨力康茶厂	茶青	10.27	7.7		60
12	贵州黔知交茶业有限公司	茶青、红茶、绿茶	26.66	60	12	5000
13	贵州省凤冈县煌泽农业发展有限公司	茶青、绿茶	33.33	57	9	1350
14	凤冈县苏贵茶业旅游发展有限公司	茶青、翠芽、毛峰、绿珠、绿茶、红珠	25.31	30.7	5.97	1350
15	贵州放牛山茶业有限公司	茶青、绿茶、红茶	33.33	32.5	6.98	840
16	凤冈县娄山春茶叶专业合作社	茶青、绿茶、红茶	14.19	85.15	17	3000
17	贵州省凤冈县浪竹有机茶业有限公司	红翠芽、红尖、红茶、翠芽、春芽、毛峰			83.4	6000
18	贵州野鹿盖茶业有限公司	茶青、绿茶、红茶	201.12	106	12.5	5800

续表

序号	认证主体	产品名称	基地规模/hm²	种植产量/t	加工产量/t	产值/万元
19	贵州聚福轩万壶缘茶业有限公司	茶青、红茶、绿茶、白茶	24.8	33.5	6.07	780
20	凤冈县永安镇田坝社区股份经济合作社	茶青	1097.57	2769.42		52600
21	遵义市德鸿春茶业有限公司	茶青	35.73			
22	贵州凤冈县仙人岭锌硒有机茶业有限公司	茶青、翠芽、春毫、仙岭明珠、毛峰、仙竹、红芽、红尖	16.26	50.3	10.05	2000
23	凤冈县凝兴农业发展有限公司	茶青	10.66			
	合计		2130.68	4342.82	254.509	97215

注：本数据为2020年12月31日统计全县有机茶有效认证情况。

二、绿色食品认证

凤冈县茶叶绿色食品从2017年开始建设，2018年首次提出认证，第一张绿色食品证书在2019年颁发。截至目前，全县绿色食品认证面积494hm²，认证企业7个，涉及产品16个（表5-4）。

表5-4　2016—2020年绿色食品（茶叶）认证情况一览

年份	认证面积/hm²	认证企业数/个	认证产品数/个
2019	166.1	3	6
2020	327.9	4	10
合计	494	7	16

三、无公害农产品认证

2017年，为贯彻落实省委、省政府提出的打造"三品"（无公害农产品、绿色食品和有机食品）大省的战略部署，深入推进全县无公害农产品认证工作进度，凤冈县人民政府办公室印发《凤冈县全域无公害农产品产地认证工作实施方案》，文件要求全县主要农产品全部实现无公害产地认证。

从2015年到2017年底，凤冈县茶园达到全域无公害农产品标准要求，通过无公害农产品产地认定面积达29580hm²，产地认定主体87家，涉及全县14个乡镇，产品认证主体55家（表5-5），包括绿茶、红茶和青茶等。

表 5-5 2015—2017 年无公害农产品（茶叶）认证情况一览

年份	产地面积 /hm²	产地认定企业 / 个	产品认证企业 / 个
2015	9066.7	29	0
2016	8993.3	30	33
2017	11520	28	22
合计	29580	87	55

2004年，贵州省理化检测所、贵州师院理化检测中心对凤冈茶叶规划区内的土壤和茶叶（茶青和干茶）进行检测，结果发现：凤冈县土壤中锌含量为95.3mg/kg，硒含量为2.5mg/kg；茶叶中锌含量为40~100mg/kg，硒含量为0.25~3.50mg/kg，且完全来源于茶树对土壤中锌硒的天然吸附。从2005年开始，凤冈县人民政府开始组织实施对凤冈茶叶进行地理标志保护。

2006年1月24日，国家质量监督检验检疫总局发布《关于批准对凤冈富锌富硒茶实施地理标志产品保护的公告》，批准由凤冈县质量技术监督局组织申报的地理标志保护产品"凤冈富锌富硒茶"予以保护，保护范围符合以贵州省凤冈县人民政府《关于界定凤冈富锌富硒茶地理标志产品保护范围的函》提出的地域范围为准，为贵州省凤冈县现辖行政区域（图5-11）。

2011年12月7日，根据国家工商行政管理总局商标局《证明商标注册公告》（第1290期），由凤冈县茶叶协会组织申报的地理标志证明商标"凤冈锌硒茶"核准注册（图5-12），商标专用期自2011年12月7日至2021年12月6日，使用"凤冈锌硒茶"地理标志商标的产品生产地域范围包括永安、新建、土溪、绥阳、龙泉、花坪、石径、永和、王寨、何坝、进化、琊川、蜂岩、天桥14个乡镇。

2014年11月18日，根据农业部《中华人民共和国农产品地理标志登记公示》，由

图5-11 "凤冈富锌富硒茶"地理标志

图5-12 凤冈锌硒茶商标注册证

图5-13 凤冈锌硒茶农产品地理标志登记证书

凤冈县茶叶协会组织申报的农产品地理标志"凤冈锌硒茶"准予登记，登记证书编号AGI01570，登记保护范围为：凤冈县所辖永安镇、新建镇、土溪镇、绥阳镇、花坪镇、龙泉镇、永和镇（党湾村除外）、蜂岩镇、进化镇、琊川镇、何坝镇、石径乡12个乡镇（图5-13）。

2020年7月，欧盟理事会作出决定，授权正式签署中欧地理标志协定，在中国境内的100个欧洲地理标志产品和在欧盟境内的100个中国地理标志产品将受到保护。据协定条款显示，28个茶叶地理标志保护产品入选首批保护清单，其中凤冈锌硒茶地理标志产品入选中欧地理标志协定保护名录，成为首批受协定保护的28个茶叶地理标志保护产品之一（图5-14）。

图5-14 凤冈锌硒茶地理标志产品入选中欧地理标志协定保护名录

第五节　凤冈茶叶的综合开发利用

凤冈茶叶的综合开发利用起步较晚，虽然开发的产品不多，但前景远大。目前，凤冈茶叶综合利用产品主要有茶酒、茶饮料、茶含片、茶口服液及茶枕头等。

一、茶　酒

1. 邵氏茶酒

贵州遵义邵氏农业科技有限公司采用秘制的复合纤维素酶液将凤冈锌硒茶进行彻底的分解，大大提高了茶叶的浸提效率，其中茶多酚、茶多糖、茶氨酸、维生素及其特有的锌、硒被充分提取出来制成了营养丰富的茶酒母液；以清雅甘甜的米酒作为基酒，将茶叶的清爽香气和独特滋味充分突显，茶、酒两香协调，清香怡人，口感舒适，后味爽净。由于茶酒中富集了茶叶的

图5-15 邵氏茶酒产品

多种营养成分（以茶多酚为例，邵氏茶酒的含量高达1433mg/kg），成年人可长期适量饮用茶酒（图5-15）。

邵氏茶酒定位为中国高端生态养生酒第一品牌。拥有多项国家发明专利及外观设计专利，为国内创先掌握茶酒酿造专利技术的企业之一，先后荣获最具潜力品牌、最受消费者欢迎品牌、五省一市酒类质量检评金奖、酒类饮料消费市场畅销品牌、酒类消费市场诚信经营示范单位、中国知名品牌、十佳旅游商品等权威奖项和称号，同时联合国世界和平基金会授予"世界低碳环保绿色循环生态基地""2015全球和平经贸论坛唯一指定大会宴请中外元首嘉宾专供酒"。

2. 文士茶酒

贵州凤冈文士锌硒茶酒开发有限公司所生产"文士茶酒"特点是"低甲醇·富含茶多酚"。分为三类：一类为红酒型17°；二类为国际型40°；三类为茶酱型50°。产品纯天然酿造无任何添加成分，17°酒口感独特，生津养颜；40°酒可与高端洋酒媲美，可加冰，加饮料；50°茶香与贵州特有酱香完美结合更具特色。

产品功效：一是经权威机构检测"文士茶酒"含有机物众多，最主要微量元素有丰富的茶多酚、茶黄素、儿茶素、维生素C、锌、硒，并含有多种人体不能合成的氨基酸，具体指标详见表5-6。二是"文士茶酒"（图5-16）达到了茶之柔与酒之刚的有机结合，既得茶之精，亦得酒之魂，它是中国茶文化与酒文化的完美融合，是一种自然生态，品味上层次，内涵丰富的酒中"精品"，也是一款为新生代打造的时尚饮品。

表5-6 文士茶酒理化指标检测结果

序号	项目	单位	实测值
1	茶多酚	mg/kg	337.0
2	茶黄素	g/kg	0.050
3	蛋氨酸	g/100g	0.00721
4	异亮氨酸	g/100g	0.0515
5	脯氨酸	g/100g	0.0386
6	精氨酸	g/100g	0.0552
7	亮氨酸	g/100g	0.00401
8	苏氨酸	g/100g	0.100
9	天冬氨酸	g/100g	0.0216
10	高级醇	g/L	0.417
11	儿茶素	g/kg	2.12
12	咖啡碱	mg/kg	175
13	铁	mg/100g	0.14

图5-16 "文士茶酒"产品之一　　　　　　图5-17 "文士茶酒"产品之二

品牌打造："文士茶酒"是以茶为原材料生产的产品,为贵州酒类发展开辟了一条新的道路。"文士茶酒"酒色金黄,低甲醇内含茶多酚、茶黄素、儿茶素等微量元素和十多种氨基酸,酒精度与低甲醇工艺符合国际市场需求,有出口前景,也适应了年轻一代消费需求和大健康发展需要,更提高茶产业的附加值,能实现茶叶精深加工,大量使用夏秋茶,实现农业增效、农民增收目标。

文士茶酒色泽鲜明透亮,入口软绵,不刺喉,不上头,同时富含茶多酚、氨基酸、茶黄素、儿茶素等物质,是一种色、香、味俱佳的饮品。因此,茶酒的消费存在巨大的潜在空间(图5-17)。

二、茶饮料

1. 陆氏茶饮料

贵州陆氏锌硒食品(集团)有限公司所生产的锌硒茶饮系列产品(图5-18),选用有机茶园生产的优质茶叶为原料,历经原材料预处理—萃取—离心—精滤—超滤—调配—过滤—杀菌—装箱等多道工序,在凤冈县人民政府茶叶生产管理办公室全程跟踪监督下精制而成,实现从原材料到加工过程的产品质量可追溯。有机、原生态的产品健康属性赢得了广大消费者的喜爱。

图5-18 陆氏茶饮料产品

2. 蜂蜜茶饮料

贵州凤冈七彩农业综合开发有限公司以土家族特有的制作工艺，探索研究试验生产了蜂蜜姜茶、蜂蜜桂花茶，远销广东、北京、四川，近销贵州各地州市（图5-19）。

① **蜂蜜姜茶饮料**：属于保健茶技术领域，具体涉及一种蜂蜜、生姜、绿茶（凤冈锌硒茶）及其制备方法，按重量百分比可计由以下组分组成：7%~8%传统手工制作的绿茶、7%~8%生姜（老姜）、4%~6%中华蜂蜜，其余为水，并对绿茶用量与生姜用量进行限定而制备的，本姜茶属传统工艺加工，易操作控制，环境成本低。早晨喝蜂蜜姜茶，能提神排毒；晚上喝，还能安神助眠（图5-20）。

图5-19 蜂蜜茶饮料生产线及茶饮料产品

图5-20 蜂蜜姜茶产品

产品功效：本产品是充分利用生姜中的姜烯、姜辣素和锌硒绿茶里的茶多酚，与中华蜂蜜配制而成，一是生姜具有驱寒健胃、健脾暖胃、防感冒、消炎止咳、缓解头晕症状、温暖身心、有助于减肥等作用，其营养价值和保健价值高，且口感佳，色泽好，品质优，满足GB/T 4789.21规定的标准，尤其对于春季气候潮湿的南方来说，服用生姜茶能很好地去湿排汗，促进身体代谢；二是蜂蜜能美容养颜，还能促进儿童生长发育；三是茶叶中富含的锌元素，是人体必需的微量元素之一，在人体生长发育、生殖遗传、免疫、内分泌等重要生理过程中起着极其重要的作用，被人们冠以"生命之花""智力之源""婚姻和谐素"的美称；四是茶叶富含的硒元素，是一种人体生命必需的微量元素，它在人体内虽含量极微，但其生理功能却很大。

② **蜂蜜桂花茶（饮料）**：属于保健茶技术领域，具体涉及一种蜂蜜、本地桂花、绿茶及其制作方法，按重量百分比可计由以下组分组成：7%~8%传统手工制作的绿茶、7%~8%桂花花蕊、4%~6%中华蜂蜜，其余为水，由精制绿茶与鲜桂花窨制而成，香味馥郁持久，茶色绿而明亮，深受大家喜爱。

产品功效：蜂蜜能消除疲劳，尤其是熬夜后，消除大餐后的积食、润肺等作用。

三、茶含片

"凤冈红"锌硒含片（图5-21）为贵州陆氏锌硒食品（集团）有限公司产品。

"凤冈红"锌硒含片的特点如下：

① 天然植物（锌硒茶叶）提取，有机，绿色，无任何残留。

② 超浓缩，生物利用度高，一次2片含服，1日2次。

③ 锌硒同补，双重功效，中国唯一。

④ 快速、有效地补充人体必须微量元素，提高人体自身免疫功能。

⑤ 保护神经元素，提高生活质量，延长寿命。

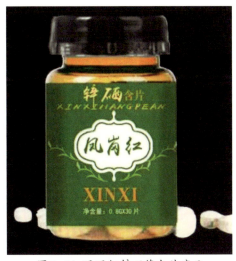

图5-21 凤冈红锌硒茶含片产品

四、茶口服液

陆氏金启晨锌硒口服液（图5-22）对人体来说，最关键的是能抗氧化，能把人体内产生的过氧化物还原、分解掉，降解和消除自由基，保护细胞膜不受自由基的破坏。它还是一种天然的解毒剂，能跟一些有毒的金属离子产生拮抗作用，可以达到抵消毒性的效果。另外一种功效：就是维持男性正常的生精功能，再启的锌元素大量参与精子的整个生成、成熟和获能的过程。男性一旦缺锌，就会导致精子数量减少、活力下降、精液液化不良，缺锌还会导致青少年没有第二性征出现、不能正常生殖发育。

图5-22 金启晨锌硒口服液产品

五、茶枕头系列产品

贵州省凤冈县茗都茶业有限公司所生产的茗都茶枕分为绿茶枕、花茶枕、U型枕、儿童枕、抱枕、除味包、茶香包等系列产品。茗都绿茶枕采用当年凤冈新茶，从饮用成品茶中筛选出来的黄壳及少许茶梗茶碎片（可直接泡饮）作为材料（绝不是陈茶、霉茶、扫地茶、再生茶等），采用双层枕套进行填充。内胆内层采用高密度无纺布防止茶渣碎末外漏，外层采用纯棉方格缝衍面料，手感柔软舒适，纯棉吸汗透气，使茶香得到更好的释放。让使用者犹如置身在大自然中享受睡眠。

产品功效如下：

① 吸异味，吸汗味，新装家居中的有害气味。富含棕榈酸、稀萜、多孔特性。

② 吸湿，吸头汗，富含亲水成分、糖类、多酚类、果胶类及多孔特性。

③ 宁神醒脑，自然芳香疗法，让人不再昏昏沉沉，无任何化学成分香精。

④ 杀菌抑菌，抑制枕生螨虫。

⑤ 抗辐射。现代人，晚间手机离枕太近。

⑥ 改善睡眠质量，自然芳香疗法，放松心情，解除疲劳。

⑦ 醒酒，对醉酒后次日出现的头痛有改善缓解。

⑧ 辅助降压。绿茶属凉性。头枕绿茶枕有凉血之功效，高血压病人从而得到辅助降压作用。

李时珍的《本草纲目》记载："绿茶甘露无毒衶，明目，治头痛。"孙思邈《千金方》中记载："以茶入枕，可通经络，可明目清心，延年益寿。"诗人陆游终身以枕，八十多岁仍耳清目明，清康熙、乾隆两位高寿皇帝也长期睡茶枕。

第六节　凤冈茶教育机构与人才培训

凤冈虽然没有专业的茶教育机构，但各级各类有教育和培训资质的部门充分利用各自的认知优势和项目优势渗透茶知识培训，助推凤冈茶产业发展。从1985年建校的田坝初级职业中学伊始，三十多年来，涉茶培训机构如雨后春笋般呈现出来。它们分别是：中共凤冈县委党校、凤冈县茶叶产业发展中心、凤冈县总工会、凤冈县劳动就业培训中心、凤冈县中等职业学校、凤冈县农广校、凤冈县崇新中学、田坝完全小学、永安镇中心幼儿园等。

茶叶产业要发展，人才培训是关键。各级学校和培训机构在县委、县政府的统筹安排下，上自县委、县政府领导的茶产业管理知识培训，下达幼儿园学生识茶具、感知茶文化教育；从田间地头的技能培训，到虎账军营的茶艺大赛；从学历教育到短期培训等。凤冈县的茶产业培训可谓形式多样如火如茶。如永安崇新中学具有特色的大课间活动，全校学生跑茶操、跳茶舞（以"欢迎你到茶乡来"为主题，分迎客、采茶、制茶、泡茶、送客五个章节），从2014年至今，让每一个崇新中学的学子感受到了作为茶乡儿女的自豪，积极投身到家乡的茶产业建设中去。又如凤冈县中等职业学校开设的茶艺专业学历班（5届毕业生，共175人），她们毕业后分别到深圳、珠海、广东、成都及贵阳等地就业。她们冲泡凤冈茶，她们宣传凤冈茶，她们用青春的微笑和熟练的茶艺技巧，塑造了一张张亮丽的凤冈茶名片。凤冈茶产业的人才培训详细情况见表5-7。

表5-7 凤冈县人才培训统计表

序号	培训机构	名称	内容	培训对象	人数
1	田坝初级职业中学	技能培训	茶叶加工管理与茶叶栽培技术	当地茶农	430
2	凤冈县中等职业技术学校	学历培训	茶艺	学生	175
3	凤冈县中等职业技术学校	学历培训	茶树栽培、茶叶加工、茶叶营销等	学生	1078
4	凤冈县中等职业技术学校	学历培训（现代农业）	茶树栽培、茶叶加工、茶叶营销等	学生	400
5	凤冈县中等职业技术学校	"雨露计划"培训	茶艺	职中高三学生	18
6	凤冈县中等职业技术学校	"雨露计划"培训	茶叶的病虫害防治等	当地村干部及茶农	199
7	凤冈县中等职业技术学校	"雨露计划"培训	名优绿茶加工、茶叶的贮藏保鲜	普通农民工	127
8	凤冈县中等职业技术学校	"雨露计划"培训	茶叶的栽培技术与管理等	当地农户	161
9	凤冈县中等职业技术学校	农村青年科技培训	茶叶的栽培与管理	当地农户	131
10	凤冈县劳动就业培训中心	技能就业培训	茶叶加工及栽培技术（初级）	当地茶农	48
11	崇新中学		绿茶茶艺表演	初一、初二学生	210
12	县茶叶产业发展中心	初、中级茶艺师	绿茶茶艺要点、红茶茶艺要点等	志愿者	18
13	县总工会、县茶叶产业发展中心、县人社局、县市管局		红茶加工技术、凤冈锌硒茶等	当地茶农	166
14	凤冈县劳动就业培训中心	企业在岗职工技能培训	茶叶加工	当地茶农	57
15	县总工会、县人社局、县市管局等	精准扶贫技能培训	加工作业指导、手工红茶制作等	当地茶农	131
16	县委党校、县茶叶产业发展中心	"润草"人才提升培训（茶评员高级）	茶叶标准技术知识等	凤冈县各茶叶加工企业选送	40
17	县委党校、县茶叶产业发展中心	"润草"人才培训（评茶员中级）	六大茶类品质特征与加工等	凤冈县各茶叶加工企业选送	25
18	县总工会、县茶叶产业发展中心	"润草"茶叶加工技能培训	红茶加工技术、"绿宝石"加工技术	凤冈县各茶叶加工企业选送	80

通过培训，现有茶叶方面的高级农艺师21人，中级农艺师63人，初级农艺师115人。高级茶艺师15人，中级农艺师34人，初级茶艺师82人。高级评茶员28人，中级评茶员57人，初级评茶员107人。

第七节　科技创新与人才引进

一、科技创新

1. 推广技术

农业部茶叶标准园创建技术推广。2009—2010年，按照国家园艺园林作物标准化茶叶建设规范，积极推广茶叶病虫害绿色防控技术，引进太阳能杀虫灯、黄板、生物农药等对茶园进行病虫害防控，推广茶叶机械化修剪及采摘技术、有机肥施用技术、标准茶园建设规划、桂花套茶技术、标准化加工厂建设等，建设国家级茶叶标准园2个。

2014年7月至今，茶区持续推广贵州省茶树病虫害绿色防控技术，全面推行"生态防控、生物防治、物理防治和安全化学防治"集成优化的防控技术。一是在茶园中套种桂花、香樟及水杉等树木，适当遮阴创造茶园小环境；二是在茶园中施用沼渣沼液或有机肥，改良土壤；三是对茶园进行人工除草；四是安装太阳能杀虫灯、黄板、蓝板等对茶园病虫害进行物理防治；五是全面推行高效施药器械，对病虫害严重的区域推广生物源和矿物源农药进行防治。

2009年1月—2012年12月，推广贵州省"十一五"重大科技茶叶专项"优质高效茶园土壤养分优化管理技术与应用示范"。

2012年1—12月，县茶叶产业发展中心参与贵州省茶园主要病虫害防控新技术集成与示范推广，重点是进行水溶性替代农药的试验示范，推广了由中国农业科学院茶叶研究所提供的"帕力特、凯恩、阿立卡"等脂溶性农药，对小绿叶蝉、茶棍蓟马进行防治，推广面积5300余亩。

2013年1月—2015年6月，推广贵州省珠形茶生产与加工技术。

2003年以来，凤冈县坚持采取"畜—沼—茶—林"生态建园模式，即：以农户为基本单元，以发展茶叶为核心，以建沼气池为基础，以养殖为辅助，实施改厨、改灶、改厕和在茶园中有计划地配套植树。通过牲畜产生的粪便为沼气池提供原料，沼气池中产生的沼气用于做饭照明，沼液沼渣用于茶园。通过这样一种循环链，达到牲畜养殖、茶叶双增收，实现农村经济、社会、和环境的协调发展。

2013年2月—2015年11月，县茶叶产业发展中心在全县14个乡（镇）组织实施了"遵义市茶叶丰产栽培管理技术应用推广"，涉及87个行政村、412个村组、农户2.06万户。项目区推广应用了通过品种繁育、对比试验在全县茶区表现较好、适应性、抗逆性、品质优等十多个茶树新品种，秸秆覆盖技术，套种肥培技术，沼渣沼液技术，控制氮肥施用量、注意有机肥和磷、钾肥施用技术，茶树合理修剪技术，病虫绿色防控、丰产栽培管理技术等，使全县茶园管理水平普遍提高，茶树长势好，提高了茶叶下树率，提高了茶叶单产量。通过项目的实施，促进了各项技术在茶叶栽培管理中的应用，扩大了技术覆盖面，提高了技术规范化水平，技术措施综合效益突出，有效提高茶叶单产，增加总产；项目实施秸秆覆盖技术、套种肥培技术，有效防治水土流失，保护耕地，确保农村经济的持续稳定发展；项目实行控制氮肥施用量、注意有机肥和磷、钾肥施用技术，提高肥料利用率；实施沼渣沼液技术，促进生态平衡建设发展；实施病虫绿色防控技术，减轻和防止农药施用对环境的污染及人、畜食物安全，提高农产品品质同时，也为凤冈县茶叶丰产栽培技术提供了一定的科学依据，对指导大面积茶叶栽培管理具有十分重要意义，且生态、社会效益明显。该应用示范获得了农业部2014—2016年全国农牧渔业丰收奖农业技术推广成果奖三等奖。

2. 茶叶专利

凤冈县域内在国家知识产权局公布的涉茶专利253项，涵盖茶叶种植、茶叶加工工艺及机械、茶叶包装、茶叶深加工等领域。

3. 茶叶标准

2005年10月，《地理标志产品 凤冈富锌富硒茶》（DB52/489—2005）省级地方标准通过省质量技术监督局专家团评审，并正式颁布实施。

2007年11月，《凤冈锌硒乌龙茶》（DB52/534—2007）省级地方标准通过专家评审，同年颁布实施。贵州省《凤冈锌硒乌龙茶》（DB52/534—2007）地方标准的制定，填补了贵州省特种茶标准的空白。2008年凤冈富锌富硒茶标准体系。

2015年制定了《地理标志产品 凤冈锌硒茶》（DB52/T 489—2015）、《地理标志产品 凤冈锌硒茶加工技术规程》（DB52/T 1003—2015）省级地方标准。

2018年3月，由凤冈县茶叶协会组织主要起草的《遵义绿绿茶》（TB52/ZYCX 002.1—2018）、《遵义绿 绿茶产地环境条件》（TB52/ZYCX 002.2—2018）、《遵义绿 绿茶加工技术规程》（TB52/ZYCX 002.4—2018）、《遵义绿 绿茶生产技术规程》（TB52/ZYCX 002.3—2018）、《遵义绿 绿茶公用品牌使用管理指南》（TB52/ZYCX 002.5—2018）、《遵义绿 绿茶冲泡品饮指南》（TB52/ZYCX 002.6—2018）6个标准经遵义市茶叶流通行业协会批准为团体标准。

4. 科研动态

2017年1月,启动"5个黄化茶树品种在贵州凤冈的适应性研究"项目。从浙江、四川、福建等地引进黄金芽、黄金叶等5个新型光照敏感型茶树品种,通过对黄化品种不间断地试验、示范,一是筛选出适合当地土壤、气候、水资源等环境条件的"黄化"优新品种,二是筛选出适合"茶旅一体化"建设的新品种组合。

2018年8月,凤冈县与浙江大学茶学系签订了战略合作协议,开始组建中国(凤冈)茶资源深加工研究中心,开发传统茶叶新产品和茶叶深加工产品,推广茶叶连续化、清洁化、现代化加工技术,茶食品健康协同创新体系,茶叶深加工产物等多方面科研成果的应用。

2018年12月,启动"凤冈茶区茶树粉虱类害虫年发生规律调查"项目。因近年来,粉虱类害虫已逐渐成为凤冈茶区的主要害虫,对茶叶产量和品质造成了一定不良影响。通过一年时间,在该虫危害的茶区设置3个观测点,对黑刺粉虱、山香圆平背粉虱的发生情况进行初步调查,观测、记录及初步分析该类害虫的生存习性、孵化时间、危害温度、年发生代数等,总结出该类害虫在凤冈茶区的发生规律及防治对策。

5. 茶叶论著

2007年以来发表的期刊论文见表5-8。

表5-8 凤冈县科研人员在科技期刊上发表的涉茶论文统计

序号	论文名称	作者	发表刊物名称	刊号	发表时间
1	凤冈县茶产业发展现状及思考	汪勇,朱飞,张绍伦,赵天辉	中国茶叶	33-1117/S	2008年第10期
2	茶园套种牧草控制杂草试验初探	汪勇,欧昌梅,敖维琼,龚正佳	湖南农机	43-1093/S	2010年第11期
3	茶棍蓟马防治试验	汪勇,朱飞,陆远强,朱强,王志,杨光德	吉林农业	22-1186/S	2010年第12期
4	凤冈县茶毛虫发生规律及综合防治技术	王志,罗洪会,汪勇,吴琼,邵昌余,夏忠敏	植物医生	50-1086/S	2012年第3期
5	贵州省遵义市田坝茶园害虫种类调查及防控技术研究	王志,汪勇,朱飞,张天明,王章学,杨光德	农业灾害研究	36-1317/S	2013年第4期
6	黄板诱杀茶园黑刺粉虱试验初探	汪勇,罗洪会,欧昌梅,敖维琼	中国农业信息	11-4922/S	2014年第1期
7	凤冈2014年茶叶病虫害统防统治与绿色防控融合示范主要做法及成效	汪勇,罗洪会,张绍禹,罗福刚,方刚	生物技术世界	11-5672/Q	2015年第11期

续表

序号	论文名称	作者	发表刊物名称	刊号	发表时间
8	利用"Pull-push"原理架构我国茶园病虫草害生态调控系统	汪勇，段长流，高楠，周胜维，江健，肖卫平，谭孝凤，陈卓	中国植保导刊	11-5173/S	2016年第11期
9	凤冈县田坝村茶叶质量安全"五级防控"管理模式探索	朱飞，王章学，唐彬彬	中国茶叶	33-1117/S	2017年第4期
10	凤冈县茶叶作物肥料施用情况调查	刘平，王安洪，谭应华，陈立刚	农技服务	52-1058/S	2016年第1期
11	茶树品种资源调查及良种引进对策	张天明，洪俊花，王志，张绍伦	农民致富之友	23-1009/F	2014年第15期
12	贵州省凤冈县茶产业发展现状及对策	方英艺，杨军	农业工程	11-6025/S	2014年第5期
13	凤冈县生态茶业发展思路和构想	张天明	中国茶叶	33-1117/S	2007年第10期
14	凤冈锌硒茶产业"十一五"发展规划	黄小兵	中国茶叶	33-1117/S	2008年第1期
15	贵州凤冈茶产业发展综述	谢晓东，孙晓霞，毛炜，任克贤，汪孝涛	中国茶叶	33-1117/S	2010年第11期
16	凤冈县"十二五"茶产业发展规划	张天明，洪俊花	中国茶叶	33-1117/S	2014年第7期
17	以生态有机茶为重点破茶叶发展之局——记贵州省凤冈县生态茶叶的发展	洪俊花	农家科技	50-1068/S	2013年第5期
18	有机肥对山地茶园土壤及茶叶产量与品质的影响	何文彪，黄小兵，汪艳霞	贵州农业科学	52-1054/S	2015年第11期
19	贵州凤冈县仙人岭有机茶园环境质量评价	黄小兵，何文彪，汪艳霞，尹杰	耕作与栽培	52-1065/S	2014年第4期
20	凤冈县田坝有机茶叶生产示范园区耕地质量调研报告	贺永波，曾宇丽，王安洪	农技服务	52-1058/S	2016年第33卷第15期
21	高速公路两侧茶叶重金属污染调查	肖顺江，李心江	农技服务	52-1058/S	2015年第32卷第11期
22	沼液施用在夏秋季有机茶叶上的效果试验	任华，王跃贵，王国书，朱克颖	中国沼气	51-1206/S	2016年第34卷第5期
23	凤冈县有机茶产业发展对策研究	张晓波	农家科技	50-1068/S	2014年第3期

续表

序号	论文名称	作者	发表刊物名称	刊号	发表时间
24	沼肥在有机茶叶上施用的效果	田维敏	园艺与种苗	21-1574/S	2018年第38卷第5期
25	我国茶树农药应用现状及问题分析	郭勤，高楠，汪勇，陆金鹏，谈孝凤，陈卓	中国植保导刊	11-5173/S	2014年第8期
26	非水溶性农药帕力特防治茶棍蓟马效果研究	王志，朱飞，王章学，王俊红，唐彬彬	农业灾害研究	36-1317/S	2014年第4期
27	茶园施用新型矿物肥肥效试验	欧昌梅，秦胜，葛晓红	现代农业科技	34-1278/S	2009年第18期
28	测土配方施肥茶叶肥效矫正试验初探	王安洪，罗芝洋，张万里，刘富春，陈立刚	农技服务	52-1058/S	2014年第31卷第2期
29	NPK不同配比施用对茶叶产量的影响探索	罗芝洋，张万里	农技服务	52-1058/S	2014年第31卷第2期
30	夏秋茶追施沼液与追施专用有机肥试验研究	朱克颖，任华	农技服务	52-1058/S	2016年第33卷第6期
31	茶叶病虫害防治策略研究	吴仕刚	北京农业	11-2222/S	2015年第20期

近年来出版的茶叶相关刊物和著作如下：

《龙凤茶缘——"东有龙井·西有凤冈"品牌与茶文化论坛文荟》，凤冈县茶叶产业发展中心、凤冈县茶文化研究会、凤冈县茶叶协会编，北京燕山出版社，2017年4月出版。

《凤茶掠影》，谢晓东编著，北京图书出版社出版2014年7月出版。

《禅茶瑜伽养生凤冈》，凤冈县旅游局编，中国纺织出版社出版。

《龙凤茶苑》，凤冈县茶叶产业发展中心主管，凤冈县茶文化研究会、凤冈县茶叶协会主办，于2016年开始出版，每半年1期，已出版9期。

《贵州工夫红茶制作》，曹坤根主编，贵州科技出版社，2015年9月出版。

《凤冈锌硒茶》，谢晓东编著，贵州科技出版社出版。

二、人才引进

2005年，聘请中国茶文化国际交流协会常务理事兼副秘书长、中国国际茶文化研究会常务理事林治为凤冈县首席茶文化顾问。

2007年，聘请中国工程院院士陈宗懋为凤冈县茶叶产业发展首席顾问。

2007年，聘请牟春林为凤冈县绿茶加工技术顾问。

2012年，聘请无锡茶叶研究所副所长曹坤根为凤冈县红茶加工技术顾问。

2018年8月，聘请浙江大学茶学系博士生导师屠幼英教授为凤冈县茶产业发展科技顾问。

2020年1月，聘请国家一级评茶师、高级茶艺师、制茶工程师戎新宇为凤冈锌硒茶区域共用品牌塑造顾问。

自2000年以来，共引进茶学专业人才研究生6人，本科75人，专科232人。

第六章 凤冈茶与旅游

茶文化与旅游是现代茶业与现代旅游业相互渗透的一种新兴模式。随着茶产业、茶文化不断发展和科技创新，凤冈茶与旅游的融合已渐成氛围，从而形成"茶旅一体"融合发展的新型旅游模式。凤冈茶事活动众多，每次活动游客都在参与茶事活动中尽情陶冶情操，享受乐趣。本章近将从不同角度对凤冈旅游进行介绍。

第一节　凤冈"茶旅一体"融合发展

随着茶产业的方兴未艾，茶文化宣传推介、茶与瑜伽（图6-1）、民间祭茶（图6-2）、中秋品茗、春茶开采等活动的蓬勃开展，游客人数不断增加，茶与旅游深度融合，茶区变景区，促茶叶茶区发展，凤冈闯出了一条茶旅融合发展之路。

图6-1　茶与瑜伽表演

图6-2　民间祭茶

一、凤冈县主要旅游景区景点

1. 茶海之心景区

"茶海之心"景区位于贵州省凤冈县永安镇田坝村，距县城35km，有一条二级公路相连，银百高速沿景区边上通过。景区四周山峦连绵逶迤，环抱着200hm²，全国最大的有机茶基地。九堡十三弯被评为全国十佳茶旅线路。景区内有迎仙台、仙子阁、紫薇堂、浪竹等宾馆、茶庄近二十余家，可以容纳近四百余人的住宿，有数十家茶叶加工厂生产的茶叶，源源不断地销往全国各地，乃至出口国外。

图6-3　伽人与茶园

"茶海之心"是国家4A级旅游景区。得天独厚的有机茶园让人们慕名而来，"茶中有林、林中有茶、林茶相间"的美感和舒适度又让人们流连忘返，茶产业与旅游业有机结合，成为人与自然（图6-3）、文化与产业、养生与休闲的绝佳境地。游人置身于茶海之心，可以登仙人岭徒步玻璃桥，观赏仙人湖，在薄暮中听松涛阵阵，俯瞰茶海绿波荡漾；可以拥抱茶海清风，呼吸大量的负氧离子；可以在林间席地而坐；可以在山道上或驻足或信步；可以在茶垄中以茶园为背景尽情拍照；可以在栈道、或花廊上骑着自行车一路追逐；可以在晨曦中观茶海日出；可以在月光下冥想私语；可以在篝火旁狂歌劲舞；可以在茶庄品尝茶宴，欣赏茶乡姑娘展示油茶技艺，尽享有机食品；可以走进茶园采茶，在手工作坊里炒茶制茶，"把春天带回家"……这就是让人"沉醉不知归路"的茶海之心。

2. 玛瑙山古军事遗址

玛瑙山古军事遗址（图6-4）位于凤冈县绥阳镇玛瑙村官田组，处于凤冈至务川县主干道东侧，是全国文物保护单位，国家3A级旅游景区。该遗址正面临河，有石拱桥跨河而过。洞堡占地20hm²，以金磐山为主营，绵延10km的城墙将四周6个山头上分隔又互通的子营连成一片，48道城门四通八达，500

图6-4 玛瑙山古军事遗址

多个射击孔、50多个炮台星罗棋布，南北西三面有碉楼把守，山顶有瞭望哨所。子营至主营的石墙3~7层，高约4.8m，厚达1.6m，全由大青石垒就，迂回曲折，纵横交错，即使城门失守，敌方入营就陷入八卦阵式的迷宫。地面工事连接地下两大溶洞，可容兵甲数千。五个洞口通向主营，另有三条暗道分别往东通向800m多远的山寨官田，往西涉过一条暗河，到达河边出口，往南则在南山脚下的一块巨石后撤离。该军事设施始创建于南宋绍兴元年（1132年）。据贵州《平黔纪略》记载，当地农民任正隆因不堪重负，率众揭竿而起，在此安营扎寨，抗击官军，威震朝廷。清代咸丰年间，贵州境内号军起义，清政府加封官田寨钱青云为玛瑙统领，统帅地方团练，把玛瑙山洞堡修复、扩建，并装备了当时颇为先进的火药枪炮以阻击号军……岁月流逝，玛瑙山军事设施作为黔北历史战乱的见证而幸存，被称为"中国古代军事建筑史上的奇绝""黔北旅游线上的一颗璀璨明珠"。景区附近的黔知交茶业公司生产的锌硒红茶，连续2次获得"贵州省斗茶大赛茶王"称号。

3. 万佛峡谷景区

万佛峡谷景区位于琊川镇和蜂岩镇境内南部交汇地带，距县城约40km，有一条三级公路直达景区，处于湄石高速公路东侧。属万佛山省级森林公园核心区，全长约20km，山水以险、峻、幽、奇、秀而闻名；锁口塘瀑布玉带飘舞，仙女瀑布婀娜多姿，相思岩瀑布珠落玉盘；有壁立千仞的一线天，有碧水回还的坛子口，有空谷回音的石碗溪等，一步一景，千姿百态，目不暇接。每年夏秋季，县内外、市内外、省内外不少驴友、游客来此探险旅游（图6-5）。

图6-5 万佛峡谷景区

4. 太极洞景区

太极洞，原名腾云洞，因洞顶有一圆形凹穴，形似太极图，故改名为太极洞。明清时期，儒道释三教在这里香火缭绕，盛极一时。

太极洞景区位于凤冈县城南12km处，占地面积约2km²，景区由太极洞、无极洞、八卦山、一线天、摩崖巨凤石刻、陷型雕塑等部分组成。其中有三大奇观闻名于世。

"神龟托凤"（图6-6）的"凤"字是贵州省著名书法家王得一先生1992年所书，字高18m，宽15m，是当今世界上最大的单体摩崖石刻汉字，寓意"巨凤腾飞"。

"角砾岩洞穴奇观"。洪荒时期的地壳运动，太极洞一带从海中隆起，整个山体都是由大大小小的角砾岩紧紧地黏结在一起构成。经考证，初步确定这是我国国内乃至世界上唯一的一个由角砾岩构成的洞穴奇观，为贵州省首家"地学旅游科普基地"。

"太极洞鸾书"。一种利用人物、花鸟等图案组成的汉字，既保留了汉字的雄浑苍劲之感，又增加了中国画的恬静淡然，也体现出了太极洞作为宗教旅游胜地，引导人诚心向善，广纳德福的佛道文化（图6-7）。

图6-6 神龟托凤

图6-7 太极洞佛道文化石刻

5. 长碛古寨景区

长碛古寨是国家3A旅游景区,被列入第三批中国传统村落名录,是国家级民族特色村寨,贵州十大最美油菜花农事景观。位于凤冈县新建镇,距县城43km,地处乌江支流洪渡河上游。河水在这里九曲十八弯,或湍流,或静淌,或形成深潭,远观蜿蜒似玉带,近看水质清澈如明镜;河水或环绕田畴,或流经绝壁崖底,登高

图6-8 长碛古寨贞节牌坊

远眺,远山如黛,山、水、田畴、古寨交相辉映,四时之景不同,构成一幅幅世外仙境图,有"玉水金盘"之称。尤其春天,山上梨花白,山下菜花黄,游客似乎置身于金海雪山之中,或赏花、或摄影、或戏水、或吃长桌宴,多有乐不思归之感。

长碛古寨现存一贞节牌坊(图6-8),建于清代,为旌表朱焕之祖母谢氏而建。坊上题书:"旌表本邑庠生朱焕之祖母谢氏节孝坊"。谢氏,适儒童朱儒景为妻,其夫病故,谢氏28岁,守节48载。谢氏无子,抱养朱焕为孙子继承。朱焕长大,为龙泉县学的生员,称为庠生。联云:"苦节抱孙千载蒸尝欣有托,养志如子毕生孝义永无亏。"落款"龙泉县知县何庭恂题""道光二十七年岁次丁未大吕月望五日谷旦"。雕刻工艺以高浮雕为主,内容有人物、动物、植物等吉祥图案,具有较高的建筑艺术价值。古寨朱氏家族同祖同宗,却有两个朱氏祠堂,其原因众说纷纭,更为古寨增添神秘色彩。

6. 九龙养生农业园景区

图6-9 九龙养生农业园景区

九龙景区是国家3A级景区(图6-9),景区集休闲、观光、避暑为一体,餐饮、住宿、会议室俱全。位于凤冈县进化镇临江村,距县城18km,距湄潭永兴高速公路收费站9km,距离历史文化名城遵义新舟机场80km,距离贵阳龙洞堡机场220km,景区依山傍水,山、水、林、洞相连,旅游体验名目繁多,目前已开通景区摆渡车、建成水滑道、网红喊泉、云上秋千、神秘九龙洞、高空玻璃观景台等十余类体验项目,是避暑度假的好去处。园内山水相依,绿树成荫,阡陌交通,屋舍俨然,有世外桃源超然之趣。在这里,可以徒步攀登九龙山呼吸到富含负氧离子的新鲜空气,可以吃到

有机特色农牧产品，可以垂钓湖畔、悠游林泉、赏花采果、体验农事，是集种养殖、农产品加工以及休闲、娱乐、养生、体验、科研、教育培训等功能为一体的大型休闲观光农业园。

7. 知青文化园景区

知青文化园（图6-10）位于凤冈县城南何坝镇水河村，距凤冈县城10km，国家3A旅游景区。160hm²茶园镶嵌于万亩茶园的心脏，毗邻佛教圣地太极洞、古摩崖石刻"夜郎古甸""曲水流觞""醉美坳上"，与碧波荡漾的穿阡水库遥相呼应。从1975年初到1979年底，先后有236名上海知青来到这里，接受"贫下中农"再教育，一大批知识青年从上海、遵义等地远道而来，开荒耕地、挖土种茶，在这片黄土地上留下了当年洋溢着青春朝气的知识青年们的汗水与泪珠，铸就了那段岁月独有的知青文化。知青文化园主要由知青纪念馆、知青文化墙、茶海红心（图6-11）、知心亭和知青文化长廊组成。再现了知青年代的场景和物件，"上山下乡"知识青年证、印着"最高指示"的集体乘车证、印着"为人民服务"的书包、厚厚的《毛主席语录》、缝纫机、脚盆、背兜，还有上山下乡用过的东方红拖拉机、炒茶机、斛斗、铁耙等物件的展示，惟妙惟肖、栩栩如生，展现了知青们艰苦朴素、激情洋溢的生产劳动场景。

图6-10 知青文化园

图6-11 茶海红心景区

8. 苏贵茶寿山景区

苏贵茶寿山景区（图6-12）是国家3A旅游景区，景区位于凤冈县绥阳镇新岗村，距县城10km，是一家集有机茶叶种植加工、茶健康饮品和保健品研发、产学研基地、森林康养为一体的旅游综合体。公司流转茶园33.3hm²，辐射带动农户茶园133.3hm²，流转森林386.7hm²。公司占地3.67hm²，总建筑面积28600m²，有年产100t有机茶加工车间、120张床位的度假酒店、茶艺茶道展示和游客接待中心。景区有健身步道和景观栈道2.4km，观景亭、廊桥、停车场、康体中心等设施齐全，交通便利、生态良好、山环水绕，是康养度假、休闲观光好去处。

公司已与贵州省中医药大学、贵州大学农学院和贵州大学食品学院、茶叶研究所等高校、科研机构合作，研发茶产品、健康食品和保健食品，与国内国际著名医疗机构和中医专家合作，开展集森林疗养和慢性病治疗、康复、远程诊断和亚健康调理，发展保健养生、康复

图6-12 苏贵茶寿山景区

疗养、健康养老和中医食疗和芳香疗法为主的大健康产业。公司研发的"红豆杉茶"制备方法2019年获国家专利，"火棘果茶""柴胡茶"加工方法已申请国家专利报备。公司制定的《茶寿山红茶》和《茶寿山绿茶》安全企业标准通过省级评定。公司研发的"茶寿山"牌白寿、喜寿、米寿系列产品多次荣获国家级大赛金奖、一等奖。产品深受市场青睐，远销国内外。

公司2018年获得市级龙头企业称号；茶寿山森林康养基地2019年入选贵州省第三批森林康养示范基地；同年10月，被中国林业产业联合会评定为全国森林康养基地试点建设单位；2019年，被评为"干净茶全球共享"最具竞争力企业，公司苏贵茶庄被授予"三级茶庄"称号。2020年9月，被评定为国家级3A级旅游景区，全年接待各种研学培训、休闲观光、康养度假游客近10万人（次）。

9. 响水岩野生银杏群落景区

响水岩野生银杏群落（图6-13）位于进化镇沙坝村响水岩小组，距县城35km，有国家一级保护野生树种银杏400余株，其中500年以上树龄的有34株，千年以上的有9株，最大的一株胸径达2.2m。古银杏或生长在农家院落旁，或扎根于峭壁上，夏季绿意盎然，秋季金色一片，与杂然其间的其他树种浑然一体，俨然一幅变幻色彩的风景画。这一

图6-13 响水岩野生银杏群落景区

景观被国家林业和草原局专家组鉴定为"国内罕见的野生银杏群落"。

10. 中华山"万古徽猷"景区

中华山位于王寨镇境内,距县城50km,与思南县石林景区相连,处德江与余庆高速公路西侧。中华山绝壁上刻有明末清初西南佛学高僧天隐道崇禅师书写的"万古徽猷"四个大字(图6-14),至今朱色仍清晰可辨。

天隐道崇禅师为临济禅宗正传33世传人,是清初活跃于西南一带著名的佛学高僧,他在清康熙年间来凤冈王寨中华山创建禅寺培育弟子,引教开宗,接引信众,以中兴禅宗佛教为己任,佛荫教泽遍布黔地及滇川。其斐然之绩载入《黔南会灯录》《锦江会灯录》等佛家经世典籍中,使得当时的王寨中华山成为贵州佛教名山,被信徒及周边各郡官士视为皈依圣地。

中华山现存寺庙遗址(图6-15),并存中华山天隐和尚灵塔和识竺和尚灵塔。

图6-14 中华山"万古徽猷"石刻

图6-15 中华寺庙

11. 龙泉(龙井)

龙泉,位于凤冈县城老城区,也称"龙井"(图6-16),明万历年间建成,凤冈始称"龙泉县"即源于此。泉水自飞雪洞流出,味清甘,大旱不涸。其间"龍泉"摩崖石刻,系同治壬申(1872年)黔南独山莫友芝次子莫绳孙所书;咸丰丙辰秋(1856年秋)蜀南陈世镛所书"飞雪洞"三字赫然在目(图6-17)。清康熙年间《龙泉县志》谓之"龙湫泻碧",有"黔中第一泉"之称。

图6-16 龙井全景

图6-17 龙泉景区"飞雪洞"石刻

12. 文峰塔（白塔）

文峰塔位于凤冈县城龙泉镇文峰村，也称"白塔"，修建于清代咸同年间，与龙井为邻，现为市级文物保护单位。塔身为七层八角形，塔高27m，内置螺旋式木梯通往顶层，各层南面开窗，且有对联。塔基用条形青石安砌，塔体用大型砖块砌筑，塔顶呈唐僧帽状，顶端装有"米"字形塔刹（避雷装置）（图6-18）。

图6-18 文峰塔

13. "夜郎古甸""曲水流殇"摩崖石刻

"夜郎古甸"摩崖石刻（图6-19）位于凤冈县城郊古驿道旁的崖壁上，每字一米见方。右侧题头阴刻"万历丁亥岁秋九月"（1587年），左侧落款阴刻"见田李将军过此书"8个字，相距300m远的一个水井旁还有"曲水流觞"石刻（图6-20）。据考证，明朝中后期的李见田将军带兵途经凤冈，见此地水草丰茂，气候宜人，民风淳朴，就安营扎寨，效仿晋代大书法家王羲之等人兰亭集会遗风，与当地文人雅士吟诗唱和，仿玩"曲水流殇"的雅趣，兴致盎然中勒石纪念，留下一段佳话。

"夜郎古甸"是迄今国内发现的明代留下"夜郎"两字的唯一石刻，见证凤冈与夜郎古国、夜郎文化有着历史渊源。

图6-19 "夜郎古甸"摩崖石刻

图6-20 "曲水流觞"摩崖石刻

二、凤冈县特色茶庄

自2007年起，凤冈县探索农业旅游发展路子，在贵州省率先启动以手工加工、采茶体验、茶饮茶宴、住宿为主的茶庄建设，最初选定了茶产业基地较好、茶品牌较响的浪竹茶业、仙人岭茶业作为试点，参照土家吊脚楼、仡佬四合院等建筑风格，结合黔北民居特点，建设吃住娱、采制品为一体的茶庄。茶庄刚一运营，便吸引了大量的客商，特别是茶人茶商前来栖居体验，茶庄投用既满足了茶人茶商对凤冈锌硒茶的眷顾依恋，又让普通游客有了更新奇的茶系列体验；既让凤冈茶企有了宣传展示自己的平台，又为卖锌硒茶增添了更多实景机会。

1. 仙人岭茶庄

仙人岭茶庄即贵州凤冈县仙人岭锌硒有机茶业有限公司（图6-21），位于凤冈县茶海之心核心区，茶庄集200hm²美丽茶园、10000m²茶叶清洁加工厂、手工制茶车间、茶艺茶道展示中心、可吸纳200余人的茶特色餐饮和住宿接待中心、祭茶大典文化广场、仙人湖、"东有龙井·西有凤冈"论坛拉膜永久性会场、观海楼等一体，茶庄"林中有茶、林茶相间、花茶相间"，一座茶

图6-21 仙人岭茶庄——"仙茶坊"

庄即一个旅游景点，一个旅游景点即一座茶庄。公司生产的"仙人岭"牌系列有机茶产品多次荣获国际金奖，是全国农业与乡村旅游示范点。2016年，凤冈县仙人岭茶园荣获"全国三十座最美茶园"称号。茶庄是茶文化旅游活动中心，茶庄的文化活动有茶企茶农每年的农历二月十九日固定举办春茶开采和祭茶大典，承办的活动有"中国瑜伽大会"、"东有龙井·西有凤冈"浙黔茶业大会、"贵州省采茶制茶大赛"等。

2. 浪竹茶庄

浪竹茶庄位于凤冈县永安镇田坝社区，茶庄掩映在万亩碧波浩渺的美丽茶园中间、茶叶清洁化加工车间（图6-22）、手工茶制茶体验中心（图6-23）、茶品牌和茶艺茶道展示中心、茶特色餐饮和住宿接待中心、茶观景长廊、民间民俗体验馆、停车场等服务设施，茶庄是茶海之心景区重要的茶文化体验观赏景点之一。茶庄与茶企融为一体，生产的"浪竹"牌系列有机茶产品多次荣获国内国际茶叶比赛金奖和银奖，是贵州省著名商标。

图6-22 茶叶加工区

图6-23 手工制茶体验中心

3. 田坝红茶庄园

田坝红茶庄园即贵州省凤冈县田坝魅力黔茶有限公司，位于贵州省遵义市凤冈县永安镇田坝社区，该茶庄是集茶园观光、采茶制茶、休闲健身、茶区风情体验于一体的综合旅游体，占地面积3600m²，建筑面积800m²，有茶艺馆300m²，有制茶体验馆300m²，现有客房（标准间22个），有可供采摘体验的茶园41700m²，有休闲亭阁160m²，有茶园、林地步（栈）道8300m，有大小餐厅5间单餐可接待240人；现有员工28人；茶庄最大接待能力可达10万人次/年。

田坝红茶庄园（图6-24）环境优美，森林覆盖率达86%，平均海拔950m左右，平均气温14℃，无霜期239~299d，年平均降水量1257.1mm，空气负离子浓度达到4700个/cm³，气候凉爽，人体舒适度较高，是夏季避暑首选目的地之一，有一定的市场知名度和客源市场影响力。茶庄可以为旅客提供茶园观光、采茶制茶、休闲健身、茶区风情等体验；能够组织茶艺交流、吟诗、器乐、消夏赏月等主题茶会；鉴赏土家油茶、罐罐茶等非遗茶俗，品味地方茶食茶点，感受黔北悠久的茶文化风情；是贵州省省级"森林康养基地（试点）"；是依托周边森林环境、森林景观、森林食品和生态茶区打造的彰显产业生态化效应和森林多重功能效应的聚合体；具有森林休闲度假、运动健身、保健养生、美食体验、锌硒茶文化体验等功能，是森林康养健身和森林旅游的宝地。

图6-24 田坝红茶庄园

境内还有闲云野鹤茶庄、紫微堂茶庄、迎春茶庄、紫玉堂茶庄、万佛缘茶庄等。茶庄各具特色、争奇斗艳，有绿茶茶艺表演、土家油茶茶艺展示、推推灯、唢呐表演等民俗文化活动，有全茶宴品尝、传统打糍粑、磨豆腐、手工采茶制茶体验等传统民俗农事体验，极大地丰富了业态，提升服务水平，助采茶制茶赏茶品茶斗茶为主要形式的茶旅游呈欣欣向荣之势。凤冈茶庄已经成为茶旅游的一张靓丽名片，《凤冈星级茶庄标准》，获遵义市旅游发展委员会茶庄标准化建设创新奖，上升为贵州茶庄省级标准。

三、凤冈旅游商品和特色食品

1. 凤冈黄饺

凤冈黄饺（图6-25）主要产于凤冈县蜂岩镇安家寨，又称"蜂岩黄饺"。蜂岩黄饺选料苛刻、做工考究、程序复杂、工艺独特。首先，必须用本地生产的微量元素含量很高的优质糯米，其次，用蜂岩"葡萄井"的清澈井水浸泡七七四十九天，浸泡每隔两天就要换水一次。最后将米的水分晾干，上甑蒸熟，并放在碓窝中使劲地捣操成粑状，上桌均匀地用面杖碾开，撒米面，待其冷却后用刀切成条状，专人编织成蝴蝶节、中国节、梅花图各种图案，晾干即可。蜂岩黄饺成品清香可口、口味香甜、口感极佳，产品远销省内外，且供不应求。

图6-25 凤冈黄饺

2. 凤冈绿色植物油

凤冈绿色植物油（图6-26）采用本地菜籽基地的精选菜籽作为原料，只选取榨出的第一道油，不添加任何成分，经国家权威部门检测论证，该原料基地的土壤中富含锌硒等多种微量元素。众所周知，锌硒是人体必需的微量元素而且是部分重金属元素的天然解毒剂，食用含锌硒的食品，能提高身体免疫力，促进维生素的吸收，对生产发育和维护心脏正常运作有很好的促进作用。

图6-26 凤冈绿色植物油

3. 土溪有机皮蛋

土溪有机皮蛋（图6-27）选用当地优质鸭蛋，采用环保、绿色、健康、有机的传统配方精制的生态产品，富含人体所需的多种微量元素，营养丰富、品质优良。其口味清香、爽口不腻，开胃健脾、提神醒脑、降低血压，筵席必备、馈赠佳品。食用时去泥、洗净、揩干、剥壳、酌加酱油、食醋、麻油等佐料即可。若用以熬粥，则别具风味。

图6-27 土溪有机皮蛋

4. 凤冈有机大米

凤冈有机大米（图6-28）以何坝、进化、琊川出产的优质稻米为原料，经现代技术精制而成，产地土壤肥沃，富含锌硒，为历代贡米之乡，是"第六届中国稻博会"金奖大米，获"贵州省第二批放心粮油"称号。

图6-28 凤冈有机大米

5. 凤冈绿豆粉

凤冈绿豆粉（图6-29）是黔北民间最受百姓喜爱的小吃之一。绿豆粉的主料是精选的大米和绿豆，将精选的大米与绿豆拌匀浸泡适当时间，便用石磨或电磨推浆，把浆舀入大铁锅炕绿豆皮,然后用木刮刮匀刮平,一般3min即可烤好一张绿豆皮。摊凉的绿豆皮卷起来均匀切成条状,便成了绿豆粉。

在凤冈农村,农家春节都有磨绿豆粉习俗,大年初一和十五,有吃绿豆粉的习俗。绿豆粉的吃法多种多样,味道各有不同。有清汤煮煮后放上豆豉,麻辣的椒油,再来一箸嫩嫩豌豆尖或脆生生的酸菜,清香而爽口;有干馏绿豆粉加入脆哨、榨菜,吃起来又别有风味;有加入蔬菜和瘦肉炒绿豆粉,则五味俱全,令人垂涎三尺。

图6-29 凤冈绿豆粉

6. 荞皮

荞皮(图6-30)以当地出产的胡荞(又名花荞)、糯米、花椒和食盐精制而成,其味咸、香、脆,有"荞翻山"之美誉,食用后精神饱满、干劲十足。

7. 土家茶膏

土家茶膏(图6-31)以花生米、核桃

图6-30 凤冈荞皮

仁、黄豆、芝麻、油渣、茶叶、菜籽油为原料进行炒制或用油炸好后放入擂钵捣碎成沙粒或粉状,将荞皮、米花、黄饺等茶点用油炸脆备用。用菜籽油微火将茶叶炸黄,加入适量的水煮沸后,再放入备好的黄豆、花生、核桃仁等配料,用长柄木瓢在铁锅内慢慢摁压,直至成为糊状的茶膏。

土家茶膏即为土家油茶的原料。游客购买茶膏以后可以带回家自制土家油茶。其做法是将菜籽油放入锅内腊制,再放入制好后的茶膏,然后加水煮沸,放入适量的盐、花椒粉、猪油渣,撒上炒熟的芝麻即可。制作土家油茶的关键是要做

图6-31 凤冈土家茶膏

好茶膏,掌握火候,摁压恰到好处,古有"嘎油茶"之说。吃油茶,我们叫它"茶香入心解醉人",油茶不只是一种随便喝的饮料更是一种食品,凤冈人民誉之为"干劲汤"。吃油茶是一种生活享受,闻闻茶香、品品茶味、尝尝美食,酥脆的茶点爽口、清香的油茶爽心,既能果腹充饥,又能舒心畅神,是凤冈土家儿女不可缺少的生活食品。

8. 习家麻饼

习家麻饼(图6-32)产于凤冈县蜂岩镇,习惯上称凤冈麻饼。先将浸泡好的糯米晾干水分,用特制的河沙混合用火在大铁锅中炒成脆米花,然后用自制的土糖粥与脆米花、花生仁、芝麻、核桃仁、蜂蜜等辅助作料混合再用小火炒制,最后装箱,待稍冷却后切成块状即可食。"习家麻饼"工艺精细,配料独特,清香甜脆,回味悠长。倍受客人青睐,是过年过节赠送亲朋好友上好佳品。

图6-32 习家麻饼

9. 茶膳

茶膳(图6-33)是以土家油茶为主,搭配香脆松酥的米花、荞皮、黄饺、花生米、农家糍粑等,一桌丰富的农家茶膳就差不多备齐了,当然还可以炒制一盘绿豆粉,作为一道小菜;将炸好的米花放入盛有油茶的碗中,它会发出扑哧扑哧的响声,让人乐不思蜀。这将会是一场集视觉、听觉、嗅觉、味觉为一体的农家盛宴。

图6-33 凤冈茶膳

10. 茶粥

茶粥(图6-34)又名"茶汤",将大米、花生、芝麻、核桃全部磨成细粉以后,放入煮好的油茶里面熬,只到熬成糊状为止。然后再取适量盛入碗内,放入油、盐、花椒、散子、葱,用小勺搅匀即是一碗香喷喷的茶粥。那熬成糊一样的粥,再加上松脆的"散子",让人回味无穷。

图6-34 茶粥

四、茶旅经典品牌与线路

1. 茶旅体康养一日游

县城—知青文化园—九龙景区。

2. 春茶采摘赏茶一日游

县城—茶寿山—茶海之心景区—长碛古寨。

3. 茶旅康养二日游

县城—知青文化园—九龙景区—茶寿山—茶海之心景区—长碛古寨。

4. 全国休闲农业与乡村旅游十大精品线路二日游

县城—九龙景区—玛瑙山—长碛古寨—茶海之心景区。

天道酬勤，功夫不负有心人。凤冈在茶旅一体的坚持中不断收获荣誉。2008年，凤冈被评为"全国生态旅游百强县"；2009年，被评为"中国国际健康养生原生态首选十佳居住地"；2010年，被评为中国低碳生态示范县；2011年，被评为中国低碳乡村旅游示范地；2014年，凤冈县中国西部茶海景区荣获国家4A级旅游景区，凤冈县荣获全国休闲农业与乡村旅游示范县；2015年，茶海之心景区被评为中国十佳茶旅线路；2016年，凤冈县仙人岭茶园和贵茶公司九堡十三湾茶园荣获"全国三十座最美茶园"称号。"太极生态文化园—玛瑙山—长碛古寨—茶海之心旅游景区"被列为全国休闲农业与乡村旅游十大精品线路；2016年，凤冈县分别被授予"中国长寿之乡"和"中国健康小城"称号；2017年，凤冈县长碛古寨又上榜"贵州省十大最美油菜花农事景观"。

凤冈"茶旅一体"营造了依山傍水和一尘不染的环境、田园牧歌和鸟语花香的韵味，使游客仿佛置身仙境，来到一个"沉醉不知归路"的世外桃源。党的十九大以来，凤冈坚守生态与发展两条底线，践行"绿水青山就是金山银山"理念，茶与旅游完美融合，茶与旅游从无到有、从小到大、蓬勃发展，取得了令人可喜的成绩。"十三五"期间，凤冈县旅游人次、旅游收入、旅游就业人数年均增长17.5%、20.1%、14.1%。旅游总收入2020年达到24.32亿元，奠定了"茶旅一体"升级发展的坚实基础。

第二节 凤冈锌硒茶与旅游重大活动

2005年5月28—30日，由遵义市人民政府、贵州省人民政府研究室、贵州省茶叶协会主办，凤冈县人民政府承办的"贵州省首届茶文化节"在凤冈县成功举办。本次活动的主题是"锌硒特色·有机品质"。在该次活动中，开展了丰富多彩的"专家采茶活动""凤冈锌硒茶点评""贵州十大名茶评选""贵州省第二届茶艺茶道大赛"等活动。其中"凤冈富锌富硒绿茶"获"贵州十大名茶"称号；凤冈锌硒茶艺表演队获贵州省茶艺茶道大赛一等奖。

2007年3月31日，中国西部茶海·遵义首届春茶开采节在凤冈举办。此次活动的主题为"生态·环保·茶文化·绿色健康带回家",旨在宣传推介凤冈锌硒有机茶、原生态茶文化风情和旅游资源。

2008年3—5月,凤冈分别在贵阳、凤冈、广州、北京举办了"中国茶海之心·遵义凤冈首届生态文学论坛"系列茶事活动,全国20多位知名作家、30多家省内外新闻媒体聚集凤冈,用特殊的方式——"作家镜像"深度宣传、推介凤冈锌硒茶。

2009年4月25—26日,由中国农业科学院茶叶研究所、中国茶叶学会、贵州省旅游局主办,凤冈县委、凤冈县人民政府、遵义市旅游局承办的"中国绿茶专家论坛暨茶海之心旅游节"在凤冈县举行。在本次论坛会上:凤冈县人民政府与中国农业科学院茶叶研究所共同签署了"茶产业合作协议",并就"泛珠三角区域茶产业合作"共同签署了"泛珠三角区域茶产业合作"之"凤冈宣言"。

2011年4月18日,由遵义市人民政府和贵州省农业委员会主办,凤冈县人民政府承办的"2011中国·贵州遵义茶文化节"在凤冈县成功举办。同年,由凤冈县茶叶协会选送的茶艺节目《军心如茶》在贵州省第三届茶艺大赛中获得银奖,同时获得特别贡献奖。凤冈锌硒茶地理标志证明商标获得国家工商总局注册。凤冈县在全国重点产茶县排行榜中,以3500t产茶量排名54名。

2012年8月3—6日,"凤冈锌硒茶走进山东(济南)"系列活动正式启动。县委书记亲自参加,该活动开创了凤冈"茶事活动"在销区举办的先例,从此打开了凤冈锌硒茶进军山东市场的大门。11月,中共十八大期间,央视一套等多个频道再次聚焦凤冈,在"新闻联播""行进中国""远方的家""新闻调查""致富经"等栏目中报道了凤冈茶叶产业发展和标准化建设的成果。

2016年4月17—19日,第二次"东有龙井·西有凤冈"品牌与茶文化交流论坛暨中国瑜伽大会在凤冈县茶海之心景区举办。其中,祭茶大典祭祀活动在仙人岭"茶圣"广场隆重举行,采茶体验、茶与瑜伽表演、登茶经山、游万亩茶海之活动环节,受到来自省内外的嘉宾和大批瑜伽爱好者、摄影爱好者的好评。7月26日,由贵州省农业委员会、省工商联合会、省茶文化研究会、省茶叶协会主办,凤冈县人民政府承办的2016"丝绸之路·黔茶飘香"成都站推介活动在成都市宽窄巷子东广场举行。

2017年4月28日,由贵州省体育局、遵义市人民政府主办,中国瑜伽联盟、凤冈县人民政府承办的2017中国第二届"禅茶瑜伽·养生凤冈"凤羽伽人魅力大赛在国家4A级旅游景区——中国茶海之心隆重举行,同期举办2017浙黔茶业论坛交流大会;5月10日,国家环保部有机食品发展中心授予凤冈县"国家有机产品认证示范创建区"称号,并与凤冈县签署战略合作协议;7月21日,由贵州省农委、省工商业联合会、省商务厅、省供销合作社联合社主办,凤冈县人民政府承办的2017"丝绸之路·黔茶飘香"重庆站推介活动在重庆市江北区举行。同年"凤冈锌硒茶"登陆中国茶萃厅,成为中国茶叶博物馆上榜品牌;12月,农业部优质农产品开发服务中心将"凤冈锌硒茶"收录入全国名特优新农产品目录。

2018年5月4—6日,第三届中国禅茶瑜伽茶文化交流大会在凤冈县茶海之心景区举办。同年,环保部有机食品发展中心致函凤冈县人民政府,正式批复凤冈县列为国家有机食品生产基地建设示范县(试点)。中国茶叶博物馆"好茶征集"活动中,"凤冈锌硒茶"系列的翠芽、毛峰、茗珠、工夫红茶经专业评审成为"馆藏优质茶样"。

第三节　祭茶大典及春茶开采节

春茶开采及祭茶是凤冈县一项古老的民间祭茶风俗,时间在每年的农历二月十九日举行(图6-35)。自2005年起,凤冈县茶叶协会和县茶文化研究会发起、组织举办了春茶开采及祭茶大典等系列茶事活动,使得丰富多彩的民间茶俗得以整理、固化,此后这一传统的民间祭茶风俗,就以固定的时间、规范的程序"仪式"化,延续至今。在每年的农历二月十九日这天,人们齐聚仙人岭"茶圣"广场举行。祭祀茶圣,以祈求丰年,经过持续多年的举办,博大精深的茶文化得以保护、传承,影响力不断扩大,祭茶大典及春茶开采节已经形成了品牌效应,吸引了凤冈之外的茶商、茶企、茶人及游客的参与,目前该活动在茶界已有一定的影响力。每次活动,对县外游人都是一次文化大餐。

图6-35　春茶开采及祭茶仪式

图6-36　凤冈春茶开采祭茶读祭文

在婉转悠长的古琴之音中,婀娜多姿的"仙女"们在"烟云"之中翩翩起舞,令人恍然进入仙界。无论是茶农、茶商还是茶人,都为茶神烧一柱香,敬一杯茶,以表达祝福、祈求风调雨顺、茶叶丰收和国泰民安的美好愿望(图6-36)。依照古法,在经过献果、敬献三牲、宣读祭文、礼拜茶神等仪式后,众人点燃香蜡纸烛,祭拜茶圣,然后,由十二茶仙女引导，进入茶园采摘云雾茶鲜叶，由此拉开春茶开采序幕，整个仪式庄严隆重，文化气息浓郁，突显凤冈地域特色和文化特色，再现中国传统祈福祭茶仪式的独特魅力。

祭茶大典概述

时间：×年×月×日；

地点：永安镇田坝村，仙人岭茶圣广场；

人物：司仪（1人）、主祭（1人）、助祭（2人）、供奉三牲人员（6人）、上贡品二十四童男童女（24人）、打击乐（8人）、长号（40人）、茶仙女（12人）；

服饰：唐代风格，融合凤冈土家族传统服饰元素；

祭品：香、蜡、纸、大烛、全猪、全羊、全鸡、二十四时令茶食果品；

情景：甲午年凤冈"茶海之心"祭茶大典开典。（场外主持人宣布祭茶仪式开始。现场烟雾起，打击乐手，长号手就位）三响锣（锣面直径1.2m）声伴随激扬而又神秘的鼓（1.5m×0.6m）点后，四十支长号低沉、由弱渐强齐鸣。司仪随着小打（地方傩戏曲调）节奏入场在舞台左前站定，宣布甲午年凤冈"茶海之心"祭茶大典开典。

司仪旁白："供奉三牲。"

三声长号过后，六个壮男伴随小打声从场外抬着三牲入场摆放在舞台中央的三张祭桌上后退场。

司仪旁白："上贡品。"

十二对童男童女伴随小打声，每对双手托着贡品依此从舞台两边入场将贡品祭台上后，转身依此站在舞台两边。

司仪旁白："请主祭人、助祭人率众伏惟入场。"

此时大锣、大鼓、长号、小打齐奏，站在舞台两边的童男童女缓缓退场，主祭人在前，两个助祭人手托祭文、圣水盘跟随主祭人来到舞台中央面对观众站定。

司仪旁白："燃烛上香。"

伴随小打音乐主祭人、助祭人转身面对茶圣陆羽塑像后，助祭人点燃事先准备的两支大蜡烛，助祭人一人手握祭文，一人拿着点燃的香和主祭人转身面对观众转身站定，拿着点燃香的助祭人递一支给主祭人，（小打音乐停）主祭人接香后转身面对茶圣陆羽塑像说："一炷香，敬天地，感谢上苍赐予给我们惠及子孙，泽被人类的珍木灵芽""二炷香，敬茶神，感谢茶为人类带来健康、和平与文明""三炷香，敬祖先感谢他们用心血和汗水把大自然的灵芽变成人类珍饮"上香完毕（场下观众互动，随着场上动作、节奏在观众前面的四个香炉里上香)。

司仪旁白:"宣读祭文。"

站在主祭人两边的助祭人上前一步展开祭文,主祭人宣读祭文,祭文宣读完毕,助祭人收好祭文和主祭人靠后站定。

司仪旁白:"点化圣水。"

(祭奠音乐起),十二茶仙手托茶蓝伴随音乐偏偏起舞来到舞台上,一段优美的采茶舞后摆上造型(音乐停),助祭人递圣水盘给主祭人后退场,主祭人走到众仙女前,用茶枝在茶仙的茶蓝里点化圣水,口中念道:"春日载阳、仓庚和瑞、地呈吉祥、黄天厚土、万世鸿昌、赐我茶树、源远流长"依此点化完后主祭人退场。

司仪旁白:"十二茶仙茶园采茶。"

(祭奠音乐起)十二茶仙带着茶农(领导、来宾)去茶叶采茶。

(仪式结束)

第四节　中秋品茗活动

开展中秋品茗活动(图6-37)是凤冈县茶产业继春茶开采节之后,着力打造的又一重要茶事活动。该活动从2007年至今已连续成功举办了14届,进一步丰富了凤茶文化内涵,传承了凤茶文化历史,弘扬了凤茶文化精神,提升了凤茶的影响力和知名度,有力地推动了全县茶产业的发展和茶文化氛围的营造。

图6-37 凤冈县中秋品茗活动

活动通常都是晚上或下午在露天广场举行,受到社会各界和县外游客的好评。

"茶中有情,相知天下"的品牌核心诉求,希望传递以茶为载体,以情感为纽带,结交天下有缘人的凤茶品牌精神。一代一代传下来,就成了如今具有特色的民间习俗。

中秋佳节,吃月饼时,沏上一壶清香萦绕的茶,可解除月饼的甜腻,因此茶与月饼算是中秋的"最佳拍档"了。茶叶可以去油脂,降三高,最堪与雅致的中秋相伴。

中秋期间,还同时举办品茗大赛、书画展、根雕展等活动,尤以中秋品茗晚会达到高潮,晚会以品茗和茶艺表演为主体,穿插民乐和文艺节目表演。丰富多彩的活动使传统节日有了另一层独特温暖的意义。

凤冈锌硒茶中秋品茗活动由凤冈县总工会、团县委、妇联、茶海办、凤冈县茶叶协会、县茶文化研究会等单位联合举办。

① 第一届中秋品茗活动：2007年9月中秋期间，举办了"凤冈锌硒茶'寸心草'杯第一届茶文化知识暨品茗大赛"活动。

② 第二届中秋品茗活动：2008年9月中秋期间，举办了"凤冈锌硒茶'绿宝石'杯第二届茶文化知识暨品茗大赛"活动。

③ 第三届中秋品茗活动：2009年9月中秋期间，举办了"凤冈锌硒茶'仙人岭'杯第三届茶文化知识暨品茗大赛"活动。

④ 第四届凤冈锌硒茶中秋品茗茶话会：以"爱我凤冈，推我凤茶"为活动主题，2010年9月18日凤冈日月星酒楼举行，县茶叶协会、县茶文化研究会常务理事单位会员，县内规模茶叶企业负责人参加了茶话会。县茶叶协会的"茉莉花茶茶艺""凤冈锌硒茶绿茶"茶艺，县职校的"茶韵飘香绿茶茶艺、祝福茶"茶艺、聚福轩茶楼的"茶悦瑜伽"茶艺等节目，进行了交流表演；贵阳"十佳荣誉茶馆"熙苑茶楼总经理李玲作交流发言。

⑤ 第五届凤冈锌硒茶中秋品茗活动：举行了"凤冈锌硒茶第四届茶文化知识暨品茗大赛"活动。凤冈锌硒茶证明商标宣传活动：2011年9月5—10日，通过《凤冈报》系列报道，凤冈电视台专时专段专访报道，广场电子屏在活动期间滚动播出相关内容，广场橱窗等多形式，集中宣传"凤冈锌硒茶"证明商标的管理措施和"凤冈锌硒茶"的"五统一"管理模式。凤冈锌硒茶品茗活动于2011年9月11—13日，在凤凰广场举行，18家企业组织参加品茗活动。于2011年9月13日晚，中秋品茗晚会——茶艺茶道表演及颁奖文艺演出活动，在凤凰广场举行。

⑥ 第六届凤冈锌硒茶中秋品茗活动："2012年凤冈锌硒茶中秋品茗暨品牌建设论坛"活动。由凤冈县农牧局、县茶叶产业发展中心、县茶叶协会和县茶文化研究会联合举办，活动主题："标准·质量·品牌"。2012年9月27日，在县政府一楼视频会议室举行"凤冈锌硒茶品牌建设论坛"，9月28—29日，20家企业在凤凰广场举行中秋品茗活动。

上述几次大赛活动，共发放凤冈茶文化知识普及读本5000册，对大力普及茶文化知识，努力营造全县茶文化氛围起到了较大的推动作用。

⑦ 第七届、第八届凤冈锌硒茶中秋品茗暨华盛杯音乐晚会：由县文体广电局、县茶叶产业发展中心、县茶叶协会与华盛同心民乐团主办，于2013年9月17日晚和2014年9月8日晚举行。

⑧ 第九届至第十四届凤冈锌硒茶中秋品茗活动：由县茶叶产业发展中心、县茶叶协会和县茶文化研究会主办，以"继承、坚持、创新、跨越"为主题，传承中秋品茗传统，

探索凤茶文化建设与品牌之路,通过观看"凤茶掠影"凤冈茶史展,品茶互动活动,欣赏茶艺表演等内容,展示凤冈茶的良好形象,进一步丰富了凤冈茶的文化内涵、弘扬了茶文化精神、传承了凤冈茶文化历史,提升了凤冈茶的影响力和知名度,巩固提升茶产业在带动农民长期脱贫致富中的作用。

第五节　禅茶瑜伽·养生凤冈

茶是东方的文明,瑜伽也是。禅茶,最早为修行者所爱,是僧人们在礼佛后再在寺内空地种植的重要活动之一,至甘露寺禅师在蒙顶山首植株茶,又削发修行,禅茶即为一家。茶圣陆羽三岁被禅师收养,进而在禅寺里练就一身采制煮茶的绝技。他在经典著作《茶经》里记载:"翼而飞,毛而走,去而言,此三者俱生于天地间,饮啄以活,饮之时义远矣哉!茶之为饮,发乎神农氏,闻于鲁国公,齐有晏婴,汉有杨雄、司马相如,吴有韦曜,晋有刘琨、张载、陆纳、谢安、左思之徒,皆饮焉。呜呼!天育万物,皆有至妙。"描述了飞禽走兽和人类运动的奇妙,以及文人雅士渴饮对茶的钟爱。

中国传统八雅"琴棋书画诗酒花茶",是中华民族几千年来数位大德大儒、文人贤士的精神价值追求和内在力量支撑。习茶善茶者无不以善道陶冶情操。所谓:枯枝叶底待欣阳,始终情开暗透芳。日月精华叶底藏,静心洗浴不张扬。情融四海干河色,暗润千年四季春。窗外闲风随冷暖,壶中清友自芬芳。光明日报曾撰

图6-38 "禅茶瑜伽·养生凤冈"文化禅茶瑜伽表演

文描述:"瑜伽和太极都是一种内省与顿悟的直觉思维方法,都重视调身、调息和调心相结合。都是希望通过苦练内功,突破自身极限,追求更高的精神享受,终极目标在追求天人合一,梵我合一之和。"直笔说茶靠科技,曲笔说茶靠文化。凤冈人坚持用科技种茶,用良心做茶,用文化推茶,凤冈种茶已在陆羽《茶经》中始见记载,新时代凤冈人传承茶艺茶道,弘扬茶文化,追求健康时尚,于2016年首次提出了"禅茶瑜伽·养生凤冈"文化品牌,并于当年结合中国·贵州国际茶博会举办了中国首届瑜伽大会(图6-38)。大会盛况空前,中外瑜伽界、茶界名流汇聚一堂,参与举行的祭茶大典、茶与瑜伽养生论坛、禅茶瑜伽文化交流、瑜伽竞技大赛、伽人采茶体验和习茶大赛等活动,中外新闻

图6-39 茶海伽人

媒体竞相报道大会活动盛况，社会各界慕名而来，共享禅茶瑜伽之美，共话健康养生之道，共赏禅茶瑜伽凤冈之盛宴。

"凤凰鸣矣，于彼高冈，梧桐生矣，于彼朝阳"，《诗经·大雅》描述中的美丽地方，便是凤冈。传说中凤凰飞过这片天空，飘落下两根色彩绚丽的羽毛，一根变成了那万顷碧绿的茶园，而另一根羽化成了那茶海里翩翩起舞的万千伽人（图6-39）。在"十三五"期间，为实现茶与瑜伽深度融合，实现"茶禅瑜伽·养生凤冈"的目标，凤冈县结合全域旅游总体规划、禅茶瑜伽产业发展现状，邀请相关专业机构，编制全县禅茶瑜伽产业发展详细规划，形成禅茶瑜伽产业发展规划为引领，促进茶产业共生互融的全新业态，推进瑜伽产业国家级旅游度假区打造，做足山地、康养、度假的特色。

继2016年成功举办中国首届瑜伽大会后，凤冈乘势而为，借瑜伽之道之船，助"凤茶"出山出海。高端谋划，把"中国禅茶瑜伽大会"办成具有业界影响力的标准化体育赛事，把禅茶瑜伽小镇打造成"中国禅茶瑜伽圣地"。

遵义凤冈·中国瑜伽小镇（图6-40），一个中国瑜伽的禅思梦想，一个远离城市的乡愁记忆，一个瑜伽的美丽家园横空出世。瑜伽小镇项目投资数亿元，占地面积15万m²，已建成禅茶瑜伽小镇商业、游客中心、景区大门、禅茶书院、民俗风情一条街及美化绿化工程等项目。中国禅茶瑜伽小镇景观大门，大门总长度是168m，总投资1500万元，建筑占地面积1200m²，建筑面积1400m²，又名"彩虹之眼"。禅茶瑜伽小镇的商业中心，建筑面积13000m²，重点是为瑜伽产业和茶产业等入驻机构展示瑜伽产品、凤冈的民俗文化产品、农特产品和凤冈锌硒茶，全方位最大限度满足游客

图6-40 凤冈·中国瑜伽小镇

"购"的体验需求。瑜伽小镇建有凤茶八式广场，凤茶八式顾名思义就是泡茶的八步礼仪，凤茶八式又名凤茶韵，是展示凤冈茶与凤冈地域文化的茶艺茶道。瑜伽服务中心，建筑占地面积7000m^2，一楼是服务大厅和智慧旅游的指挥平台控制中心，包括咨询服务中心、茶和瑜伽展示中心，二楼是瑜伽课堂教学培训中心。

禅茶瑜伽小镇，目前，已吸引国内几十家知名瑜伽机构入驻，短短2年多时间，已成功举办几百余期教培、工作坊及瑜伽游学活动，吸纳上万人学习茶艺茶道和体验瑜伽康养式休闲生活。随着禅茶瑜伽小镇知名度不断提升，禅茶瑜伽小镇旨在打造成中国瑜伽行业最大的人才教育培训中心、文化产业交流和"互联网+"及全国级瑜伽网红孵化基地、中国瑜伽产品的集散地、国际瑜伽人才技术交流中心、中国国际达沃斯瑜伽论坛举办地。

在丰富禅茶瑜伽特色小镇内涵、推进"产镇一体"上，凤冈从道路交通、花卉苗木、瑜伽民宿、景观打造入手，按照旅游要素进行设计建设。强化茶庄、民宿建设的内外设计、茶艺表演、采茶制茶、住宿餐饮等融入瑜伽特色和文化。目前，凤冈正以禅茶瑜伽小镇为重点，积极打造瑜伽能量大道、瑜伽名人堂、凤羽伽人瑜伽小院、瑜伽彩虹桥、瑜伽桃花源、瑜伽爱情湖、瑜伽萤光谷、禅修静心山、太极瑜伽洞等一系列结合文化与风景的人文景观。给全中国瑜伽爱好者树立一个家的理念，打造中国瑜伽产业地标。鼓励和引导民间社会资本进入瑜伽产业，打造一批供瑜伽人士参与采茶制茶体验、茶艺茶道展示、瑜伽活动培训、养生休闲娱乐式特色民宿——"瑜伽小院"。目前，已建成瑜伽特色民宿20余栋，6000m^2，可供1000余瑜伽人士休闲度假。

在开展瑜伽文化活动，丰富"禅茶瑜伽·养生凤冈"文化内涵上，凤冈通过"走出去"和"引进来"，争取"中国瑜伽大会、瑜伽高峰论坛、茶产业发展大会、中国健身瑜伽嘉年华（贵州凤冈站）"等更多具有重大影响力的活动在凤冈开展，吸引更多的瑜伽爱好者进入凤冈。几年来，通过连续举办四届中国瑜伽大会，共开展瑜伽文化活动数十余场，国内国际影响力日益彰显，"中国瑜伽大会"已得到瑜伽业界高度认可，凤冈成为"中国（西南）瑜伽大会永久性唯一承办地"。凤冈县与云南民族大学达成战略合作协议，云南民族大学中印瑜伽学院遵义分院落户凤冈瑜伽小镇，为凤冈瑜伽康养产业发展奠定良好基础。着力瑜伽产品研发，开发瑜伽水、瑜伽茶、瑜伽纪念品、瑜伽服饰、瑜伽养生食品等旅游商品。在全国开设"凤羽伽人""禅茶瑜伽"品牌形象店，与凤冈锌硒茶专卖店形成双覆盖，形成"茶融瑜伽、瑜伽促茶"良性互动。开展全民健身瑜伽运动，通过举办"职工杯瑜伽大赛""全民瑜伽大赛"等活动，掀起全民参与瑜伽运动的热潮，营造浓厚的禅茶瑜伽文化氛围。

凤冈在"十四五"暨二〇三五远景目标上，立足把茶文化与瑜伽文化有机结合起来，做大禅茶瑜伽文化产业，做优禅茶瑜伽文化活动，做靓"禅茶瑜伽·养生凤冈"文化品牌，使凤冈茶与瑜伽联袂展示，相得益彰，蓬勃发展。

第六节　重阳节敬老茶会

重阳节，以茶敬老人，在锌硒茶乡凤冈民间，已流传了千百年。生活在这片土地上的苗族、土家族、仡佬族以及明清时期从湖广山西及江南大徙迁，移民过来的汉族和土家客家先民，历来就有每年农历九月初九家家户户打糍粑、熬油茶、庆丰收、敬老人的传统习俗。特别近二十年来，随着凤冈茶产业的迅速发展，以茶为主题的茶文化民俗旅游等茶文化活动异彩纷呈，如：体验重阳节打糍粑、孝老敬老茶旅活动，形式多样，丰富多彩的重阳节敬老茶会悄然兴起，遍布茶乡凤冈。

为弘扬和传承九九重阳敬老节，由县茶文化研究会会长李廷学先生倡导，县老干部局、县茶叶产业发展中心、县茶文化研究会、县茶叶协会主办，贵州聚福轩万壶缘茶业有限公司承办，凤冈不夜之侯清茶馆协办的首届九九重阳节敬老茶会（图6-41），

图6-41　凤冈县重阳节敬老茶会

于2018年10月17日（农历九月初九）在充满浓浓中华茶文化元素的凤冈县不夜之侯清茶馆隆重举行。

举办凤冈县重阳节敬老茶会，旨在弘扬凤茶文化，传承中华民族尊老敬老的传统美德，也是丰富茶旅游的一种形式。在凤冈这片茶香浓郁的土地上，以茶敬老人，以茶敬长辈，已成为锌硒茶乡尊老爱老的一种乡风民俗。特别是每年农历九月初九，从县城到乡镇乃至村寨都要开展一系列的"重阳节"敬老活动。凤冈自古以来民间流传着这样一句俗语："重阳不打粑，老虎要咬妈。"这句话的大意是说：重阳节这天，如果你不将秋天丰收的糯米打成糍粑来孝敬你的老人，不请老人吃糍粑不敬茶，那么老虎就要来咬你的妈妈。这虽然是一句乡间俚语，但是从中让我们感悟到重阳节尊老敬老，在茶乡凤冈人心目中是何等的神圣。

首次重阳敬老茶会，浓情邀请了对茶乡凤冈茶产业、茶经济、茶文化的发展付出过心血和汗水、关心和支持凤冈茶叶产业的离退休老领导老同志出席。茶会在琴声优扬，

茶香飘袅的"凤茶八式"茶艺表演中拉开帷幕。茶会由县茶叶协会会长谢晓东先生主持。他代表主承办单位，向出席茶会的老领导老同志表示节日的祝贺和衷心的祝福。并真诚希望广大老领导老同志们，一如既往地关心支持参与凤冈经济社会建设和凤冈茶叶产业发展工作，为凤冈茶产业、茶经济、茶文化发展尽智尽心，建言献策，奉献余热，造福凤冈。

在敬老茶会上，凤冈县茶叶产业发展中心主任姜凤女士向出席茶会的老领导老同志汇报了凤冈县近年来全县茶叶产业发展情况和取得的成就。她说，凤冈县是全国重点产茶县、中国十大生态产茶县、中国有机食品生产基地示范县、中国富锌富硒有机茶之乡。全县茶园面积33333.3hm^2，2018年茶叶产量5.5万t，茶叶产值35亿元，综合产值70亿。凤冈锌硒茶已成为中国驰名商标。现已获得国家级金奖59枚，银奖17枚，这些成绩的取得，离不开历届全县各级老领导对茶叶产业的关爱之情。

一台《红楼溢香龙泉茶》龙泉茶话的茶艺表演，穿越古代龙泉县的时空隧道。仿佛身临几百年前的龙泉县"龙井"清泉傍的茶亭，品茗着用龙泉活水冲泡的龙泉佳茗。就在参加茶会的老同志们以惊奇的神态，欣赏完充满凤冈浓厚历史茶文化元素的茶艺表演后，凤冈县茶文化研究会副会长李忠书先生，以"解读凤冈锌硒茶文化内涵"为题，追塑了凤冈锌硒茶一千余年来的历史演变过程：从唐代茶圣陆羽《茶经》记载的"夷州茶（凤冈锌硒茶），往往得之，其味极佳"到清代乾隆年间龙泉县城茶市贸易繁荣景象，以及当今中国茶界泰斗中国工程院第一个茶叶院士陈宗懋和吴甲选、于观亭、王庆、林治、鲁成银等一大批茶叶专家对凤冈锌硒茶的高度点赞。特别是原贵州省委书记陈敏尔同志，2014年2月到凤冈调研时，在听了凤冈县关于近年发展茶叶产业的情况汇报后，对凤冈茶产业提出了"东有龙井·西有凤冈"的话题，对凤冈茶产业取得的成绩给予高度评价和殷切期望。

在听了凤冈茶产业茶文化茶品牌的发展历程介绍后，出席茶会的老领导老同志们心情舒畅，他们一边品饮凤冈锌硒绿茶、锌硒红茶，一边就凤冈锌硒茶产业在今后的发展中如何再上新台阶纷纷建言献策。畅所欲言，其乐融融，分享着凤冈近年来经济社会取得的成就，特别是茶叶产业给老百姓带来的实惠和凤冈区域经济带来的知名度和美誉度。整个茶会现场充满着欢快祥和热烈喜庆的氛围。

最后，凤冈县茶文化研究会会长李廷学先生以"振兴凤茶文化，助推凤冈茶产业再创新辉煌"为主旨的总结发言，将敬老茶会推向高潮。李廷学会长以一个老领导老同志的身份切身感受，讲述了他从领导岗位上退下来以后，仍然以一个普通的凤冈人、凤冈茶人的身份，为凤冈茶文化建设，建言献策，身体力行，尽职尽责的工作感受，对凤冈茶文化建设可谓殚精竭虑。同时也表达了他对凤冈茶产业茶文化建设的殷切期望。字里行间充满了对凤冈茶产业、茶文化、茶品牌建设的美好憧憬。接着李廷学会长饱含深情地祝福参加敬老茶会的老领导老同志节日愉快！健康长寿！

一杯香茗敬长者，几台茶艺献嘉宾。古夷凤冈，锌硒茶乡"2018年重阳敬老茶会"，在充满大唐古韵的"夷州茶话"等茶艺节目的精彩表演和参加茶会的老领导老同志一阵阵热烈的掌声中圆满结束。

从2018—2020年，凤冈县敬老茶会已连续举办3年。

第七节　凤冈锌硒茶品鉴活动和茶王大赛

一、凤冈锌硒茶品鉴活动

为进一步提高凤冈锌硒茶加工水平，引导企业树立标准意识、提高加工技艺，扩大凤冈锌硒茶品牌效应和影响力，营造热爱凤冈锌硒茶、推介凤冈锌硒茶的良好氛围，推动全县茶产业健康持续发展，由凤冈县茶叶产业发展中心、凤冈县总工会、凤冈县茶文化研究会、凤冈县茶叶协会主办，分别于2013年4月26日和2018年5月28日，在县城静怡轩茶楼举办了两届凤冈锌硒茶品鉴活动（图6-42）。

活动要求参加茶企必须取得QS（或SC）认证，茶叶产品执行凤冈锌硒茶省级地方标准，通过司法公证员全程监督，经县内外茶界专家严格认真的现场品鉴，采取感官评审法对选送茶叶的外形、汤色、香气、滋味、叶底进行现场评分，评定一、二、三等奖。各位审评专家还分别与媒体记者、企业代表和茶

图6-42　凤冈锌硒茶品鉴活动

叶爱好者进行了现场交流互动、专业技术对话等，最后由评审组专家，对红茶、绿茶的典型茶样，从外形、汤色、香气、滋味、叶底等方面进行了详细点评，通过交流与互动，解答茶叶加工中遇到的困难和疑惑，使大家受益匪浅。

活动的成功举办，不仅有效增强了县内各茶叶企业的品牌意识，也为凤冈县组织举办各类行业交流活动，起到了很好的导向作用，积极探索茶产业转型升级的新型战略模式，从而为凤冈茶叶做出特色、做好质量、做响品牌贡献力量。

第一届凤冈锌硒茶品鉴活动，品鉴评比项目：翠芽、珠茶两款产品，42家企业所送

茶样58个，参加了品鉴活动，12支茶获奖。第二届凤冈锌硒茶品鉴活动，品鉴评比项目：毛峰、茗珠及红茶三款产品（均要求一芽一叶），共收到47家企业所送茶样62个，16支茶获奖。

凤冈锌硒茶品鉴活动获奖名单如下：

1. 凤冈锌硒茶第一届品鉴活动获奖名单

① 凤冈锌硒翠芽：一等奖：凤冈县世外茶源茶业公司；二等奖：凤冈县寸心草茶业公司，凤冈县夷洲茶业公司；三等奖：凤冈县魅力黔茶茶业公司，凤冈县浪竹茶业公司，凤冈县玛瑙山茶业公司。

② 凤冈锌硒茗珠：一等奖：凤冈县世外茶源茶业公司；二等奖：凤冈县娄山春茶叶专业合作社，凤冈县朝阳茶业公司；三等奖：凤冈县寸心草茶业公司，凤冈县夷洲茶业公司，凤冈县神仙茶厂。

2. 凤冈锌硒茶第二届品鉴活动获奖名单

① 凤冈锌硒卷曲形绿茶：一等奖：凤冈县娄山春茶叶专业合作社；二等奖：凤冈县朝阳茶业公司、凤冈县夷洲茶业公司；三等奖：凤冈县野鹿盖茶业公司、凤冈县绿缘春茶场、凤冈县东峰茶业公司。

② 凤冈锌硒茗珠：一等奖：凤冈县贵茶茶业公司；二等奖：凤冈县魅力黔茶茶业公司、凤冈县朝阳茶业公司；三等奖：凤冈县娄山春茶叶专业合作社、凤冈县雾茗茶业公司。

③ 凤冈锌硒红茶：一等奖：凤冈县寸心草茶业公司；二等奖：凤冈县魅力黔茶茶业公司、凤冈县黔之源茶业公司；三等奖：凤冈县娄山春茶叶专业合作社、凤冈县绿韵茶业公司。

二、凤冈锌硒茶茶王大赛

斗茶，这一民俗与茶叶一起繁衍生息，经久不衰，凤冈县多地均举行过茶王赛。"做好茶王赛，致富奔小康"，重视"茶王赛"的举办，使之成为评选名优特产品、提高茶叶质量、发展茶叶技术、推动茶叶生产的有效形式。由凤冈县茶叶产业发展中心、县茶叶协会、茶文化研究会，分别在2015年5月4日和2018年5月28日在县城举办了两届茶王大赛（图6-43）。

图6-43 凤冈锌硒茶茶王大赛颁奖仪式

茶王赛大都在每年春季茶叶采制后举行。分为初赛、复赛、决赛三个阶段，先以镇（乡）为单位进行初赛，再由各镇（乡）选送的优秀作品进行决赛，第一届收到参赛茶样95支，第二届收到参赛茶样135支，由县内外茶叶专家组成专家组进行评选，并组成大众评委参与评选，专家进行点评，还举行茶艺表演、茶王拍卖会及"踩街"活动。

通过茶王大赛比赛，增进凤冈茶叶加工技艺的交流，以茶王大赛为引线，深入挖掘凤冈锌硒茶茶文化，整合地区文化资源优势，普及茶文化、宣传锌硒茶知识、推广凤冈锌硒茶，促进茶企与茶企、茶企与消费者对接，拓展凤冈锌硒茶对外销售渠道，实现和市场的对接互换。

2019年、2020年凤冈县贵州黔知交茶业有限公司连续2年获贵州省秋季斗茶大赛红茶类金奖（图6-44、图6-45）。

图6-44 2019年贵州黔知交茶业有限公司获奖奖牌

图6-45 2020年贵州黔知交茶业有限公司获奖奖牌

第八节　世界国际茶日系列活动

2019年11月27日第74届联合国大会宣布设立"国际茶日"，时间为每年5月21日，以赞美茶叶对经济、社会和文化的价值，这是以中国为主的产茶国家首次成功推动设立的农业领域国际性节日。2020年5月21日，是联合国确定的首个"国际茶日"，习近平总书记向"国际茶日"系列活动表示热烈祝贺。2020年"国际茶日"期间，

图6-46 凤冈县2020首届国际茶日活动合影

中国农业农村部与联合国粮农组织、浙江省政府以"茶和世界，共品共享"为主题，通过网络开展系列宣传推广活动。由于受新冠肺炎疫情影响，不准人员聚集影响。2020年凤冈县庆祝首次"国际茶日"活动，仅限在茶文化界小范围内进行（图6-46）。2021年的活动也因此未能大规模举行（图6-47、图6-48）。

图6-47 凤冈县2021年国际茶日座谈会现场　　图6-48 凤冈县2021年国际茶日活动合影

第七章 凤冈茶与民俗

在我们的日常生活中，茶是必不可少的。常言开门七件事，柴米油盐酱醋茶。茶既然与生活融为一体，那么人们的日常起居、工作、学习、生活、习俗、文化等方方面面，必然会烙上茶的印记，刻上茶文化的符号。茶与民俗，林林总总，包罗万象，精彩纷呈。

第一节　凤冈油茶汤

油茶，又名油茶汤、油茶稀饭。成品清香味美、充饥提神，具有煨、熬、舂与嚼、啜、喝等烹饪和饮食特点，其可作主食，兼以辅食。油茶是凤冈人的传统饮食习俗，也是款待宾客的佳肴之一。油茶是凤冈人必不可少的生活用品，一直以来，油茶汤被人们誉为"干劲汤"，俗谚曰："喫碗油茶汤，两脚硬邦邦。"2007年5月29日贵州省人民政府公布"凤冈土家油茶茶艺"为第二批省级非物质文化遗产。

一、煨油茶

制作原料：油茶籽50g，花生米40g，板栗500g，花椒10g，生姜5g，脆哨100g，炒爆腌米100g，食盐适量。制作方法：辅制大骨汤，将猪大骨至于砂罐内，加热后去掉漂浮物，取出大骨敲折成两段备好。然后将油茶籽、花椒分别放入热锅中焙干水分，去掉板栗壳，生姜切片，再用纱布将花椒、生姜包扎好后，一同将油茶籽、板栗及食盐倒入砂罐中，文火煨之熟透即可。辅制腌爆米，筛选糯米浸泡蒸熟，待冷却后将饭粒分离风干，用时按量取腌米放入铁锅内，混合油砂粒加温炒"泡"而成。食用方法：多舀汤汁，分量取花生粒和板栗盛于碗中，随即将腌爆米、脆哨撒入碗中即成。有的将这种"吃法"叫作"吃耍茶"，辅以黄饺、油果子、油糍粑、细砂油糍、麻饼、米花、荞皮、糖果、瓜子、红苕片饮食。具有慢嚼细品，清而不淡，脆而不生，酥香回甜特点，很有"嚼头"。

二、熬油茶

制作原料：花生米40g，核桃仁20g，黄豆50g，糯米200g，芝麻30g，粗茶叶80g，猪油渣100g，花椒粉10g，猪油与食盐适量（按8碗油茶计量）。制作方法：先分别将花生米、核桃仁、黄豆、糯米、芝麻炒脆，用猪油炒黄茶叶后，一同将其混合放于铁锅内加入食盐、油渣、猪油，随即加少量清水煮沸。待煮物熟透，用木瓢将其按压正反旋转捣碎，再适量加冷水煮沸，放入猪油（称此为"放跑油"，其使香味更加浓郁）即成。食用方法：可辅以糍粑、米粑、苞谷粑、洋芋、红苕食之，凤冈人大多以小口吮、大口喝，吃熬油茶，谓之曰"啜食"；亦可用作原汤，根据食客的多少按量加汤，附加面条、汤圆、面块、绿豆粉、汽粉（米皮）等食物煮食。吃熬油茶能果腹充饥、舒气提神，且为主食。

三、舂油茶

制作原料：花生米40g，核桃仁20g，黄豆50g，糯米200g，酥麻30g，粗茶叶80g，猪油渣100g，花椒粉10g，芝麻20g，猪油与食盐适量（按8碗油茶计量）。制作方法：先将菜油放入铁锅加热，分别将花生米、核桃仁、黄豆、糯米、酥麻、芝麻、茶叶、猪油渣置入锅内煎脆，凤冈人称此为"酥"。待其食物"酥"脆煎黄以后，除芝麻另外存放备用外，将所有"酥脆"原料，放入适量食盐、花椒粉，以擂钵舂细，谓之"舂油茶"，有的以碓和杵作为加工用具，称之为"打油茶"。通过舂杵捣碎，使"酥物"形成茶膏。制作茶膏可"量力而行"，亦可储存备用，具有应急、便捷特点。食用方法：取出茶膏放入已加热猪油的锅内，适量加水煮沸后，盛入碗中，随即拈撒芝麻即成。亦可取之盛入汤钵中，加入适量猪油，用开水冲热，用汤匙调拌成汤按人分食，谓之"泡茶汤"。此种吃法可辅以苞谷粑、米粑（泡粑）、荞粑、麦粑等清淡食物，大多用作早餐食之，其酥香软糯，醇厚鲜甜，唇齿留香，让人们乐乐称好，称之为"舔嘴茶"。

四、滚油茶

制作原料：粗茶叶20g，醪糟（甜酒）50g，芝麻0.8g，鲜鸡蛋2个，油炸猪皮（响皮）30g，花椒粉0.5g，葱花2g，猪油与食盐适量（按1碗油茶计量）。制作方法：先用热开水浸泡炸猪皮滴干水分备好，再取适量猪油分别将茶叶、芝麻、鲜鸡蛋、醪糟煎黄酥泡即可，迅速取醪糟、茶叶置于锅内放入适量水和猪油（称此为"放跑油"）煮沸即可。食用方法：用汤钵盛放好油炸猪皮和鸡蛋（荷包蛋），随即将茶叶和醪糟汤倒入碗中，须用汤汁浸泡所盛食料为宜，撒入芝麻、花椒粉后趁热食之。可辅以黄饺、油果子、油糍粑、细沙油糍而食。此种做法，酥脆柔软，佘烫热腾，满屋留香，有的称此为"冒茶汤"，其香甜柔美，满口生津，沁人心脾，脸酣耳热。

第二节 凤冈罐罐茶

罐罐茶由来已久，20世纪80年代，凤冈大都大兴村出土明代中期烧制的土砂罐，现藏于凤冈县档案局实物档案馆，就其功能是盛装茶叶或煎制茶水的器皿。过去，传统的罐罐茶是凤冈人不可或缺的生活习惯，人们一般习惯以土砂罐、铜茶罐在茶灶上和取暖的火龙坑中、劳作的篝火旁，燃烧树木疙蔸焙烤、煨炖煎制茶水，其以童男挑井水不换肩、童女制作罐罐茶用作祭祀"敬茶"为俗（以罐罐茶祭祀习俗详见本章第五节凤冈茶礼俗）。随着人民生活水平的不断提高，火龙坑取暖方式已被火炉、电炉所替代，煎制茶水的传统生活方式渐渐消失。煎茶灶、煎茶土砂罐、煎茶铁三脚、三耳铸铁煎茶火炉、三耳煎茶铜火炉等与罐罐茶相关的器具，以及与之相关的"望山屋""望水棚""鸭棚子""碾坊""磨坊""榨坊""火炕""火龙坑"生火烘茶、烤茶、煨茶、捂茶生活习惯已渐次成为历史。

一、砂罐烘茶

先将土砂罐烤热，取新鲜茶叶置于罐中，然后，手握罐柄不停地抖动砂罐，使其茶叶均匀"碰壁"，避免茶叶炒焦，待茶叶散发出香味后，将备好的开水倒入罐中，随即放入适量生姜煎之片刻即可。饮用者趁热喝下，全身汗出，顿觉全身舒畅。过去，人们的生产环境十分恶劣，农人常常出没于沟壑丛林之中，瘴气袭人，易于生病。人们因之创造出这种煎制罐罐茶的方法，其适用于在野外看护庄稼、渔猎人员及养蜂、养鸭的游业者。主人将茶罐作为"随身宝儿"，走到哪里就将茶罐带到哪里，随时可以烘制茶水喝。

二、砂罐烤茶

取茶叶放入土砂罐中，然后不停地抖动砂罐炒出香味，随即将事先备好的开水适量倒入罐中，待沸水退却，用筷子拦于罐口，滗干水汽，再倒入开水煎之，水沸即可。烤茶醇酽香郁，回味幽远，恋齿惹喉，人们称谓"满口香"。

三、砂罐煨茶

先将油茶籽晾干，用时取茶籽放在罐中，取井水煮热用筷子拦于罐口，滗干头道水，再将井水倒于罐中，用文火煨沸即成。用文火煨煮油茶籽茶水，汤汁橘黄透底，醇厚甘甜，酽香浓郁，清新宜人。因制作时间长，满屋留香，人们叫此"紧浪尝"。

四、砂罐捂茶

凤冈人用砂罐捂茶有两种形式，冷热有别，各具特色；另有蜂花茶，别具一格。

① **滚水茶**：先将砂罐烤热，用水冲罐将罐烤干后，取绿茶放入罐中，倒入少量"滚开水"，手握罐柄左右摇动五六下，再用筷子滗干头道茶水，迅即倒满"滚开水"，盖上罐盖儿捂之5~6min即可。捂茶汤汁金黄透亮，淡雅清新，栗香醇爽，回味无穷。

② 冷水茶：先将砂罐烤热洗净，取井水将砂罐冷却退热后，再放入绿茶和少量冰糖，然后用筷子搅拌罐内数次，盖好罐口存放于通风处焐至8~9h，或待茶叶沉于罐底后，用筷子搅拌汤汁搁置片刻，再等茶叶沉淀即可倒出饮之。如此焐茶汤汁黄中隐绿，其味酽冽回甘，清凉无比，解渴生津。

③ 蜂花茶：先将砂罐烤热洗净，取井水将砂罐冷却退热后，再放入绿茶叶、巢房渣（割取蜂蜜时，通过挤压搓揉剩下的渣滓，俗称"蜂离子"），用筷子搅拌罐内数次，盖上罐盖，密封好罐口存放于通风处，焐至十四五天即成。如此焐茶，其色橙黄纯净，其味微酸回甜，具有祛风润燥、和血解毒、镇痛功效。

第三节　凤冈茶食品

茶食品，古称茗菜，唐代陆羽《茶经》中曾引《晏子春秋》："婴相齐景公时，食脱粟之饭，炙三弋五卵，茗菜而已。"其中就有以茶为香料同煮食用的记载。在凤冈含茶味的食品，也叫茶膳，是凤冈人对含茶菜饭及含茶饼、粑、饺等附作食品的统称。历史上，朴实好客的凤冈妇女，通过口传心授继承和发扬山里的传统茶膳文化，不断发掘出大量的茶食品，丰富茶饭的品类，满足人体健康需求。随着生活水平的提高，琳琅满目的茶食品逐渐退去神秘的面纱，走进百姓餐桌，让人们大快朵颐。

一、茶叶香猪蹄

制作原料：绿茶叶200g，猪蹄2只，生姜50g，生葱50g，花椒30g，食盐2勺，白糖2勺，菜油适量。制作方法：事先将猪蹄清洗干净，剁割成小块放入滚水中汆烫后捞出，用漏具滗干水汽。然后在铁锅中烧热菜油，把白糖搅拌均匀，放入猪蹄用小火翻炒变黄后，倒入冷水，再放生姜片、花椒粉、食盐，盖上锅盖焖炖80min即可。食用方法：起锅后，先将茶叶用猪油酥脆，随同葱花、生姜粒撒入即可食之。凤冈茶香猪蹄色黄糯烂，回甘兼咸，具有丰富的微量元素，体能虚弱、腰膝软弱、乳汁不足者均可食用。这种食品的吃法已被人们所认可和推崇。2018年4月，中央电视台七频道《农广天地》栏目以"不一样的绿色味道"为题进行了介绍。

二、茶香腊排骨

制作原料：茶叶100g，腊猪排骨500g，糯米200g，生姜20g，大蒜10g，白糖15g，猪油50g。制作方法：取鲜猪排骨洗净，以花椒粉、辣椒粉、甜酒、食盐为原料，将其拌成糊状涂于排骨表面，用柏树丫枝烟熏后，置于通风处晾干备用。制作茶香腊排骨时，烧热猪油煎脆茶叶备用。取煎制茶叶剩下的油液，将白糖混合糯米中捋均匀盛于蒸钵，取生姜丝、蒜泥置于上面，再将用清水洗净的腊排骨覆盖糯米之上，然后将蒸钵置于甑封闭蒸熟取出。食用方法：将酥脆茶叶撒放排骨上面，即可食之。茶香腊排骨飘香溢屋，开胃增欲，滋阴润燥，养胃健脾，温补益气，是凤冈的传统美食之一。

三、茶叶清蒸饺

制作原料：嫩茶叶片20g，绿茶叶10g，菠萝15g，生花椒10g，瘦肉500g，生姜15g，葱花15g，鸡蛋1枚，生菜油0.5g，饺皮、食盐适量。制作方法：先将嫩茶叶片、菠萝、鸡蛋、生花椒捣碎，取汁倒入食盆中，放入瘦肉、葱花和生菜油搅拌均匀成馅，再用饺皮包制而成。然后，在锅里的清水中放入茶叶，搁置蒸笼，铺上松针摆放饺子，盖上盖生火蒸至14~15min即成。食用方法：用辣椒粉、芝麻、花椒粉、食盐为原料以热菜油"酥"制，加葱花、蒜泥制作成蘸水，可辅以油茶汤，拈饺子蘸辣椒水食之。茶叶清蒸饺光泽绿黄，里表细腻，栗香隐味，留齿回甘，具有饱不放筷之感，是凤冈传统美食之一，目前已濒临消失。

四、茶香蛋

制作原料：鸡蛋20枚，茶叶40g，八角茴香0.5g，花椒10g，生姜片、肉桂皮、老辣椒、酱油、食盐适量，须将茶叶、八角茴香、花椒、生姜片、肉桂皮、老辣椒用白色棉布包扎起来备用，凤冈人谓之"香料包"。制作方法：洗净鸡蛋用冷水加热煮熟后，逐一将鸡蛋壳敲撕裂，然后将"香料包"放入锅中加冷水煮沸，放入鸡蛋和食盐、酱油用文火煮至十四五分钟，关火盖上锅盖"捂"八九十分钟即可。食用方法：取鸡蛋2枚去掉蛋壳、蛋黄作火锅调料；辅以排骨烹饪香辣排骨；取蛋黄熬制茶蛋稀饭，还可以作面食、清淡稀饭的辅助食品等。煮鸡蛋历史悠久，清代著名文学家袁枚在《随园食单》中写道："鸡蛋去壳放碗中，就竹箸打一千回蒸之，绝嫩。凡蛋一煮而老，一千煮反而嫩。"凤冈人将"煮鸡蛋"发扬光大，添置茶叶制作成四季"茶香蛋"，提神醒脑，消除疲劳，是凤冈传统美食之一。

五、茶蜜竹筒饭

制作原料：绿茶叶50g，糯米500g，蜂蜜20g，香肠200g，生竹筒10个。制作方法：先用"滚开水"将茶叶泡制11~12min，同时取糯米用清水泡制0.5h备用；然后将糯米过滤滴干水分，取香肠剁成粒，按量装入竹筒内，再将蜂蜜倒入盛茶水的器皿中，搅拌均匀倒入竹筒密封，置放于木甑，覆盖，生火蒸熟即可。食用方法：取出竹筒，筒口朝下，敲之筒底，饭离筒而出盛于碗中，便可辅以泡菜、酱海椒（推海椒）、菜豆腐食之。二十世纪六七十年代，凤冈野生竹林较为普遍，"社员"们就地取材削制木筒均用其赶场打酒、打油，装水上坡解渴；"社员"们在烧制草木灰时，可削制竹筒在"灰堂"中烧竹筒饭充饥。茶蜜竹筒饭中集茶香、米香、竹香为一体，天然细腻，回味无穷。可惜这种食品的做法现已消失。

六、醅茶果

清明节前后，茶油树上挂果，凤冈人称之"茶苞"，有的叫"茶果"。茶苞呈灰白色，大如苹果，小如汤圆，大小不一，内空皮薄，清脆甜味，可生吃。制作方法：先在锅内烧沸水，再将采摘的新鲜茶苞放入锅内烫软即可。然后逐一将茶苞撕成块状，置于通风处散放晾干后，用糯米粉、花椒粉及食盐混合将茶苞片搅拌均匀，再储放于土陶罐内，倒置罐口立放在盛水的钵子里。凤冈人叫这种土陶罐为"醅菜罐""醅菜坛"，叫罐中之物为"罐罐菜""醅菜"。食用方法：一般"醅茶苞"可"醅"至十四五天即可取出，通过蒸熟，辅以干辣椒、菜油、葱花食盐炒做菜吃，或以辣椒粉、生姜粒、蒜泥、食盐、葱花、酱油为佐料拌来吃。

七、酥茶叶

制作原料：茶叶50g，菜籽油100g，食盐适量。制作方法：先将菜籽油倒入锅内，生火烧热去生味，熄火。待热油稍冷片刻，再将菜籽油加热后，把茶叶撒入锅内随即以文火翻炒变黄，适量撒入食盐即成。食用方法：起锅后，可以辅以烹饪其他食品，也可以单独拈食。酥茶叶黄中隐绿，松脆可口，唇齿留香，是凤冈传统美食之一。

八、香茶酥

制作原料：绿茶翠片200g，面粉250g，花椒粉10g，芝麻5g，葱花10g，菜籽油300g，鸡蛋4枚，食盐、白糖适量。制作方法：将鸡蛋清调匀，一同与绿茶翠片、面粉、花椒粉、芝麻、葱花、食盐、白糖到入盆中，加温水搅拌成糊状，生火烧热铁锅中的菜籽油，然后用竹筷拈起放入锅内，稍在锅内作茶叶散开处理，待食物变黄搅动起锅即成。按此做法逐一进行，直到煎完为止。食用方法：起锅后，稍冷即吃。香茶酥存放太久就会产生绵软不脆，得现做现吃，人们因之叫此为"茶零食"。香茶酥色泽金黄，蓬松清脆，香甜可口，回甘无穷，是凤冈风味小吃之一。

九、蛮王粑

制作原料：鲜嫩茶叶400g，花椒叶400g，面粉500g，芝麻10g，葱花50g，菜籽油400g，鸡蛋8枚，食盐、白糖适量。制作方法：先将面粉、葱花、鸡蛋清、食盐、白糖盛于盆中，用热水渗合拌匀，稍作发酵处理，再用筷子夹着重叠的鲜嫩茶叶、花椒叶黏上面糊，随即撒放芝麻，置放热油中煎黄即成。食用方法：逐一煎之，趁热可吃，也可以辅以晒酱蘸吃，亦作茶汤、稀饭配食，亦作附料烹饪腊肉、主料炒制香辣粑、配料煮火锅等菜肴。蛮王粑，过去称"麻王粑"，追溯历史，一说夜郎王为蛮王；二说县境内有用敬茶和此类食品祭祀蛮王洞的习俗；三说南方曰蛮、东方曰夷，其有"打蛮子吓好人""粑粑王，粑粑王，吃了粑粑逛一逛；蛮子吃，蛮王让，人人都说粑粑香"等俗语；因之，其食品名称应为"蛮王粑"。蛮王粑色泽金黄，酥脆爽口，是凤冈小吃之一。

十、茶酥汤圆

制作原料：茶叶50g，糯米面500g，白糖100g，芝麻20g，菜籽油500g，猪油20g。制作方法：先将汤圆滚动黏上芝麻，放入烧热的菜籽油锅中煎熟，起锅放入菜盘。然后烧热猪油，放入茶叶煎黄起锅，撒入汤圆上面即成。茶酥汤圆，色泽金黄，茶叶酥香回甘，汤圆外脆里嫩，香甜可口，是凤冈风味小吃之一。

第四节　凤冈药用茶

"神农尝百草，日遇七十二毒，得茶（茶）而解之"。茶最早是当药用，其后为食蔬，后来才成饮之王品。

凤冈民间，早有用茶医治疾病的记载。明清以降，人们有病常用茶来治疗，茶疗药方、单方比比皆是。如今，民间还流传着如下一些做法：婴儿出世用净茶水洗眼，谓之将来眼清明亮；用茶水给幼儿洗澡，可强健肌肤；成人皮肤无名中毒，用茶叶煎水擦洗，可消肿止痛；前些年，有人割脓疮，亦先用冷茶喷之，再下刀破开的等。在古时的龙泉（今凤冈），载入医疗典籍的茶疗药方难以准确统计，仅就民国时期重刊的《太极洞经验神方》（图7-1）中，用茶

图7-1《太极洞经验神方》

为药的方子就有数十个，其方子中含治疗内、外、妇、儿各科疾病。又如，清代龙泉回春堂抄本《医疗神方》以及清代龙泉木刻印板《治家良言》《醒俗编》缮本中，亦有多个以茶为药的治病方子。在过去，习称"十里无医为绝地"的凤冈山区，有这些神奇药方，无疑是一方民众的福音。而又有取材就地，用法简便的茶疗神方，则就更是地方百姓健康福音中的福音。

据了解，明清时期，凤冈地域原本传承着不少载有茶疗药方的医册典籍，可惜的是，20世纪很多医籍缮本，或是被付之一炬，或是转移他乡隐藏深闺难得一见。笔者通过多年努力，亦只目睹得很少几个幸存本。今将笔者近年收集的当地一些古代的和民国时期的用茶入药的医疗方子辑录于后，以供世人研究参考（不得用作处方）。

偏正头风：香白芷、炒川芎、炙草、川乌半生半熟，研末，细茶、薄荷煎汤，一次一钱，冲服。

荸花气曚：用兔屎三钱，烧，研末，清茶调服，即好。

翳膜遮睛：川芎、龙胆草、草决明、石决明、菊花、茯苓、充蔚子、楮实子、荆芥、蒺藜，各一两，木贼、甘草各五钱，研末，冲茶服。

哮喘气急：核桃肉一两、细茶末五钱、蜜三四匙，捣成丸，如弹子大，不拘时，嚼化。

绞肠痧方：盐茶二味，炒过，淬水，服一大碗，如神。

大便下血：茯苓、条参，各三钱，椿根皮、桑白皮、石榴、陈茶叶，煎水服，生姜引。

乳肿奇方：蒲公英、姜黄、白芷、赤芍、花粉、大黄、连翘，各一钱，研末，用牛酒、牛茶调敷三四次，即消。

青叙奇方：白布、水银、茶叶，共为末，布包带在身旁。

冷痰蹦心：此症面青口哑，不能言语，用糯米半碗，炒黄带黑，吹姜开水服之，心窍自开。再用分葱、荷叶、紫苏、小茴、陈细茶、防风、荆芥，共为捣烂，煎服，即愈。

寒风入窍：牙关必然紧闭，用绿豆、姜汁、白矾，飞过，研末，灶心土熰水送下。如双目皆闭，用童便灌之，再以核桃四个，连须葱七根，均捣烂，陈细茶一勺，炮姜九片，共煎服。

眩头风痰：用姜汁揉两手两足，于两肩上、足弯下、胸窝、命门、两太阳、鼻尖处，共爆灯火十五燋，先灌姜汤、糖茶，后用头上草脆、沉香、檀木、门下千足泥，合汗帽透水，加荆芥、防风、菜菔子，炒黄共煎，服之，神效。

皂脑恶虫：先用一麻光（倘难认，以马鞭梢代之），再用千里光、水菖蒲、艾叶、陈茶叶，煎水洗。次用团鱼一个，破开，以甘草、甘遂、家汗菜三味，合鱼揉两次，扑于顶头痛处，二三次，其虫自灭，痛止病愈。但此药不可入口，切记。

蛇咬肿毒：无论手足周身，即以头发捆寄，请人口噙烧酒，喷疗几次，再以齿上草脆敷之，速取蛇范草、蛇芽草，捣茸，加白盐数两，煎水洗之。取白茨桑上寄生包，或老青杠上寄生包亦可，兑地苦胆、陈茶叶煨服。洗后用白牛虱血、人头上虱，共合搽之，陈茶嚼茸敷。

疯狗咬伤：以陈茶叶、艾叶、姜水洗。将古坟内石灰调桐油，搽之。服马前子二十一粒，作七次服之，乃愈。

误中蛊毒：活蜈蚣三条，去头尾，炕干为末，加雄黄、火酒服下，如现泥鳅、黄鳝等迹，用石灰水、茶油粑、苦弹子炊水，饮之。

男女滥脚：人言二钱、水银一钱、雄黄三钱，以三黄散加黄范叶，研末，和真菜油搽之。先以陈艾、一扫光、荆芥、防风、细茶煎水洗之，后用丹药搽之，即俞。

周身扯惊：艾叶、片姜、包烧额尖、两手弯、胸口、心窝，共爆灯火二十一燋，以糯米炒黄，炊姜水，合陈茶煎水服之，用脚板屎、汗帽透水，加童便、人中白，兑服之，即愈。

打沙气痛：用黄京子，炒，擂细，冲酒吃。又方，盐茶二味，炒黄色，滚水吃。

红白痢症：细茶二两蜜炒，石榴子壳、刺梨根、八月瓜根，白者白糖，红者黄糖，送下。

（本处参考书目：民国太极洞《经验神方》；清代龙泉《医疗神方》；清代《治家良言》；清代《醒俗编》；凤冈县政协编《龙泉经验神方》）

第五节　凤冈茶礼俗

凤冈茶礼俗，林林总总，五彩斑斓，体现在农耕、建筑、饮食、婚姻、生辰、丧葬等活动中。

① **壮行茶**：过去，凤冈人习以敬茶为俗。在绥阳镇金鸡村黑凼寨上一艾姓住宅的木瓦房有窗芯镂空、辅壁横屏浮雕图案，展示了古时人们敬茶壮行、饯行、洗尘、谢程等习俗。敬茶壮行，是凤冈礼俗之一。亲人挑担远行、离家出征、渔猎出行等辞别家人时，常以敬茶表达惜别之情，谓之"壮行茶"。反之，亲人远足归来，家人熬茶表达敬意，为亲人洗尘、谢程，夸赞其远程无畏艰难险阻、勇敢顽强精神，表达平安回家之意。

② **上茶**：自古及今，凤冈人习以茶水待客、敬客为俗。家里来了客人，须泡茶接

待客人，彬彬有礼为客人沏茶、斟茶、端茶、递茶，人们通常叫"上茶"。上茶，是凤冈礼俗之一。倒茶水时，讲究茶杯、茶碗不要斟满。为客人斟满杯碗，有不尊敬客人之嫌，故有"茶七酒八"的说法。为客人上茶的顺序也很讲究，要按长辈、平辈、晚辈依次上茶，然后给自己斟上茶后，端起茶杯对客人说声"请喝茶"。用左手四指轻托杯底，右手握杯体，双手略向前平伸"上茶"，起身辞别时，也按此肢体动作对饮茶人说慢用。喝茶时，期间有客人入茶席，主人应立即倒掉茶壶中的茶叶，重新烧水更换新茶叶，显现对新客人的尊重和欢迎。待客过程中，还要留意客人杯中茶水，适时给客人添加茶水，客人杯中茶水凉了，要给客人重新换上热茶。宾客与主人喝茶时，禁忌皱眉、说话飞沫、磕响杯盏、吮吸声音等。还有一种上茶形式，即"三回九转"婚俗中，"三回"礼仪中的第三道茶，男方须双手捧"茶"作揖，女方接"茶"搁放，谓之"上茶"。

③ **蹲茶馆**：20世纪80年代前，凤冈县境内设街赶集的地方都有茶馆，茶馆是人们休闲养神、散心解闷、人际交往、商谈事务和以茶待友、以茶会友的场所。进入茶馆，泡上一碗茶，谈国事论家事，侃天嗑地，吟诗作赋，说书人妙语连珠，龙门阵天宽地阔，有甚者鼾声雷雷，待散场后开了茶钱走人，所以叫"蹲茶馆"。县境北，绥阳场曾有安家茶馆、苟家茶馆、黄家茶馆、练家茶馆、杨家茶馆，这方人对"蹲茶馆"的称谓很是讲究。街上的人进茶馆，叫"下茶馆"；乡下人进茶馆，叫"上茶馆"。人们习惯称"下茶馆"表现对客人的尊重，称"上茶馆"表现对客人的稀罕。

④ **"泡"茶**：这里的"泡"茶是指用粮食制作的酥脆零食和糖果等食品，包括米花、米圆、米线、麻饼、荞皮、麻花、麻糖杆、麻糖丝、麻糖果、麻糖饼、酥食、五仁饼、黄饺、泡果、花生、核桃、瓜子以及季节水果等。招待客人，一般备九种"泡茶"上桌，其以腌米泡油茶、腌米泡甜酒，或沏茶兼食以上食品，因之称谓"泡茶"。"泡茶"的运用很多，往往在结婚、嫁娶、生期、寿辰、节日、冲傩、拜师、谢师及传统灯戏开光、化灯、房屋、交通、开山、动土、竣工庆典等活动中的祭祀尤为浓重，"泡茶"品类繁多，形式多样，味道纷呈。在举行新居落成、小孩满月、婚嫁寿诞活动中，"泡茶"由其活动主人的后家亲戚制作赠送，一是给主人（指姑爷、女婿）提供帮助。二是显摆其富有和豪气。"显摆物"尤以米花为特别，制作时以大方桌抟米花，用大铁锅煎米花，米花形如圆锅状，直径多为60~80cm，寓意大顺、大发。人们通常取紫草捣碎，以茶水调和作颜料浸泡熟糯米黏在米花上端作装饰，按活动性质粘制成福禄寿喜、天长地久、三星拱照等字样，以此表达祝福之意，大方美观，引人赞不绝口。

⑤ **茶饭**：凤冈的茶饭是茶、酒、饭、菜及"泡"茶的统称，泛指饮食。做茶饭仅靠家庭主妇口传心授传承和发扬，而做茶饭之人，往往不能上桌陪客吃茶饭，把做得饭香、

菜香、酒香、茶香的女人，褒之曰"茶饭熟"，反则，贬之曰"茶饭粗"。精明灵巧的女人做茶饭，根据食客的年龄、体相乃至社会地位、居住地域风味量身定"煮"，展示娴熟的茶饭烹饪技艺。茶饭，是凤冈茶俗之一，其以茶饭表达感情，以茶饭表现做人之礼，以茶饭传承做人之道。

⑥ **嬢嬢茶**：凤冈嬢嬢茶是对茶馆主人的称谓，也是茶俗之一。县城北面绥阳场，自古以来习以异姓一家为俗，其按年龄大小称谓，尤其对异姓人的老小姑嬢不能乱出言子、乱上谈子。茶馆的女主人是街上人，下茶馆就称吃"嬢嬢茶"；其夫同是街上人，谓之吃"姊妹茶"；其夫是男到女家茶馆主的人，则谓之吃"姑爷茶"；茶馆女主人是未婚者，则谓之吃"女儿茶"。

⑦ **开箱茶**：人们常用"安百根田坎，送十里红妆"来形容嫁妆的丰厚。20世纪90年代前，凤冈境内姑娘出嫁时，须打发嫁奁，请木工制作日常所需家庭用具，陪嫁茶柜、茶箱、茶盆、茶几、茶盒等茶具。在制作嫁奁中的茶柜、茶盒、茶箱时，须择良辰吉时举行开箱仪式。主人为开箱备足"小礼"沏泡敬茶，摆放于案。木工"掌墨"师傅口念装金装银之类的言语，焚烧香纸祭祀之后，手握锯子割开箱柜盒木器上端形成箱盖、柜盖、盒盖封闭功能，凤冈人叫此为"开箱"。开箱时，主人得赠予师傅开箱钱，即"仪式钱"或"意思钱"。此俗是工匠祭祀俗，也是凤冈茶礼俗之一，现已消失无存。

⑧ **摆茶礼**：在祭祖、祭神等祭祀活动中，凤冈习以设案摆茶礼为俗。摆茶礼一般用茶叶、盐巴、大米及糖食果饼等食品共12样备足为礼，设案摆放，烧钱化纸祈祷示敬，其摆放食品，谓之"小礼"。在婚嫁、婚庆活动中摆茶礼尤为特别，"小礼"中须添置"红蛋"，12种"小礼"须用红纸包之。出嫁女"发亲"前，须将男方赠送的嫁衣、服饰、茶食、"小礼"、书子、袱子及女方陪嫁品清单，12碗菜、4杯酒、4碗茶摆放于案桌，然后点烛、烧香、化纸示敬。

⑨ **安茶席**：人们在举行姑娘出阁"讨夜酒"、婚娶招待"送亲客"、立房子"祭仙"、钉门招待"后家"以及宗祠议事等民间活动中，均以"泡茶"食品为主，酒水、饭菜兼之，谓之"安茶席"，是凤冈茶礼俗之一。

⑩ **敬唢呐茶**：民间结婚、立房、钉门等喜庆活动中，习以"吹打"进屋敬"三才"和吹打辞主，主人敬茶表达谢意为俗。即吹唢呐者、敲击响器者完成吹奏任务后，须一起"动响"步入堂屋"闹热"一番，谓之"辞主"。"闹热"时在履行敬"三才"仪式中，吹唢呐者以茶水敬"三才"，其以右手持唢呐吹奏，左手端茶水分别敬天、敬地、敬人，再接受主人的"敬茶"。礼毕，"吹打"以一曲欢快的乐曲朝贺主人，随后吹奏一曲表达惜别的曲子，边吹奏，边出门，往前行进。此俗是庆典习俗，也是凤冈传统的茶俗之一。

⑪ **起声茶**：民间哭嫁，一般由母亲开头哭第一声，然后出阁女接着开始嚎啕出人生中的第一句哭嫁词，哭词凄凉、哭调悲泣，表达母亲的操劳之苦。事前哭嫁女还得备好茶水让母亲解渴、摆好茶食让"望哭"人品尝她亲自制作的"茶食"味道，也表达对大家的敬意，谓之"吃起身茶"。此俗是出阁女"开声"方式，也是凤冈茶礼俗之一。

⑫ **开声茶**：民间哭嫁须开声，其形式与上述"起身茶"差不多，有所不同的是倘若出阁女的母亲已离世，习以"亲嫂子""亲叔伯娘"开声为俗。出阁女头一天须将自己制作的泡茶赠送给代为开声之人，待开声时另行开声礼。一般这种开声仪式不能在卧室举行，须在堂屋摆放方形餐桌，事先在桌上摆放净茶为离世的母亲烧纸，告诉母亲谁将给自己开声了。礼毕行开声之礼，开声结束，出阁女须将自己制作的鞋和六种茶食送给开声之人，谓之"开声茶"。此俗是出阁女"开声"的另一方式，也是凤冈茶礼俗之一。

⑬ **打堆茶**：出阁女出嫁头一天晚上，父母亲得邀请相邻的9个姑娘陪哭，与出嫁女通宵哭嫁，谓之"打堆"。出阁女哭"十二月茶根由"，帮忙之人用茶盆传出9盘茶食，摆放12杯茶水，陪哭姑娘得依次"哭答"关于茶的12个问题；夜深了，出阁女为了表达对9个陪哭姊妹的谢意，开始哭"九大碗菜"，哭一碗，厨师用茶盘上1碗菜，厨师得依次上完9碗菜。待出阁女"哭谢"厨师后，出阁女之父母方得招呼"十姐妹"吃茶饭宵夜，谓之"打堆茶"。此俗是哭嫁礼俗，也是凤冈茶礼俗之一。

⑭ **哭茶**：历史上的民间哭嫁礼俗中，出阁女要哭三五天，开声哭表养育情怀、"花银酒"哭表谢打发、起身哭表惜别情意，分老幼哭爹妈、哭叔伯、哭哥嫂、哭姐妹、哭族人、哭亲戚，分职业哭为官者、教书人、手艺人等。哭嫁词中随处可见关于带茶的用语，出阁女以茶根表情结、以茶树表永恒、以茶花表情谊、以茶叶表深厚、以茶色表靓装、以茶水表谢意。通常用茶树"丫打丫"、茶叶"绿又绿"、茶水"香又香"、茶皮"青又青"起韵押韵，渲染气氛；以"吃茶""倒茶""炖茶""熬茶""炒茶""晒茶""栽茶""采茶""卖茶""买茶""新茶""陈茶""酽茶"等词义表达深情；以"老茶""嫩茶""茶轻""茶重""茶好""茶孬""茶干"来贬斥媒人，表达迷茫与不安。这种风情民俗诚挚、哀切、诙谐的哭嫁茶词曾出现在凤冈"老乡姑"的"哭声"中，即兴发挥，将"茶"信手拈来。哭嫁与哭茶习俗，目前在凤冈偶有所闻，濒临消失。

⑮ **冠笄茶**：《礼记·乐记》曰："婚姻冠笄，所以别男女也"，凤冈则以女嫁而笄，习以姑娘出阁前择时梳头开脸，谓之"冠笄"，是凤冈礼俗之一。婚娶时，男方须为冠笄婆派茶，馈赠其物，报其辛劳。出阁女跪着以"哭"行礼，表达对冠笄婆辛劳之情。出阁女"哭冠笄"，诉说男方：提来茶食轻又轻，请来冠婆不尽情；茶轻不由奴家女，礼轻对不起冠笄人⋯⋯诉说完毕，冠笄婆完成梳头、开脸、配饰整个冠笄工作。事前缝制好

布袋，用双线横放于布袋间，倒入茶叶灰烬封住袋口，谓之"开脸包"。冠笄时，冠笄婆两手握住双线头，让黏上茶灰的剪子状线段紧贴脸面，一端以中指和拇指用力来回伸缩"剪"掉出阁女脸面"苦发"，人们叫此为"开脸"，平时称之"扯汗毛"；接着，冠笄婆手持梳子为出阁女理顺长发编织成辫子，再将发辫挽成发髻，戴上拢子，别上发簪，佩戴装饰品，摆放茶食行冠笄礼。礼毕，冠笄婆收起男方"冠笄茶"和"仪式钱"，封赠出阁女好言语，携带姑娘出阁跪在香火前"哭祖"。

⑯ **点烛茶**：婚娶当日，须点燃大红喜烛，举行新郎新娘"拜堂"仪式。相传，点燃红烛后，可观其火焰的程度、焰息烛蒂的多少，能预兆夫妻寿元。因此，民间十分注重两支喜烛的浇制质量和点烛师的选择。一般选定浇烛师，得"提茶"登门拜访，待择定浇烛期辰后，由新郎亲自接浇烛师来家中浇制喜烛。浇制完喜烛，由浇烛师代为保管，待点烛时间到，主人须沏泡净茶，由浇烛师斟四杯茶水，摆放茶食和茶杯，焚香烧纸祭拜师祖。礼毕，浇烛师将两支喜烛双手呈递给主人，封赠新郎良言吉语完事。选择点烛师，讲究其品端貌正，财兴丁旺的族中老人从事。待"拜堂"仪式完毕，请点烛师就餐坐上席，斟茶酌酒盛情款待。随后，主人以新娘携带茶食给点烛师赠送"杂包"，临别送之。

⑰ **封茶**：民间交际互赠礼品习俗，其以婚姻表达形式尤甚，是凤冈茶礼俗之一。送礼习俗仍然存在，渐在淡化，随着人民生活水平的提高，传统的封茶俗现已消失无存。20世纪80年代以前，一般用纸折成包装茶，按半斤一"封"包成两包茶作赠送礼物；后来，沿袭"封"茶这一包装形式，包装糖、包装饼等赠送礼物，也叫"封"茶；将猪肉按人情亲疏程度计量，顺肋骨割成长块状，谓之"条方"，在"条方"上以红纸条围一圈黏固，也叫"封茶"。衡量其"封"茶的数量，依次称一封、两封、三封、四封等，有的达五六十封，乃至上百封。

⑱ **吃茶**：民间交际活动中，享受赠与食物者，叫"吃茶"，是凤冈茶礼俗之一。在谈婚论嫁活动中更为突出，有的按照关系亲疏和应该享受赠送礼物的同一家庭成员界定"吃茶"的量，其有"封"主茶、附茶之分，谓之"配茶"，也叫"一组茶"。十分讲究以主茶为"荤茶"、附茶为"素茶"搭配，荤茶为条方、蹄髈，素茶为茶叶、糖果、面条、烟、酒等。荤茶是重茶，素茶为散茶。

⑲ **发茶**：民间举行"装香"仪式后，男方可以到女方拜年、送端阳节，及其"装香""结婚"活动中的所派茶食，须由女方逐一送到族人及亲戚家中，谓之"发茶"。此俗是凤冈礼俗之一，现已自然淘汰。

⑳ **放信茶**：人们举行婚嫁、婚娶、搭梁、钉门等活动，择定佳期良辰以后，要通知

亲戚、朋友莅临门庭之下"赴宴",其重要关系者,主人须备"茶"逐一登门通知,谓之"放信茶"。此俗是凤冈礼俗之一,随着交通、通信事业的发展,放信习俗自20世纪80年代以后渐渐消失无存。

㉑ **拿茶**:民间订婚礼俗,一般以茶为礼,将茶运用于择婚、定亲、订婚、出嫁、婚娶、回门过程,茶礼便成了男女之间确立婚姻关系的重要形式,谓之"拿茶"。此俗是凤冈婚俗茶礼之一。

㉒ **还茶**:人际交往中,人们素来以茶传情、以茶交友,通常在春节拜年、端午节打端阳走亲访友活动中,习以送茶为俗。你来我往,均以茶为礼,接受别人的茶食赠与,须得回赠,谓之"还茶"。这一送一还的礼俗中,还有闲客拜主客,主客不登门"还茶"的习俗,主客则以"泡茶"食品回赠,谓之"包杂包",以此"打发"闲客"还茶",也叫"回茶"。至今有"走得热烘,还的亲热""走的是亲,还的是情""礼轻人意重""接茶为仁,还茶为义""重茶拜主客,寒茶还闲客"之说。此俗是凤冈礼俗之一,现渐渐淡化。

㉓ **露水茶**:20世纪80年代前,凤冈民间男女婚姻多尊崇"父母之命,媒妁之言",男大当婚须得请媒人送茶到女方提亲,一般以茶为礼,称第一道茶为"露水茶"。

㉔ **放茶**:民间男女婚姻须以"望人""取同意"形式进行婚配择定,倘若双方约定达成婚配意向,则以茶礼交往,男方赠送食品给女方,谓之"放茶",女方对男方也有婚配意向,接受男方赠送食品,谓之"接茶"。放茶、接茶习俗由来已久,是凤冈茶礼俗之一。人们以"放茶"承诺、"接茶"守信,至今仍有"好女不接二茶"之说。

㉕ **跨门茶**:跨(方言,音ka,念上声,意思迈步越过)门茶,民间男女双方初步确立了婚姻关系,女方允许男方父母及未馆甥(指未来的女婿)走亲戚,或女方接受男方的邀请走访,谓之"踩门枋",男方须拿茶走访女方,女方须拿"散茶"走访男方,谓之"卡门茶"。此俗是凤冈礼俗之一,但自20世纪80年代渐渐淘汰。

㉖ **递书茶**:民间婚配过程中,男方须进一步明确婚姻关系,托媒人携带"书子"前往女方征求意见,谓之"拿书子",媒人须代男方赠送茶叶、糖酒之类的食品,谓之"递书茶"。

㉗ **下聘茶**:民间婚配过程中,男方须进一步形成婚姻关系,须择定期辰,有媒人领着未馆甥携带聘书、聘茶、聘物(女式衣物)举行下聘仪式,形成婚姻关系,商定装香事宜,谓之"下聘",其所赠送茶食谓之"下聘茶",也叫"定亲茶"。

㉘ **派茶**:民间婚配过程中,男女双方确定婚姻关系后,要履行"装香订婚""择期结婚"礼俗,女方按照族人、亲戚的关系亲疏拟订吃茶计划,规定茶食品名及数量,为男方提供主茶、散茶茶单,谓之"派茶"。此俗由来已久,是凤冈礼俗之一。

㉙ 装香茶：民间婚配过程中，通过男到女家下聘约定了婚姻关系，双方按照下聘约定，各自筹备装香工作。男方须按女方所派吃茶对象的"茶单"准备好茶食，届时随同装香礼品，组织装香队伍前往女方举行装香仪式，其中根据茶单所置办的髈、条方、糖酒等食品，谓之"装香茶"。此俗是凤冈婚娶主要茶礼之一，沿袭至今，其茶食烦琐程度渐渐从简，以茶为"茶"、以茶送"茶"渐渐复古。

㉚ 讨庚茶：民间男女青年通过举行装香仪式，随后媒人带着男方准备好的"一组茶"前往女方，索取姑娘年庚择定婚期，谓之"讨庚茶"。有的女方家庭"有意无意"拖延结婚时间，迟迟不发"庚书"，男方得请媒人带上茶食，一次又一次前往女方急于讨庚，又叫"催书茶"。此俗沿袭古俗"六礼"，是凤冈礼俗之一。自20世纪90年代，这一习俗渐渐淡化，有的在装香时只折写"庚书"，择定婚期时不再讨庚书了。

㉛ 打发茶：男方到女方讨回庚书后，男方须按照女方提供的茶单品类及数量置办茶食，随同接亲队伍将茶送到女方，谓之"打发茶"。一般吃"打发茶"的女方族人、亲戚需按身份相对应的价值，置办生活用品之类的"打发"。此习俗是凤冈礼俗之一，随着人民生活水平的不断提高，这一习俗渐渐被淘汰。

㉜ 离娘茶：姑娘邻近出阁期，女方至亲须熬茶、煮饭邀请姑娘到家里用餐，席间"摆布"姑娘，教导烹饪茶饭的要领和技巧。一般寄语姑娘出阁到婆家以后，要孝敬公婆，团结家人，处理好邻里关系，悉心待客和做人，谓之"离娘茶"。用完茶饭后，得"打发"（赠送）姑娘毛线、布匹之物。此俗是凤冈礼俗之一，现已无存。

㉝ 拜茶：民间婚娶活动中，须设案堂屋香火前举行婚礼，习以燃烛，焚香，鸣爆竹，奏乐和参拜天地、双亲，夫妻对拜，组织新郎、新娘在堂前为长辈"下礼"敬酒、敬茶为俗，司礼先生按男方族人、亲戚辈分及年龄，逐一请之堂前受礼，谓之"拜堂""周堂""拜茶"。"行"礼过程中，有"男敬酒，女敬茶"之说。此俗由来已久，是凤冈婚俗之一。

㉞ 笑和茶：洞房花烛夜，凤冈人习以新郎、新娘于洞房摆放茶食，泡茶而"下"为俗，谓之吃"佮食"，互为浇茶水沐乾浴坤，谓之"洁身"，人们通常叫此为"笑和茶"。

㉟ 安床茶：有民间习以"净茶"祭祀床神为俗。相传，床神分床公、床婆，因床婆贪酒、床公好茶，人们由是以酒祭祀床母，以茶祭祀床公。新婚须布置新房，新房须安新床，安新床须择良辰。良辰到，请有"福气"的配偶进新房，设案摆放"茶食"，斟茶水、酒水各一杯置于床前案桌，焚香烧纸祭祀床公、床母，祈求新郎、新娘天长地久，添人进口，然后锁门闲人不得进出。

㊱ 上早茶：民间婚娶须行"上茶礼"。婚礼次日早晨，新媳妇用茶盆端出米花、麻

饼、酥食及新沏泡的茶水，送给父母享用，父母分别封赠吉语，寄语希望。然后赠送礼物，谓之"上早茶"。新娘于卯时出新房，接过晚辈儿童送来的洗漱用具，洗漱完毕，用娘家"打发"的茶叶、茶食摆放在堂屋的餐桌上，待全家人就坐后，新媳妇端茶敬奉尊长，长辈饮之吃之。

㊲ **遮手茶**：结婚过后，新郎的族人、亲戚须做好"茶饭"，请新媳妇到家用餐认亲。新媳妇送鞋为礼，替代送茶之礼，谓之"遮手茶"。此俗是凤冈礼俗之一，在县境内仍然有人行之此礼。

㊳ **讨茶**：凤冈习以新郎、新娘婚后三日回娘家认亲为俗，新郎、新娘来到娘家，娘家族人、亲戚须做好茶饭请"新客"吃饭，饭后回赠新客布料及糯米等物品。之后，娘家组织女性长辈送"新客"回家，新郎、新娘到家后，将糯米做成汤圆，请族人女性长辈陪客就餐，均谓之"讨茶"。

㊴ **回茶**：新郎新娘"讨茶"结束，娘家女性长辈回家时，须给其缝制衣服、包汤圆回赠，谓之"回茶"。

㊵ **退茶**：民间男女订婚后，女方提出退出婚约，须向男方退回所送茶食、彩礼等赠与礼物；男方提出退出婚约，男方所送茶食、彩礼等赠与礼物，女方则有不退之礼，谓之"退茶"。在凤冈县境内，有"接金还金，接银还银""只有谑男，没有谑女"的说法。此俗是凤冈礼俗之一，20世纪80年代有之，随着普法工作的深入，此俗随之淘汰。

㊶ **茶席**：民间习以小年初一、大年十五及婚嫁、寿诞、建筑开工、竣工典礼拜席为俗，均泡制净茶与茶叶、大米、盐巴、茶食，或汤圆，或粉食，或粑食，摆放于神龛前的案桌上祭祀，谓之"茶席"。每逢婚嫁、寿诞及新居、新桥落成，须设茶席迎接宾客，其以泡制茶水下"茶食"为主，不兼食其他食物。祭祀时须加水果、糖饼、红蛋、猪肉之类的食品。此俗是凤冈礼俗之一，也是凤冈"三幺台"中第一席的饮食形式。"三幺台"第一台摆"茶席"，第二台摆"酒席"，第三台摆"饭席"，其有席席不离茶的习惯，均备茶水敬客、供食客饮用为礼。

㊷ **嚼茶**：凤冈民间根据喝茶人的年龄，诙谐地称呼经常喝茶的老年人，叫"老茶罐"，称喝茶的年轻人叫"茶罐"或"茶疙铛"。习惯喝茶的人在茶市上买茶，无需烧开水沏泡茶业检验茶叶质量，其以"嚼茶"鉴别茶叶的品质，谓之"告（试）茶"。最为讲究的是，须用清水漱口，再沐手用指尖拈茶"丢"进嘴里咀嚼片刻，试（告）味，吐出茶渣观看茶叶采摘成熟度、采茶季节、炒茶火候、存放茶叶时间等茶叶品质的情况。这一切均在无声无息中进行，见到好茶叶用手语比划，无讨价还价言语，拿着茶叶，付钱走人。

㊸ **庙茶**：凤冈蜂岩镇有一个以茶命庙名的地方，叫茶庙。庙建于清同治年间，毁

于民国时期，庙上曾以"红盖头"披挂于茶油树上。庙上香烟不断，绿树显红，四季兴隆。庙前、庙后均种植茶，开垦低陷的山地种茶谓之"氹氹茶"、田边土角种茶谓之"旮旮茶"或"角角茶"、供给磨坊开支的茶地谓之"磨坊茶"、庙上四季以吃茶油为主谓之"吃素"、用茶油为主供给香灯油料谓之"茶油灯"或"茶灯"。住庙和尚种茶、摘茶、制茶、卖茶，以此作庙上的经济收入来维持庙上开销，因之而得名"茶庙"。其庙规模虽小，但在清光绪年间曾兴隆一时，现遗址尚存。

㊹ **换茶**：傩文化神秘而古老，人们习以敬重神灵、尊重师祖为俗。民间住宅"不干净"须请"先生"清宅，祈保"清净"；无孕夫妇"求子"，得子后须"还愿"；徒弟拜师"学艺"得手艺，须"安坛"；生病须"喊茅"，求疾病"脱体"；家中"遇凶"，须"开红山"求吉；老人求"阳寿"，满寿龄时须还"阳寿愿"；掌坛师傅死后须"开天门"，求其艺人不成"游师"；小孩犯"关煞"，须举行"过关"仪式；小孩满十二岁时，求平安健康须"打十二太保"等。这些傩事活动中，凤冈人用茶十分讲究，每每根据活动的变换均须沏茶、换茶。

㊺ **开坛茶**：傩戏开始，掌坛师执法时用令牌在案桌上敲三下，然后持卦跪在傩堂前，叙述主人冲傩还愿的原因和说明酬愿事宜后，占卦三次卜意如愿，焚烧钱纸、鸣号三声、口中储备茶水喷洒四方、撒五方大米，随后站在大门坎上敲锣打招呼，念道：左门神秦叔宝，右门神尉迟恭，打开门闩打开锁，切莫难住我王兵，弟子用兵一时辰，快快赶来赶紧行，主家熬茶等着你，帮助弟子把坛起。开坛了，掌坛师须会四海神灵，请傩公、傩婆、和合二仙正神到傩堂中来，须斟茶四杯，待收了邪魔后再倒茶水四杯；傩戏中"踩九洲"，傩堂中以乾、坎、艮、震、兑、离、坤、巽为顺序，须斟八杯茶水，在上香、招五方兵马、迎神下马、请神圣、开洞、卸装、发文、上妆、说文、祭灶、判牲、下傩网、搭桥等环节中，均按事物的变化斟茶水、倒茶水、洒茶水。

㊻ **收坛茶**：法事办完，以茶来谢神、辞神、撒坛收坛，这些傩事活动中，一般斟三杯，须泡"净茶"敬之，每每以茶来敬奉正直、善良、温和、勇武、凶悍、威严的神灵，以茶来喷洗神器，以茶来和解"戏"中纠葛，主人还要以茶来答谢冲傩先生的辛勤劳动。

㊼ **茶籽灰包**：月经这一生理现象人们都不陌生，女子在"不干净"时用"灰包"垫下体、吸血隔污。"茶籽灰包"用软柔布料剪成宽7~9cm、长18~20cm布条重叠，敉边缝制成袋状，袋子四角缝布带即成。用时装入新鲜草木灰后封袋口，将长条布带系于腰间。有讲究者，用干茶籽壳和茶油粑烧成灰烬，舂细装入"包"可用之。20世纪90年代末，仍有女子沿袭此法，替代卫生纸、卫生巾。

㊽ **打瑾茶**：相传，人死后，过了鬼门关走黄泉路，再过奈何桥到孟婆庄在孟婆庄将

生前的善、恶、功、罪进行登记，都得舀迷魂汤喝。为了保持清醒以茶解迷魂汤，可以按照各自的想法在"回阳"簿上注册，早早投胎转世。所以，人们就有了用茶叶罐装茶叶陪葬的习俗。此俗是凤冈丧葬礼俗之一，有的习以打埕时撒茶叶为俗，以此寄托哀思，缅怀亲人。

第六节　凤冈茶地名

凤冈境内许多地方以茶元素作地名符号，十分亲切、响亮、永久。在全国第二次地名普查时，县境自然村寨、传统村落及居民点中，夹杂着茶字的地名遍布各地。以茶冠名首的有：茶园、茶庙、茶山、茶坪、茶坳、茶湾、茶坡、茶岩、茶涧、茶坪、茶林、茶土、茶田、茶丘；茶园头、茶坳头、茶湾头、茶凼头、茶林头、茶箐头、茶箐岩、茶果垴；茶腊树、茶腊坪、茶腊顶、茶腊湾等。以茶树命名的有：茶树坪、茶树湾、茶树坳。以茶籽命名的有：茶籽园、茶籽坳、茶籽湾、茶籽垭。以茶花命名的有：茶花坟、茶花坪。以茶具命名的有：茶盆、茶盘、茶盆田、茶盆土、满茶盆、满茶坪、茶壶嘴、茶盖顶。以形状命名的有：大茶树、咪茶树、老茶湾、老茶岩、老茶坪、老茶林、老茶咀、刺茶坪、米茶园。以人的行为命名的有：望茶坡、枭茶坡、打茶坳、打茶垴。设街道的地方有饮茶、卖茶、制茶活动，谓之茶巷、茶巷子、茶市、茶墙、茶市堡、茶坊、茶房、茶馆等，这些地方的茶事活动大多已经消失，带茶字的称谓仍然存在。

① **茶花坪**：花坪镇政府驻地，在凤冈县境北部11km，东邻东山村，西接石盆村，南抵石径乡，北靠鱼跳村，326国道从此通过。地理坐标东经107°45'，北纬27°59'。属茶花社区驻地，辖7个村民组，总面积205.53hm²，总人口2850人。茶花坪以丘陵为主，平均海拔757m，鱼跳河、沙滩河流经全境。历史悠久，地势平坦，产高树茶，因茶树开花而得名。

② **蜂岩茶园寺**：在凤冈县境南面55km，东靠枫香坪，南邻洞底下，西接任家沟，北抵水田沟。属蜂岩镇桃坪村大土村民组，小地名"茶园沟"。清乾隆年间建茶园寺，以主房、配房院落形式，木瓦房结构，形如"撮箕口"。主房为"大雄宝殿"，两侧配房相对为"僧房"。朝向坐南朝北，依山而建。主房大门两侧设钟鼓。左侧钟重约500kg，以铸铁制作而成，20世纪50年代末，当地人敲碎用作炼钢铁原料；右侧鼓的直径如屯粮木桶，其鼓去向无从考证。整个房屋于"土改"时变作民房，后拆毁无存。现附近有茶园沟、茶树田等地名。

③ **田坝知青茶店**：在凤冈县境西北部38km，中国茶海之心国家4A级景区田坝景区

管理中心，是永安镇田坝社区驻地。东接崇新村，西邻湄潭县，南抵湄潭县，北靠永隆社区。该茶店始名"大园子"，二十世纪六十年代末至八十年代初，遵义铁二局的知识青年被派到田坝公社"接受贫下中农再教育"。五六十名男女青年在田坝建起茶厂，点茶50多亩，在"大园子"的地方修建两栋砖木结构瓦房供住宿，还设置为制茶的场所。知青们在这里升红旗、高举红色语录本读毛主席语录、挂上红色语录牌唱语录歌。渐渐地，当地人们将这里称着"红茶店"。

④ 花坪知青茶山：时称"水洞"，在县境东部11km，东邻东山村、西接石盆村，南抵石径乡，背靠鱼跳村。原属凤冈茶花公社茶花坪大队刘家湾生产小队，现为茶花社区刘家湾村民小组。二十世纪六十年代末至八十年代初，遵义八七厂的知识青年被派到花坪公社，安置在"水洞""接受贫下中农再教育"。100多名男女来到这半山坡上，开垦荒地栽种茶叶、生产茶叶，修建砖瓦平房两栋供男女青年们生产、生活、住宿。当时刘家湾生产队总人口不足100人，没有"知青"人数多，"知青"在这里生活劳作20多年，"知青茶山"一名渐渐被当地的人们称呼至今。

⑤ 金鸡知青茶厂：凤冈县绥阳镇金鸡村委会辖地，属堰上村民小组。在县境北部12km。东临堰上和倒流水，西抵公路边稻田后坎山林带，南靠金鸡完小松树林，北接张家店子水沟。二十世纪六十年代末至八十年代初，遵义丝织厂的知识青年来被派到金鸡公社，安置在冲锋大队堰上生产小队"接受贫下中农再教育"。80多名男女青年来到这里，开垦荒地栽种茶叶，生产茶叶，修建砖瓦平房两栋供男女青年们生产、生活、住宿。后来人们就叫这里为知青茶厂。现在还流传"清早吃碗油茶汤，知青上山两脚忙。黑来泡杯酽茶水，授茶授到大天光"等知青歌谣。

⑥ 水河知青茶场：原名"坪上"，现为凤冈县何坝镇水河村委会驻地，在县境西南12km，东接白岩沟，南靠官庄，西邻凌云，北抵天井。地理坐标北纬27°50'，东经107°38'。平均海拔920m。原水河公社和平大队驻地，时全队人口191人。1975—1979年，先后有凤冈、上海、遵义籍200多名"知识青年"来到水河公社接受"贫下中农"再教育。新建砖木结构平房兼做住宿、生活、工作之用，开荒耕地100亩左右，进行种茶制茶，被人们渐渐称之为"知青茶场"。现已建成"知青文化"观光点。

第七节　凤冈茶歌

凤冈茶歌可分山歌、童谣、哭嫁、哭丧、说春等。本节各选数首（篇），供读者欣赏。

一、山 歌

知青茶歌

清早吃碗油茶汤,知青上山两脚忙。黑来泡杯酽茶水,揉茶揉到大天光。

采茶歌

太阳出来茶山亮,这山妹来那山郎;妹子采茶郎挑担,这山忙来那山忙。

薅茶歌

这山没得那山高,高高山上把茶薅;哥子薅茶口起泡,妹子下坡把茶烧。

打茶歌

太阳出来喜洋洋,铁打壶嘴铜打梁;哥偷茶壶炖茶水,妹偷茶叶换太阳。

茶妹歌

风吹茶叶翻一翻,茶郎偷偷朝我看;下回眼睛再打拐,抠你眼睛甩下山。

上茶歌

十里山坡十丈岩,春到山中雀舌开;雾生茶山出美女,揉茶熬茶端茶来。

敬茶歌

送郎担茶下山坡,坡陡路滑弯路多;劝郎不要走弯路,走了弯路丢茶窝。

二、童 谣

1. 摇篮曲

茶茶香

抟簸箕,抟茶丸,中间抟个寿圆圆;抟茶罐,抟粟香,罐中抟出茶茶香。

缺牙巴屙尿尿洒

缺牙巴,掏渣渣,掏牛屎,壅茶茶,茶树不长芽,缺牙巴屙尿尿洒。

2. 连贯调

煨罐煨来茶罐煮

煨罐煨，茶罐煮，煨罐煨得朒朒香，茶罐煮得茶茶香，吃了朒朒快长胖，吃了茶茶眼睛亮。

猫三掺水煮朒朒

三钱银子买来茶，大猫驼背背来茶；猫二擂茶叮咚响，猫三掺水煮朒朒。

3. 问答歌

啷个罐儿火中煨

啷个罐儿火中煨？啷个罐儿身无灰？啷个罐上无嘴嘴？啷个篼篼林中背？
土茶罐儿火中煨，泡茶罐罐身无灰；茶叶罐罐无嘴嘴，采茶篼篼林中背。

啷个碗儿加盖盖

啷个碗儿加盖盖？啷个盘儿不装菜？啷个杯儿不装水？啷个盆儿搁杯杯？
泡茶碗儿要加盖，搁杯茶盘不装菜；斟茶杯杯不装水，端送茶盆搁茶杯。

4. 绕口令

娃娃画花画茶花

娃娃画花画茶花，画画茶画花娃画；画娃画花画画茶，娃花茶画画花花。

青茶新新发新芽

清明发青茶，青茶发新芽，新芽青青发青茶，青茶新新发新芽。

5. 扯谎歌

紧水滩上烧茶锅

小李树，结茶果，我在说，你惹祸；打起茶灯去包火，紧水滩上烧茶锅。

两片茶叶酒缸装

房顶住家王二娘，包的裹脚三寸长；茶坊烤烧酒，酒厂栽茶忙；
奶头尖尖搁茶壶，两片茶叶酒缸装。

6. 数数歌

三月采茶大家发

一二三四五，龙兔虎牛鼠；四五六七八，柴米油盐茶。你数我数大家数，五月属龙，一月属鼠，三月采茶大家发。

担子装满茶叶叶

一二三，把担担；三二一，打茶叶。三三三三三，挑起胆子走三湾；一一一一一，担子装满茶叶叶。

三、哭嫁茶词

哭舅爷舅娘还茶

茶树开花遭雨打，山高坡陡路又滑。心痛奴家都不怕，两脚忙忙来还茶。茶树开花遭雨打，山高坡陡路又滑。舅爷还茶送瓷碗，甥女诉苦来上茶。茶树开花遭雨打，山高坡陡路又滑。一杯茶来杯中苦，纵成甥女嫁烂坝。茶树开花遭雨打，山高坡陡路又滑。两声哭来哭中苦，甥女有钱无处花。茶树开花遭雨打，山高坡陡路又滑。两杯茶水哭中苦，只怪女身是奴家。茶树开花遭雨打，山高坡陡路又滑。三杯酽茶孝敬你，隔三岔五望奴家。茶树开花遭雨打，山高坡陡路又滑。三茶三饭孝敬你，宽耍几天在奴家。

哭伯娘请吃茶

茶树开花绿茵茵，跟到爹妈十多春。媒婆匆匆讨庚走，伯娘忙把茶饭兴。一请侄女吃茶饭，侄女伤心要离娘。哭声耐烦的伯娘，哭喊耐烦的父母。二请侄女吃茶饭，奴家哭着回家边。声声喊着伯娘好，回身讨茶好伤心。茶树开花绿茵茵，带着哭声喊声娘。一声请娘凳上坐，听我数落婆家情。二声请娘吃杯茶，听我数落好伤心。三声请娘换杯茶，伯娘晓得侄女心。四声为娘搁茶杯，哭声伯娘好心肠。五声再哭好伯娘，全家和睦你当先。六声哭娘我伤心，只怪侄女女儿身。等不到三五时候，侄女留心不留身。侄女离开父母去，不能留下敬孝心。茶树开花绿茵茵，山陡坡滑路又远。茶树开花绿茵茵，想见父母起翻心。茶树开花绿茵茵，劝我父母放宽心。茶树开花绿茵茵，伯娘是个好心人。茶树开花绿茵茵，为我父母把忧分。茶树开花绿茵茵，不要为我怄起病。茶树开花绿茵茵，再哭伯娘茶饭情。生期满十敬奉你，你的摆布牢记心。茶树开花绿茵茵，再哭伯娘茶饭情。隔三岔五来看我，一杯茶来洗路尘。两杯酽茶孝敬你，三杯四盏养育恩。茶花开来茶花榭，我变身来不变心。一天三茶和三饭，留你们宽耍几多天。

苦请外公外婆

茶籽树上开红花，苦请嘎公和嘎婆。亲戚还是嘎公好，耍到嘎家不回家。茶籽树上开红花，苦请嘎公和嘎婆。嘎公嘎婆摆布我，勤劳俭朴好持家。茶籽树上开红花，苦请嘎公和嘎婆。光阴似箭一年到，孙女很快长成人。茶籽树上开红花，哭请嘎公和嘎婆。媒拿庚书看年月，嘎公嘎婆忙开花。茶籽树上开红花，苦请嘎公和嘎婆。接你孙女宽心耍，煞提金银给奴家。茶籽树上开红花，苦请嘎公和嘎婆。孙女到了贫家后，接我嘎公嘎婆紧耍不回家。

四、哭丧茶词

接客词

太阳去了月亮来，××过世不转来。扯根茶秧当门栽，茶叶发来茶花开。孝家有花不敢戴，披麻戴孝才应该。茶树高高一丈三，扯来白布悬起幡。白布飘起白又白，孝家今天来接客。往天接客茶食品，今天接客纸一捆。一捆纸来一生情，不忘××费尽心。××跪在灵堂边，替我××还人情。一碗热茶一碗情，替我××谢人情；两杯热茶情谊深，谢你来到灵堂前；三碗热茶递上前，说不完的×苦情。

五、说春茶词

开台茶歌

远看青山一座城，城里城外都是人。城里城外有人坐，人人过年喜盈盈。过年之时春倌到，一拜年来二说春。说春之时春倌到，开了财门往前行。春倌进门送帖子，大红春联四角明。主家拿去天天望，看了时辰农事真。正月里来可挖土，二月里来茶叶青。三月四月采茶好，喜望山里种茶人。卖了茶叶进茶钱，卖给别人吃一年。买来茶叶家中放，早泡茶水孝老人。春倌说春不收钱，送贴一张四时新。自从春倌说春后，主家四季财源滚。

道谢茶歌

太阳出来绿茵茵,主家就把茶来兴。不提茶来由之可,提起茶来有根生。唐三藏,去取经,带来茶籽把茶点。小路旁边点几颗,来年长秧九大根。扯起茶秧进了土,九十九根栽一片。过一年茶成茵,九十九笼成茶园。说了主家茶人情,再说辛苦种茶人。一年四季在坡上,清明采茶茶叶新。一家老小把茶按,茶香满屋茶叶鲜。吃了茶水精神好,打发春倌往前行。

六、灯戏茶词

灯戏茶词详见本书第九章第六节《茶的说唱》(图7-2)。

图7-2 凤冈民间茶灯高台舞狮

七、祝寿茶词

劝茶词

一碗茶敬天,二碗茶敬地;三碗茶来满碗斟,我来府上祝寿星;四碗斟茶绿茵茵,我来府上拜寿元。你今吃了这碗茶,寿如盘古八百八。五碗茶,喜洋洋,祝福老人不要忙;儿孙满堂膝下绕,双双下跪福寿长。六碗茶,满堂香,祝福老人好健康;你今吃了这碗茶,子孙功名在四方。六六大顺满堂顺,亲戚朋友都盛昌。

第八章 凤冈茶与水

自古就有好水泡好茶之说。明人张大复在《梅花草堂笔谈》中说："茶性必发于水，八分之茶，遇十分之水，茶亦十分矣；八分之水，试十分之茶，茶只八分耳。"陆羽在《茶经》中对饮茶用水也有其独到之说："其水，用山水上，江水中，井水下。其山水，拣乳泉，石池漫流者上……"古人论及饮茶用水的见解非常多，流传至今的还有"龙井茶，虎跑水""扬子江心水，蒙山顶上茶"等说法。

无水不可论茶：好茶还需好水沏。凤冈茶好，水当然也好。全县水资源丰富，山泉井水不计其数，这里只捡绥阳、龙泉和琊川、蜂岩泡茶用水，兼现代矿泉纯净诸水，概而述之。

第一节 夷州故城大龙塘与茶

唐代夷州治所，位于今凤冈县绥阳镇绥阳二小所在地，古地名叫"城址"。古代一座州级行政机构的设立，水的保障必然是首要解决的事情。唐夷州治所建立在这里，就是相中了临城池南北各有一处丰富的"龙塘"地下水源。

南面水源，是南城门外一里许的古名"天星龙塘"，此塘水量较大，但水位偏低，周边又有大片农田及村子的余水排入其中，一般不适宜饮用，只作洗涤等用。北面水源，是位于北城门外一里许的古名"大龙塘"，此龙塘基本为圆形，阔四至五丈，深五至六丈，出水量很大，又背靠多座大山，水源来路方向只有森林没有人家，水质清澈甘冽，水温常年保持在十四五摄氏度左右，冬暖夏凉。龙塘四周有相对平缓的天然石台，取水极为方便，这是当时唐夷州古城水源的重要保障。

以大龙塘为龙头，由于水的亘久动力，其下方仅在300m内，就自然形成了连成串珠状的5个龙塘，它们的古名分别为小龙塘、挑水龙塘、洗菜龙塘、阿弥陀佛龙塘、观音店龙塘，这些龙塘均依靠大龙塘水源为主流，但又有独立的自身水源冒出。由于这一连串龙塘的走向基本与古城北面城墙处于平行位，因此，大批取水、洗物人流，根据各自的需要分别选择不同的龙塘，以此满足了整座城池用水之需。

一般情况下，厨房用水、泡茶用水和直接饮用，都是取自大龙塘的水，这处水源，不是北方那种深井地下水，而是由大山森林涵吸雨水，经长期地下浸透、沙土过滤、破石隙冒出地表的山泉水，这正是陆羽《茶经》中"其水，用山水上，江水中，井水下"（此之井水，是指平原地方人工深井之水，不得与贵州山区天然石隙井之井水混淆，山区之天然石隙井水谓之山水）之山水。大龙塘四周都是天然岩石，其水从石缝冒出，这又符合《茶经》中"其山水，拣乳泉，石池漫流者上"的地质要求。

古夷州大龙塘的水，从古至今都是泡茶用水的最佳选择。在民国时期，绥阳场集上有刘家茶馆、勾家茶馆、黄家茶馆、杨家茶馆、姚家茶馆等大小十余家茶馆。每逢赶场天，这些茶馆都要差人到大龙塘挑几挑水去煮茶待客，如若为了省事，在街后的小水井就地取水煮茶，往往会被茶客当场识出来而指出茶味不好。在街西面背后有个古井名叫马家龙洞，但是马家茶馆都不会就近用那里的水煮茶，怕茶味不甘而影响生意和声誉。

到了明代，有当地练氏先祖看中此处水源条件的优越，而择居于龙塘东北面，取地名观景坝，后世逐步移居龙塘南面，世代久居，远近均习称为"老寨"。到了清代道光年间，由江西抚州府南城迁徙入黔的汤姓人家，相中了此地山水，并择居于此，子孙繁衍已达十代，此大龙塘水养育了绥阳场有史载的最早是练氏族人，稍晚点的是汤姓人家。

第二节　龙井水烹茶味甚佳

龙井，又名龙泉，位于凤冈县城东北隅，泉水自井底多穴涌出，清澈味甘，大旱不涸，井阔二至三丈，井深八至九尺。这一潭龙井清泉，远观，天然方塘神工鬼斧一鉴开；近瞧，源头活水石池漫流来。井畔，多姿绿荫掩映在碧水池潭中，沁人心脾，如诗如画。泉水潺潺，溢于水槽，注于小溪，蜿蜒北流，滋润良田千亩。

井周天然岩石错落成景，并有明清摩崖石刻多处。岩石上古树盘根错节，冠盛蔽日遮天。井前有一古石拱桥，桥上可供游人小憩，桥下流水注入丈余大小的圆形洗涤池，桥旁有一石砌引水渠长年流淌。从古到今，县城人们来龙井挑水洗菜，休闲游玩，从未停息，亘久一派车水马龙之景象。龙井古有"黔中第一泉"之美称（据1994年版《凤冈县志》载），今有"源头活水"之赞誉，清康熙《龙泉县志》将其列入内八景之一，曰："龙湫泻碧"。整个龙井憩园东西宽180m余，南北长240m余，今为遵义市文物保护单位。

凤冈县城，明代前为土夷杂居的偏隅地方，古老地名"青蒿门"，古老的龙井名叫"五眼塘"（据清代龙泉欧氏族谱载），意为塘底有五穴泉窦涌水，汇为一池。明"洪武七年七月戊辰，置思州龙泉坪长官司"（据《明实录》载）。即1374年8月12日，于今凤冈县城设置龙泉坪长官司治所，其属地隶思州府管辖。从此，"青蒿门"正式更为一个很有中原文化特色的名字——龙泉坪，"五眼塘"亦更名为龙泉。这也是该地域正式纳入国家集权统治，首次建置行政机构的开端，其土司官为义阳江籍安姓世袭，原住民欧姓则迁徙何家坝石火炉一带世居，龙井之水源则为安氏族人居权统管。直到明万历二十九年正月，因播州乱，土司官安民志战死，四月丙申日（即1601年5年30日），废"龙泉长官司"改置"龙泉县"，同时废土司制为流官制，仍隶石阡府。首任知县凌秋鹏令开工筑城，并在龙井筑水关，将其围于城内，为全城百姓之生命水源保障。

清康熙年间，龙泉知县张其文，公干之余常常游临龙井听泉赏景，睹之泻碧清澈，品之味甘胜乳，每每发出感叹，意欲造亭于井周，然因繁事匆匆，离任之时亦未成愿，留下了无可奈何的遗憾，于是他写下了感怀肺腑的《龙泉记》，并赋诗一首，刻之于石，立于井旁，以示永久怀念之。他在文中写道，如果此泉生于中原，又得有刘升（刘升，徐州人，唐开元中书舍人，著名书法家）等类名人前来品赏题字的话，该泉的名气可与金山惠泉（陆羽所评泉水，庐山康王谷水帘水第一，无锡惠山寺石下水第二，蕲水兰溪石下水第三。冰雪之味苦太寒，好水难于求赵壁。有唐诗赞：忽有人兮饷龙团，潋滟杯中浮嫩白。枯肠顿得三碗浇，真觉清风生两腋。异哉此味从何得，颇似金山惠泉液）比高下的。他感叹道，此泉地处偏僻，他人未识，竟然不能排入名泉之列，这是龙井之不幸啊。只能等待百世之后，有高人雅士，前来品尝龙井之水，为其题字作诗，龙井之好才不会被湮没尘世。

清乾隆《四库全书·贵州通志·石阡府·龙泉县》载："龙泉，在城内凤凰山下，泉自洞中流出，大旱不竭，一邑资其灌溉，县之得名以此，城外又有小龙泉，水甘洌，取以烹茶味甚佳。"龙井，龙泉城的命脉之源，上千年灌溉着千亩良田，滋养着全城百姓。无论是日常生活，还是烹茶煮茗，它都日复一日地为人们无私奉献着永不竭息的甘洌。

龙井憩园内古木参天，有老槐树、皂角树、银杏树、榉木等古大珍稀树木耸立井周。树下之天然石壁上，多处古人摩崖题字，如今还能清晰辨认的有：明代贵州画家、乌撒卫都指挥使李文龙（字见田，一作砚田）书"源头活水"楷书，清乾隆丁亥年（1767年）石阡守罗文思题"龙泉"隶书，清咸丰丙辰年（1856年）龙泉知县陈世镰题"飞雪洞"楷书，清同治壬申年（1872年）独山莫绳孙题"龙泉"篆书，有丙辰年鸾生书"泛霞池"楷书。憩园内另有1982年凤冈县人民政府立"龙泉记"石碑一通，2013年12月遵义市人民政府立"龙井摩崖"文物保护碑石碑一块。

龙井之主源，乃凤凰山千年涵水漫浸涌出。唐代陆羽《茶经》载："其水，用山水上……其山水拣乳泉、石池漫流者上。"龙井水就是凤凰山之山水，龙泉正是石池漫流之乳泉。用于煮茶，自然为上上品。从古至今，县城人民，依赖它淘米煮饭、烧水泡茶，一日也未曾停息过。

在民国时期，离龙井仅百余米就有一家名气不小的汤家茶馆，其主人就是相中了龙井水泡茶味甚佳的特别之处，毅然背井离家，从四川远涉千里来到龙泉井畔落户，开茶馆为主业营生，得以发家积富传承三代人，名气传遍龙泉地方，直到今日，县城百姓皆知汤家茶馆。十字街处的曾家茶馆，自经营伊始，主人日复一日地挑着水桶，行走在那古老的水巷子石板路上，必然取回龙井清晨之甘泉，用以招待一天的八方茶客。龙井正对面，就是最为古老的马店，是南来北往的客商坐骑与贩马之喂马场所，这里是用大锅烧茶，免费供商客饮用，还有凤冈人爱吃的油茶稀饭、油茶汤等，都离不开龙井清泉滋润。今日，因自来水的便捷，才使人们渐渐疏远龙井。不过县城老人们还是时常去依恋着龙井的好，常常去观瞻它，品尝它的甘甜。

近年来，由于城市的发展，龙井不时受到污染，影响饮水的清洁。为了保护龙井，县人民政府采取了有力措施，成立龙井整治机构，拨出专款，对龙井进行全面规划和治理：排出污泥，清洁水源，栽花种树，美化环境。可以预见，随着"五讲、四美"的提倡，龙井将更加赢得人们的喜爱和赞赏。

龙泉记

龙邑城内东北隅，有泉流石穴中，其深远不可测，名龙井。上有乱石横列，下流可通城外，而北折可溉千亩余。承乏兹土，公馀游览其上，颇充旷且奥，取其水之清而冽甘，胜牛乳。噫！使此泉生于中土，遭刘升诸品题，岂在金山惠泉下哉！乃僻在天末，埋没于蔓草荟莽之间，竟不得与名泉并，吾是以叹兹泉之不幸也！虽然泉之水自在，倘百世后有知味者，终必有取焉，岂以不遭前人之品题，而遂湮没耶！余常欲造亭顶上周，以槛共登眺，匆匆未暇。今将行矣，聊镌石标名，并赋古诗一首刻于石，以示后之游兹泉者。

龙泉清且甘，贪饮不知止。
每来泉上游，挹酌连瓶垒。
芳香胜牛乳，清冽沁冰齿。
惠水未可方，廉让庶媲美。
世无品泉翁，坐使埋荆杞。
我欲成幽槛，匆匆未暇及。
今当别泉去，薰香美清沚。
静听琴筑声，一洗尘俗耳。
夜半龙灯坐，欲去仍徙椅。
流膏滋垄亩，不独洁芳芷。
寄语泉戚龙，岁旱润百里。"

（清康熙年间龙泉知县张其文）

龙井诗

洞穴涓涓泻碧流，共传山下有潜虬。

休疑尺水无云雨，触石还能润九洲。

（清顺治进士、康熙龙泉知县许延邵）

龙湫泻碧

迢递山城胜景多，龙湫浑浑极清波。

珠几万斛愁难尽，鳞甲三千寿不磨。

勺水潜修观变化，半空倚杖叫吟哦。

三春应有同予好，载酒流觞任客游。

（清康熙龙泉知县阎光黼）

龙井诗

关心世事不稍休，到此都教俗滤收。

地转石形常寂寂，水光云影共悠悠。

两墙环峙围高阁，一水襟潆过小楼。

他日池边新插种，愿随棠荫共长流。

（清康熙龙邑廪生宛大春）

注：以上诗文均摘自贵州省图书馆藏本、清康熙《龙泉县志》。

第三节　偏刀水泉水

若说凤冈泉水，其境内开发早的琊川镇，在唐贞观五年（631年）置"琊川"县，其间唐贞观九年（635年）置"释燕县"，到贞观十四年（640年）更名"胡刀县"，后来于唐开元二十六年（738年）并入芙蓉县，到现在已有一千四百多年了。在这个千年古镇上，至今流传着与井泉有关的几个故事。

一是明代洪武年间，陆公阅征讨覃韩苗民叛乱时，以偏刀井泉解渴，平定叛乱后，而以井命名的偏刀水巡检土司行政机构。世传当时的偏刀水巡检土司衙门遗址在今琊川福利院处（图8-1）。该地明末清初曾建有"清徽寺"至民国时期。"偏刀水井"在今琊川粮站院内，民国时期称"茶盆田"。从该地地名，就足以证明琊川古镇以此泉作为日常生活和饮茶的悠久历史。

图8-1 偏刀水巡检司土司井　　　　图8-2 琊川古镇杨家巷"秀井"

二是坐落于琊川古镇中街杨家巷的"秀井"（图8-2）（当地居民也称"臭井"），也是一眼非常古老的泉井。可从那井沿边条石上一道道深凹光滑的槽印上，像老人额头上的皱纹一样，足以猜测出此井年代的久远。据镇上历史掌故介绍：清代咸同年间，贵州提督蒋玉龙在偏刀水（今琊川）建提督大营（石城），进剿号军。后来号军首领刘义顺、朱明月在偏刀水建立号军根据地"江汉政权"，与清军川楚黔三省联军进行了长达10年的战争。"秀井"作为古镇城内的唯一水井，供城内军民日常做饭和泡茶饮用。时光推移到二十世纪七八十年代，中国著名作家何士光先生，在琊川中学任教期间，就居住在"秀井"旁边的岳母家老屋，长达15年。在那一段岁月里，何士光先生用清冽甘甜的"秀井"泉水，冲泡岳母从自家地里采摘的本地苔茶。在无数个创作的漫漫长夜里，用凤冈茶驱赶睡魔，提神醒脑，创作出了20世纪80年代享誉中国文坛的《乡场上》《种包谷的老人》《远行》等紧扣时代脉搏，反映时代心声的一系列文学精品。同时用"秀井"水泡凤冈茶，款待那一时代中国文坛的周克芹、张贤亮等一大批文坛大伽。黔北乡场上的秀井水凤冈茶给文学家们留下了十分深刻的印象。

三是坐落在琊川古镇北部3km处，琊川至凤冈县城公路旁边，一胡姓人家院坝当门一口名叫"双水井"的泉井。据住在附近胡家屯的胡姓族人介绍：他们的先祖明代从江西临江府迁到该地后，此地就叫"胡家屯"，那时就已有这口"双水井"了。相传是更早时期苗族留下的生活遗存。世传这里的苗族同胞已迁到黔东南黄平施秉一带去了。1972年贵州大旱，曾有黔东南的苗族同胞逃荒，还到过"双水井"和琊川朝阳高院墙等处寻根问祖，寻求接济，并说他们的祖上是从"偏刀水双水井、高院墙"迁出去的。一口水井成了古代苗族生活迁徙的历史佐证。时光也许已过数百年，甚至上千年，岁月的年轮，已将往昔的朝代更替，各民族生存繁衍辗压和封存在历史长河之中，难以还原其本来面目。唯有这一潭清澈晶莹的双水井泉，从那井底涌出的一串串珍珠般的泉水里，透过日光的折射，仿佛又看见苗族少女泉边浣纱的倩影。

第四节　仁孝之乡好茶水

水是泡茶的基础，水是制茶的功臣。好茶好水，蜂岩可谓得天独厚，堪为代表。

蜂岩的井水与他方的井水大相径庭。不是那种含沙较重的"自沁水"，也不是那种泥腥味较重的黄泥水，更不是"死水一潭"的"望天水"。它是由地层深处冒出来的"地下水"，俗称"冒龙""龙洞水"。它具有极清爽、极凉快、微甘甜的特点，给人以清冽甘甜，味纯爽口之感，喝后余味久存，让人恋恋不舍。

此类水井遍布蜂岩的山山水水，大村小寨，群居之所。即使那些单家独居的偏僻角落，也有"龙洞水"现身。水质优良、水量较大的大小井随便一列，就有数十家之多。比如一品泉社区的葡萄井、一品泉、贾家龙井、麻匡坝龙井；龙井社区的肖家龙井、青龙井；桃坪村的水井湾龙井、冬笋塘龙井；赵坪村的洞湾龙井、牛鼻子龙井、滴水岩龙

图8-3　蜂岩一品泉

井、龙洞井；小河村的新官屯龙井、打船滩龙井、凉桥龙井、半月溪龙井、大水井龙井；巡检村的鱼泉龙井；朱场村的王桥龙井，洞湾龙井；中枢村的枫香树龙井、香沟龙井等，数不胜数。尤其是名扬四方的名泉名井一品泉（图8-3）、葡萄井，无论水质、水量都名列前茅，值得一书。

一品泉、葡萄井，早在1984年就被凤冈县人民政府列为"凤冈县文物保护单位"。她俩是蜂岩的形象"代言人"，是蜂岩人的象征，更是蜂岩人的骄傲。因为这两口井与众不同，独具特色。特色之一是地理位置特殊。它们分别处于蜂岩场（主指老街）的左右两边，南北相望。风水先生说蜂岩场是"螃蟹形"，这两口井就是螃蟹的两只眼睛。它正匍匐着，低头喝蜂王河的水。据传，曾有人在深夜二至三点钟时，跑到对面的河沙洞坡上向河这面看过来，发现这两口井均有蓝色光艳出现，忽闪忽闪的。他们说那是螃蟹在

眨眼睛，活灵活现。还说只有龙年才有此现象出现。特色之二是形态独特。先说"葡萄井"吧，《凤冈县志》记载：泉水自井底涌出，串串水泡如葡萄，似珍珠，摇摇晃晃溢出水面，此起彼伏，连绵不断，汩汩有声，故名"葡萄井"（图8-4）。此井冒水共有三处，形状相同，大小不等。"一品泉"的水也是从地层冒出来的，水量更大。前人修建水井时根据水量大小共建了三口井。一口主井，居上方位，较大；两口小井居下方位，并排，较小。总观就是一个规范的"品"字，故名"一品泉"。《仁孝蜂岩》记载："原名'品泉坊'。"相传是清朝书法家严寅亮（印江人）路经此地时题写的"一品泉"三字。据传，北京"颐和园"匾额也是严寅亮所书。

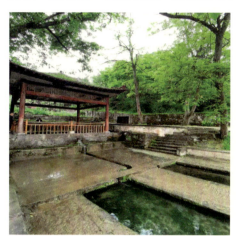

图8-4 蜂岩镇葡萄井

正因为有这么多水质优良的名泉名井，蜂岩人的饮水自然就卫生、健康。喝的是井水，煮饭的是井水，洗衣服的也是井水。凡路人经过清冽的水井旁，都会不由自主地蹲下来，伸出双手，捧着井水往嘴里送，不停地赞叹："好凉快！"年轻的男女干脆俯下身去，咕噜咕噜，饱饮一次后才站起来，也不停地赞道："好舒服。"

闲暇时，人们便用井水灌进砂罐在火堂里煨茶，名曰"砂罐茶"。待罐里的水沸腾后降温至80℃左右，才投进原生态的自产绿茶，熬煎5min后才喝，色、香、味俱佳。随着时间的推移，广场上的居民们便开始尝试着经营"盖碗茶"。这盖碗茶的碗清一色的土磁碗，比饭碗稍大，圆锥形，有盖，盖上有把；盖碗茶操作简单，方便快捷。只需先投茶，后掺水100℃，盖上盖，闷泡5min即可。饮用此茶既解渴，又解乏。凡过往客商、赶场的村民，因山路难行，无不走得气喘吁吁，汗流浃背，路过茶馆都得走进茶馆，顿足歇息，边喝茶、边聊天，话题总离不开这茶和水。无不赞叹这优质的井水，浓香的盖碗茶，都说这茶之所以这么芳香，这么爽口，跟这井水有密切关系。于是乎，乡场上的茶馆、茶摊、茶店应运而生，比比皆是。规模较大的有聂氏茶馆、刘氏茶馆、汤氏茶馆。20世纪50年代,蜂岩区内的朱家场、天桥场、小河场也仿效着开起了茶摊。小河场的凉桥茶摊,借用凉桥下的龙洞水泡茶,生意格外兴隆。因为那龙洞水的水质毫不逊色于"一品泉"和"葡萄井"。赶场天,乡场上最热闹的地方当数凉桥茶馆。茶老板拖长声音招揽生意:"开茶——开茶——解渴解乏。"无论男女,无论老幼,随着这叫卖声鱼贯而入。方桌前,条凳上,坐满了茶客。或高谈阔论时下的新闻,或交头接耳低语生意,无不兴致勃勃,直至太阳偏西才离去。

第五节　当代泡茶用水

泡茶用水非常讲究,水质好坏直接影响到茶汤的色、香、味、触。陆羽在《茶经》中明确:"其水,用山水上,江水中,井水下。"明人许次纾在《茶疏》中说:"精茗蕴香,借水而发,无水不可与论茶也。"

古代论水的标准主要是水质和水味两个方面,宋徽宗赵佶在《大观茶论》中说:清、轻、甘、冽,后人加"活"字,构成论水的标准:清、轻、活、甘、冽,其中清、轻、活属于水质,甘、冽属于水味。

现代品水的标准基本是两个:一是弱碱性,二是活性高的软水,弱碱性水对人体健康有益已是众所周知的。水的活性起作用的是水分子团,而不是水分子。水分子团越小,水的表面张力就越大,它与茶叶中茶多酚、茶碱、茶绿素等结合能力越强,在泡茶中就越能激发茶性,突显茶香,这就是不同水之间差异对泡茶影响的根本所在。

一般说来茶叶原产地泡原产地水效果较好,山泉水适合所有茶(图8-5),纯净水适合大多数茶,蒸馏水真实反映茶香,矿泉水虽然富含各种矿物质,但不一定适合泡茶,也不一定适合泡所有的茶。

《茶叶感官审评方法》(GB/T 23776—2018)规定:茶叶评审用水的理化指标应符合《生活饮用水卫生标准》(GB5749—2022),其指标及限值见表8-1。

图8-5　凤冈遵鲵山泉水

表 8-1　生活饮用水水质常规指标及限值

指标	限值
一、微生物指标	
总大肠菌群/（MPN/100mL 或 CFU/mL）	不得检出
耐热大肠菌群/（MPN/100mL 或 CFU/mL）	不得检出
大肠埃希氏菌/（MPN/100mL 或 CFU/mL）	不得检出
菌落总数/（CFU/mL）[b]	100
二、毒理指标	
砷/（mg/L）	0.01
镉/（mg/L）	0.005
铬（六价）/（mg/L）	0.05
铅/（mg/L）	0.01
汞/（mg/L）	0.001
硒/（mg/L）	0.01
氰化物/（mg/L）	0.05
氟化物/（mg/L）[b]	1.0
硝酸盐（以 N 计）/（mg/L）[b]	10（地下水源为 20）
三氯甲烷/（mg/L）[c]	0.06
四氯化碳/（mg/L）	0.002
溴酸盐（使用臭氧时）/（mg/L）[c]	0.01
甲醛（使用臭氧时）/（mg/L）	0.9
亚氯酸盐（使用二氧化氯消毒时）/（mg/L）	0.7
三、感官性状和一般化学指标[d]	
色度（铂钴色度单位）/度	15
浑浊度（散射浑浊度单位）/NTU[b]	1
臭和味	无异臭、异味
肉眼可见物	无
pH 值	不小于 6.5 且大于 8.5
铝/（mg/L）	0.2
铁/（mg/L）	0.3
锰/（mg/L）	0.1

续表

指标	限值
铜/（mg/L）	1.0
锌/（mg/L）	1.0
氯化物/（mg/L）	250
硫酸盐/（mg/L）	250
溶解性总固体/（mg/L）	1000
总硬度（以 $CaCO_3$ 计）/（mg/L）	450
耗氧量（$CODMn$ 法，以 O_2 计）/（mg/L）	3 水源原水耗氧量＞6mg/L 为 5
挥发性酚类（以苯酚计）/（mg/L）	0.002
阴离子合成洗涤剂/（mg/L）	0.3

由于山泉水源水部分水为地表渗透水，部分水来源于石灰石岩池层水，这些原水就可能存在肉眼可见物，可能存在溶解性固体（水的总硬度超标或其他一般化学指标超标），也可能由于鸟粪或动物尸体等污染源水造成微生物超标，凡经检验达不到上述指标的水都不能作泡茶用水。唯有采购经水处理并经检验和桶装或瓶装山泉水才可泡茶，因水厂处理山泉水时经过了硬水软化（食盐置换阳离子交换法）、石英过滤（去掉肉眼可见物）、活性炭微小颗粒吸附和精过滤，同时还采用臭氧杀菌，对盛装水的容器（桶或瓶）用二氧化氯消毒，对生产输水管道定时用柠檬酸清洗，灌装要求空气洁净（年检）等一系列质量控制，才能达《生活饮用水卫生标准》要求的指标，这样的水才能用于泡茶。

现凤冈有获行政许可（通过生产认证）的山泉水生产企业10家（表8-2），它们分别分布在何坝镇、进化镇、天桥镇、龙泉镇、绥阳镇、土溪镇、王寨镇，基本覆盖了种茶、产茶乡镇。凤冈人，无论城乡，玩泡茶用水一般很少用自来水烧开冲泡，多用水厂精制过的桶装水或饮水机制过的水烧开冲泡。

表8-2 凤冈县山泉水获证企业名单

序号	企业名称	生产地址
1	凤冈县淼尔矿泉水厂	何坝镇
2	凤冈县玛瑙山山泉水厂	绥阳镇
3	凤冈县绥阳镇营盘山山泉水厂	绥阳镇
4	凤冈县龙泉镇光明山泉水厂	龙泉镇

续表

序号	企业名称	生产地址
5	凤冈县龙洞山泉有限公司	何坝镇
6	凤冈县黔龙山饮料有限公司	王寨镇
7	贵州省凤冈县响水岩山泉水有限公司	进化镇
8	凤冈县燕映清天然泉水厂	土溪镇
9	凤冈县津露纯净水厂	进化镇
10	贵州天山龙洞口山泉水有限责任公司	天桥镇

第九章 凤冈茶具器皿

茶是世界三大饮料之一。中国是茶的故乡，种茶饮茶历史悠久，茶早已深入到人民的日常生活。饮茶离不开器具。从古至今，各种茶器茶具琳琅满目，不可胜数。现就凤冈古今茶具器皿作简要介绍。

第一节　金属茶器

金属茶具是在历史上昙花一现的茶具，主要是用于宫廷茶宴。在凤冈，清代锡茶壶、民国铜茶罐随处可寻（图9-1）。

图9-1　老茶馆古茶器

第二节　漆器茶器

漆器茶具始于清代，主产于福建福州故称为"双福"茶具。凤冈的木制茶椅、茶凳、茶桌、茶柜、茶台不但数量可观，而且做工也很考究（图9-2）。依伴这些木制茶具不但可以品茶修性，还可寻觅农耕文化的和谐，如福禄寿喜、渔樵耕读之人生追求，亦可追思中华上下五千年传统文化的精髓，还能感悟儒、释、道宗教文化的博大精深，又可欣赏古人传统手工的精湛艺术。

图9-2　夷州老茶馆古茶器

第三节　民间茶器

凤冈老茶具可谓古朴奇异，且历史久远。就目前发现的实物，都可观看到800年前之宋代遗风，而明清留存下来的茶具可说是五花八门，仅举几例简述下。

一、土陶茶壶

从宋代至清末均有实物可观。绥阳镇村民挖宅基地挖出了一件土陶茶壶，其茶壶高约30cm、直径25cm、偏心小口，水桶扁形提把，壶身上有古朴典雅的人面鱼身图和两条鸭嘴龙，有关专家初定为宋代仡佬族土茶壶。类似的茶壶后来又相继在琊川、何坝等地被发现。

二、土陶茶叶罐

实物可观至明代或更早些。20世纪50年代在天桥的漆坪、花坪的彰教坝、琊川的大都等地，先后在仡佬族生基坟（当地称苗坟）中出土的土陶罐，其罐中还存有五谷杂粮及茶叶等残渣。此类陶罐多为酱褐色或瓦灰色，高30cm左右，罐底直径10cm余，腰部直径20cm左右，罐口直径约10cm。罐盖有宝塔形、瓦楞屋顶形，罐身陶塑鱼龙、人面等图案。

三、木制保温茶架

可欣赏到明末清初实物。近年在乌江沿岸的老寨子发现，遗存的仡佬族多功能保温茶架（茶几），其高150cm、宽60cm、厚50cm，茶架由可自由倾倒的内置锡茶壶的木茶桶、装茶叶的雕花抽屉、放茶杯（碗）的木架以及四周的木雕装饰等构成。整个茶架外观浑然一件精雕细刻艺术品，而功能又集盛茶、陈盏、保温、方便倒茶和居家装饰等功能于一身。此类茶架自从保温瓶问世后就逐渐淡出了黔北百姓生活，消失殆尽，但在凤冈却幸存了几件明清时期的精品，弥足珍贵。

四、鸭嘴龙陶茶壶

多年前，笔者在凤冈境内乌江边一古寨中，偶然见到一件独特怪异的土陶老茶壶（图9-3）。其外形为扁形提梁、短壶嘴、偏心口，壶身呈圆鼓状，有捏塑的多种装饰图。

初见壶时，一农家当作泡咸鸭蛋的罐用，表面布满了灰尘浆物，完全不见本色。壶上捏塑的小人头部和提梁一侧立柱已损坏。问其来历，主人说是从祖上传下来的，不知已传多少代人了，也不知叫啥壶。

经测量，该壶重4.6kg，通高30cm，腹径26cm，顶盖固定，有一偏心小口，直径8cm，壶足径16cm，壶腹上有三道压印陶带环绕。细观壶体为通体青白色釉，壶身上有一对捏塑的鸭嘴龙、一美人鱼、一抱流小人。在笔者见过的土陶装饰中，这样的捏塑像极为少见。今笔者对其作如下浅析：

陶茶壶的鸭嘴龙在壶体中上部，由对称捏塑料的两条龙黏烧而成，身长约30cm，龙头大小为3cm×5cm，顶有纵冠，龙眼鼓出，龙鼻高凸，龙嘴呈鸭嘴扁形，各含一圆形宝珠，龙身遍布鳞甲，有四条四爪龙腿，尾部似爪似翼（图9-4）。

图9-3 古茶器之鸭嘴龙壶（一）

图9-4 古茶器之鸭嘴龙壶（二）

有关这类四爪鸭嘴龙的造型，在中国汉文化的记载中非常少见。有史载，"罗愿《尔雅翼》云：龙者鳞虫之长。王符言其形有九似：头似驼，角似鹿，眼似兔，耳似牛，项似蛇，腹似蜃，鳞似鲤，爪似鹰，掌似虎，是也。其背有八十一鳞，具九九阳数。其声如戛铜盘。口旁有须髯，颔下有明珠，喉下有逆鳞，头上有博山，又名尺木，龙无尺木不能升天。呵气成云，既能变水，又能变火"。这段史料也只是对龙的头、角、眼、爪、掌等部位作了形状描述，而对爪的数量却没有提及。

在史载中，汉文化的龙，从古而来通过长期演变，至唐宋以后基本定型为虎头、鹰爪、鳞甲披身的雄姿形态为最多，爪的数量定为五爪，俗称五爪龙。凤冈地域发现的该古陶茶壶上龙的形态与四爪，均与汉文化的传统龙迥然不同。

陶茶壶的人头鱼在壶顶盖之龙头与壶嘴间，捏塑有一人头鱼身像横卧着，通长12cm，头部约1cm×1.5cm，面容丰满、耳朵肥硕，高鼻梁，鱼腹宽3cm，身上布满鱼鳞，尾、鳍轮廓分明。国内与此类似的人头鱼身像报道，曾见于西安半坡仰韶文化遗址出土的彩陶上，有用黑彩描绘的"人面鱼纹图"。关于"人面鱼纹图"的神秘意义，学术界至今争论不休，未曾破译。那么，凤冈这件茶壶上的"美人鱼"意义则非同一般。

陶茶壶的抱流人，在茶壶嘴（又称流）的根部，有一双手抱着壶嘴的捏塑人像，虽然头部被损坏，但仍能肯定是一裸男，身长4.5cm，臂长4cm，腿长5cm，双腿呈前蹬姿势，壶嘴从两胯根部伸出，恰似一幅男童撒尿图。此造型捏塑，笔者亦惟在乌江中下游流域地民间的古陶茶壶上偶有散见。

综上之述，凤冈发现的这件鸭嘴龙陶茶壶，其年代久远毋庸置疑。依笔者推测，这怪异的鸭嘴龙（或称扁嘴龙）、横卧的人头鱼、粗犷的抱流人，此三个元素可能是地方土著先民的某种传统崇拜（图9-5）。

奇特的鸭嘴龙，或是土著民族约定成俗的图腾崇拜，或是先民们将怪兽、禽嘴、蛇身组合一体，成为多维想象的生活慰籍与力量。龙，可上天、可潜渊，是一切事物的主宰神灵；禽，善戏水，可飞

图9-5 古茶器之鸭嘴龙（三）

翔，是适应自然的精灵；蛇，藏于草丛，攻于瞬间，是敢于征服众物的小龙。对临水而居的乌江先民来讲，生产生活都离不开大江。大江多变的脾性，亦如变幻莫测的龙。将龙赋予地域性而加以膜拜，正符合江边土民祈求江河宁静，护佑子孙康宁、家道安乐的精神需求。

卧着的人头鱼，或是逐水而居民族的另一种心理暗示。以人头与鱼身组合，或是借鱼戏水的超凡能力，寓意征服湍急江流的勇气，或是对被江水吞食者的怀念。鱼又具有超常的繁殖能力，可暗示族群的人丁兴旺。鱼，不但有超强的繁衍能力，且其身形还酷似人类女阴外貌。孩子都是女人所生，女性生殖器自然被视为神秘生殖动力的源泉。将女性生殖器鱼形化，并以画图和塑型的形式加以图腾崇拜，以此祈求多子多孙，祈求子孙如江鱼一样天赋神力，天生具有与江水共存的能力与勇气，正是江边民族与江水共处的亘古追求。

古代人们，在残酷的死亡威胁面前，深知死不可抗拒。抗拒死亡，不如创造生命。于是，生殖被视为关乎族群壮大或灭绝的关键，认为生殖需有神秘的力量，只要获得了这种力量，新的生命就会成功诞生。因此，意愿寄托有超强生殖能力的物种，鱼就是其中之一。在清代以前，凤冈乌江葛闪渡、平头溪一带，生活的土民曰"水仡佬"，他们临水而居，捕鱼为生，或借鱼之能动，与江水搏奕生死，或借鱼的繁衍，壮大族群。

粗犷的抱流人，则是男性生殖崇拜的直白表现。男根勃发，是有阳刚魔力之象征，是生殖繁衍必须的最佳状态。塑造男性生殖崇拜，亦有强族壮群的意义，更有暗示族群根脉的延续。在凤冈地域的传统生育习俗中，生了男孩不直说生男孩，而是说生了个带茶壶嘴的，这或许就是当地古老民族生殖观的表白。

凤冈这件鸭嘴龙陶茶壶的发现，对研究凤冈乃至黔北或乌江流域古代先民的图腾崇拜、生殖观念、制陶工艺以及饮茶习俗等，都有不可小觑的文物价值和历史价值。

第四节　当代茶器

在中国茶饮文化历史中，不少茶器因时代变迁、科技发展及饮茶方式的变化而逐渐退出了茶事活动。随着茶品的推陈出新和茶饮生活的不断变化，凤冈茶器也在不断变化和创新，品种越来越多，质地也越来越精美。

一、当代茶器的分类

在当今的茶事活动中，根据用途不同，可将茶器分为"煮水器具""备茶器具""泡茶茶器""品茶器具"和"辅助器具"五类。根据质地不同，可分为"陶器""瓷器""玻璃器""竹木器""金属器""漆器"六类。

（一）按用途不同分类

1. 煮水器具

煮水器具是指泡茶时用于贮水、煮水的茶具。当今的煮水器主要是用电加热或酒精加热的煮水器，即"随手泡"和"酒精炉"。

2. 备茶器具

备茶器具是指用于存放茶叶、置放茶叶的茶具。其中，常用的有茶叶罐、茶则、茶拨等。

① **茶叶罐**：用来贮放茶叶的罐子，以陶器和瓷器为佳，也有用锡罐贮茶，不宜用塑料和玻璃罐贮茶。

② **茶则**：用来从茶叶罐中则取茶叶用量，常以竹木制成。

③ **茶拨**：用于帮助将茶则中的茶叶拨入茶壶、茶盏。

3. 泡茶茶器

泡茶茶器是指泡茶过程所用的主体器皿，主要有茶壶、盖碗、茶海等。

① **茶壶**：一般以陶器（如紫砂壶、建水陶、坭兴壶）、瓷器（如白瓷壶、汝窑壶）

为主,常讲究一壶只泡一种茶,壶之大小视饮茶人数而定。

② **盖碗**:又名"三才杯",多为瓷质盖碗,可以用它代替茶壶泡茶,由于它可以冲泡任何茶类,因此很多人喜欢采用盖碗泡茶。

③ **茶海**:又称"公道杯"或"茶盅",是用于盛装茶汤,可以使冲泡后的茶汤均匀,便于分茶入杯。

4. 品茶器具

品茶器具是指盛放茶汤并用于品饮的茶具。其中有品茗杯和闻香杯。

① **品茗杯**:俗称"茶杯",用于盛装茶汤直接供客人品饮的器具。可因茶叶的品种不同,而选用不同的杯子。一般以白瓷杯为宜。

② **闻香杯**:是一种专门用于嗅闻茶汤在杯底留香的茶具。

5. 茶具的辅助用具

辅助器具是指泡饮过程中的各种辅助茶具。常见的有以下几种:

① **茶荷**:又称"赏茶器",是用来放置已量定好的备泡茶叶,同时方便鉴赏备泡茶叶。

② **奉茶盘**:用于端捧茶杯用的托盘。

③ **水盂**:用来贮放废弃之水或茶渣。

④ **茶滤网**:用于过滤茶汤用的器物。

⑤ **茶道组合**:又称为"六君子"。包括茶则、茶匙、茶针、茶夹、茶漏、茶筒。

⑥ **茶巾**:又称"涤方",以棉麻或纤维制成,用来清洁擦干桌面。

(二)按质地不同分类

1. 陶土茶具

陶土器具是新石器时代的重要发明,最初是粗糙的土陶,然后逐渐演变成比较坚实的硬陶和彩釉陶。如宜兴紫砂壶、坭兴陶壶、建水紫陶壶、台湾老岩泥陶壶等。

① **陶土器具的发展**:土陶→硬陶→彩釉陶。

② **陶土器具的质地**:粗糙→坚实→多彩、细腻。

③ **紫砂壶的特点**:造型美观大方,质地淳朴古雅、泡茶时不烫手。

④ **性能**:透气性强,保温性能好,能蓄留茶香。

⑤ **紫砂茶的特点**:泡茶不走味,贮茶不变色,盛暑不易馊。

2. 瓷茶器

① **白瓷茶具**:早在唐代,就有"假玉器"之称。

② **青瓷茶具**:始于晋代,主产地为浙江。有名的有汝窑、哥窑、官窑等。

③ **黑瓷茶具**：流行于宋代，以建安窑所产的最为著名。

3. 竹木茶具

竹木质地朴素无华且不导热，用于制作茶具有保温不烫手等优点。

4. 玻璃茶具

现代的玻璃茶具已有很大的发展，玻璃质地透明，光泽夺目，外形可塑性大，形态各异，用途广泛。

"金属器""漆器"（本章第一节、第二节已述）。

二、当代茶具的选配

俗话说："水为茶之母，器为茶之父"，好茶需有妙器配。茶器的选择与泡茶、品茶的效果及获得的感受密切相关；同时人们在饮茶过程中，不断追求美的享受，逐渐对茶器的选择提出了功能性、艺术性上的要求，从而达到最佳的品饮感受。

1. 根据茶叶品种来选配

茶器的选择是茶艺六要素之一，不同的茶叶可选用不同的茶具，才能更好地展现茶之美。一般而言，重香气的茶可选用硬度较高的瓷质壶、瓷质盖碗杯，例如铁观音、茉莉花茶等。重滋味或叶片粗大的茶可选用硬度较低的紫砂壶、陶壶，例如乌龙茶、普洱茶等。重外形的茶可选用透明的玻璃杯，便于茶形和汤色，例如西湖龙井、凤冈锌硒翠芽等名优绿茶。

2. 根据饮茶风俗来选配

千里不同风、十里不同俗。各民族饮茶习俗不同，所用茶器也各具特色。例如凤冈土家油茶主要茶器为炭盆（现在常用光波炉代替）、铁锅、土碗、木瓢、调料罐、配料碟、奉茶盘、茶巾等。仡佬罐罐茶主要茶器为炭盆、盛水砂罐、煮茶砂罐、竹茶罐、陶杯、长木筷、奉茶盘、茶巾等。

3. 根据饮茶场合来选配

在不同的场合，因茶事活动主题不同或茶饮方式不同，对茶器的组合和选配要求也是各不相同的。归纳起来一般有"特别配置""全配""常配""简配"四种选配。

例如参加茶艺比赛、参与各地茶艺交流活动而进行的茶艺表演，茶具的选配要按照茶艺主题或交流主题而定，这种场合一般是"特别配置"。除了茶器配置要美观、实用、雅致，符合主题外，还会根据需要增加一些布景和道具。

在某些场合，茶器必须配置齐全、规范，这种配置通常称为"全配"。例如展示唐朝宫廷茶艺，必须配齐全套茶器：碾罗器（鎏金鸿雁流云纹银茶碾子、鎏金仙人驾鹤纹壶门座茶罗子）；贮茶器、贮盆、椒器（鎏金银龟盒、鎏金人物画坛子、鎏金摩羯纹蕾纽三足架银盐台）；烹煮器（鎏金飞鸿纹银匙、鎏金飞鸿纹银则）；烘焙器（金银丝结条笼子、鎏金飞鸿球路纹笼子）；饮茶器（鎏金伎乐纹银调达子、素面淡黄色琉璃茶盏、茶托、五瓣葵口圈足秘色瓷茶碗）。冲泡台湾功夫茶一般选配以下器具：紫砂壶、品茗杯与闻香杯组合、茶船、公道杯、茶荷、随手泡、水盂、茶匙、茶叶罐、奉茶盘、茶巾。另外在茶艺师职业资格实操考试中，规定茶艺也必须按照考评要求全配茶具。

日常茶饮活动或茶馆中，一般会根据所泡茶类，本着美观、素雅、实用的原则选择"常配"茶器。而"简配"则适用于日常家居生活需求、办公室接待或外出旅行时所选择的茶器，主要是简便、实用。另外还可根据个人喜好来选择不同的茶器，但一定要把握好一个原则：实用、合理、雅致、简单、洁净。

第十章 凤冈茶馆与茶饮

凤冈茶馆兴于何时，现无从考证。但过去凤冈茶馆众多是一个不争的事实。凤冈茶艺兴起于21世纪初，伴随着茶产业的发展方兴未艾。凤冈茶的冲泡也随着茶文化的发展日渐形成独有的风格。本章将着重就凤冈古今茶馆、茶艺及凤冈冲泡作简要介绍。

第一节　凤冈茶馆介绍

凤冈过去无论是县城还是乡场，均有不同形式的茶馆，路边茶摊亦在赶集天不时出现（图10-1）。进入21世纪后，老茶馆已基本不存在了，路边茶摊也随着交通环境的改变不复存在，代之出现的是众多的茶楼、茶室。本节将择要作简介。

图10-1　黔北传统的茶馆景象

一、凤冈老茶馆

木瓦房里，花窗子内，竹靠椅，古茶具，还有那铜茶壶伴随着跑堂人的吆喝。茶客们，手捧盖碗茶，吹牛闲谈，下棋打牌，或听艺人的评弹说书。茶香里，烟雾中，一幕幕悠闲自得，手摇蒲扇的场景，在十几年前或者更早些，在凤冈城乡集镇上几乎随处可见，这就是传统的老茶馆。

三十多年以前，县城和乡下场镇都有规模适合的老茶馆，这是每个场镇人们消遣、传闻、议事的中心，有事无事者随意可进去，除有茶喝外，还有瓜子、花生、五香豆之类的零食"混嘴巴"，亦有评弹、说书等节目饱耳福。或等人，或谈事，或相会，有累了的靠在凉椅上打瞌睡，无拘无束，这就是老茶馆的作用和特色（图10-2）。这些老茶馆在过去多以老年人和"下里巴人"为服务对象，一角钱一杯茶，一碟瓜子。有戏看的时候大家再花几角，一般两三角钱就能消闲大半天。

旧时的茶馆还有着另一功能，有人叫它"民间法庭"。乡民们有了纠纷，要逢场天约到茶馆里去"评理"，由当地有势力或德高望重的人士来"断案"，至于公道不公道，认可就算数。但它却说明，乡民看待茶馆断案，起码是有茶的"无私"和茶的"清廉"，比去官府打官司更简单和易于接受。如亲戚朋友或家族地方上有什么大事小务，也是约到茶馆里去商议，因此茶馆又是"议事所"。商人有生意要做或者生意做成了，都要到茶馆里去喝杯茶办交接或祝贺一下，故而茶馆又是"商务所"（图10-3）。

可以说，老茶馆的景象是市井街民和下里巴人生活依托与精神风貌的缩影。凤冈县城

图10-2 传统老茶馆

图10-3 凤冈复制的古夷州老茶馆

在民国时期茶馆业生意红火，十字街附近就有石家茶馆（馆主石本善）、曾家茶馆（馆主不详），体育街附近有张家茶馆，和平路糖酒公司附近有王家茶馆（馆主王相奎），下城门老紫微树旁还有蔡家茶馆等，在绥阳场有刘家茶馆、勾家茶馆、黄家茶馆、杨家茶馆等，在琊川街上，有周家茶馆、刘家茶馆、李家茶馆等。到了今天，中国历史上传承了数千年的老茶馆正快速消亡，特别是黔北地区，传统老茶馆已基本消失殆尽，凤冈也不例外。

随着社会的进步和消费人群结构的改变，原本富有地方民俗特色的人文景观型传统老茶馆，在凤冈几乎消失殆尽。今天，只有复原老茶馆，才会让人们有机会欣赏过去那种特别的味道，记住乡愁才会多一个元素。

二、万壶缘茶楼

凤冈县万壶缘茶楼（前身名叫香茗楼）于2001年4月创办，2005年11月更名为万壶缘茶楼，2007年第一次荣获"全国百佳茶馆"称号，2009年第二次荣获"全国百佳茶馆"称号（图10-4）。2012年转型为万壶缘茶庄。现已停办。

万壶缘茶楼的创办，为凤冈县茶文化的宣传推广搭建了一个良好平台，是凤冈县第一家具有茶艺表演及品茗活动的茶馆。先后接待了中国工程院院士陈宗懋先生，中国农业科学院茶叶研究所杨亚军所长，中国国际茶文化研究会刘枫、程启坤、林治等茶文化

图10-4 万壶缘茶楼获"全国百佳茶馆"称号

图10-5 陈宗懋院士考察凤壶缘茶楼

专家和省内茶叶专家及省市多个部门的领导（图10-5）。茶楼多次作为与重庆等周边地区茶文化茶艺表演交流的平台，期间承担县职校茶艺班的实训实操课目。培训了一批凤冈锌硒茶艺的传播者，助推了凤冈茶产业的发展，被县政府授予凤冈茶产业发展先进单位。

三、静怡轩茶楼

静怡轩茶楼于2007年开业（图10-6）。茶楼坚持以"弘扬茶文化，传播茶知识，发展茶产业"为服务主旨，向顾客推出待客型与表演型两种茶艺，将茶文化、沏茶技术、音乐、舞蹈等多种艺术形式融合一体，让顾客在品饮正宗名茶、欣赏茶艺表演的同时，感受"和、静、怡、真"的中国茶道精神。先后接待了王庆、姚国坤、杨亚军、刘枫、程启坤、林治、范增平、赵玉香等全国知名茶文化专家；王亚兰、刘小华、刘晓霞等省内茶叶专家；来自农业部、省农委、省教育厅等多个部门的领导、嘉宾；中央、省、市电视台记者等多批重要客人。

图10-6 凤冈静怡轩茶楼

2008年，静怡轩茶楼荣获"全国百佳茶艺馆"荣誉称号，2013年荣获"贵州省首批三星级茶馆"称号。静怡轩茶楼作为县职业技术学校茶艺专业学生的校外实训基地，承担了学生的实训教学；同时多次开办公益性的茶艺培训班，先后培训茶艺爱好者200多人次，为凤冈县培养了一大批茶艺专业技能人才。期间多次承办了茶叶品鉴活动、茶艺表演活动和茶文化沙龙活动，为宣传凤冈茶产业、弘扬茶文化做出了积极的贡献，受到了县委县政府、县茶叶协会的高度评价及业内人士的一致好评，被授予凤冈茶产业发展先进单位。

静怡轩茶楼于2017年停办，场所改建为不夜之侯·清茶坊。

四、不夜之侯·清茶坊

凤冈县不夜之侯·清茶坊于2017年12月启动建设，2018年4月正式营业，共投入资金230万元，是凤冈县目前唯一一家规模较大的清茶坊（图10-7）。开业至今，不夜之侯·清茶坊始终坚持"弘扬凤冈茶文化、传播凤冈茶知识、培育凤冈茶氛围"的经

图10-7 不夜之侯清茶坊标识

营理念，接待茶客上万人次（图10-8）。期间，与县团委联合举办了"青听·悦读"凤冈青年干部读书会、与县茶文化研究会共同协办"九九重阳节"敬老茶会。茶坊自创茶艺节目《龙泉茶香溢红楼》参演县中秋品茗晚会；以宣传凤冈锌硒茶为主旨，不夜之侯主题茶艺节目在数次演出中逐渐成熟（图10-9）；多次邀请县领导、县文化界、茶界及县外嘉宾品茗话茶，获得一致好评。

图10-8 凤冈不夜之侯清茶坊一隅

在不夜之侯领略茶的趣味，当从"茶"说起。"茶"字本身就是一个妙趣横生的字。历史上"茶"字的字形、字音、字义变化多端，有异名，如荼、槚、蔎、茗等；有别称、雅号，如瑞草魁、余甘氏、冷面草、草中英、涤烦子、晚甘侯、清风使等。西晋张华《博物志》曰："饮真茶令人少睡，故茶别称不夜侯，美其功也。"五代胡峤在

图10-9 不夜之侯清茶坊馆展示茶艺

饮茶诗中赞道："沾牙旧姓余甘氏，破睡当封不夜侯！"当代作家王旭峰创作"茶人三部曲"《南方有嘉木》《不夜之侯》《筑草为城》，并因此于2000年获第五届茅盾文学奖。

第二节　茶艺欣赏

凤冈茶艺兴起于21世纪初期，随着茶产业、茶文化的兴起方兴未艾，并形成了自己独特的创作艺术。本节将对茶艺进行简要介绍。

一、茶　艺

茶艺，是在茶道精神和美学理论指导下的茶事实践，是如何泡好一壶茶和如何享受一杯茶的生活艺术。

根据需要和受众对象的不同，茶艺分为表演型茶艺（舞台型、展示型）、待客型茶艺和营销型茶艺。

舞台表演型茶艺的表现形式和主要功能是"表演"，以区域内社会、经济、文化为背景，展示其茶叶品质特征、自然及民俗文化。

展示型茶艺追求的是茶道精神和表现的完美。舞台表演型和展示型茶艺都讲究人美、茶美、水美、境美、器美和艺美，力求达到天人合一、完美无瑕。

待客型茶艺的主要功能是"待客"。在以茶待客的过程中，向客人介绍区域内的人文文化、自然风光，展示泡茶的基本技艺和介绍茶的基本常识。让客人在品茶的过程中获取信息、了解茶的基本常识。待客型茶艺可根据茶的类别和受众对象的喜爱，可选择"直杯泡法"和"功夫泡法"。

精茶杯饮、粗茶壶泡。以独芽、一芽一叶初展为原料做成的茶叶，如翠芽、雀舌等优质名优绿茶宜杯饮；以一芽二叶或一芽三叶以上为原料做成的茶叶，如珠茶、大宗绿茶等宜壶泡。

营销型茶艺，其主要功能是向客人宣传企业文化，介绍企业产品，以茶为载体，达到结缘、购买的目的。

无论是舞台表演型茶艺、待客型茶艺，还是营销型茶艺，作为一种技艺，均要从茶的六个要素，力求做到人美、茶美、水美、器美、景美、艺美。

人美：人是万物之精灵，人之美，需表现在仪表端庄、礼仪周到、神情淡定、举止优美。饮茶讲究得味、得韵和得道。

茶美：茶是茶技的物质基础。一般说来，无论是哪种茶，都要从茶的色、香、味、形去了解，都可按照三看（看外形、看汤色、看叶底）；三闻（一闻茶的干香、二闻茶的湿香、三闻茶的持久香）；三品（一品茶的火工、二品茶的特色、三品茶的韵味）；三回味（口腔加味甘醇、舌本回味甘甜、喉底回味甘爽）的方法去鉴别茶的好坏、优劣、新陈。

水美：从来名士能品水、自古高僧爱斗茶；明代茶人张源在其《茶录》中写道："茶者，水之神也；水者，茶之体也。"《茶经》中说："水，山水上，江水中，井水下。"现代科学证明：水讲究的是清、轻、甘、活、冽。

器美：泡茶的器皿。葡萄美酒夜光杯，指的就是饮茶的器皿。什么样的茶，应选择什么样的器皿。绿茶宜选晶莹剔透的玻璃杯；乌龙茶宜选紫砂壶；红茶宜选精美的陶瓷茶具。

境美：指的是饮茶的环境。要求温馨、舒适、简洁、高雅。

艺美：指的是泡茶的技艺。包括茶艺程序的创编，泡茶动作娴熟、优美。

凤冈创作、编排的舞台表演型茶艺多次在全国、全省茶艺大赛中获金奖、银奖。罗胜明、任克贤创作，凤冈茶乡艺术团表演的《凤冈土家油茶》获贵州省第二届茶艺大赛金奖，全国少数民族茶艺大赛银奖。姚秀丽创作、凤冈县消防中队表演的《军心如茶》

获贵州省第四届茶艺大赛银奖、马连道杯全国茶艺大赛银奖。姚秀丽、谢晓东、杨超创作，凤冈县职业学校表演的《花好月圆三道茶》获贵州省第五届茶艺大赛银奖。谢晓东创作的凤茶八式——《凤茶韵》和《凤冈冲泡》，几经打磨和提炼，已在凤冈茶界、茶楼、社区推广。

二、泡茶四要诀

泡好一杯凤冈锌硒茶，涉及泡茶者对泡茶技巧的掌握和运用，涉及对茶、水、器、境的认知和理解。一般来讲，泡好一杯凤冈锌硒茶，须掌握四个要诀：了解凤茶；因人泡茶；看茶泡茶；泡茶技巧。

1. 了解凤茶

什么是凤冈锌硒茶？按《地理标志产品 凤冈锌硒茶加工技术规程》（DB52/T 1003—2015）生产的茶称之为凤冈锌硒茶。凤冈锌硒茶包含锌硒绿茶（扁形、卷曲形、颗粒形）和锌硒红茶两大类。

凤冈锌硒茶的品质特征是：锌硒特色、有机品质。锌硒特色是上天赐予的，就目前的资料表明，锌硒同具，中国乃至全球，仅凤冈一地。锌被称为"生命的火花""夫妻和谐素"；硒被誉为"抗癌之王""长寿之星"。有机品质是人为努力的，凤冈森林覆盖率高达65%以上，茶区按"猪—沼—茶—林"模式建生态茶园50万亩，凤冈坚持从有机品质的"塔尖"上做起，以中国茶叶质量安全为己任，做"干净"人、做"干净"茶，给世界一方净土，给世人一杯净茶。

凤冈锌硒茶感官特征是：色绿、香高、味醇、形美。中国工程院院士陈宗懋品饮凤冈锌硒茶后给出"鲜爽浓郁、醇厚回甘"的评语，茶文化专家于观亭称凤冈锌硒茶为"神茶"。中国茶文化专家林治则说：凤冈锌硒茶，中国绿茶营养保健第一茶。

凤冈锌硒茶先后荣获国家级金奖78枚，系贵州三大名茶，百年世博中国名茶金奖，中国驰名商标。

2. 因人泡茶

茶没有好坏之分，只有饮茶人之别。这就是说，茶好不好喝，是喝茶人说了算。有一个故事：某人得了一款自以为是的好茶，又刻意取来好水（山泉水），请来优秀的茶艺师，并营造好喝茶的氛围，邀请几位朋友一起品饮。主人问："此茶如何？"朋友们说："还可以。"主人大怒，心想：我用最好的茶、最好的水、最好的茶艺师泡的茶，居然得到的评价是"还可以"。生气之余，主人说："明天这个时候，请大家再来喝茶。"第二天，朋友们如约而至。主人用昨天同样的茶、同样的水、同样的茶艺师为大家泡茶，不同的是，主人在茶艺师泡茶的时候，先介绍了茶的来源，水从何处取得，茶艺师取得的荣誉。这时，主人又问："此茶如何？"大家异口同声地说："好茶、好茶"，并称："此茶只应天上有，人间难得几回饮。"这个故事至少告诉我们两个事实：一是喝茶人对茶的修养很重要；二是泡茶人对茶的讲解很重要。

茶叶大数据显示：全球有160多个国家（地区）、30多亿人喝茶，中国有6亿到8亿人喝茶。这样一个庞大的喝茶群体，显然对茶的认知和需求各有不同，千差万别。就喝茶而言，有品茶与喝茶之分，"喝"与"品"不仅有量的差别，更有质的不同。喝茶，主要是为了解渴，是生理上的需要；品茶，重在情调和意境，更多的是追求精神上的享受。品茶又可分为"啜"和"品"。啜者，尝也；意在体会，重在得"神"；品者，辨也，意在得"韵"。喝茶也有"饮"茶与"喝"茶之别。此外，在喝茶的群体中，还有老幼、男女之分，民族、地域之分，细啜、快饮之分等。

月印千江水，千江月不同。泡茶切忌千篇一律、千人一面，因人泡茶是泡茶的最高境界。

3. 看茶泡茶

茶有绿茶、红茶、黄茶、黑茶、白茶、青茶六大类之分，亦有泡茶用的玻璃、紫砂、陶瓷、竹木、金银铁铜等器皿之别。看茶泡茶意指：根据茶的种类、习性，选择用什么器皿、用什么手法泡茶。

凤冈锌硒茶有锌硒绿茶和锌硒红茶两大类。锌硒绿茶又分为扁形茶、卷曲形茶和颗粒形茶。

扁形茶：外形要求扁直，绿润，匀整。品质要求香气持久，汤色嫩绿明亮，滋味鲜爽。

卷曲形茶：外形要求条索紧细卷曲，显毫，绿润，匀整。品质要求香气持久，汤色嫩绿明亮，滋味鲜爽回甘。

颗粒形茶：外形要求颗粒紧结重实，绿润有毫，匀整。品质要求香气持久，汤色黄绿明亮，滋味鲜爽回甘。

锌硒红茶：外形要求条索紧细，显金毫，乌润，匀整。品质要求香气甜，有花果香。汤色红明亮。滋味甜醇。

粗茶壶泡、精茶杯饮。一般而言，从茶水分离的角度讲，有两种泡法：一是直杯泡法（茶水一体、多采用透明的玻璃器皿）；二是盖碗泡法（茶水分离、多采用不透明的陶瓷、紫砂等器皿）。

4. 泡茶技艺

泡好一杯凤冈锌硒茶，须掌握茶水比例、冲泡水温、冲泡时间和续水次数四个关键点。

茶水比例：以3g茶为例，通常情况下，名优绿茶、红茶、黄茶，茶水比例为1∶50（mL）。大宗绿、红、黄茶为1∶75（mL）。普洱茶为1∶（30~50）（mL）；乌龙茶为1∶（12~15）（mL）。同一类茶，细嫩的茶，用量多一些，中低档茶用量少一些。

冲泡水温：茶汤滋味由氨基酸（鲜甜味）和茶多酚（苦涩味）等主要成分在水温浸泡下"氨酚比"的变化而形成。在一定程度上，反映一款茶品质的优劣，由该款茶所含水浸出物的量所决定。水浸出物是指经冲泡后的茶汤中所有可检测的可溶性物质。以绿茶为例，在茶水比例、冲泡时间相同的前提下，在100℃、80℃、60℃水温下的溶出率，氨基酸依次为100%、90%、70%；茶多酚依次为100%、70%、50%。茶汤中氨基酸与茶多酚的比值分别为0.19、0.23、0.28。这就是说，冲泡水温低则氨酚比高，茶汤滋味鲜醇；冲泡水温高，氨酚比低，则滋味浓爽。

冲泡时间：茶汤滋味主要由"鲜、甜、苦、涩、酸、咸"六种味素构成。其中：鲜味的主要成分是游离氨基酸，苦涩味的主要成分是茶多酚化合物。在茶水比例、冲泡水温相同的情况下，冲泡时间的长短影响茶汤中各种可溶性物质溶出率，从而导致"鲜、涩、苦"味觉的不同。冲泡时间为3min，游离氨基酸溶出率为77.66%、茶多酚类化合物溶出率为70.07%；冲泡时间为5min，两者的溶出率分别为88.32%和83.46%，因此，3min泡出的茶，味较醇和鲜爽。5min泡出的茶，味较浓爽。

冲泡次数：茶叶的冲泡次数没有什么硬性的规定。一般来说，在实际冲泡时，需要泡茶人根据经验，灵活调节水温的高低和控制每泡的冲泡时间，力求做到：第一泡主鲜味；第二泡主浓味；第三泡主醇味。

泡茶人对上述四点的掌握须反复实践，从中体会和把握。此外，影响茶汤滋味最为重要的是"水"的选择。古人云：器为茶之父，水为茶之母。明人张大复在《梅花草堂笔谈》中提出："八分之茶，遇十分之水，茶亦十分矣；八分之水，试十分之茶，茶只八分耳。"

水质不同会影响茶汤的品质差异。水有软水和硬水之分，凡水中钙、镁离子＜4mg/L的为极软水，4~8mg/L的为软水，8~16mg/L的为中等硬水，16~30mg/L的为硬水，＞30mg/L的为极硬水。在自然水中，未受污染的雨水和雪水称得上是软水，其他的一般均为硬水。

符合饮用标准的水均可泡茶，一般来说，泡茶以泉水为佳，去离子水次之。城市自来水因消毒的原因，其氯气对茶的香气和滋味影响较大，不可直接用来泡茶，须进行恰当的处理，比如：用陶瓷缸存放一昼夜后再煮水泡茶或在水龙头上安放离子交换净水器等。

综上所述，泡好一杯凤冈锌硒茶，须按"了解凤茶、因人泡茶、看茶泡茶、泡茶技艺"四个要诀进行，缺一不可。了解凤茶、因人泡茶、看茶泡茶是泡茶技艺的准备和铺垫，泡茶技艺是了解凤茶、因人泡茶、看茶泡茶的展示和体现。用"茶水分离"的泡法，即盖碗泡法，单就泡茶技艺上（主要是泡茶水温和冲泡时间），有以下三种泡法。

凤鸣高岗（一路高歌）：一泡比一泡浓。这种泡法的要点是：水温和出汤时间的掌握。投茶3~5g；第一泡，水温可在90℃左右，用高冲水手法冲水后迅速出汤。第二泡，水温可增至95℃，浸泡时间较第一泡稍长（凭感觉）。三泡以后，水温可保持在95~100℃之间。浸泡时间一泡比一泡长。

夜郎古甸（高山流水）：一泡比一泡淡。这种泡法的要点仍然是水温和出汤时间的掌握。投茶3~5g；第一泡，水温可在95℃以上（高温逼香），用高冲水手法冲水后，浸泡5~10s出汤。第二泡，水温可降至95℃，浸泡时间较第一泡稍短（凭感觉）。三泡以后，水温可保持在90~95℃，浸泡时间与第二泡相同。

曲水流觞（此起彼伏）：浓淡起伏。这种泡法最难把握，水温和出汤时间要恰到好处。第一泡以淡为主，水温在85℃即可，时间10s左右出汤。第二泡以浓为主。水温要高（95℃以上），浸泡时间应在10s以上（凭感觉）。第三泡以淡为主。水温可降至85℃。出汤时间稍长（凭感觉）。以后类推。

上述三种泡法，非一日之功，须在实践中、反复摸索、体会和总结。总之，泡好一杯凤冈锌硒茶，在熟练"四诀"、掌握"四个关键点"的基础上，总原则是：多投茶、高水温、快出汤。

第三节　茶艺曲目

一、凤茶八式——锌硒绿茶待客型茶艺

音乐（话外音）：茶，是一杯能喝的唐诗宋词，是一首能唱的琴棋书画。诗仙李白为你心醉，皇帝赵佶为你沉迷。千古奇人刘基预言：五百年后，云贵赛江南。万世茶圣陆羽赞叹：黔中夷州茶，其味极佳。夷州，就是今凤冈绥阳镇一带。自唐而下，凤冈虽数易其名，在这1883km²的土地上，却时时弥漫着悠悠茶韵，处处飘逸着袅袅茶香。

第一式：夜郎古甸（侍茶）

沧海桑田、浩瀚如烟。一个存世300多年、人文历史悠久的夜郎古国一夜之间神秘消失。斗转星移，光阴似箭，1000多年后，明万历年间，李见田将军路过凤冈休憩品茗时书写的摩崖石刻"夜郎古甸"，成了人们寻找夜郎古国蜕下的鳞片。壶里乾坤大，茶中岁月长，一把茶壶，孕育了黔中乐土——夷州；一曲茶歌，吟唱出锌硒茶乡——凤冈。

第二式：天河洗甲（洗杯）

摩崖石刻——天河洗甲刻于凤冈县城东北面1km处，为明朝大元帅刘铤所书，寓涤污、祈福、和平之意。凤冈锌硒茶因"锌硒特色、有机品质"，被消费者誉为"中国绿茶营养保健第一茶"。绿茶讲究色、香、味、形，故精茶杯饮、粗茶壶泡。冲泡名优绿茶应选择晶莹剔透的玻璃杯，并将本来很洁净的杯子冲洗、烫热。就像"天河洗甲"一样，洗去烦恼妄念，留下安然和平，质本洁来还洁去，人美茶真留茶情。

第三式：飞雪迎春（投茶）

凤冈锌硒茶分为锌硒绿茶和锌硒红茶两大类。锌硒绿茶又分为扁形绿茶、卷曲形绿茶和颗粒形绿茶。今天为您冲泡的是扁形绿茶中的极品——明前翠芽。我们采用中投法，取茶3g投入洁净并烫热的玻璃杯中。轻摇数下，闻茶的干香。飞雪迎春茶，慧心悟茶香，您一定会闻到凤冈锌硒茶的花香、栗香、仰或是豆香、玉米香。

第四式：太极洞天（润茶）

太极洞位于凤冈南面16km处。太极洞中的石刻"饮茶图"，栩栩如生地再现了龙泉人煮水、烹茶的文化和茶艺。按"饮茶图"的示意，在玻璃杯中注入少许开水，浸泡片刻，闻茶的湿香。经过高温逼香的茶叶，恰似太极生两仪、两仪生四象、四象生八卦，香气浓郁，沁人肺腑，正如太极鸾书道：天地无私为善积福，圣贤有教修身齐家。

第五式：凤鸣高岗（冲水、敬茶）

凤冈最早名叫龙泉县，因凤凰常栖息于县城东面的凤凰山上，1930年改名为凤冈县。取吉祥福泽、凤鸣高岗之意。我们用凤凰三点头的手法将开水注入杯中，尤如吉祥美丽的凤凰，开屏点头对各位贵客的到来表示热烈的欢迎。

茶是一种生活，与人朝夕相处，与世同生共融。茶是一种享受，茶香飘逸，甘醇清甜。茶是一种境界，承载历史，演绎人生。不论您品饮的体会是生活、享受，还是一种境界，纯朴、好客的凤冈人都真诚地欢迎您。

第六式：茶海之心（观茶、闻香）

问君哪来瑞草魁，茶海之心品佳茗。随着开水的注入，片片茶叶如绿色的精灵在杯中翩翩起舞。观茶形，如"雨后春笋"，如"万笔天书"。闻茶香，清幽淡雅，沁人心脾。

第七式：曲水流觞（品茶）

摩崖石刻——曲水流觞刻于凤冈县城西南面10km处。曲水流觞饮酒赋诗，煮水烹茶品茗论道。茶要用心去品，用心去悟。一品滋味，情思朗爽满天地。二品特色，忽如飞雨洒轻尘。三品韵味便得道，何须苦心破烦恼。

第八式：万古徽猷（谢茶）

湘竹架厨通泉径，烹茶煮水三足崎。万古徽猷高过石，梅花千树岁寒时。清康熙年间天隐道崇禅师在凤冈中华山上的茶诗，道出泉茶合璧，禅茶一味的神奇与空灵。清泉香茗、举杯邀月，喝下这杯甘甜香幽的锌硒茶，您一定会为凤冈茶匪夷所思的成就而惊奇，一定会为凤冈人献给世界一杯净茶而骄傲。

（谢晓东创作）

二、凤冈锌硒茶（翠芽）待客型茶艺

凤冈是贵州高原北部的一颗明珠，地处乌江北岸，大娄山南麓，这里山清水秀，风光旖旎，人杰地灵，物产丰饶，素有"黔中乐土""高原仙境"之称。进入21世纪后，凤冈人民发挥青山绿水的生态优势，大力发展绿色产业，成功开发研制了引领绿茶保健新潮流的富锌富硒有机茶。产自"中国地理标志保护产品——中国锌硒有机茶之乡"的凤冈锌硒茶（翠芽）是其中珍品，被称为中国绿茶营养保健第一茶。现在，就请大家品饮这令人陶醉的仙山奇茗。

1. 初展仙姿

凤冈锌硒茶（翠芽）的特点是：平直匀整、油润光滑、色泽翠绿、茶形秀美，有"高原绿仙子"之美誉。初展仙姿即请嘉宾鉴赏凤冈锌硒茶（翠芽）的茶相。

2. 洗净凡尘

茶是至清至洁的灵物，冲泡凤冈锌硒茶（翠芽）宜选用晶莹剔透的玻璃杯，在开泡前用开水烫杯，称之为洗净凡尘。

3. 落花庭院

抗日战争期间李政道、李四光、贝时璋、苏步青等一大批后来成为世界级科学泰斗的热血青年，曾在遵义地区学习。苏步青教授当年在品茶时赋诗云："冰心好试玉壶春，落花庭院茶醒人"。所以，我们把投茶入杯称之为"落花庭院"。

4. 贵妃出浴

这道程序是润茶，也称之为"高温开香"。我们把少量沸水冲入茶杯，润茶3~5s即倒出。像贵妃出浴一样，凤冈锌硒茶（翠芽）在热水的激发下，会散发出袭人的奇香，让您感受到大自然蓬勃的生机活力，给您带来"仙人岭"春天的气息。

5. 喜闻天香

这道程序是闻香。凤冈锌硒茶（翠芽）产于海拔750~1200m的黔北高原，这里昼夜温差大，散射光线多，有利于茶叶中芳香物质的形成和积聚，所以在高温润茶后，杯中热香四溢，请您细细地闻，在这鲜嫩细腻的香气中，透出优雅的兰花香，闻之沁人肺腑，令人陶醉。

6. 空山鸣泉

即用凤凰三点头的手法向杯中冲水至七分满。在闻了茶之后,聆听冲水入杯时的声音,如空山鸣泉,扣人心弦,引人遐想。

7. 麻姑祝寿

即奉茶敬客。麻姑是我国神话中的仙女,传说她曾在凤冈仙人岭用仙泉煮茶待客。据说喝了麻姑的茶,凡人可以延年增寿,神仙可以增加道行。所以王母娘娘每逢生日都要麻姑去泡茶祝寿。

8. 细探芳容

这道程序是请客人用心去体贴茶,细细欣赏茶之美。在赏茶时,一要观色,苏步青教授形容说:"一瓯绿泛细烟浮。"二是闻茶汤的水面香。苏教授称之为"清香逾玉露"。三是杯中观茶舞。您看,这杯中的茶芽匀齐完整、嫩绿明亮、栩栩如生。有的如兰花含苞欲放,有的一根根垂直地悬浮在水中,我们称之为"正直之心",绿芽与碧波交相辉映,美不胜收。

9. 品啜玉露

凤冈锌硒茶(翠芽)的茶汤嫩绿清亮、甘醇爽口,素有"凤冈翠芽香胜酒,品啜玉露气如春"的美誉。来!请大家尽情地品啜这芬芳甘美的琼浆玉液。

10. 拥抱明天

在凤冈,品一次茶被视为圆了一次幸福的梦。在品了凤冈锌硒茶(翠芽)后,让我们用这里群众中流传的一首民谣来结束这次茶会。

品一杯凤冈翠芽,圆一次甜蜜的梦。

梦中带着茶乡的芬芳,去拥抱希望的明天!

茶友们,愿我们在品了凤冈锌硒茶(翠芽)之后,更加热爱生活,共同去拥抱希望的明天!

(林治创作)

三、锌硒绿茶——凤冈冲泡表演型茶艺

第一式:锌硒茶乡情(侍茶)

江山代有名茶出,各领风骚数十年。凤冈地处北纬27°31′~28°22′。年平均气温15.2℃,属典型的"低纬度、高海拔、寡日照"地区。云蒸霞蔚的独特气候,林茶相间的建园模式,孕育了"色绿、香高、味醇"的凤冈锌硒茶。高水浸出物和高氨基酸催生了"多投茶、高水温、快出汤、茶水分离"的凤冈锌硒茶的冲泡方式——凤冈冲泡。

是栗香，豆香，醍醐灌顶，心旷神怡，可谓：高温逼香香气四溢，两腋清风习习顿生。

第二式：瑞草入玉壶（投茶）

山实东南秀，茶称瑞草魁。凤冈锌硒茶分为锌硒绿茶和锌硒红茶两大类。锌硒绿茶包含锌硒翠芽、锌硒毛峰和锌硒茗珠。今天为大家冲泡的是锌硒毛峰。按照"多投茶、高水温、快出汤、茶水分离"的凤冈冲泡方式，我们选用"三才杯"器皿，用下投法的手法，向冲洗烫热后的三才杯中投入5g茶，轻摇数下后闻其茶的干香，这幽幽的花香、果香，沁人心脾。（话外音）：《诗经 大雅》云："凤凰鸣矣，于彼高岗。梧桐生矣，于彼朝阳"。凤冈，因美丽的凤凰常栖息于龙泉镇东面的凤凰山上而得名。凤冈，古称夷州，公元760年，大唐盛世，茶圣陆羽在其所著的《茶经》道：夷州茶——其味极佳。沧海桑田，斗转星移，公元2018年，繁荣中华，凤冈——中国名茶之乡；凤茶——中国绿茶营养保健第一茶。

第三式：分享结茶缘（分杯）

茶之人：精行俭德；茶之道：和静清雅。茶之功：感恩、包容、结缘、分享。用悬壶高冲的手法向杯中注入沸水，数秒后，迅速将茶汤置入公道杯中。汤色的翡翠绿、茶气的嫩栗香、味觉的浓爽味，你是否从中感悟到人生如茶？你是否感知到茶味人生？

第四式：太极生两仪（品饮）

独饮得味、对饮得趣、众饮得慧。凤冈冲泡，其香，恰似太极生两仪，两仪生四象，四象生八卦，香气四溢，沁人心脾。其味，犹如道生一，一生二，二生三，三生万物，喉吻润、通仙灵，鲜爽甘醇，回味无穷。

第五式：有朋远方来（谢茶）

月映千江水、千江月不同。茶汤的翠绿清亮、滋味的甘醇爽口，是凤冈为您呈奉的一盏净茶，一杯玉液。此中有真意，欲辩也忘言。嗟乎，有朋自远方来、不亦乐乎。

四、标准型绿茶茶艺

1. 焚香除妄念

泡茶可修身养性，品茶如品人生。古今品茶都讲究平心静气。焚香除妄念就是通过点然这支香，营造一个安静、祥和、温馨的氛围。

2. 冰心去凡尘

茶是至清至洁，天涵地育的灵物，泡茶要求所用的器皿至清至洁。所以要用开水烫洗一遍茶具，做到冰清玉洁，一尘不染。

3. 玉壶养太和

绿茶,尤其是明前茶、谷雨茶,其芽头细嫩,尊贵。若用滚烫的开水直接冲泡,则会熟汤失味。所以须将水温降至85℃左右,再进行冲泡。

4. 清宫迎佳人

苏东坡有诗云:戏作小诗君勿笑,从来佳茗似佳人。用茶匙,在茶罐中取3g茶置入冲洗、烫热的玻璃杯中。

5. 甘露润莲心

清乾隆皇帝曾把茶叶称为"润心莲"。在玻璃杯中,注入少许开水,润茶片刻,使茶充分舒展。

6. 凤凰三点头

用"凤凰三点头"的手法,向杯中注入开水至2/3处。冲水时有节奏地三起三落,犹如凤凰向各位嘉宾点头致意。

7. 碧玉沉清江

冲入开水后,片片茶叶,有的浮在水面,有的沉入杯底,似万笔天书、如碧玉沉江。

8. 观音捧玉瓶

观世音菩萨常捧着一个白玉净瓶,净瓶中的甘露可消灾祛病,救苦救难。现将泡好的茶敬奉给各位,意在祝福好人一生平安。

9. 春波展旗枪

杯中的茶叶在开水的浸泡下,千姿百态、随波晃动。栩栩如生宛如春兰初绽,翩翩起舞如夏荷绽放。

10. 慧心悟茶香

品茶须一看、二闻、三品味。在欣赏"春波展旗枪"之后,用心去闻茶香,用心去悟茶韵。

11. 淡中品至味

绿茶的茶汤清纯甘鲜,淡而有味,只要用心去品,去悟,就一定能从这淡淡的茶汤中,品出天地间至清、至醇、至真、至美的韵味来。

12. 自斟乐无穷

品茶有三乐:一曰"独品得味",二曰"对品得趣",三曰"众品得慧",无论是"得味、得趣、还是得慧",只要能品出"采菊东南下、悠悠见南山"境界,便得到茶的真味,便得到人生的无穷乐趣!

五、凤冈土家油茶茶艺

凤冈土家油茶，以其独特的风味让人连连称道，而传承了唐宋时代煮茶遗风的凤冈土家油茶茶艺更让人赞口不绝。

凤冈土家油茶茶艺的第一道程序是备料——"会聚众香为美食"。主要原料包括花生米、核桃仁、黄豆、芝麻、脆哨、茶叶、菜籽油等。炒制或油炸好上述原料后放入擂钵捣碎成沙粒或粉状，另将荞皮、米花、黄饺等茶点用油炸脆备用。

第二道程序：打茶糕——"融会众香为一体"。用茶籽油将茶叶炸黄，加入适量的水，再放入备好的黄豆、花生等配料，用长柄木瓢在铁锅内慢慢摁压，将煮熟的茶叶压烂与各种配料融为一体，成为糊状的茶糕备用。也可即做即用加水熬成油茶。

第三道程序：熬油茶——"调配众香成佳香"。将菜籽油放入锅内，再放入制好的茶糕轻炒，然后加水煮沸，放入适量的盐、花椒粉，撒上炒熟的芝麻，香喷喷的油茶就做好了。

第四道程序：敬客——"一碗油茶表敬意"。将油炸好的荞皮、米花等装入盘内摆放木桌中央，将土陶碗摆放桌子四面，按长辈、老人、客人依序献上油茶。

第五道程序：吃油茶——"茶香入心解醉人"。吃油茶是一种生活的享受。闻闻茶香、品品茶味、尝尝茶点。酥脆的茶点爽口，清香的油茶爽心，既能果腹充饥，又能舒气畅神，难道不是一种享受吗？

第六道程序：谢茶——"再上层楼入佳境"。要边吃边啜，边赞美。吃完后更要向热忱好客的主人表示感谢。若是吃了新娘煮的油茶，吃完最后一碗时，应在碗中放些喜钱（也称为"针线钱"），双手递给新娘表示贺喜。

茶艺表演过程中常常还伴有欢快活泼，古朴自然，反映土家族劳动和生活的民族舞蹈，音乐清新流畅，节奏明快。

（罗胜明、任克贤创作）

注：贵州省人民政府2007年5月29日公布"凤冈土家油茶茶艺"为第二批省级非物质文化遗产。

六、月圆花好三道茶——凤冈县民间礼俗茶艺表演脚本

时间：当代

音乐：民俗音乐

人物：新郎（男茶艺师）新娘（女茶艺师）

　　　伴郎、伴娘（助泡2人）、伴舞（8人）

背景：黔北民居

道具：大门上贴大红色双喜挂图及对联。院子围上竹栅栏，院角有竹林。院中摆放竹桌（正方形）1张，（桌上摆放木瓢1个、茶碗7~9个、茶巾2张、长竹筷1双、泡茶配料、茶叶）、竹凳4个、草墩4个。旁边摆放火盆（上面安放三脚架、砂土开水罐、小砂锅、煮茶罐）。

开场

音乐响起

画外音（解说）：在心灵的故土，养生的天堂——中国西部茶海之心凤冈。这里是凤鸣高岗的地方，古有"黔中乐土"之称，今有"锌硒茶乡"之誉！

这里是凤凰栖息的地方，漫山林茶相间，满园鸟语花香！这就是贵州省凤冈县——夜郎故地，醉美茶乡。

"柴米油盐酱醋茶"，茶在凤冈人的生活中是不可缺少的生活必需品，有客来敬茶的礼节，更有独特的婚典茶礼。月圆花好三道茶茶艺，展示的就是凤冈民间婚嫁中的茶礼习俗。"三道茶"即相亲时的"问茶"、定婚时的"下茶"、结婚时的"合茶"。

第一道茶：情窦初开（罐罐茶）

情景表演：优美的凤冈民间乐曲与画外音中，初恋的男青年手提装了茶食的竹篮，一脸幸福，迈动舞步来到女孩家的门前。女孩从屋里舞蹈而出。两人手牵手舞蹈至女孩家堂屋，双双谦让，同坐在堂屋的火坑边。

火坑里，篝火正旺。

男孩取来茶罐，先将茶罐放在篝火上烤热，再从自己带来的竹篮里取了茶叶放入茶罐炙烤，然后注入水放在篝火上煮着。男孩含情脉脉，女孩羞羞答答，他俩爱意连连，演绎着一段甜蜜的爱。

男孩执手取了茶罐放于茶几，又取了茶碗，将浓浓的茶汤注入茶碗，用嘴吹吹热气，献给女孩。女孩在娇羞中很甜蜜地饮（啜）了一小口，幸福极了，随后将茶递给男孩。

画外音（解说）：在凤冈民间的婚俗中，把订婚说成"拿茶""受茶""吃茶"，订婚的礼品称为"茶金"，彩礼称为"茶礼"等，婚礼中要"拜茶"谢亲友，新娘要泡茶献亲朋好友。俗话说"好女不吃两家茶"，是对美满婚姻的最佳解说。罐罐茶，有着深厚茶文化底蕴，是凤冈人的饮茶习俗。凤冈农村，家家户户都会煮罐罐茶，家家户户都要喝罐罐茶。一般家庭都设有火塘，煨罐罐茶要选用本地砂土茶罐，洗净后装上山泉水放在火塘上烧开。将自制的土茶叶用碳火烤至焦香，然后投入烤热的茶罐中，在滚烫的开水中慢慢熬制，待其小涨移开茶罐，等到茶叶沉淀，茶水变浓时再饮用。罐罐茶，汤色红浓，香气独特，生津解渴。在节日或农闲的日子里，烧一塘旺旺的疙兜火，煨一罐浓浓的老土茶，热恋中的男女围着火塘，喝着酽酽的香茶，说着缠绵的情话。这甜蜜的柔情，渐渐融化、陶醉在这香浓的罐罐茶里。这头道茶犹如情窦初开，热烈，浓酽，正是爱情如火的象征。

第二道茶：爱情甜蜜（煮油茶）

情景表演：欢快热烈的凤冈民间乐曲。

在欢快热烈的凤冈民间乐曲与画外音中，新郎身后紧跟一架盛满礼品的抬盒，舞蹈至新娘家门前，新娘的朋友从屋里出来，将新郎一行迎进堂屋。

新娘在三两个闺蜜相伴下，观看新郎与伙伴们将抬盒里的礼物（茶食果品、米花荞皮等必备）一一展示并摆放在竹桌上。

音乐更加热烈明快。新娘被伙伴们推向茶几前。伙伴们取来茶具一一摆放在茶几（桌）上。新娘开始泡茶。众人注视着新娘泡茶。

画外音（解说）：古代汉族先民认为，茶树只能直播，移栽不能成活（现代科学已打破这个神话），故称茶为"不迁"，在婚姻恋爱中象征坚贞不渝的爱情；茶树多籽，汉族人家传统观念祈求子孙繁盛、家庭幸福，于是多在婚礼中作为"聘礼""彩礼"。凤冈世代流传男女订婚以茶为礼的习俗，茶礼成了男女之间确立婚姻关系的重要形式。因"茶性最洁"，寓意爱情"冰清玉洁"；"茶不移本"，表示爱情"坚贞不移"；茶树多籽，象征子孙"绵延繁盛"；茶树四季常青，以茶行聘寓意爱情"永世常青"。茶在凤冈民间婚俗中历来是"纯洁、坚定、多子多福"的象征。所以定亲时，男方聘礼中茶叶是必不可少的。男方要向女方家纳彩礼，即"下茶礼"。女子接受了男方下聘的"茶礼"，称之为"吃茶"。在定亲当天，女方要用男方聘礼中的茶叶熬制油茶来款待男方的宾客。油茶在凤冈又称为"干劲汤"。主要原料包括花生米、核桃仁、黄豆、芝麻、脆哨、茶叶、菜籽油等。制作方法是先将茶叶、黄豆用菜籽油炒制后放入擂钵捣碎成沙粒或粉状的茶糕备用。再用菜籽油将茶糕炸黄，加入适量的水，用长柄木瓢在铁锅内不停摁压，再加水慢慢熬煮，放入适量的盐、花椒粉、脆哨；待水烧开，最后加入炒制好的花生、芝麻等配料，香喷喷的油茶就煮好了。"妹儿们，端油茶喽！"

凤冈油茶酥脆爽口，茶味芬芳爽心，佐以荞皮、米花、黄饺等茶点，既能果腹充饥，又能舒气畅神。这第二道茶象征着爱情甜蜜、丰富、圆润，是爱情即将圆满之前的最好演绎。

第三道茶：月圆花好（和合茶）

情景表演：乐曲转入欢快的迎亲调。

多声部画外音：娶新媳妇喽！

画外音中，新郎伴着迎亲抬盒、热烈地抬上舞台。

画外音中，众伴新人舞蹈至茶桌。新郎、新娘开始泡茶。

画外音（解说）：在凤冈民间，迎亲之日，闹婚礼的青年男女涌进张灯结彩的大门，将在门边迎客的新郎、新娘连推带搡，拉到堂屋里，让新郎、新娘给前来贺喜的宾客捧上放有蜜饯、喜糖、茶水等"茶配"的茶盘，这一礼俗称为"吃新娘茶"，也叫"和合茶"，蕴含着祝福新婚夫妇日后和和美美，合家欢乐。

茶台平铺大红龙凤牡丹图桌布，寓意龙凤呈祥、富贵延年；茶具选用盖碗，象征天地人和、天造地设；茶叶所选之茶是凤冈红茶，加入适量冰糖和桂花，冲泡出来的茶汤红浓艳丽，预示婚后的日子红红火火、甜甜蜜蜜。此外再配以红枣、花生、桂圆、瓜子等茶点佐茶，寓意"早生贵子""百年好合"。有道是"品饮新娘茶，一生福无涯"。让我们随着新娘敬献的那杯清甜的香茶，细细地品味那份浓浓的甜蜜和满满的幸福。

洞房花烛夜、良辰美景时。月圆花好三道茶头道茶热烈，浓酽；二道茶丰富、圆润；三道茶幸福、圆满。在这个花好月圆的日子里，借这三道茶祝天下有情人终成眷属，祝在座的各位茶友家庭幸福美满！

（杨超、姚秀丽、谢晓东创作）

第四节　凤冈绿茶泡饮

绿茶属于不发酵茶，凤冈绿茶主要分为扁形茶、卷形茶和颗粒形茶。凤冈绿茶的冲泡通常以玻璃器皿或白瓷茶杯为主。现就泡饮方式择其介绍。

一、泡饮方式

1. 待客型茶艺之"直杯泡法"

直杯泡法分为三式。第一式，侍茶：筑巢引凤。意指器皿、茶叶的准备，向客人介绍凤冈和凤冈锌硒茶的基本情况和茶叶的品质特征。第二式，冲泡：凤凰涅槃。通过烫杯、投茶、润茶、闻香、冲水、奉茶、赏茶、品茶一系列流畅、优雅的冲泡动作，向客人展示茶叶的冲泡技艺。第三式，品饮：百鸟朝凤。一期一会，珍惜当下，在赏心悦目的过程中，达到交流、沟通的目的。

侍茶：筑巢引凤。根雕（茶海）茶座一张、玻璃杯若干只（视客人而定）、随手泡一套、茶道组一套、茶叶罐一个、茶盒一个、茶巾一条、插花一组。

凤冈，因美丽的凤凰常栖息于县城东边的凤凰山上而得名，寓凤鸣高岗，吉祥福泽之意。

凤冈古称"夷州"。茶圣陆羽在《茶经》中赞其茶其味极佳。凤冈今称"茶乡"。其茶因形美、色绿、香高、味醇而获百年世博中国名茶金奖，被誉为中国绿茶营养保健第一茶。

精茶杯饮，今天为大家冲泡的是：中国地理标志保护产品，来自中国茶海之心的明前翠芽。

冲泡：凤凰涅槃。传说中，凤凰是人世间幸福的使者，每五百年就要集梧桐枝自焚，经烈火的煎熬和痛苦的考验后获得重生，并在重生中得到升华。

春回大地茶先知。锌硒翠芽经整个严冬的锤炼和积累，汲日月之精华，采大地之灵气，获得重生的锌硒翠芽秀外慧中，高雅纯净。

烫杯：用沸水烫洗本来就很洁净的玻璃杯。

投茶：向烫热后的玻璃杯中投入3g芽茶，轻摇数下后闻其茶的本香。根据投茶、冲水的先后分为上投法、中投法和下投法。上投法：先向玻璃杯中注开水至2/3处，然后投茶3g。适宜于碧螺春、毛尖等名优茶。中投法：先向玻璃杯中注入开水至1/3处，投茶3g后，待茶吸水展开后，再向杯中注入开水至2/3处。适宜于龙井、锌硒翠芽等名优绿茶。下投法：先投茶3g，然后直接向杯中注入开水至2/3处。

润茶：向杯中注入少许开水（高温逼香），润茶10s左右，闻茶的本质香，或是豆香、栗香，抑或是花香、蜜香、嫩玉米香。

冲水：春笋露尖角，万笔写天书。用凤凰三点头的手法向杯中注入开水至杯的2/3处。

奉茶：用双手将冲泡好的茶杯奉送给尊贵的客人。

观茶：示意客人观赏茶的汤色与茶的灵动。

品饮：百鸟朝凤。一片叶，承华夏五千年文明，一杯茶，品古今三千载春秋。云中见祥凤，百鸟无文章。

品饮：品饮凤冈锌硒翠芽，讲究一看二闻三品味。一看：看茶形、看汤色、看叶底。二闻：闻茶的本香，闻茶的持久香。三品：口腔品味甘醇，舌尖品味甘甜，喉底品味甘爽。

谢茶：茶是一种生活，与人朝夕相处，与世同生共融。茶是一种享受，茶香飘逸，甘醇清甜。茶是一种境界，承载历史，演绎人生。不论你品饮的体会是生活、享受，还是一种境界，都请记住凤冈，记住凤冈锌硒茶，记住纯朴、好客的凤冈人。谢谢。

2. 待客型茶艺之功夫泡法

待客型茶艺之"功夫泡法"分为四式。第一式，侍茶：锌硒茶乡情，意指茶席的布置、器皿和茶叶的准备，并向客人介绍凤冈和凤冈锌硒茶的基本情况和茶叶的品质特征。第二式，投茶：茗珠入玉壶，通过烫杯、投茶、润茶、闻香等一系列流畅、优雅的冲泡动作，向客人展示锌硒茗珠茶的冲泡技艺。第三式，分杯：分享结茶缘，将茶汤置入公道杯中，用公道杯均匀地分入客人的品茗杯中，引导客人观色、闻香。第四式，品饮：太极生两仪，锌硒茗珠茶香高味醇，沁人心脾。

① **侍茶**：锌硒茶乡情。茶桌（海）、三才杯、公道杯、品茗杯、随手泡、茶道组、茶罐、茶盒、茶巾等。

茶香悠悠，我们似乎嗅到唐《茶经》关于夷州、龙泉云雾茶，其味极佳、色味双绝记载的墨香。茶情绵绵，至唐而下，凤冈始终与茶同行，处处飘逸着袅袅茶香。21世纪以来，凤冈茶一路高歌，创造了中国茶业发展史上的凤冈现象，获得中国绿茶营养保健第一茶的美誉。凤冈因茶而扬名，因茶而改变。

② **投茶**：茗珠入玉壶。凤冈锌硒茶分为锌硒绿茶和锌硒红茶两大类。锌硒绿茶包含锌硒翠芽、锌硒毛峰和锌硒茗珠。今天为大家冲泡的是锌硒茗珠，烫杯：用关公巡城的手法，将三才杯、公道杯、品茗杯用沸水烫洗。投茶：向烫热后的盖碗杯中投入3~6g珠茶（视杯的大小），轻摇数下后闻其茶的干香。润茶：向杯中注入少许开水（高温逼香），润茶5~10s，闻茶的本质香。冲水：用悬壶高冲的手法向杯中注入开水，迅速将茶汤置入公道杯中。

③ **分杯**：分享结茶缘。湘竹架厨通泉径，烹茶煮水三足崎。将公道杯中的茶汤分入客人的品茗杯中。再向杯中注入开水，浸泡时间应比第一泡稍长。以后三泡、四泡浸泡时间逐渐延长，直至七泡。

④ **品饮**：太极生两仪。"独饮得味、对饮得趣、众饮得慧"。经过高温逼香的锌硒茗珠，其香恰似太极生两仪，两仪生四象，四象生八卦，香气四溢，沁人心脾。茶香悠悠，茶情绵绵，凤冈锌硒茗珠，茶汤嫩绿清亮、甘醇爽口，请大家尽情地品啜这芬芳甘美的琼浆玉液。

二、凤冈锌硒绿茶茶艺解说词

茶艺解说词的创作，因人、因事、因地而异。一般分为两种。一是根据泡茶的程序，从茶叶本身特性、特点、寓意出发而创作，具有普遍性。二是以区域内社会、经济、文化为背景而创作，具有特定性。谢晓东创作的凤茶八式——凤茶韵就是根据凤冈这一特定的地域文化为背景创编的。标准型绿茶茶艺解说词则是从茶叶本身特性、特点、寓意出发而创作的，无论什么地区、什么场合都可以作为绿茶茶艺的解说词。中国茶文化专家林治先生创作的凤冈锌硒茶（翠芽）待客型茶艺则是合二为一的。从目品—初展仙姿到谢茶—拥抱明天共十式，这十式同样是遵循了泡茶的一般规律，适合各种场合使用。但是，这十式的解说词具体内容则注入了凤冈元素，只有用凤冈锌硒茶才适用此解说词。

今天推荐给大家，以期共赏。

① **凤茶八式——凤茶韵**：侍茶：夜郎古甸；洗杯：天河洗甲；投茶：飞雪迎春；润茶：太极洞天；冲水：凤鸣高岗；观茶：茶海之心；品茶：曲水流觞；谢茶：万古徽猷。

② **标准型绿茶茶艺**：敬香：焚香除妄念；烫杯：冰心去凡尘；降温：玉壶养太和；投茶：清宫迎佳人；润茶：甘露润莲心；冲水：凤凰三点头；观茶：碧玉沉江清；奉茶：观音捧玉瓶；赏茶：春波展旗枪；意品：慧心悟茶香；口品：淡中品至味；品韵：自斟乐无穷。

③ **凤冈锌硒茶（翠芽）待客型茶艺**：目品：初展仙姿；烫杯：洗净凡尘；投茶：落花庭院；润茶：贵妃出浴；鼻品：喜闻天香；冲水：空山鸣泉；奉茶：麻姑祝寿；赏茶：细探芳容；口品：品啜琼浆；谢茶：拥抱明天。

第五节　凤冈红茶泡饮

红茶属于全发酵茶，最早创制于福建省崇安（今武夷山市），是曾经风靡全世界的中国茶类，英文为black tea。英式下午茶选用的就是红茶。红茶以茶树新梢芽、叶为原料，经萎凋、揉捻、发酵、干燥等工艺精制而成，因干茶色泽和冲泡后的茶汤以红色为主调故而名为红茶，具有外形红、汤色红、叶底红和香甜味醇的特征。发酵是决定红茶品质的关键工序，通过发酵促使多酚类物质发生酶性氧化，产生茶红素、茶黄素等氧化产物，形成了红茶特有的色、香、味。

一、红茶种类

根据制作方法的不同，可分为工夫红茶、小种红茶和红碎茶。

二、凤冈锌硒红茶简介

凤冈锌硒红茶为工夫红茶，是指以凤冈县境内生态茶园良种茶树的鲜嫩芽、叶为原料，按《凤冈锌硒茶加工技术规程》精细加工而成。茶汤中含有人体所需的17种氨基酸和有益健康的锌、硒元素，其中：锌含量为40~100mg/kg，硒含量为0.03~4mg/kg，是安全、健康的绿色饮品。

1. 芽型红茶

采摘黄金桂、金观音、梅占等茶树品种的单芽，精细加工制作而成。条索紧细，色泽乌润，汤色橘黄明亮，叶底细嫩红亮，有天然桂圆味或天然花香。

2. 珠型红茶

采摘黄金桂、金观音、梅占等茶树品种的一芽二、三叶，精细加工制作而成。颗粒重实，色泽乌润，汤色橘红明亮，叶底嫩匀，薯香或花香明显。

3. 叶型红茶

采摘黄金桂、金观音、梅占等茶树品种的芽叶，外形条索紧结，色泽乌润，汤色红艳明亮，叶底红亮匀齐，香气馥郁，滋味鲜爽浓醇。

三、锌硒红茶冲泡要领

图10-10 茶席设计

1. 芽型红茶

品饮芽型红茶最合适的茶具是白瓷盖碗或瓷壶，尤以骨瓷或玉瓷为佳。由于芽型红茶很细嫩，不宜用沸水冲泡，所以可以将水温降到90℃左右。烫壶后，投入5g芽茶，用回旋注水法冲入少量热水润茶，接着用定点高冲法注满水，冲出的水流要细、要慢，要让茶叶充分翻滚起来，这样泡出的茶才能色、香、味俱全，然后快速出汤分茶入品茗杯中。

2. 珠型红茶

品饮珠型红茶适合选择骨瓷或玉瓷盖碗（图10-10），由于外形为颗粒状，较为紧结，一般由一芽二、三叶制成，相比芽型红茶而言，较为粗老，所以必须用沸水冲泡。烫杯后投入5g茶叶，盖上杯盖轻轻摇动盖碗，再用高冲法注入沸水，浸泡30s后出汤分茶入品杯。

四、锌硒红茶茶艺表演解说词

1. 清饮法：清素养心茶艺——醉红颜

音乐：《出水莲》。

俗话说："泡茶可以修身养性，品茶可以品味人生"。中国茶道大致可用"和、静、怡、真"四字来概括。"和"是中国茶道哲学思想的核心；"静"是中国茶道修习的方法；"怡"是品茶的心灵感受；"真"是茶道的终极追求。随着现代人生活节奏的加快，人们总是行色匆匆，劳心劳

图10-11 茶艺表演

力。何不偶尔散慢下来，忙里偷闲、煮水品茗，给心一个放松的机会。下面就请大家和我一起去感受心灵的回归。请欣赏清素养心茶艺——醉红颜（图10-11）。

一杯香茗，品出一串串美丽的故事，一首妙乐，奏出一段段动人的传说。她从远古走来，吸收了天地的精华，融汇了山川的气息，抖落积聚的尘埃，在阳光下绽放光彩，在风雨中洗尽铅华，一任风尘喧嚣，浮世纷扰，也覆盖不了她溢出的绝代芳华。

人生是一次航行，有你的生命便如此生动，品茶、听曲，是一种享受。沉浸在茶的世界里，选择春华秋实，在季节的转换中，不断充实自己；在浮华的岁月中感悟生命的真谛，这就是茶的魅力，如玫瑰般让人着迷、欢喜（图10-12）。

图10-12 茶汤

图10-13 茶艺表演

有一种韵律在温婉的春天飘扬，有一种美丽在春天里叙说。一杯红茶是一首诗，字里行间铺开的暖意，让尘世的奔波和疲惫，都将在一杯红茶中，渐渐淡去。温杯洁具，置茶冲洗，无一不精益求精，一丝不苟（图10-13），甚至连思想意念都不曾有误。如此细心入微、匠心独运，就为了冲泡这一杯香醇的红茶。奔腾是一种生命，安静是一种智慧，你用最优雅的姿势，蕴藏着炽热的心怀。

斟满一杯红茶，也就斟满一杯风霜雨雪的沧桑；斟满一杯红茶，也就想起美丽的采茶女的红酥手，采摘着大自然的精华；斟满一杯红茶（图10-14），幸福地端详着翩跹起舞的落叶，浮动的是一缕缕醉人的清香。慢慢品着，唤醒了幸福的味蕾；慢慢品着，感受到温暖的身躯。

"味浓香永，醉乡路，成佳境，恰如灯下故人，万里归来对影，口不能言，心下快活自省"。这大概是醉的极致了吧。啜一口红茶，品味浪漫的激情，嗅一口茶气，回味幽幽的清香，犹如暗香浮动，红醉佳人。

图10-14 斟茶

2.混饮法：祝福茶茶艺

音乐：《桂花开放幸福来》。

序：有道是"美酒千杯难成知己，清茶一盏也能醉人。"中国自古以来就是礼仪之邦，古代茶人喜欢"寒夜客来茶当酒"，今晚我们也"以茶代酒"祝福诸位爱茶人，心想事成、吉祥如意！

今天我们选用的是产自凤冈的锌硒红茶。锌硒红茶色泽褐红油润，金毫显露，滋味醇厚，香气浓郁。接下来我们采用调饮的方法，为大家献上一道祝福茶。

冲泡祝福茶，首先要温杯涤器。茶是至清至洁之物，所以用洁净的器皿来冲泡，更好地保持了茶性的自然和真实，也体现了对客人的尊敬。

接下来，将锌硒红茶缓缓投入晶莹剔透的玻璃壶中，再注入沸水浸泡茶叶，并加盖闷壶，以此孕育出红茶的香和韵。接着添香助味，把玫瑰花、小金橘、枸杞舀入水晶玻璃碗中，并添加适量桂花蜜，随之将红茶出汤，并用汤匙轻轻搅拌，使之充分调和，此时红颜初绽、蜜甜茗香。现在将冲泡好的红茶分洒入杯：第一杯保佑大家一生平安；第二杯祝福大家好事成双；第三杯寓意三星高照；第四杯代表事事如意；第五杯象征五福临门；第六杯祝诸位茶人六六大顺。一杯醇香浓郁的红茶，是一枚写满祝福的邮票，红茶的温润蕴含着我的思念，寄给亲人，寄给朋友，斟满一杯红茶象征着斟满我的思念，代表着我的祝福，祝福各位茶友，今后的日子像杯中的红茶汤一样芳香持久、红红火火！

七碗受至味，一壶得真趣，空持百千偈，不如吃茶去！

第六节　凤冈白茶泡饮

白茶，属轻微发酵茶，采摘后不经杀青或揉捻，其制作工艺是最自然的，基本工艺包括萎凋、烘焙（或阴干）、拣剔、复火等工序。把采下的鲜叶薄薄地摊放在竹席上置于微弱的阳光下，或置于通风透光效果好的室内，让其自然萎凋。萎凋是形成白茶品质的关键工序。晾晒至七八成干时，再用文火慢慢烘干即可。主要产区在福建福鼎、政和、松溪、建阳和云南景谷等地。云南白茶工艺主要是晒青，晒青茶的优势在于口感保持茶叶原有的清香味。

白茶成茶满披白毫、汤色清淡、味鲜醇、有毫香。最主要的特点是白色银毫，素有"绿妆素裹"之美感，芽头肥壮，汤色黄亮，滋味鲜醇，叶底嫩匀。冲泡后品尝，滋味鲜醇可口，还能起药理作用，有"一年茶、三年药、七年宝"之说，茶性清凉，具有退热降火之功效。

一、白茶种类

白茶因茶树品种、原料（鲜叶）采摘的标准不同，可分为芽茶和叶茶，主要品种有白毫银针、白牡丹、贡眉、寿眉及新工艺白茶等。

1. 白毫银针

白毫银针简称银针，又叫白毫，因其白毫密披、色白如银、外形似针而得名，其香气清新，汤色淡黄，滋味鲜爽，是白茶中的极品，素有茶中"美女""茶王"之美称。

2. 白牡丹

因其绿叶夹银白色毫心、形似花朵，冲泡后绿叶托着嫩芽，宛如蓓蕾初放，故得美名"白牡丹"。白牡丹是采自大白茶树的或水仙种短小芽叶新梢的一芽一、二叶制成的，是白茶中的上乘佳品（图10-15）。

图10-15 投茶

3. 贡眉

贡眉是以群体种茶树品种的嫩梢为原料，经萎凋、干燥、拣剔等特定工艺过程制成的白茶产品。贡眉一名源自清廷采购；朝廷采购的物品都被称为贡品，贡品寿眉也就被称为"贡眉白茶"了。

4. 寿眉

寿眉是以大白茶、水仙或群体种茶树品种的嫩梢或叶片为原料，经萎凋、干燥、拣剔等特定工艺过程制成的白茶产品。

图10-16 白茶产品（一）

5. 新工艺白茶

新工艺白茶简称新白茶，是按白茶加工工艺，在萎凋后加入轻揉制成。其茶色泽暗绿带褐，香清味浓，汤色较浓，深受消费者的欢迎。

二、凤白茶简介

凤白茶多为一芽二、三叶、毫心多而肥壮、芽叶连枝、压制成饼状，冲泡后汤色黄亮，滋味鲜醇，叶底嫩匀。凤白茶茶性清凉，具有退热降火之功效（图10-16、图10-17）。

图10-17 白茶产品（二）

三、凤白茶冲泡要领

可选用白瓷盖碗，烫杯后投入5g茶叶，用高冲法注入沸水，加盖闷泡30s后出汤分茶；之后每道茶浸泡时间延长10s出汤。

若是添加金丝皇菊，可在投茶后直接加入菊花，只能加一朵，否则花味会盖过茶味，而且一定要用沸水冲泡，这样泡出来的茶味浓爽，花色明亮；若水温过低，冲泡开的菊花颜色发暗，茶味也会偏淡。

四、凤白茶茶艺表演解说词

音乐：《云水禅心》。

一杯茶，一份缘，茶在等一个懂它的人，人在等一杯倾心的茶。炎炎夏日，街头闲逛之余，寻一处茶坊、遇一款好茶、喝上一杯，不仅暑气顿消，而且心神愉悦。

有人说喝茶是一种修行，它让一颗浮躁的心在等待中归于平静。其实，喝茶还是享受慢生活的一种方式。茶的冲泡过程，可以让人从中体会到，什么是生活的从容、优雅与安宁。与茶为伴就是一种在古典音乐中，缓慢行走般的诗意生活。

行走在城市的大街小巷，感受车马喧嚣，步履匆匆的同时，别忘了停一停、等等自己的心，品一杯清茶，享一份清静。就像佛语所说："遇饭吃饭，遇茶吃茶。"遇上好茶，不妨驻足片刻，尽情享受茶的魅力。

水为茶之母，器为茶之父。冲泡好茶离不开好器。摆上一台禅风茶器，冲上一泡凤白香茗，在熙熙攘攘的红尘世界，让心灵寻得一片净地（图10-18）。

茶在手中是风景，茶在口中是人生。喝茶，喝的是一份心情。品茶，品的是一种心境。于是一花一叶便有了禅意，一壶一茶自成了乾坤。伴随一曲空灵梵音，看佛祖拈花，悟禅心如海。

图10-18 茶艺展示

第七节　凤冈青茶泡饮

青茶，亦称乌龙茶（图10-19），属于半发酵茶。经过萎凋、摇青、炒青、揉捻、干燥等工序制作而成。主要产区是福建的北部、南部及广东、台湾地区，近年来四川、贵州、湖南等省也有少量生产。青茶外形粗壮紧实、色泽青褐油润，花果香浓郁，滋味醇厚耐泡，叶底绿叶红边。

一、凤冈锌硒乌龙茶简介

主要取材于福云6号、金观音、黄观音。原料一芽四、五叶。外形卷曲乌，色泽黄绿，汤色金黄明亮，香气兰花香、浓烈、长久，滋味醇厚，耐冲泡，叶底完整。

图 10-19 凤冈锌硒乌龙茶一级样品

二、锌硒乌龙茶冲泡要领

冲泡锌硒乌龙茶一般选用紫砂壶冲泡。烫壶后投茶8g入壶，先摇壶蕴香，再用回旋高冲法向壶中注入沸水至壶口，轻轻刮去浮沫，加盖再浇淋壶的外部，让茶壶内外加温，茶香滋味更加浓醇；浸泡30s后分茶入品杯；随后的每道茶浸泡时间可延长10s后出汤。锌硒乌龙茶滋味醇厚，冲泡七次仍有余香。冲泡锌硒乌龙茶必须要100℃水温，这样茶汁浸出率高，同时有利于茶香的散发，更能品出锌硒乌龙茶的独特茶味。但是水不能烧的时间过长，水沸腾太久会影响茶的滋味。

三、锌硒乌龙茶茶艺解说词

音乐：《春江花月夜》（图10-20）。

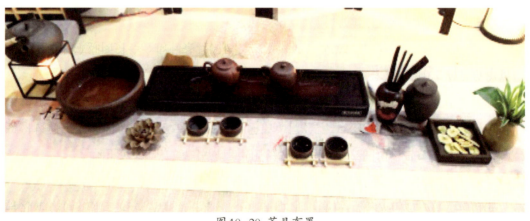

图 10-20 茶具布置

凤冈锌硒乌龙茶是新近开发的一个品种，它具有绿茶的形状和铁观音的特征，茶香淡雅、滋味醇厚，接下来就请大家一起随着我的冲泡程序，去用心感悟凤冈锌硒乌龙的独特韵味。

① **焚香静气**：焚香静气，袅袅青烟缥缈于茶舍，淡淡清香怡情于席间。焚香啜茗，

通过雅致之趣颐养情怀。

② **仙子沐浴**：洁净的茶器好比是冰清玉洁的仙子。仙子沐浴，即用沸水冲洗器皿，以达到升温和净器的目的。

③ **大彬沐淋**：俗话说"工欲善其事，必先利其器"。好茶需妙器，因此冲泡锌硒乌龙茶宜用紫砂壶为佳。时大彬是明代制作紫砂壶的一代宗师，他制作的紫砂壶被后人叹为观止、视为至宝，所以后代茶人常把名贵的紫砂壶称为"大彬壶"。

④ **察颜观色**：凤冈锌硒茶乌龙茶观之外形紧结重实、青褐乌润，缓缓投茶入壶中，轻轻摇晃茶壶，清音如磬，似佛语呢喃。

⑤ **高山流水**：好茶、妙器、真水，犹如高山流水有知音；这倾泻而下的热水，如瀑布在鸣奏着大自然的乐章，让人心驰神往，浮想联翩（图10-21）。

⑥ **春风拂面**：即用壶盖轻轻刮去茶汤表面的白色泡沫，以便茶汤更加清澈亮丽，明艳动人，真的是"风吹浮云散，明月照人来"（图10-22）。

图10-21 茶艺——注水

⑦ **一帘幽梦**：茶与水在壶中相依偎、相融合。这时，再在壶的外部浇淋开水，以便让茶在滚烫的壶中，孕育出浓浓的茶香，孕育出妙不可言的茶韵。

⑧ **玉液移壶**：冲泡乌龙茶，我们要准备两把壶，一把用于泡茶，称为母壶；另一把用于储备茶汤，称为子壶。把泡好的茶倒入子壶中，称为"玉液移壶"。

⑨ **凤凰点头**：将子壶中的茶汤用点斟的手法注入品杯，称为"凤凰点头"，象征着凤凰在向各位嘉宾行礼致敬。

图10-22 鉴赏茶汤

⑩ **敬献香茗**：现在我们把冲泡好的乌龙茶敬献给各位嘉宾。

⑪ **沁人幽香**：锌硒乌龙的香气沁人心脾、怡情悦志，我们只有带着丰富而浪漫的想象力，才能感受到它令人心醉的芬芳。

⑫ **三龙护鼎**：这是持杯的手势，三根手指喻为"三龙"，茶杯如鼎，故名"三龙护鼎"，这样持杯既稳当又雅观。

⑬ **鉴赏汤色**：请嘉宾观赏一下杯中的茶汤，锌硒乌龙茶汤呈黄色、清澈艳丽。

⑭ **初品奇茗**：即品头道茶，品茶时，我们啜入一小口茶汤，但不要急于咽下，而是用口吸气，让茶汤在口腔中流动冲击舌面，以便精确地品出这泡茶的火功水平（图10-23）。

⑮ **再注甘露**：即为大家斟第二道茶。

⑯ **品悟茶韵**：袅袅茶香，悠悠茶韵，请大家细细地回味、回味，再回味。

图 10-23 品茶

第八节　凤冈黑茶泡饮

黑茶，属后发酵茶，原料一般较粗老，通常以制成紧压茶边销为主。黑毛茶制茶工艺一般包括杀青、揉捻、渥堆和干燥四道工序，主产区为四川、云南、湖北、湖南、陕西等地，可分为紧压茶和茶两大类，有"红、浓、陈、醇"的品质特征。近年来，黑茶的保健功效（暖胃养胃、消脂解腻、降三高等）逐渐为大众熟知并受到青睐。

一、凤冈锌硒黑茶简介

采摘一芽二叶成熟茶青原料按伏砖茶工艺精制而成。色泽黑褐油亮，金花茂盛；汤色鲜活红黄明亮，陈香内质，滋味醇厚，柔滑生津。

二、锌硒黑茶冲泡要领

锌硒黑茶适宜选用粗犷的茶具，所以可以选择陶壶泡饮或煮饮。水温要求用100℃的

图 10-24 茶席设计

沸水（图10-24）。由于锌硒黑茶是砖型茶，所以在冲泡之前要先用茶刀把茶撬成小块，然后烫杯后将撬好的茶放入陶壶中（图10-25），用定点注水法缓缓将沸水注入壶中，水流要求要细，这样才能更好地醒茶，浸泡10s以后进行茶水分离，将茶汤注入公道杯中。由于黑茶紧结，这道茶的茶味很淡，可以倒掉不喝；也可以将茶汤贮于公道杯中，接着用同样的手法冲泡第二道茶，浸泡30s后出汤与第一泡中和后分入品杯。

图10-25 取茶

三、锌硒黑茶茶艺"凤舞九天，茯茶传奇"解说词

音乐：《渔舟唱晚》。

茶说：杯中一瞬间，世上一千年。午夜梦回时，凤舞九重天。

茶说：一缕清香飘万里，悠悠袅袅，好似天上、又似人间。

茶说：一天两天、百年千年，走过沧海桑田，只留下浓浓淡淡，香茗一盏。

也罢，也罢，找一个风花雪月的地方、找一个清风荷影的夜晚，偷得浮生半日之闲，与茶香做伴！

端坐一方、置茶烧水，开一片茯茶，煮万千豪气；笑看庭前花开花落、坐等天上云舒云卷！

你黝黑油亮的脸庞，是来自高原阳光的恩赐；粗壮朴实身躯是山野寒风的功德。你朴实无华，却能孕育出令世界瞩目的"金花"；你豪放粗犷，却能让马背上的牧民虔诚地向往。

你是千年不变的传奇，点缀在唐诗宋词华丽的篇章中，与历史细语。你是中国古丝绸之路上伴随驼铃行走的神秘之茶，走向中亚、走向古罗马；你是西北游牧民族不惜用战马换取的生命之茶，宁可三日不食，不可一日无茶。

从"茶马互市"到"边茶贸易"，你承载了千年安民团结历史的神奇，成就了悠悠茶马古道繁华的传奇。

寒夜客来茶当酒，竹炉汤沸火初红。煮一壶茯茶，沾千年的福气，轻啜一口，从手中的杯里，缓缓注入心底，饮去一身的疲惫，感受荡气回肠的豪气。

一壶水，让生命滚烫、升华；一杯茶，品人生起落、沉浮。穿越历史的时空，随着串串驼铃、茫茫戈壁，领略茯茶的前世今生，此时此地，你就是传奇！

第十一章 凤冈茶与文艺

文艺源于生活，高于生活。茶融入人们的日常生活工作中，且以不同的形式、不同的载体上升到文化和文艺的层面，陶醉人们的情操，丰富和愉悦人们的生活。茶灯、茶诗、茶歌、茶赋、茶联、茶文、茶画、茶艺，凡此等等，包罗万象，构成茶文化的大观园，令人眼花缭乱，目不暇接。弱水三千，取一瓢饮，摘取一朵茶文化的小花，抚之玩之，欣之赏之，何乐不为。

第一节　凤冈茶灯

凤冈民间，每年新春佳节都时兴耍灯。在众多的灯戏中，都涉及说茶颂茶的内容。尤其是花灯戏，以茶的话题为主，因此花灯又称茶灯。县内茶灯种类很多，不仅南与北、东与西表现形式不同，就连山水相连的此村寨与彼村寨之间，风格也可能相异。

秦智芬的《凤冈茶灯》，站在凤冈县的角度，以蜂岩堆子洞茶灯为例，系统介绍了凤冈茶灯的起源、茶灯堂子、敬灯封神、出灯耍灯、送圣化灯过程，内容翔实；王义、曾令一的《沙坝茶灯》则重点剖析进化沙坝茶灯的艺术表现形式。两文对照排列，可互为参考，有助读者对茶灯有一个较为全面的了解。

一、凤冈茶灯述略

茶灯是凤冈民间的一种古老灯戏。因其以唱茶调、道茶事、跳茶舞、逗茶趣为主要内容，并以借众茶神之力消灾除秽、还愿祈福、送财送宝等功能，而得名茶灯。

1. 凤冈茶灯的起源

相传凤冈茶灯起源于唐代。民间流传唐王李世民之母得了眼疾久治不愈而双目失明。唐王心急如焚，四处寻仙问药，仍不见好转。后经推算说皇太后得罪了天地水三界之神，只有许下宏愿方可解。于是唐王陪母许下红灯大愿，共许了360盏红灯，包括99盏天星灯、99盏地星灯、99盏水星灯。再加一敬东方甲乙木，木德星君占10盏；二敬南方丙丁火，火德星君占10盏；三敬西方庚辛金，金德星君占10盏；四敬北方壬癸水，水德星君占10盏；五敬中央戊己土，土德星君占10盏；茶头大仙占半盏，唐二仙官占半盏，还有12盏无去处，元宵会上送香烟。许愿不久，皇太后眼疾痊愈。为表诚意，以示谢罪还愿，李世民亲陪母亲跳红灯戏。他自演丑角，其母自演旦角。因皇太后年事已高，腿脚不便只能在帐笼中跳。为表孝敬，唐王李世民只得在帐外床边跪着跳，茶灯戏中丑角"下矮桩"也源于此。后有王公大臣进谏，称太后年老，亲跳灯戏多有不妥，便找来一宫娥陪李世民跳。此宫娥是唐王的干妹子，今天茶灯中的旦角和丑角互称干哥子和干妹子（另称幺妹或为哥为妹）也源于此。跳灯还愿后，身为唐王的李世民就不便再跳红灯了，便封了一宫人刘汉替他扮演丑角，而跳红灯戏的习俗从此在宫中保留下来。

唐代，茶已被大量用于祭祀和百姓的日常生活。当时皇宫也有很多茶山茶园。红灯戏中，敬"三界"之神也得上净茶。于是，唐王就封宫中管茶老臣来扮茶头大仙，这也是今天茶灯戏中茶头大仙（也称茶头土地或茶头老者）的来由，并逐渐成为红灯戏中的主角。在茶头大

图11-1 凤冈茶灯表演场景之一

仙之下，又产生了唐二仙官，并由唐王家三弟扮演，负责为茶头大仙挑担。因红灯戏中参神上香也得上净茶，唐王亲自从宫中选出十二宫娥美女，来扮演十二花园姊妹，表演采茶、倒茶、散茶、团茶（图11-1），以示对神仙的尊重。而玩茶灯多在正月，正值新春伊始，茶树孕芽、万物萌苏，唐王便封当朝王臣相为春官，在戏中道茶灯的庚生，道说春的根源，送福五方，惠及万民。为了增添玩灯的效果，唐王还抽派皇家乐班参与，这也是今天茶灯堂子乐器班子的来历。

在唐王李世民的亲力亲为与大力倡导下，红灯戏得以广泛流传。由于大量茶事内容的出现，以及十二花园姐妹的参与，红灯也有了茶灯与花灯的别称。在后来发展中，花灯在茶灯的基础，进行演化而独成新的灯戏。而茶灯这一古老灯戏以相对稳定的形式保留至今。

图11-2 凤冈茶灯表演场景之二

2. 茶灯堂子

凤冈茶灯（图11-2），往往以村寨或家族为单位组织和命名，如安家茶灯、李家茶灯、堆子洞茶灯、刘家寨茶灯。茶灯班子，也被称作"茶灯堂子"，且有"满堂灯"与"半堂灯"之分。"满堂灯"堂子为22人，负责演茶头大仙1人、唐二仙官1人、丑角1人、旦角1人、春官1人、十二花园姊妹12人，另有乐器

手5人。共有牌灯1盏，代表茶灯诸茶神；花灯笼12盏，代表十二花园姊妹（也称十二娘子）。并选灯头一名，相当于总管，负责玩灯期间管理灯堂日常事务，联络灯堂人员和安排出灯收灯诸事。"半堂灯"班子仅有16人，花灯笼仅有6盏，十二花园姊妹减少了6人，其余与"满堂灯"一样。灯堂敲打的乐器有马锣子、手鼓、钩锣、锣、钹等（图11-3）。

图11-3 茶灯敲打乐器

一般过了正月初二，凤冈的茶灯堂子便开始扎灯了。扎灯时，要在寨中或族中挑选一户家庭和睦、喜好茶灯的喜庆吉利人家作"灯堂"。扎灯材料主要有竹篾、皮纸、彩纸、浆糊等。"全堂灯"需扎牌灯1盏。牌灯是用竹篾编扎成型，再用皮纸与彩纸裱糊装饰而成的彩色扁盒形灯笼，四周不缀花饰，下绑长竹竿以利出行扛拿。需扎花灯笼12盏（半堂灯只需扎6盏）。花灯笼为彩色棱柱形灯笼，扎法与牌灯类似，只是在灯笼顶部和底部加罩，并在四周悬挂彩纸花缀，更加好看。牌灯为茶灯中的主灯，灯内可插2支蜡烛。牌灯上书写着众茶神的牌位，代表着茶灯诸神，在茶灯中处于至高无上的地位。12盏花灯笼，每个花灯笼内仅可插1支蜡烛，代表十二花园姊妹，出灯时紧随牌灯其后。

3. 敬灯封神

扎完茶灯，就该挑选黄道吉日出灯了。正式出灯前，茶灯堂子还得举行一场盛大的祭灯仪式，那就是敬灯封神，也称"开光点像"，是以敬灯祭灯的形式，请下牌灯神位上的诸茶神，让茶灯由此具备天人合一、君神一体的无上神通，拥有斩妖除魔、赐福送宝、除秽纳新之威力。正因为此，传言当地众灯戏，如龙灯、狮子灯、出灯、收灯、路遇茶灯，都得停下向茶灯的牌灯敬香敬纸，让茶灯先行。

出灯当晚，灯堂成员先将牌灯、花灯笼都点亮蜡烛，并在灯堂靠右边将牌灯供奉好。供奉时牌灯前需要供桌或供凳1张（根），上放3杯净茶、3炷香、1支烛、1碗刀头。牌灯上还要插香3炷，挂长钱1束。灯头或传人带头举行敬灯封神仪式，仪式中口念祭语，酒斟三巡、祭拜三次，请神下界，并打卦占卜，如打得胜卦，意为神已下凡。接下来又要口念敬词，请求众神扶持茶灯堂子，祈福一方。做完仪式，便标志着众茶神下界，已将其神力附着于牌灯之上，茶灯堂子可以出灯了。

4. 出灯耍灯

每过正月初七逢黄道吉日，在做完"敬灯封神"仪式的当晚，茶灯堂子就开始出灯耍灯了。凤冈人玩茶灯也称耍茶灯，有"串寨耍"和"坐堂耍"两种形式，前者主要指茶灯堂子走村串寨，哪家接灯就在哪家耍灯；后者则指有许灯愿人家或喜灯人家先预约，提前接走牌灯并敬香纸烛将其供奉于自家堂屋的，茶灯堂子会专门为该户人家耍灯还愿、耍灯祈福。

茶灯堂子在主家耍灯一耍往往是一整晚，大约持续5~6h。按时间先后顺序大致有开财门、丑角念白、旦角走游台、春官说春、请上香娘子、请茶头大仙与唐二仙官、请采茶娘子、采茶、倒茶、散茶、团茶、推送、关爷扫堂等剧幕。耍灯中会大量采用念白（注：方言读作 liá béi）、

图11-4 凤冈茶灯表演场景之三

唱腔、歌舞等形式，环环相扣、节节推进剧情，由此完成一台完整的茶灯戏。戏中除祭神敬圣、送财送宝、除秽祈福等内容，还以插科打诨的方式，在戏曲中调侃逗趣，戏说老百姓的爱情、婚姻及日常生产生活。而茶灯中，最典型的内容莫过于道茶、采茶、倒茶、散茶等与茶事相关的内容，彰显出凤冈民间茶文化历史的悠久与深厚，让人看后回味悠长。其中最典型的几段如下（图11-4）：

① **道茶的庚生**：此段为春官说春剧幕中最典型的说春词，如下：

栀子花儿转转青，又把茶叶表分明。昔日有个唐三藏，他到西天去取经，什么宝物都不带，专把茶籽带随身。挑起茶籽往前走，挑起茶籽往前行，挑起茶籽雷公山前过，雷公山前好点茶。又怕雷公震茶籽，又怕火闪扯茶根，这回茶籽点不成。挑起茶籽东岳山前过，东岳山前好点茶。又怕东岳霉茶籽，霉了茶籽又不生。挑起茶籽往前走，挑起茶籽往前行，挑起茶籽野猪山前过，野猪山前好点茶，又怕野猪拱茶籽，又怕野猪拱茶林，这回还是点不成。挑起茶籽大河边上过，大河边上好点茶，又怕河水冲茶籽，又怕河沙泥茶根，这回还是点不成。挑起茶籽国母花园过，国母花园好点茶，一十二根为一亩，一十二亩为一园。正月里去摘茶，茶在山中未发芽；二月里去摘茶，茶在山中正发芽。主家有个巧大姐，主家有个巧姑娘，姐妹双双去摘茶。摘回就用烙锅炒，箩筐接（方言：音ruá，意为揉、搓）。炒两炒、按两按，这是主家好细茶。茶是山中灵芝草，水是洞中芙蓉花，宾客吃了说道谢，春官吃了远传名。

② **采茶调**："采茶"环节，代表茶灯戏进入高潮阶段。采茶中，堂屋中央的桌上摆着13个碗，每碗装上净茶，即一月一碗，加闰月一碗。十二娘子边转边跳采茶舞，并由领头娘子领舞领唱，后面的娘子跟舞跟唱。全调唱词如下：

正月采茶是新年，背包打伞点茶园。点得茶园十二亩，问郎卖得好价钱。二月采茶茶发芽，姊妹双双去采茶。大姐摘多妹摘少，摘多摘少转回乡。三月采茶茶叶青，奴在房中织手巾。大姐织起茶花朵，二姐织得采茶衣。四月采茶茶叶长，姊妹双双两头忙。大姐忙来秧又老，二姐忙来谷吊黄。五月采茶茶叶团，茶叶脚下老蛇盘。你把茶钱交与我，山神大地管茶园。六月采茶热茫茫，多栽桑树少栽杨。多栽桑树养蚕子，少栽杨柳歇阴凉。七月采茶茶叶稀，妹在房中坐高机。哥织一件书房去，妹织一件采茶衣。八月采茶茶花开，风吹茶花落下来。大姐捡朵头上戴，二姐捡朵怀中揣。只准戴来不准揣，人多花少散不来。九月采茶是重阳，菊花造酒满缸香。别人造酒酸甜味，杜康造酒香满缸。十月采茶雨淅淅，麻风细雨打湿衣。麻风细雨高撑伞，哥在外头受苦些。十一月采茶过冷冬，十石茶籽九石空。十石茶籽空九石，今年茶籽枉费工。十二月采茶过大江，脚踏船头走忙忙。脚踏船头忙忙走，卖了细茶转回乡。十三月采茶又一年，背包打伞讨茶钱，你把茶钱交与我，今年去了万不来。

唱完《十三月采茶调》，即意味着十二花园姊妹已将主家茶叶全部收摘归家了。

③ **倒茶调**：紧随"采茶"之后，便是"倒茶"仪式了。寓意将主家多余的茶、不好的茶倒掉，并遵循反向倒茶原则，即由岁尾向岁初倒。十二花园姊妹进行"倒茶"仪式时，边舞边唱"倒茶调"，边将主家堂屋中央桌上茶碗中的净茶倒掉，并坚持"八月不倒，系主家收割之茶；六月不倒，系主家解渴之茶；四月不倒，系主家插秧之茶；正月不倒，系主家待客之茶"。同时"倒茶调"唱法，也有"单月倒"和"双月倒"两种。一般来讲，如果时间充裕，主家又热情喜客的，就唱单月倒茶调。《倒茶调》唱词如下：

十三月里（指闰月）倒采茶，柳州小姐牡丹一枝茶。插花绣花，绣齐栀子、芙蓉、牡丹一枝花。又一年，背包打伞，锦绣花儿开讨茶钱。你把茶钱哥呀海棠花交与我，今年去了锦绣花儿开呀万不来。十二月里倒采茶，十一月小姐忙倒茶。郎呀郎采茶，娇绣花，栀子绣牡丹，刘汉戏貂蝉（注：此为典故，出自三国时期吕布戏貂蝉的故事），上栽杨柳下栽桑。春丙阳阳，夏丙阳阳，扬州打马状元郎，头上我爹娘，脚下我贤妻，王亲三拜锦绣花儿开呀双倒茶；十月里倒采茶，九月小姐双倒茶。郎呀郎采茶，娇绣花，栀子绣牡丹，刘汉戏貂蝉，上栽杨柳下栽桑。秋丙阳阳，冬丙阳阳，扬州打马状元郎，头上我爹娘，脚下我贤妻，王亲三拜锦绣花儿开呀双倒茶；七月里，倒采茶。柳州小姐牡丹一枝花。插花绣花，绣齐栀子、芙蓉、牡丹一枝花。茶叶稀，奴在房中锦花儿开坐高机。哥织一件哥呀海棠花书房去，妹织一件锦绣花儿开呀倒茶衣：五月里，倒采茶。柳州小姐牡丹一枝花。插花绣花，绣齐栀子、芙蓉、牡丹一枝花。茶叶团，茶叶脚下锦花儿开老蛇盘，你把茶钱哥呀海棠花交与我，山神土地锦绣花儿开呀管茶园；三月里倒采茶，二月小姐双倒茶。郎呀郎采茶，娇绣花，栀子绣牡丹，刘汉戏貂蝉，上栽杨柳夏栽桑。春丙阳阳，夏丙阳阳，扬州打马状元郎，头上我爹娘，脚下我贤妻，王亲三拜锦绣花儿开呀双倒茶。

④ **散茶调**：散茶即为卖茶，意指帮助主家把茶卖到各州府县。在散茶剧幕中，十二花园姊妹要边舞边唱《十三月散茶调》，唱词如下：

正月散茶到路旁，三千七百走忙忙，三千七百忙忙走，买些物件送茶娘；二月散茶到街坊，街坊有个算命娘，将钱就把八字算，这张八字胜高强；三月散茶到湖北，湖北种些好荞麦，年轻之时容易过，八十老汉受饥寒；四月散茶到四川，四川有个峨眉山，峨眉山上释迦佛，阿弥陀佛拜神仙；五月散茶到海边，海龙海马闹喧喧，海马海龙喧喧闹，飞得过海是神仙；六月散茶到浙江，浙江扇儿亮堂堂。将钱就把扇儿买，买些扇儿扇凉风。七月散茶到机房，机房织些好绫罗，将钱就把绫罗买，买些绫罗裁衣裳。哥织一件白衫子，妹织一件散茶衣；八月散茶到江西，江西白米好浆衣，哥浆一件书房去，妹浆一件散茶衣；九月散茶到河南，天星地旦在河南。河南有根天星树，早落黄金夜落银。早落黄金千百两，夜落银子万万斤；十月散茶到柳州，柳州苗儿黑油油，柳州苗儿高吊起，柳州苗儿不害羞；十一月散茶到云南，背包打伞上云南，人人都说云南好，腰中无钱处处难；十二月散茶到贵州，贵州是个山沟沟，山高也有人行路，水深还有渡船人；十三月散茶又一年，背包打伞讨茶钱，你把茶钱交与我，今年去了万不来。

耍灯之夜，接灯人家还会奉上香纸烛油来敬灯。同时，还要备上些油茶煮汤圆，油茶下炒米、米花、荞皮、黄饺、炒粉等泡茶，或米酒煮滚团粑等宵夜来招待耍灯人，及前来看灯的邻里乡亲。于是，一台除邪扶正、送福纳瑞、添趣逗乐的茶灯戏，又营造出一派邻里和睦、好客热闹的村落风情。

5. 送圣化灯

过了元宵节，万象复苏，春耕在即，该化灯忙农活了。于是，茶灯堂子就要选一黄道吉日化灯。化灯有两个仪式：

一为"送圣"也称"送灯"。过元宵节逢黄道日，茶灯堂子先在牌灯前的供桌放上米粑12碗、豆腐1碗、刀头1碗。再用茅草扎茅船1艘，打清水1盆，由受传弟子带头插上香烛，在每个灯笼上挂长钱1束，再烧纸。茅船要放在供桌下的水盆中，意为辞别茶灯，送走神圣。

二为"化灯"。化灯选址多在河边或湖边、水渠边、山塘边。如高山无水之处，也可打盆清水替代。化灯当日，茶灯堂子全体成员要化妆着戏服，将牌灯、灯笼、茅船、耍灯用具等一并用稻谷草烧掉。一般情况下，乐器和新做的戏服不烧，但必须要用烟子薰一下，视为已烧过。上妆人员，也在化灯时卸妆。化灯返寨时，忌敲打乐器和大声说话，忌回头看，意为怕惊扰返回仙界的茶灯众神。如惹怒他们，将会重返回人间停留不走而制造麻烦。

事事日新月异，山乡已改新颜。凤冈茶灯和诸多地方灯戏一样，正濒临消亡。而那些古老的茶舞、茶调、茶趣，正是滋养今天凤冈茶的民俗之源。

二、沙坝茶灯

凤冈县进化镇沙坝村盛行茶灯，可谓凤冈茶灯的代表之一。在春节、元宵期间，灯班以"采茶""倒茶""团茶""贩茶"等为主题，送给人们新春的喜悦。

茶灯道具主要是纸糊灯笼，主灯上部有飞檐翘阁的牌楼三层，内供"三元三品三官大帝神位"；下排开三门，侧门额横书"普天同庆""国泰民安"，彩坛内燃明烛多支，照得通体鲜亮，放置在堂屋右侧起布景作用。另有十二采茶女的提灯，灯型各异，有八挂灯、鼓鼓灯、元宝灯、五星灯等。

茶灯的表演以打击乐器为主，表演者最初是两人，一丑一旦，丑角叫干哥，旦角叫幺妹。

茶灯表演的角色有春官、开路先锋、十二采茶娘子、茶头大仙（茶头土地神）、唐二仙官（担夫）、关公。"十二采茶娘子"由村童12人扮演，辅以头饰衣裙妆扮，手提茶篮，从高到低依次为"大姐""二妹"……"幺妹"，锣鼓、乐器组至少8人。一台灯戏需要30余人参与。

茶灯表演时步法各异，边走边唱采茶歌，跳采茶舞，说白话。场外伴奏者，挑灯笼者帮腔，歌声宏亮而悠扬。每唱完一段歌词，需打击乐间奏。

茶灯的相关乐器有二胡、马锣、铜锣、钹（一般用两副）、鼓。鼓是凤冈茶灯的灵魂乐器，在演出伴奏中起着指挥作用。

据说凤冈茶灯中的故事人物来源于唐朝，茶灯中的唐二是唐太宗李世民，幺妹则是李世民的妹妹，茶老则是李世民的爱将徐茂公。

茶灯的表演与傩堂戏有些类似，也是男扮女妆。表演时唐二时作半蹲状，紧紧围绕幺妹转，两者动作夸张而滑稽。有时根据场地的需要，也有三人或多人表演的。唐二在椭圆形场内作"撮箕口、门斗转、半边月、耙子路、圆场、半圆场式"的表演，时而穿梭走动，时而作对演唱，唱词风趣，说白逗笑，观众每每为之捧腹大笑。

沙坝茶灯表演时视主人的喜爱程度确定表演时间的长短，一般就是说春到锣鼓灯就结束。如因主人家要宴请招待，那就得唱全套，这对主人家来说就意味着年年吉星高照，事事如意，主人则按例敬以酒食，给以钱物和香烛赏赐。一般茶灯表演是不收主人钱财的。

虽然全套茶灯表演要花12h之久，但是表演者和主人家都很乐意，所以说，茶灯很是受人欢迎。

据相关人士介绍，其表演程序依次为采茶、卖茶、倒茶、谢茶、团茶，每一节都由采茶调配合舞姿完成，两者相互辉映，甚是优美。其唱腔以吼唱为主，高亢激烈之音也体现了当地人的文化艺术风格。

茶灯与其他民间剧种一样，演出时有自己特定的习俗。一般是每年农历正有初三出灯，到正月十五或十六日收灯。

其程序为：在出灯前，请"先生"或学过"开光"的人来"开光"。"开光"时，在主人家堂屋内举行梵香烧纸仪式，在茶灯牌坊（牌灯）前，"先生"念咒语，表示对灯神的祈祷和"扫除一切秽气"等。"开光"仪式完毕，锣鼓、鞭炮齐鸣，受灯头和负责总导演的安排，各执其事，正式出灯。

茶灯玩至正月十五或十六日，便举行"化灯"仪式。化灯时，仍按玩灯时的次序行列，敲锣打鼓放鞭炮，行至事先选择好的场地，共同跳唱全套采茶歌，同时把事先写好的"祭文"焚烧（用黄纸折成小长方形盒子，内装祝告上苍的文表，表中一一写上所烧的灯名、数量、供品，然后是灯头姓名，再是捐资玩灯的群众姓名），所有玩灯之人携衣箱道具、锣鼓、剩余钱物从火堆中跨过，表达全村男女老少，诚心诚意玩耍茶灯，敬奉了各类神灵，乞求保佑六畜兴旺，五谷丰登，家家清洁，户户平安。最后，将衣物道具送至下届灯头家中。

沙坝茶灯的表演顺序分别为：

1. 说福事

祝一年中风调雨顺、百业兴旺，一般为讨个好彩头、图个高兴或多或少都要表示一点钱，不表示也无所谓。

盘 灯

不提灯来犹自可，提起灯来有根生，

> 灯从唐朝时代起，灯从唐朝时代兴，
>
> 王母娘娘眼睛痛，许愿99盏大红灯，
>
> 33盏留天上，33盏去海边，
>
> 33盏无去处，留在人间贺新春。

从《盘灯》的唱词中，就可以看出沙坝茶灯悠久的历史渊源。

2. 说春

说春发祥于春秋战国时期，属于民间说唱艺术之类。在茶灯的表演中，由春倌走村串户说唱，一般为单人表演。表演时"春倌"头戴平顶帽，身穿大红袍，手持"春牛贴"，执着手杖，来回高唱"说春词"。演出中主人如拿烟，就要说出烟的根生，倒茶就要说茶出的根源，倒酒就要说出酒的根生，给包谷子就要说出包谷的根生，上香就要说出香根源，由此类推。说得好的春官见子打子，随口应答，身边什么东西都可以说个头头是道，令人佩服。

3. 开财门

开财门即祈求先人保佑后人发财，留福于后代子孙。演出时"开路先锋"手执关公用的大刀，刀上有一小孔，孔内放两根香，香点燃形成对称，耍起来呈两路火星带。

开财门演出时开路先锋即是《山海经》中的盘古王，表演的内容主要讲述盘古开天辟地的故事。

4. 出台腔

由唐二出来唱道：

嘿，我出台来威歪歪，左拿烟杆右拿火，有人问我名何姓，好吃懒做就是我。出台出台真出台，江边杨柳长起来，双脚走进贵府来，来到堂前就要唱，唱得不好不要笑，走得不好不要说。

5. 锣鼓灯

锣鼓灯则是进入了正戏，里面有《十二颂》《铜钱歌》《猜字歌》《五重门说字》《十大财门》《四官神》《五月花》《十二时令》《五更劝君》《十画》《跳粉墙》《小妹摇扇》《十二月采茶调》等戏目，其中重点是《采茶调》。

《采茶调》也叫《十二月采茶调》，一月一唱，一月一节，但每节之间的故事却有着内在的联系，把12个月的内容联袂起来，其实就是一首叙事长诗。

采茶调的唱腔和唱词是统一的，其内容要按需要而进行改变，如有一首流传甚广的《十二月采茶调》，音韵和畅，简明清逸，调子中以两个采茶女为主线，娓娓而诉，在长调中隐约出现对爱情的描写，这种隐约的出现足可证明采茶女在封建礼数压抑下对爱情的向往和憧憬。当然采茶调中也有对爱情的大胆而直率的追求。

《十二月采茶调》中也有借喻历史典故咏古诵今的，充满学问和说教，涉及广泛，通常也是一月一事。另外还有《阳雀三更》《十怕》的唱词，更有情趣。

茶灯常运用九板十三腔调式进行演唱。沙坝茶灯中常用的板腔有"数板""骂板""哭板""一字调""出台调""行程调""路调""出马门""阴二簧""山坡羊""哀子""四平调"等。

常用的曲牌有"四小景""四季相思""月调""送夫调""巧梳妆""送茶调"等。在表现情节刻画人物时，板腔与曲调综合使用，形成了丝弦灯调系、台灯灯调系和锣鼓灯调系，音乐表现力更加丰富。

其中的锣鼓曲谱主要有行路、硬三槌、雁拍翅、牛擦痒、凤点头等。

茶灯中的舞台步幅有：撮箕口、门斗转、半边月、耙子路、圆场、半圆场等。

舞蹈步法男以矮桩步为主，有之字步、马步、碎步、弓步；女则以进三退二的"之"字步为主舞蹈步法，有大开门、小开门、凤点头、鸡啄米、丁字步、碎步等。

茶灯中的舞蹈动作造型有金鸡独立、黄莺展翅、犀牛望月、童子拜观音、鹞子翻身、鲤鱼打挺、荷花出水、怀中抱月、孔雀开屏、观音坐莲、犀牛望月、膝上栽花、黄龙缠腰、海底捞月、雪花盖顶、岩鹰展翅等。

舞蹈动作手势有云手、垛掌、十字手、兰花手、八字手、梅花手等。

茶灯演出时的表情要求男要刚健沉稳，风趣而不庸俗，活泼而不轻浮，寓庄于谐，幽雅风趣，声情并茂；女要笑不露齿，坐不当面，行不摇头，含情不妖，风流而不轻薄。

舞蹈动作以"扭"为特点，演员常用折扇与手帕为道具表示情感。

第二节　凤冈茶诗

一、古茶诗

凤冈县王寨镇中华山上有中华寺。中华寺开山鼻祖为明末高僧天隐和尚。原中华寺已毁，但天隐和尚墓尚存，其书刻的"万古徽猷"四个朱红大字虽经数百年风雨，仍清晰俊逸，傲立百米高崖之上。现在的中华寺系近年复建的，香火旺盛，是县内重要的宗教活动场所。

相传天隐和尚故地四川垫江县（今属重庆），是得道高僧。他来到中华山，开山建寺，声名远播，在方圆数县很有名望。除了他本人四处游历弘扬佛法，到中华寺拜佛求经者亦络绎不绝。

弘法之余,天隐和尚在中华山遍植梅树,梅花盛开时节香气馥郁,赏花者纷至沓来。天隐和尚有遗著留世,其中颇多诗文。凤冈民间口耳相传的《梅花诗》,实质上是梅茶诗,多数人认为就是天隐和尚所作。《梅花诗》共四句,最初只有开头两句:"香竹架厨通泉径,烹茶煮水三足锜"。第三句"万古徽猷高过石"系干国禄先生从民间访得,最后一句"梅花千树岁寒时"是杜运开先生补续(图11-5)。

关于《梅花诗》前两句的作者,干国禄先生认为不是天隐和尚,而是石阡知府黄良佐。据干国禄先生介绍,清康熙五十六年(1717年),石阡府知府黄良佐来到他所管辖的

图11-5 1989年,杜运开应干国禄先生要求而书写的《梅花诗》

龙泉县,上中华山,拜谒中华寺,作有《长歌》。《长歌》前面是题记,全诗共34句。辑录于后:

中华山,距阡阳百余里。山际间,寺枕悬崖。左有七星关,右有陇水溪,并三凤五狮。群山环绕,茂林修竹。异鸟幽花,四时不辍,为郡中之奇观。余途经龙泉,便登游览,弗觉清兴勃然,因作长歌,以志胜概。

夜郎岩谷竞春姿,中华胜地匪所思。寺枕云屏舒旖旎,门开莲座灿琉璃。
珠林暖翠泛雁塔,金鳞骇浪耀龙池。层层疏牖笼朱旭,曲曲回廊把翠微。
左拱七星近锁钥,右带陇水长流澌。安禅谁制毒龙手,放出三凤与五狮。
古松滋藓皮惨裂,苍竹凌霄叶参差。坐听天乐上方静,行看烟霞袖底飞。
不知何代开初地,花鸟缤纷集四时。清趣愈远怡情好,佳景属易眩目奇,
桃源寻仙途迷久,蓬莱涉海非所宜。当前乐国供幽兴,富贵功名竟何为。
香厨架竹通泉径,烹茶煮水三足锜。饮得一餐青精饭,樵寒几根白吟髭。
高卧塌中人未去,清唳空外鹤初归。好涤烦襟极延赏,直欲无言阐禅机。

几回踌躇聊题壁，敢欺纱笼老夫诗。

黄良佐诗中有"香厨架竹通泉径，烹茶煮水三足锜"，而天隐和尚的著述中没有这两句诗的记载，因此干国禄先生认为《梅花诗》的前两句系黄良佐所作，不是天隐和尚。

1935年，凤冈县第一区首任区长胡琏（又名胡在清），同县教育局首任局长黄光琦同游中华山。胡琏写了一首诗：

一趋一步到华山，赢得清风袖里间。绿树青葱临壑涧，碧云紫色锁岩关。

层峦耸翠凭槛瞩，飞阁流丹北大观。啜罢香茗同遣兴，更将诗酒乐盘桓。

诗中的"啜罢香茗同遣兴，更将诗酒乐盘桓"，再次写到了中华山的茶。

清咸丰年间，今凤冈县永安镇龙山村（当时属湄潭县）生员王荣槐，为躲避号军之乱，在其家附近的鞍子屯营盘居住六年，著有《鞍上草》诗集，至今还留有"清泉石上流"的石刻。《鞍上草》中一首写茶的诗，题为《诗清都为饮茶多》。其诗如下：

诗清都为饮茶多

滔滔清绝咏如何，都为茶能咀嚼多。诗觅源头烹活水，饮酣蒙顶泻悬河。

仙灵通已尘心洗，昏滞雪将俗艳磨。神到毫巅高吐嘱，香回舌本爽吟哦。

津津趣永词俱润，习习风生气倍和。凤饼龙团脾尽咽，金科玉律妙成呵。

饭餐欲少身偏健，酒吸忧伤兴易魔。惟有昌明真益我，赐叨茎露畅赓歌。

二、当代茶诗

2007年，由贵州省环保局、遵义市人民政府、贵州省茶文化研究会主办，凤冈县人民政府、贵州省环保局宣教中心承办，贵州省作家协会、贵州省诗词学会、贵州省书法家协会、贵州省美术家协会、贵州省摄影家协会协办，人民网、新华网、央视七台、凤凰卫视、贵州卫视、贵州日报、贵州都市报、贵阳日报、贵阳晚报、遵义日报、遵义电视台、中国环境报、茶韵杂志、金黔在线等众多新闻媒介鼎力相助的贵州"环保与茶文化·春江花月夜杯"摄影书法诗歌绘画大赛，时任凤冈县诗词楹联协会主席王祥洲创作的《西部茶歌》获一等奖。

西部茶歌

一从神农尝百草，茶叶方被人知晓。唐代陆羽著《茶经》，盛赞黔中茶叶好。

味道醇厚亦清香，名传千里出夜郎。年年名茶作贡品，敬献将相与帝王。

品茶自古遵茶道，修身养性通灵窍。个中融汇"佛道儒"，"廉和敬美"自然妙。

茶艺犹似一枝花，讲究沏好一壶茶。"红绿青花"各有韵，"茶水器境"均应佳。

茶道"怡真"是灵魂，茶艺具型犹是真。茶道茶艺融一体，平和敦厚见精神。

改革东风吹凤冈，凤冈处处似仙乡。田坝有个仙人岭，山清水秀好地方。

云蒸霞蔚雨露滋，湿度温度总相宜。空气清新水洁净，土质肥沃富锌硒。

环境醉宜茶叶生，芽嫩叶肥翠莹莹。延年益寿功效好，清心明目亦生津。

一夜西部茶海春潮涌，已是仙人岭茶远近名。

曾是深闺未识名门秀，而今五湖四海天涯行。

君不见，仙人岭茶质优声誉好，畅销乡镇都市与京城。

茶馆茶楼茶吧亲朋好友畅怀饮，小店商场超市琳琅满目令人倾。

绿色精品锌硒茶叶人人爱，绿色凤冈花明柳暗胜蓬瀛。

（王祥洲）

一曲茶歌纸短情长难尽兴，莫如与君一道心情舒畅品香茗。

凤冈是中华诗词之乡。近年来，中华诗词学会、省市中华诗词学会经常组织会员到凤冈采风，创作了大量诗词楹联作品，出版了《诗韵凤冈》《凤冈诗词选》《言志诗萃》等专著，诗词刊物《言志诗词》《凤冈诗联》定期出版，逐渐形成了品牌，产生了一定的影响。2018年12月初，中华诗词之乡创建活动验收组来凤冈开展验收活动，对永安田坝禅茶瑜伽小镇的诗词楹联作品大加赞赏。这些诗词楹联作品，全以茶为主题，或选自名家作品，或由县内外诗人创作，均有县内书法家书写成条幅，镌刻于木板，悬挂在小镇广场建筑的廊柱上，气势宏伟，美观大方。

现辑录永安田坝禅茶瑜伽小镇镌刻和《凤冈历代诗词选》选刊的部分茶诗于下：

茶 道

茶道千年话短长，廉和美名自芳香。修身内省成文化，惜悟境开求大张。

（李达荣）

茶 海

田坝闻名早动心，仙人岭上放歌吟。茫茫茶海翻绿浪，莽莽林原荡鸟音。

稀少锌硒灵地赐，几多技艺补天成。延年益寿功能妙，西部茶乡第一村。

（游平伟）

田坝茶乡

满眼蓬蒿忆旧时,丘陵十里路人稀。如今绿野歌吹海,茗富锌硒九域知。

(张耀裕)

品中南海特供茶

中南一饮醉难收,锌浪硒波卷翠流。问道茶经魂欲驻,馨香入梦锁春秋。

(李传煜)

功夫茶女

婷婷仙女坐堂中,玉手纤纤神妙功。云蒸雾绕娇姿展,品茗梦醉九霄宫。

(王爱民)

茶园美

云飞雾罩雨霏霏,成片茶园露翠微。无数杉林擎绿伞,大千画卷笼香帷。
仙人岭上得仙气,田坝圆中话凤飞。我用秃笔留曲意,为添诗意带茶归。

(谭必章)

禅茶瑜伽情

春风播撒满园花,绿海扬波荡翠芽。神往仙临堪赞美,亲情乐道练瑜伽。

(张泽贵)

今日田坝

昔日贫穷一野村,今朝富裕在农民。风情万种引游客,绿韵千重迷众人。
禅意瑜伽通教化,道心茶艺养精神。蜿蜒曲路登高处,一览风光爽气临。

(罗胜明)

凡人也成仙

郁郁葱葱含远山,茶香漫溢沁心田。莺儿唱彻清幽境,纵是凡人也是仙。

(程德茂)

观茶海

景致迭来满目收,欣观茶海上高楼。游来四季非同处,最是层林染紫秋。

（张云涛）

茗园美景

凭栏极目望天涯,春色染成一片茶。霞蔚云蒸奇幻境,茗园秀美四方夸。

（李俊明）

茶园富民

端杯翠芽敬神仙,绿色天香细读研。最美青山诗画卷,茶园谱写富民篇。

（龚正祥）

凤茶吟

锌硒特质茶,黔风蕴奇葩。田坝茗园亮,仙岭泛彩霞。

（谢正祥）

馨香荡心田

祥云缥缈绕青峦,翠垄扬波涌浪翻。茗富锌硒盈梓里,馨香万缕荡心田。

（冉瑞生）

第三节 茶歌曲、茶赋、茶联

一、茶歌曲

1. 绿色畅想曲

《绿色畅想曲》是一首由丁时光作词、周明仁作曲的专门描写凤冈县生态茶业的歌曲,是贵州省首届茶文化节会歌。这首歌曲旋律轻快阳光,不仅描写了凤冈锌硒绿茶及美丽的生态环境,还写出了凤冈人民勤劳、热爱生活的品质。曾广为传唱,被誉为不是县歌的县歌。

绿色畅想曲

——贵州省首届茶文化节会歌

丁时光 词
周明仁 曲

$1=\flat E$ 4/4
♩=80

5 3 5̄ 6̄ 1 - | 7̄ 5̄ 5 6·5 - | 1·1 6̄ 6̄ 5 4 3 | 2 6̄ 1̄ 3̄ 3·2 - |
龙飞龙 泉， 凤舞凤 冈， 云蒸霞蔚托起 龙凤呈 祥。
绿色日 月， 绿色畅 想， 茶林迎春铺开 新诗千 行。

3 3 5̄ 5̄ 6̄ 1·7̄ | 6̄ 1 4̄ 6̄ 6·6 - | 5·5 1̄ 5̄ 4 3 2 |
茶林翻绿 浪， 碧树摇春 光， 绿色风儿飘 送
字字迎春 色， 行行泛霞 光， 绿色希望写 在

3 5̄ 5̄ 2̄ 1·1· 5̄ 6̄ | 1̇ 1̇ 1̇ 1̇ 1̇ 7̇·6̇ | 4̄ 1 6̄ 6̄ 6̄ 5̄ 1 5 - |
醉人的清 香。 啊， 我们的生态家 园， 富含锌硒 的田庄，
百姓的脸 上。 啊， 我们的和谐家 园， 绿色铺就 的茶乡，

6·6̄ 6̄ 5̄ 6̄ 5̄ 5̄ 3̄ 3 | 2 2̄ 1̄ 6̄ 3·2 - | 1̇ 1̇ 1̇ 1̇ 1̇ 7̇·6̇ |
绿山绿水 染绿了任 的心 情。 我们的生态家 园，
巨凤腾飞 抖动着坚实翅 膀。 我们的和谐家 园，

4̄ 1 6̄ 6̄ 6̄ 5̄ 1 5 - | 6·6̄ 6̄ 1̇ 5̄ 5̄ 6̄ 3 | 2 2 5̄ 6̄ 1 - ‖
富含锌硒 的田庄， 绿诗绿歌唱响 了有机茶乡。
绿色铺就 的茶乡， 绿色理念铸 就 时代辉 煌。

6·6̄ 6̄ 1̇ 5·6̄ 3 | 5 5̄ 3̄ 5̄ 2 | 1̇ - - - | 1̇ - 1̇ 0 ‖
绿色理念铸 就时代辉 煌。

2. 茶山春光尽芳菲

《茶山春光尽芳菲》原名《田坝茶歌》，由刘义华作词，罗来江作曲，温震演唱。

茶山春光尽芳菲

刘义华 词
罗来江 曲

(乐谱：1=♭B，2/4，活泼清新 ♩=96)

歌词：
茶山青青茶山呢翠呀，茶山春色舍彩云呢追呀。采茶那个姑娘哟采茶忙呢采茶忙，采得那个遍山呢红霞飞啰喂，脆啰喂。

茶园青青茶园呢美呀，茶园春光舍暖风呢吹，采茶那个姑娘哟采茶忙呢采茶忙，采得那个满园呢笑声脆啰喂。

吆喂 吆哎 彩云追暖风吹，茶山的春光哟尽芳菲 呐；红霞飞 笑声脆，

3. 油茶情

由何明祥作词、王志敏作曲的歌曲《油茶情》,系凤冈县新世纪初音乐征集活动应征采用作品,收录入《凤冈县志(1978—2007)》的"附录"。

油茶情

何明祥 词
王志敏 曲

1=G 4/4
♩=60

(5 6 1 2 3 ‖: 6· 5 6 5 4 2 4 | 5 5 1 6 1 2 - | 5 2· 5 4 3 2 1 |

6 6 1 2 3 2 2 - | 6 6 6 2 1 6 5 5 - | 2 2 2 5 3 2 1 2 -)

5 5 5 5 6 1 2 2 - | 3 2 2 3 2 1 6 6 - | 5 5 5 5 6 2 1 1 - |
绿油油的茶　　叶，香喷喷的汤哟　喂，香喷喷的油茶　哟，
绿油油的茶　　叶，香喷喷的汤哟　喂，香喷喷的油茶　哟，
绿油油的茶　　叶，香喷喷的汤哟　喂，香喷喷的油茶　哟，

6 6 6 2 1 6 6 5 5 - | 5 5 5 5 6 1 2 2 5　4 5 | 6 5 5 6 5 4 2 2 - |
漂着奶奶古老的梦想。绿油油的茶　叶　（那个）香喷喷的汤哟　喂
映着妈妈脸上的慈祥。绿油油的茶　叶　（那个）香喷喷的汤哟　喂
透着妹妹思念的目光。绿油油的茶　叶　（那个）香喷喷的汤哟　喂

5 2 2 5 2 2 1 2 1 6 6 0 | 6 6 6 2 1 6 6 5 5· 1 2 | 2 - 5 - |
香喷喷的油茶　哟，漂着奶奶古老的梦想，哎嘿　嘿，
香喷喷的油茶　哟，映着妈妈脸上的慈祥，哎嘿　嘿，
香喷喷的油茶　哟，透着妹妹思念的目光，哎嘿　嘿，

mf
6 5· 6 5 4 2 4 | 5 5 1 6 1 2 3 2· 5 | 2· 5 4 3 2 1 |
远方的客　　人，请你尝一　尝，喝一碗油茶　哟，
亲爱的老　　乡，请你尝一　尝，喝一碗油茶　哟，
相爱的人　　儿，请你尝一　尝，喝一碗油茶　哟，

6 6 1 2 3 2 2 - | 6 6 6 2 1 6 5 - | [1.2. 2 2 2 5 3 2 1 2 - :‖
尘封的故　　事　就会涌在心坎　上。就会涌在心坎　上。
思乡的泪　　水　就会在那梦中　淌。就会在那梦中　淌。
深深的恋　　情　比那流水还要　长。

[3.]

2 2 2 5 3 2 1 | 2 — | 6 5·6 5 4 2 4 | 5 5 1 6 1 2 3 2·|
比那流水还要长，　　　相 爱 的 人　儿，请你尝一　尝

5 2·5 4 3 2 1 | 6 6 1 2 3 2 2 — | 6 6 6 2 1 6 5 5 — |
喝 一 碗 油 茶 哟，深深的恋　情　　比那流水还要　长。

2 2 2 5 6 5 4 5· 2 | 5 6 5 — — — :||
比那流水还要长　哟　　喂。

4. 我的家乡在凤冈

《我的家乡在凤冈》由惠子作词，寒音作曲，苏伟演唱。作为凤冈县旅游形象宣传歌曲，此歌2015年录制后，传唱广泛。

我的家乡在凤冈

（女声独唱）

1=D 4/4　　　　　　　　　　　　　　　　　惠子 词
♩=92 亲切 抒情地　　　　　　　　　　　　　赛音 曲

‖:(1·5 5 1 ♭7 5 3 4 | 5 — — — | 1·5 5 1 ♭7 5 7 1 | 5 — — — |

4·6 5 6 5 6 i | 4 — 6 i | 2 4 6 2 i 6 4 | 5 — — —)|

5·2 2 2 0 1 3 2 | 2 — — 2 3 | 4 4 5 3· 2 | 2 — — — |
我的家乡　在凤　冈，　那是茶叶的故　　乡，
我的家乡　在凤　冈，　那是茶叶的故　　乡，

5·2 2 2 0 3 2 3 | i — — i 2 | 5 5 6 ♭7 6 | 5 — — — |
茶出夷州　香飘四海，那里是我的天　　堂。
茶出夷州　香飘四海，那里是我的天　　堂。

5. 凤羽伽人

音乐MV《凤羽伽人》由吴长刚作词，邓华升作曲，全国知名音乐人、中国武警文工团签约歌手邓华升，马亚维演唱，被2016年中国瑜伽大会指定为主题曲，在全国瑜伽界广为传唱。

凤羽伽人

男女对唱

演唱：邓华升 马亚维

吴长刚 词
邓华升 曲

1=C转降E转E 2/4
♩=68 深情的 飘渺的

| 3 2 3 5 | 6 7 5 | 3 — | 6 5 3 6 6 1 6 5 | 2 1 6 | 5 — 5 — |
一片绿叶舒雨前 嗯 绿波润田凤茶成烟

| 6 5 6 1 7 — | 1 7 6 6 5 3 | 3 2 3 5 6 5 5 | 3 — 3 — |
一壶香茗烹清泉 嗯 舌尖甘甜细浪欲仙

| 3 2 3 5 | 6 7 5 | 3 — | 6 5 3 6 6 1 6 5 | 2 1 6 | 5 — 5 — |
一袭白纱轻飞翔 嗯 古琴悠扬云想衣裳

| 6 6 3 2 — | 3 2 1 6 | 5 3 | 3 5 6 5 7 1 7 | 6 — 6 — ‖
一场伽舞绕柔肠 嗯 伽茗芬芳诗客心上

| 1 1 1 6 | 3 2 2 | 5 6 7. 1 | 7 6 6 |
许你半生繁华 写下相思颂茶

| 6 5 3 2 | 3 6 | 5 5 3 2 1 | 1 2 3 |
朝思凤茗总牵挂 暮想茶海梦瑜伽

| 1 1 1 6 | 3 2 2 | 5 6 7. 1 | 7 6 6 |
爱你凤羽伽人 倾慕琴棋诗画

| 6 5 3 2 | 3 6 | 1. 5 5 3 2 3 5 | 3 5 6 |
魂牵禅茶伴仙境 梦绕瑜伽慰心

| 6 — 6 — ‖ 2. 6 3 2 3 5 | 3 — | 5 6 | 6 — 6 — |
灵 梦绕瑜伽慰心灵

6. 清风吹过村庄

音乐MV《清风吹过村庄》由那年作词，易水作曲，舒琴演唱。歌曲充满田园牧歌韵味，茶香十足，被选为2017在凤冈举办的"中国牛业发展大会"主题曲。

清风吹过村庄

那 年 调
易 水 曲

热情 向往地

清风吹过村庄，把朝阳挂在挂在树上。
清风吹过村庄，让炊烟带着带着茶香。
自由欢乐的小鸟，啊唤醒了熟睡的熟睡的牛羊。啊哈
富含锌硒的原野，啊丰满了农家的农家的粮仓。啊哈
嘞啊哈嘞，唢呐吹响村庄，
歌唱着农家的希望。生态家园风光美，
茶乡处处是小康。啊哈嘞。
我的家呃，新气象呃，新的生活似朝阳呃。
乘风进入新时代，幸福生活万年长呃。
幸福生活万年长呃。

二、茶 赋

2009年，遵义市作协副主席、贵州省书协会员、贵州省作协理事漆春华创作并书写《凤冈县赋》，专程到凤冈县捐赠给凤冈县相关部门。

漆春华的《凤冈县赋》全文如下：

凤冈县赋

金凤南北飞，一翅三万丈；宝骅东西驰，一跃二千寻。东邻德江、思南，南界余庆、石阡，西与湄潭接壤，北连正安、务川。隋置阳明、宁夷，唐置芙蓉、琊川；明设龙泉，隶属石阡；曾称凤泉，今名凤冈。

十五朵民族之花，于斯域芳菲争妍，苗笙欢奏，仡佬踏歌，土家酿醪，汉饮琼浆。

娄山余脉逶迤东延，北屹银坳玛瑙崔嵬，南峙万佛乌江二山；峡谷纵横，秀峦连绵，南北翘首，东低西高，千顷盆坝，山环水抱。万涧碎玑，千泉漱珏，溪淌河湍，四时不涸。冬无严寒，夏无酷暑，昀光充沛，霜期短暂，物产丰饶，矿贮巨量，古树参天，群岭幽箐，虎啸狐奔，百鸟乐苑。寻得夜郎摩崖，当与太白共饮！腾云朝拜，凝眸太极，顿消惆怅，遐想怡然；女娲炼石补天，遗牛长卧青滩，称誉"黔北乐土"，谁解其中机缘。中华山巍，峤邃静幽，碧峰霞蔚，险巘霭绻，绣壤平畴，极目葱茏。山羊岩瞻唐人之遗墨，心慕孙翁奔雷之遗风；葡萄井赏溢晃之珍珠，疑仙子乘风而临翠微；飞雪洞龙泉泻玉，文峰塔俊彦必谒。石径龙穿奇石嶙峋，倚翁卧仙悬楔惊魂。

山寨星罗棋布，公路舒贯乡镇，桑翠烟茂，五谷丰登，茶捻极品，凤窖回春。遥忆龙泉举子公车上书，且唱凤冈和谐人物风流；龙灯狮舞狂娱横生妙趣，唢喇锣鼓奏出凤郡新貌。

美哉！栖乐土而心旷，游阆苑而神怡。

（漆春华）

2012年，时任凤冈县委书记覃儒方（笔名惠子）创作《凤冈赋》，并由县文体广播旅游局拍成专题片播放。

覃儒方的《凤冈赋》全文如下：

凤冈赋

西部茶海，心在凤冈。逶迤百里，碧波荡漾。浩浩兮如明月，荡荡兮似海洋。万佛山呈万里波涛之势，九道拐揽九天秀色来降。中华山巍然屹立，洪渡河静静流淌。红叶寺梵音袅袅，太极洞古韵悠悠。玛瑙山龙盘虎踞虎视天下，梨花屯曲水流觞笑看古今。夜郎古甸发幽古之思情俱怀逸兴壮思飞，夷州故地展时代之新貌欲上九天揽明月。陆羽捻须疑问，谁家香茗竟这般秀色，老翁抚盏笑答，田坝闲草就这样奇香。仙人岭仙雾缭绕，野鹿盖野鹿争芳。绿宝石绿动天下，娄山春春意绵长。寸心草寸寸相思凝碧浪，黔雨枝枝叶叶总关情。嗟乎！凤冈，茶之海洋，绿之天堂，心之荡漾。

龙泉古井飞瀑，绥阳夷州留香。花坪花香四溢，石径石径幽长。永安香茗名扬天下，永和烧酒香飘四方。天桥桥上曙色，土溪溪里夕阳。蜂岩因脚龙而名，琊川假乡场而盛。王寨恬静，新建休闲。何坝工业园，进化杏如烟。

嗟乎，冈不在高，有凤则名。泉不在深，有龙则灵。龙飞龙泉，龙泉任由龙腾跃，凤舞凤冈，凤冈常伴凤来仪。

（覃儒方）

2008年，由凤冈县承办的贵州"环保与茶文化·春江花月夜"杯摄影、诗联、书法、绘画有奖大赛活动，征集到了县内外作者的茶赋、茶祭多篇。经评选，江心和的《西部茶赋》、文碧明的《锌硒茶赋》、杨梓柏的《田坝锌硒茶赋》、郭正勇的《茶神祭》、谢晓东的《祭茶神》、贾明的《茶祭文》入围。

其文章分别如下：

西部茶赋

娄山苍苍，乌江茫茫，西部茶海，绿波荡漾。古夷州出佳味，茶圣方称嘉木；黔羽枝现化石，循其可溯茶源。长藤低垂，龙鳞古木千载护；香草满地，兰花吐幽同芬芳。

绿凤凰枝头唤名，惊茶叶形同雀舌；金丝猴茶丛穿梭，嗔枝干不能攀援。泥土多锌硒，得天地之灵气；日月穿林翳，采日月之光辉。洪渡河连乌江，清泠如镜；茶花坪通世界，香飘有机。香味引来八方客，西部茶海绿无际！

仡佬族踏歌，土家人起舞，竹篱茅屋炊烟袅，百族和谐春满山。不用卢仝七碗，油茶一盅，两腋习习清风起；东波是真懂茶，淡茶半盏，胜过仙药益寿年。

听一曲茶歌，此曲只应天上有；吃一口茶糕，百果凝成别样香。看一眼乌江潮，石塑伟人傲江立；走一回长征路，当年关山阵阵苍。触一触白云，云从梵净山上来；想一想夜郎，自大原是爱凤冈。古驿道通湘达渝，致富路紧接遵义。崖崩涧绝，洞府烟霞远；营盘沧桑，落日雾岚长。漫道古时蛮荒地，置身茶海悟禅机。

西部茶，有机茶，富锌富硒富人家。喝一碗开口茶，头道二道茶连茶，天仙般的媳妇娶到家；送一回启蒙茶、谢师茶，茶海洋溢茶文化。夜间山路，明明暗暗茶灯十二盏；天下茶市，飘飘袅袅茶香万千家。都说黔酒好，而今黔茶更比黔酒香；更喜富锌硒,有机黔茶人称奇。

乌江茫茫,娄山苍苍,山川一色,黔北凤冈。西部茶海,依山环江,夜郎古国,在海中央……

(江心和)

锌硒茶乡赋

锌硒茶乡,源远流长,曾号龙泉,今名凤冈。地灵人杰,古有"黔中乐土"之称;物华天宝,今有"锌硒茶乡"之名。青山连绵,延接大娄山之南麓;田畴沃野,依傍大乌江之北岸。黔北东门,生态明珠,山水灵秀。喜环境清新,壮茶乡美景;游茶海之心,啜天地灵气。日月精华,育仙叶灵茶;锌硒翠芽,扬茶乡美名。茶圣陆羽赞夷州之茶其味极佳,文人茶客论龙泉芽茶色味双绝,深闺佳丽见君王,六宫粉黛失颜色;万顷茶海,扬起滔滔碧浪。专家聚会,赞锌硒茶中国一绝;茶商云集,说有机茶品质最佳。绿色品牌出深山,八方扬名领时尚。文化搭台,雅韵茶风升品位;科技当先,标准打造塑品牌。茶分品类,味究属性,质论高低,锌硒同聚,特色鲜明,凤茶奇绝,天呈光露,地献物质,人循规律,天人合一,高端有机,凤茶崛起。茶美山川茶富民,茶壮精神茶养身。说传统,论茶道,禅茶礼茶谢师茶;承风俗,品茶艺,清茶油茶砂罐茶。朋来敬茶表情意,茶香人心也醉人;闲来品茗求静雅,道引禅性入清修。绿茶纯朴,素面朝天如小家碧玉,鲜活诱人;红茶富丽,温文尔雅如大家闺秀,光彩照人。茶品色香味,人壮精气神。佳茗如斯,佳境如斯,金不换;佳期如梦,佳人如茶,等你来。

壮哉茶乡,生态文明铸就辉煌历史!美哉茶乡,绿色理念引领健康时尚!

(罗胜明)

锌硒茶赋

清明时节,草长莺飞。西部茶海,歌舞欢腾。山水含笑,茶韵飘香,生态家园添异彩;高朋满座,嘉宾云集,绿色凤冈庆升平。

有朋自远方来,不亦乐乎;有景能美如此,于斯为甚。奔腾乌江,刻千秋景致于万佛山麓,叹为观止;磅礴娄山,播连绵丘陵在大银坳前,生机盎然。落地生根,自古好茶出胜境;吟诗作赋,从来名士爱佳茗。

常言开门七件事,柴米油盐酱醋茶。茶堪为国饮,茗香入唇精气爽;茶择地而居,风光占尽品自佳。遥想盛唐时,夷州茶问鼎《茶经》,茶圣陆翁嫣然醉;近观新世纪,凤冈茶抢滩京城，中科院士频称扬。

一方水土养育一方人，一方人创造一方文明。看我凤冈，田畴极目稻菽黄，铺金叠翠出秀色；听我凤冈，林涛盈耳碧浪急，鸟鸣蝉吟弄琴声。

得天独厚，凤冈生态优势潜力无限；锌硒同具，田坝富庶土地千斤难求。建设生态家园，四十万儿女情注"黔北粮仓"，汗水浇出粮果丰茂；开发绿色产业，十万亩茶园镶嵌"黔中乐土"，辛勤铸就茗香远长。林是圣物，点缀茶园成风景；茶乃精灵，吸纳生气孕有机。山山岭岭，采茶姑娘万绿丛中点点红，滚滚财源取不尽；家家户户，加工机械轰鸣声里阵阵香，茶韵悠悠如缕来。仙人湖，茶经山，龙洞湾，数不尽九堡十三湾，湾湾皆茶树；"仙人岭"，"浪竹"茶，"万福源"，醉倒在"春江花月夜"，夜夜听笙歌。

湄凤余，三县成共识，联手打造西部茶海，茶海蔚然起波澜；省市县，各方谋盛事，共同庆祝春茶开采，歌声追逐彩云飞。茶海核心田坝村，全国绿化千佳村，全省百个试点村，村头村尾展新貌；富锌富硒有机茶，国际获奖名优茶，贵州十大优质茶，茶里茶外称自豪。生产标准"五个化"，俏销全国，价优物美；锌硒有机"三合一"，味正醇和，益寿延年。锌硒微元素，点燃生命火花石，保障婚姻和谐，美满幸福家家乐；有机好品质，崇尚自然原本色，远离各色污染，绿色时尚人人夸。

清茶一杯清心也，谈天谈地谈人生，笑口常开；倾情一叙情几何，友情亲情月下情，故土难忘。

茶神啊，你赐我天下好茗，我报你一见倾心。魅力凤冈，茶之故乡；西部茶海，山高水长。纵使漂流到天涯海角，依然寻觅你绝世佳茗。这正是：锌硒绿茶已长成，初出深闺人渐识；一朝选在君王侧，六宫粉黛无颜色。

"春江潮水连海平，海上明月共潮生。滟滟随波千万里，何处春江无月明……"一曲《春江和月夜》，唱不尽生态凤冈春色美，锌硒茶乡客忘归。八方宾客沐浴春风里，动观茶姑静观云。茶姑盈盈出天姿，流云款款照无眠。君自采摘君自品，陶醉在金田玉坝生态园。更有那茶神茶仙恋茶乡，长住仙人岭百载千秋万万年！

（文碧明）

田坝锌硒茶赋

丁亥之春，风和日丽，有机茶乡，盛况空前，登仙人岭以揽云霞，掬锌硒茶以歌盛世。茶海翻浪，尽是锌硒之地，田坝欢歌，全是富贵之乡。祭茶神以寻渊源，谢党恩以沐春风。把酒临风，品茗揽胜，大银坳雄峙苍宇，仙人岭独占鳌头。西部茶海欢声笑语，田坝村头歌舞飞扬。

遥想当年，永安镇远，田坝村僻，交通闭塞，道路曲折，是生态家园号角吹起，是和谐社会发展迅速，凤冈茶界先贤，共筑田坝茶园，已愈万亩，湄凤余三县决策打造西部茶海，誉满神州。仙人岭香飘海外，浪竹牌誉满神州，永安翠片沁人心脾。万佛缘茶动人心弦，斯是时也，商贾云集，茶林生风，锌硒茶东抵江浙富庶之地，西达陕甘大漠之梓，南抵云广之国，北至辽沈之邦。硒锌美名传播中外，震动茶坛。名家至贤称赞有加，京城内外，茶界专家，皆以凤冈为中国富锌富硒茶之乡，中国西部茶海圣地。

今陆祖像成，宾客纷至，山川大地，艳阳高照，茶圣纷争，尘埃落定。田坝之地，仙人为岭，陆祖茶圣，始有仙居。梵香纸以祭茶神，作诗歌以颂太平。

吾三尺微命，一介书生，以凤冈人为幸，以凤冈人为骄，作茶赋以颂太平，饮香茗以谢党恩。愿锌硒之地永保优良茶叶，愿田坝之地，永作富贵之乡。愿西部茶海，永翻茶浪，愿生态家园永远和谐。

（杨梓柏）

茶神祭

嗟乎：四海升平，国运隆昌。六合一心，和谐八荒。春和景明，百凤来朝。细雨和风，莽莽苍苍。苍松客迎，翠鸟鸣唱。地碧天蓝，绿波涛涛。神农尊者，遍尝百草。南方嘉木，历尽沧桑。陆羽茶圣，游历百川。著成经传，盛播八方。国饮为茶，华夏首倡。思播夷州，其味极佳。使者为茶，东渡扶桑。性温味甘，远涉重洋。礼仪为茶，循规守道。古国文明，源远流长。人生为茶，清心明目。宜淡宜浓，岁月流觞。世事艰辛，人海茫茫。民生有茶，相得益彰。今有新茶，聚集灵气。致富之路，造福梓桑。锌硒特色，产业运筹。扬我国饮，百业兴旺。岁在丁亥，天佑地护。是以为祭，再铸辉煌。

（郭正勇）

祭茶神

悠悠岁月，神农日尝百草，得灵茶而解百毒；孜孜不倦，茶圣陆羽游历九州，著《茶经》而传百世。茶，南方嘉木，集天地之精华，汇山川之灵气，祛襟除滞，致清导和，系澡雪心灵、延年益寿之灵物。茶之艺，六美神韵；茶之道，和静怡真；茶之人，精行俭德；茶之博大，聚儒道释三教思想之精华；茶之精深，同琴棋书画四艺文化之源远；茶之平常，与柴米油盐百姓生活之所需。茶传中华千古之文明，茶兴世界绿色之自然。

乌江滔滔，娄山依然。古之夷州，物产丰富，其味极佳，誉之为"黔中乐土"。斗转星移，流年暗换。今之凤冈，人杰地灵，锌硒奇葩，称之为有机茶乡。盛世昌国饮，太平思先贤。齐呼：茶神归来兮，归来兮茶神！

苍天在上，厚土在上，先贤在上，茶神在上，茶之恩德，万代感念，永远不忘！

（谢晓东）

茶祭文

春日载阳，仓庚鸣唱。天降和瑞，地呈吉祥。青山绿树，花容绽放。行云流水，飞燕绕梁。赋我茶诗，歌声朗朗。诵我茶祭，云水苍苍。皇天厚土，万世鸿昌。赐我茶树，源远流长。神农先祖，知尔可尝。万古徽歆，千世流芳。茶韵悠悠，传承华夏；茶香脉脉，泽被炎黄。丝绸古道，马帮铃响。郑和商船，风正帆张。茶事过海，茶风漂洋。中华佳茗，寰球同享。茶艺茶道，光大发扬。茶经茶典，再谱华章。茶乃灵物，玉液琼浆。入口生津，神清气爽。天下名茶，国色天香。声播五湖，名扬八荒。神州一隅，夜郎一方。天河洗甲，曲水流觞。飞雪洞中，泛霞池旁。观太极洞，登龙虎榜。茶之故乡，有我凤冈。价优物美，味淳绵长。茶经忝列，茶圣夸奖。其味极佳，得之荣光。西部茶海，茶翻碧浪。绿色家园，茶创辉煌。锌硒元素，绝佳含量。有机品质，内在精良。茶海明珠，春茶兴旺。开采大吉，茶事张扬。赵钱孙李，周吴郑王。兴之所至，自采自尝。茶敬君子，品性端庄。君子爱茶，幸福安康。茶圣茶祖，位列其上；茶神茶仙，请勿匆忙：案备薄礼，心存厚望，祭祀礼毕，伏帷尚飨！

（贾明）

三、茶 联

20世纪90年代初期，应干国禄先生之求，凤冈文坛前辈余选华先生撰并书一对茶联，赠送给干国禄先生。其茶联（图11-6）内容是：

龙泉清清茗茶香，凤岭峨峨书画室。

进入21世纪以来，凤冈茶产业飞速发展，茶馆、茶庄、茶亭、茶店面应运而生，其中少不了茶联的点缀。如以下茶联，均收集于县内的景区廊柱、茶馆、茶庄、茶亭以及茶叶店铺，虽难免挂一漏万，但足见一斑，尤其遗憾的是作者不详。

仙岭如画经山圣堂聚灵气，神州似锦云阁烟村飘茶香。

仙在山中静观松涛云海，人来岭上漫论茶道禅心。

礼出义门温良恭让，德承茶道和静怡真。

一壶得真趣，七碗更至味。

人说春姑好，茶是野的香。

冷眼旁观不如自己动手，热心参与何须他人插足。

为爱鸟声多种树，因留茶香久垂帘。

采摘揉捻功夫出手上，冷热香甜滋味在心中。

人间真味地献灵芽，自然本色天造奇珍。

仙游三山五岳此地得道，茶播九州四海他乡扬名。

清风爽气灵秀聚仙岭，鸿图美景茶香满神州。

锌伴硒锌硒香茗人间佳品，林中茶林茶福地天下奇观。

锌硒同聚唯此独有万顷茶海漾碧浪，禅茶一味挂碍全无百态瑜伽舒芳姿。

品茗福地百鸟朝凤话茶道，养生乐土万象澄怀悟禅机。

一杯春露暂留客，两腋清风几欲仙。

万丈红尘三杯酒，千秋伟业一壶茶。

一壶春露暂留客，两杯锌硒几欲仙。

炉沸夷州凤泉水，器泛锌硒龙江茶。

锌硒名茶迎四海宾客，有机品质送八方健康。

东有龙井绿茶千年史悠久，西看凤冈锌硒万里名远扬。

丹桂飘香传万里，绿茶载誉遍九州。

东边色味评龙井，西面锌硒品凤茶。

两叶能香千里客，一杯可寿五洲宾。

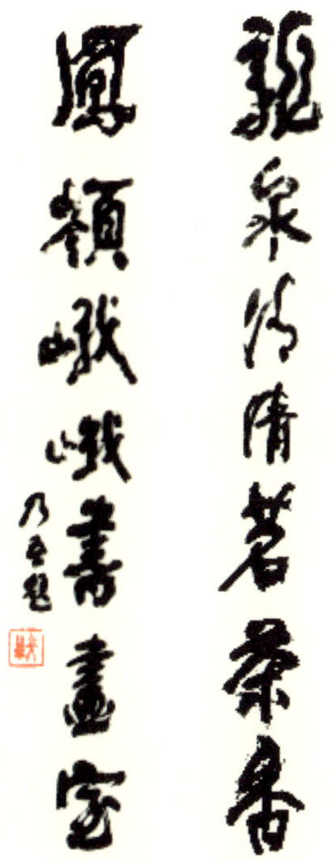

图11-6 余选华（乃吾）先生应干国禄先生之求撰并书的茶联

茶海之心长联

百万亩茶海奔来眼底①，举目眺望，绿涛涛浩瀚无边。看东品禅茶②，西煮乌龙③，北望夷州④，南观梨花⑤。茶巅泰斗寻芳登仙人岭⑥，巡仙岭浪竹⑦，妙手制锌硒香茗，观禅茶瑜

---

① 2005年，凤冈、湄潭、余庆、贵州省茶科所联合打造中国西部茶海经济联合体。
② 指凤冈县中华山禅茶。
③ 指凤冈县西山锌硒乌龙茶业公司生产的"锌硒乌龙茶"。
④ 指凤冈县西北部的唐代夷州治所遗址（今绥阳镇）。
⑤ 凤冈县琊川镇，唐代曾置胡刀县，今因著名作家何士光以《乡场上》为代表的系列短篇小说中以琊川古镇为原型的"梨花屯"而名扬海内外。
⑥ 中国工程院院士、茶界泰斗陈宗懋2006年到凤冈县考察茶叶产业，登临仙人岭有机茶基地指导茶叶基地建设。
⑦ 指凤冈县仙人岭有机茶业公司、凤冈县浪竹有机茶业公司。

伽,点评那毛蟹丹桂①,全仰丈四围松涛,万顷茶浪,百里荷塘②,三春雀舌③。

数千年茶事注到心头,把盏凝思,叹悠悠茶圣安在?想汉酱蜜茶④,唐夷佳茗⑤,宋飘玉兔⑥,元舞胡刀⑦。四绿工程⑧费尽移山心力。享世博殊茶,显锌硒茶乡本色,方高悬金杯⑨,都付与茶海夕照。只赢得几多赞许,半壁茶山⑩,几片翠芽,一盏清香。

(李忠书)

第四节 "东有龙井·西有凤冈"网络茶美文

2016年和2017年春夏,凤冈县委、县人民政府主办,县委宣传部、县文联承办了两届"东有龙井·西有凤冈"茶文化节暨中国瑜伽大会网络美文赛、摄影赛,面向全国征集了数百件作品。经组委会组织专家评选,评出了一、二、三等奖和优秀奖,颁发了奖金和证书。

征集作品涉及茶的网络美文多篇,选录于后。

望海潮·茶海

夜郎福地,黔北乐土。踏飞峰度盘岩,山色引霞。桂子十里,青波正泛阑干,雏燕几回闲。看春花点点,茶香满园。夜露初浓,留得晨雾绕叠峦。

看花一路聊眼,雾里采茶女,貌若天仙,眉深聚睛,清曲弄晓。农夫细置闲田,与袅袅炊烟,愁云都不见。春意绵绵,倦客何须归去,把雨后茶言!

(向成)

茶海之心,邂逅一场心灵的瑜伽

这里是通透的,这里的负氧离子,很稠密,也很缠绵。这里适合做梦,适合轻灵的梦儿,去密密的树林里,邂逅一场翠芽的约会。

---

① 毛蟹、丹桂是茶叶品种。
② 万顷茶浪指田坝2万余亩茶叶基地,百里荷塘指琊川莲藕基地。
③ 凤冈县野鹿盖茶业公司生产的茶叶产品——"雀舌报春"。
④ 汉代凤冈属巴蜀地管辖,当时上贡的有酒、蜂蜜、茶叶等。
⑤ 唐代茶圣陆羽《茶经》记载:"黔中,生思州、播州、费州、夷州……往往得之,其味极佳。"其中夷州茶,就是今天的凤冈锌硒茶。
⑥ "玉兔"是茶名。
⑦ 古代在凤冈琊川曾设"胡刀县"。
⑧ 凤冈县2003年起实施的"四绿工程",即"营造绿色环境,培育绿色基地,实施绿色加工,打造绿色品牌"。
⑨ 凤冈锌硒茶"2015年获百年世博金骆驼奖。
⑩ 凤冈茶叶基地面积在贵州省居第二位。

当然，这里也适合喝茶，适合把一杯绿茶，从下午喝到黄昏。适合从黄昏把月牙儿，喝进清清的杯子，适合茶叶淡定到杯底的时候，靠在一把简洁的竹椅上，听鸟的声音，听雨的声音，听树叶或者蛐蛐的声音。

这里适合禅心，适合阳光揉背，适合茶海浴足，适合用千年的瑜伽。敬畏天，敬畏地，敬畏这美好的人间。

这里的山不是神的，这里的水不是仙的。这里的山水，都是茶的，都是你的。

（田应刚）

仙人岭

茶香，是采茶女儿们的处女香。那些林间的植物，在仙人的齿间，一路嚼到山下是谁在说禅茶一味？我只看见，一只飘然而至的鹤，把岭上的星火，一点一点地，拧亮。

（杨超）

雾从茶乡走过

晨曦微露，旭日还在远山那边，就把一大盆胭脂泼向天空，天空即刻染成嫣红。灿灿霞光中，站在高高的仙人岭上，脚下徐徐展开了一幅壮丽的画卷：群山环绕，广袤的原野上覆盖着雪白的雾岚，起伏的山林、纵横交错的茶园和星星点点的农房若隐若现。山风拂煦，松涛低语，远远有鸡鸣狗吠之声传来……

须臾，太阳闪亮登场。霞光消隐，晨雾却还流连忘返，它们堆积成云海，掀起层层波澜，山峦、树林像海上的小岛，农房像飘浮的渔船；潮起潮落，它们有的变成一朵朵棉花，有的变成一片片轻纱，有的变成一条条绸带，随风飘舞、缠绕、翻飞、盘旋；它们或在山间游荡，或在田畴上舒卷，或到农家小院串门……

久久不肯离去，让人仿佛又回到梦中，走进了天上人间！

（罗逸）

等　待

仙人岭的云雾若隐着伽人的倩影，绵延的茶园浮动着飘逸的舞姿，她在那云烟深处等待，坐拥茶林深处万千风情！

等待其实是真诚的呼唤，云烟里的呼唤衍生不尽的尘缘，她在茶尖上点亮你仓促的来路！

（薛维）

啜饮一杯凤冈茶

安坐在月色里，一切都在夜里，悄悄静下来。铺开我的思绪，宛如一杯沸水，撒进数颗春芽。馥郁的清香，顿时洋溢室内。

这数颗凤冈茶，在透明的思念里，如故乡的花蕾，慢慢盛放，最纯最熟悉的香。也似云朵，缓缓打开一层一层的面纱，婷婷舞蹈，不仅仅是美人，还有一段芬芳的情愫。

今夜，月下静坐，啜饮，我的故乡、江山和美人，它们沉入水里，舒展水袖，体态丰盈，释放出来的，浅黄色乡愁，穿过我的唇齿，我的舌尖，我的肠胃，一步一步深入我的五脏六腑。

然后，我久久地回味，这一截静默的时光，安放在我的生命案头。饮露而歌，淡泊致远，这种东方式的忧伤与疼，曾有过苦涩和微澜，终归于美丽与宁静。

（李雪莹）

与凤冈锌硒茶一起入禅境

品一句回味悠长的茶语，从凤冈锌硒茶香醇清美的茶味开始，好吗？从西南名茶的情韵，山明水秀的胜境开始，好吗？

奇秀灵美的凤冈大地，青山与绿茶传承衍变的源头。沏一杯凤冈锌硒茶，如品一缕随心恬淡的心境。凤冈锌硒茶，一方水土的灵根与灵脉。

杯盏里，每一片浮动的叶子，都沾染着凤冈这片宝地的秀气。站在钟灵毓秀的凤冈，一棵棵青青的茶树，都续写着与凤冈不解的茶缘。

茶香人更美。从心灵深处涓涓流淌出的醇美香气，可是山泉清流娓娓的茶语，可是茶与禅完美的契合。

握一把紫砂壶，把凤冈锌硒茶的醇香，徐徐啜饮到内心，犹如漫步在幽静的山水之间，静心采补着，山川灵气。请允许我洗净尘世的杯盏，与心脉，与凤冈锌硒茶，一起入禅境。

（李雪莹）

沁园春·茶乡

壁刻茶经，取水文煮，晨曦洒晖。凤冈县特产，花魁遵义，茶凤锌硒，梅竹陪杯。观景台高，轻烟雾绕，遍地青香暗尾随。君知否？陆羽神像，昼夜巡回。

银河一泻川追，人感美，仙湖荡万辉。望腾腾热雾，飘渺烟浪，看仙人岭，野菊傍梅。飞峰坎那，鸟儿时见，起舞翩翩暖意围。大银拗，芳香生处，不舍辞归。

（何军）

瑜伽与禅茶的灵动

品一杯好茶，演一段瑜伽，配上轻柔音乐，可谓身与心交融之最。

有人说"呼吸是瑜伽的灵魂"，一点不假。当我走进神秘的瑜伽世界时，了解到瑜伽作为一种高含氧量运动，有着与其他健身运动的不同之处，自己的一呼一吸，可感受到瑜伽带给身体及心灵上的微妙变化。

人生如茶，茶如人生。初品涩苦，中间香浓，后觉甘甜，回味无穷。这就是记忆的味道、人生的味道。

任何事物若不能滋养心灵，一切事便都成了闲事，静修、瑜伽、品茶，其实都是一种修身养性的生活方式，都是一场自我觉醒的心灵旅途——

学会喝茶，欣赏品茶的优雅；练习瑜伽，体验瑜伽的养身。

感恩瑜伽遇到茶和一路上的遇见……

（宋扬）

茶海之心

从来不言的桃李、内心缤纷的紫薇和樱花，待在月宫里的桂，耐不住寂寞。相约一朵朵七彩云，纷至沓来。飞峰坎，站在伟人批示的正确路线上，拥抱温暖阳光，更拥抱带露飘香的树叶。

行走每一垄茂盛翠绿的茶园，云海，禁不住激情奔涌，铺出一处仙的世界。看一片片飞香带露的茶叶，松涛，禁不住大声呐喊，喊出珍藏心中的赞美。

继续深入，继续享受吧。风情万种的田坝，把一颗心，坦露在蓝天白云之下。在那处，翠浪耸天的海，能听见片片鲜活的叶，澎湃芳香馥郁的血液。从茶经里袅袅娉娉走出来的女子，就坐在古典清幽的绝佳地，等候有缘人，谈一场轰轰烈烈的恋爱。

走的时候，千万别忘了，把那颗茶海之心带走。想的时候，千万别惊讶，梦里还有香香甜甜的味道。

（吴基军）

仰　望

在茶圣广场，我仰望贤圣仙风道骨的身影。从洞庭湖之北一路寻来，只为茶执着，只为茶痴迷,恋上了这方山这方土,恋上了这神秘隽美的茶园。怎样将一部《茶经》传为经典?

我朗诵:"茶者,南方之嘉木也。"一座山峰牵着一个人的心事,一座茶园,永远眷念着一位圣贤。几千年后,当我们踏上圣贤曾踏过的山水,与茶树亲昵,与茶叶亲吻,深深感到贤圣为什么那么离不开茶?离不开这山水的恩赐,这满目青山的惠泽。

您是属于茶的,也将我们这些后来者,归入茶道。是因有了贤圣,茶才有了文化的归属?还是因有了茶,您才有了一生的皈依?

站在广场与您对语,遥想当年您发现这里的美那种喜不自禁,是否成了茶经里一段不可磨灭的心迹,此刻,迎面飞来一串悦耳的鸟鸣,那清脆的啼叫声里,一定藏有品茶的智言妙语,不然先生怎会在风中向我颔首示意!

(胡志松)

给你一个凤冈

在一枚茶叶上打坐,如蝶,柔软的蓝倒垂于四极,露水像梦境的样子,意念辽阔,心中的山水在安良中妥帖:地法天,天法道。在凤冈,人与道皆法于自然。

你的骨头没有浸润茶香,你就不懂凤冈。你的自身还有尘世的执念和虚妄,那面对一枚茶叶,请你谦卑些,光阴,会在氤氲中慢下来,凤冈,你第一眼的邂逅就会泪流满面。

云朵,野花,歌谣,凋零的柔霞仿若时光的样子。黑白相间的喜鹊在裸露的枝桠中进进出出,草香泥土味的光阴简单而真实,在凤冈,温柔的月色中藏着牛羊,粮食和我们的心。

我相信,你在我身边我就安静。一杯茶放在岁月的静处,合着春色轻柔的盛开人间的芳菲,凤山凤水,草木葳蕤,给你一个凤冈你就是诗歌的王。大道至简,一生二二生三三生万物,天地间往复着庄严的仪式。

(刘雨峰)

凤羽伽人·伽人语凤

一片绿叶舒雨前,待你绿波润田,遥看凤茶成烟。一壶香茗烹清泉,待你舌尖甘甜,客醉细浪欲仙。雨染秀发,风吻晚霞。许你半生繁华,写下相思颂茶。朝思凤茗总牵挂,暮想茶海梦瑜伽。一袭白纱轻飞翔,待你古琴悠扬,茶乡云想衣裳。一场伽舞绕柔肠,爱你佳茗芬芳,印在诗客心上。语过香唇,心度柔情。爱你凤羽伽人,倾慕诗画棋琴。魂牵禅茶伴仙境，梦绕瑜伽慰心灵。

（吴长刚）

伽人兮恋茶乡 禅茶兮爱凤冈

暮春丝雨轻飘扬，拂山岗。碧垅滴露催叶长，润馨香。南方佳人款款来，茶乡靓。浮茶轻舞和瑜伽，筝琴唱。仙人岭上茶经山、陆羽坊。山中禅茶遇瑜伽，幽味长。野鹿盖上茶沐雾，流云淌；万佛山顶佛音远，绕房梁。九堡十三弯连绵，桃李放；飞峰顶上云缠雾，绕仙乡。长碛古寨花田笑，老牌坊；洪渡泛舟伽人舞，逐波荡。万亩茶园层叠翠，采茶忙；千户炊烟烹茶饭，等客尝。佳人摇香芽漫转，香满堂；禅韵音幽旗袍秀，远流芳。唐时夷州青山月，越千古照凤冈；今夕凤冈锌硒茶，当年茶圣壶中藏。伽人兮恋茶乡，禅茶兮爱凤冈。禅茶一壶伽人醉，伽人一舞茶幽味。伽人煮茶，醉倒凤冈客不归；禅茶一味，千古浮沉幽梦回。

（秦智芬）

仙人岭 禅茶情续三世缘

三生三世，禅茶续缘。情醉仙人岭，看袅袅炊烟，幻化成思念的蝶，寻觅三生石上的名字，去续那三世的情缘。

伽人曼妙的身姿，灵动了云雾缭绕的茶园。微微的春风，撩起伽人绚丽的衣裙，绿意葱茏的茶园羞红的桃花隐现在梨花间，嗅着淡淡的花香、茶香，迷醉在一首茶山情歌中，追寻三世的情缘。

迷醉仙人岭，独享与你一起的静美时光。在诗意缕缕的茶尖采摘幸福，纤细的指尖轻轻舞动那杯中的香茗，亲嗅袅袅雾气升腾的茶香。轻啜那一世的香茗，看茶叶在杯中轻舞，伽人在茶园伸展的曼妙舞姿，云蒸霞蔚的茶园，散落着古朴的民居。红霞尽染的茶林，似走向婚姻的红地毯，飘逸的云霞，轻柔的揽你入怀，踏上吉祥的云彩飘过茶海，去续那三世的情缘。

仙人岭，三世情牵三生情，情花绽放归梦人……

（雨莺）

相约伽人续茶缘

袅袅轻纱，抚凤羽。盈盈佳人，挽翠绿。身的节奏，心的旋律，灵的琵琶语，汇集了大自然的万千声韵。修行千年，神性的火花，熊熊燃烧，绽放出七彩的美丽。

伽人,沏一壶大地回春,品一杯锌硒佳茗,款款而来。高冈上,鸣一曲梵音,可曾忆起,千年前为你颂钵的素衣。山水间,绘一幅万物生,可曾忆起,凤来仪氤氲天地之灵气。

白云深处,轻拈秀指,抖落凡尘红花,禅意悠长。青莲移步,飘洋过海,融一程丝路花雨,沁人心脾,千里婵娟。山水间,那一抹烟雨,山中采摘,伽人酿制,柔曼清新,和谐共生。

(陈晓燕)

茶尖上,我与你相拥而舞

初春的新芽,我们静默吮吸;无声的邂逅,我们相依相拥。茶尖上,伸展着双臂,我与你相拥而舞。

你与我来自远方,邂逅在远方的田坝。舒展的身躯语言,在静默中,我与你缓缓交流。

我们激情相拥,相拥在交错的茶垄间。心与心相通,呼吸与呼吸同步,肌肤与肌肤相亲,身躯的洪流我们共同享有。

呷一口凤冈锌硒茶,淡然的乡土味儿。采集自然之精华,让记忆停留,繁琐消遁。

茶尖上,我与你相拥而舞,闭上我们的双眼,慢慢揽你入怀,轻放在茶尖上,我们享受婴儿般的无忧。

(王猛)

茶 缘

仙人岭上仙人缘,与尔相伴游茶间。凤茶成烟香飘远,霓裳舞动秀心尖。茶园年年铺新翠,伽人岁岁返流连。衣袂翩翩满山舞,笑语声声誉满园。茶海层层泛新绿,素手纤纤攫芳华。仙人湖畔重聚首,再待来年枝发芽。

(魏族)

春天,在凤冈茶海之心

一块紧挨一块的茶园,如同一级级石阶,站在任何一级石阶,都像站在梦想的天梯上,再往前一步,便可以上九天揽月。

每片茶叶都满怀心事,多情的春雷使出吃奶的劲儿,也无法挖掘到半点蛛丝马迹。

在凤冈，这些心扉紧闭的绿色小精灵，和唱着山歌采茶的女子一样羞涩。心思，总是那么难以启齿。

（冉昱晟）

第五节　禅茶一味美文

何为茶禅一味？

一片树叶，从远古走来，依然绿意葱茏，翠色欲滴，香气氤氲，神韵不减当年；一缕梵音，自西天漂来，依旧振聋发聩，清心明目，醒脑洁身，法力经久不衰。

西汉末年，佛教传入我国，与本土儒教、道教长期磨合，最终共生共荣、相融相通，形成儒释道三大宗教体系。佛教能够扎根本土，其教义与诸子百家的思想、学说、主张不仅不存在抵触、冲突，相反却能够相互包容，取长补短。道家的顺其自然、敬畏自然，看似无所作为，实是遵循自然法则并探究其中奥秘，以此来指导和规范人生行为，实现无为而治天下大同；儒家的苦其心志劳其筋骨饿其体肤，一日三省吾身，齐家经验、治国方略，皆是为了安邦治国平定天下；佛教徒通过修行除去世间一切杂念达到明心见性证得极果如来，然后引导众生到佛国净土，也就是极乐世界，世间法叫作太平盛世。各教派的修行次第、渠道不一，要达到的最终目的却是相同的。就好比一个行人要到彼岸去，他可以选择摆渡或者步桥一样。佛教徒的整个修行过程其实就是修心，修到明心见性了，心平世界平，前景一片光明。佛法恒顺世间法，佛法不坏世间法，故而儒释道能够共生共荣，而不是相生相克。在梵语里，出家人称为比丘、比丘尼，汉语翻译过来，就是和尚、尼姑，和尚者，期盼、崇尚、维护和平也。所以佛门内部，佛法无边，清规戒律无数，都是要求僧众不要随便起心动念打妄想，起心动念便是错，当然，如果你发心教化众生于苦海之中，这是利他，又当别论。菩萨心肠，利他不利己，利他的同时也利己，这是可以相互圆融圆通圆满的圆顿大法。

冬去春来，几番淅沥的春雨悄然而至，满树的茶叶碧绿鲜亮。这片叶子赶在清明之前采摘下来，制成明前翠芽或者明前雀舌，尤其显得金贵。上至达官显贵，下至贩夫走卒，世间的芸芸众生，出世间的僧、菩萨、佛陀，皆对这片叶子青睐有加。出家人讲究因缘和合而生、万法随心而现、万法互为因果，因此对于茶叶的青睐，之中定是有着几世几劫的宿因的。一片鲜嫩的叶子从树上采下来，通过摊晾、杀青、回潮、揉捻、脱水、发酵、做形、提香、烘焙等工序，制成具有康、乐、甘、香、和、清、敬、美八大美德的成品，犹如出家人参禅打坐、诵经持戒，历经无数修行次第而成就圆满菩提如来果位。不有几番寒彻骨，哪得梅花扑鼻香，茶之上品难制，佛之极品难证，古来求道者多如牛毛，得道者凤毛麟角。其中况味，惟僧尽知。

生在山坡上，死在铁锅头，活在杯子里，这说的便是茶。成品茶经过开水冲泡，当初的那一缕春意、那一抹新绿、那一束阳光又呈现眼前，可见这一片叶子在炒制过程中并未死去，就像佛的涅槃或是灭度，看似死去了，实际上只是灵体离开了肉团身，世间法称为灵魂出窍。佛家人认为，灵体是不生不灭的，万法本来如此，法尔如是，没有什么生，也没有什么灭，但是因缘和合，它既可以示现生，也可以示现灭。比如一棵小草，诗人说它是"野火烧不尽，春风吹又生"，不管是野火烧也好，还是严霜侵也罢，反正它是从我们的视野里消失了，但是来年春天，通过春风春雨这一因缘和合，它又生机勃勃了。那么，生长在峰岭间的一片叶子，通过炒制成为毛峰、银针、翠芽、龙井、雀舌、碧螺春与出家人通过修行证得罗汉、菩萨、佛、究竟如来有着异曲同工之妙，而且都有一个不生不灭的灵体。人说做人如做茶，其实做僧人更像做茶，一片鲜嫩的叶子炒制成茶，等于僧人修行证得果位，炒制的过程也就是茶叶的修行次第，炒制即是修行。一花一世界，一叶一菩提，吃饭穿衣、干活睡觉，世间万法皆具禅理，就别说经过几番磋磨揉捻的一片茶叶了。

禅定，在三藏十二部经八万四千法门中，是其中之一。出家人修习禅定法门，要始终保持定慧均等、动静平衡，既无所求，亦无所拒，静观其变。所谓定者，洁静其身，宁静其心也；所谓慧者，通过修行，你明了了什么，参悟了多少，嗅到了法味没有，身心是否充满法喜？所谓动者，开发智慧潜能也；所谓静者，保持并且不断提升定力也。动静即是定慧，均等即是平衡，犹如天平两边的砝码，只有砝码等量，天平才会不偏不倚。要洁净其身，宁静其心，豆浆让人生腻，咖啡让人过于兴奋，唯有苦中带甘带香的茶饮料。茶能通神，茶能让人心平气和，出家人有茶相佐，能得大自在、大解脱。大道至简，只要你会用心，生活中处处有法味，处处有禅理，喜怒哀乐、吃喝拉撒睡莫不如此。佛门中曾经有一则叫作茶饭禅的公案，说的是唐朝龙潭崇信禅师，跟随天皇道悟禅师出家，数年之中，皆是打柴做饭，挑水做羹，不曾得到道悟禅师一句半语的法要。一天乃向师父说："师父！弟子自从跟您出家以来，已经多年了。可是一次也不曾得到您的开示，请师父慈悲，传授弟子修道的法要吧！"

道悟禅师听后立刻回答道："你刚才讲的话，好冤枉师父啊！你想想看，自从你跟随我出家以来，我未尝一日不传授你修道的心要。"

"弟子愚笨，不知您传授了什么给我？"崇信讶异地问。

"你端茶给我，我为你喝；你捧饭给我，我为你吃；你向我合掌，我就向你点头。我何尝一日懈怠，不都在指示心要给你吗！"崇信禅师听了，当下顿然开悟。

通过师徒的一番对话，我们看到，禅即是生活，生活中处处有禅机。崇信禅师跟随师父修行几年了，却不知道师父时时处处都在给自己传授修行的法要，并且，这修行的法要他都已经具备了。道悟禅师的一言一行，皆是在对徒弟作这样的开示：第一，你数年如一日给为师端茶捧饭，说明你有恭敬心；第二，你数年如一日给为师端茶捧饭，不曾生半点烦恼心；第三，你数年如一日给为师端茶捧饭，为师都是放心大胆地吃喝下去，不担心你对为师有二心；第四，你向我合掌，是对我道行的尊重；第五，我向你点头，是赞赏你具备修行的根机。具备恭敬心、没有烦恼心、尊重他人，所有这些，都是修行人要保持下去的德行。至于出家人根机的利钝，根机利的人成就快、成就大，反之，根机钝的人成就慢、成就小。师父是徒弟的表率，世间法有严师出高徒一说，对徒弟来说，师父的言行举止就是徒弟修行的范本和准则。菩萨修行，先是自度，即自利，然后度人，即利他，菩萨与众生，是互相成就对方的，菩萨因为度化众生而成就自己更高的果位、更大的功德，然后再把功德加持于众生、回向给众生。明白了这一点，你就不会认为道悟禅师说的话有些怪怪的，什么"你端茶给我，我为你喝；你捧饭给我，我为你吃"。明明是自己吃喝了，还说是为别人吃喝。实质上，这就是师父把自己的功德回向给徒弟。从这里可以看得出来，所谓回向者，出家人是以实际行动感染众生，以身作则，身教重于言教，而不是空穴来风，坐而论道。

茶品如人品，茶道如人道、僧道，出家人奉行的是菩萨道。出家人受了戒，就不能破戒，破了戒就等同于世间法里的知法犯法，但罪行比知法犯法要严重得多；出家人皈依了佛门，就要一心一意修行，就不能起心动念打妄想，你要起心动念，佛法将判你重罪加身；你穿上了衲衣，就要认认真真做一名出家人，不能利用一袭衲衣招摇过市，不能为自己的名闻利养打算，要时时处处念念不忘一切众生。出家人不遵守僧道，言行举止一旦出轨，哪怕之前你有多大的功德，都不能了生脱死，严重者还要下无间地狱。所以佛陀特别告诫："若以色见我，以音声求我，是人行邪道，不能见如来！"所以对于茶，僧人是悲欣交集。欣慰的是，茶能助禅，能开悟，能生智慧；悲哀的是，若不留意，若定力不深，难免走火入魔步入邪道。所以这一壶茶，又生出了一则有名的公案"吃茶去"。《景德传灯录》卷十记载，唐代赵州禅师问新到僧人："曾到此间吗？"僧答："曾到。"赵州曰："吃茶去。"又问一僧，僧答："不曾到。"赵州曰："吃茶去。""曾到"与"不曾到"，两名新到的僧人都得吃茶去，这却是为何？

出家人不打诳语，最忌讳心口不一，言行不一，举止不一。修行是修心，明心见性，心性如一，万法归宗，十方三世尽虚空遍法界皆是我一念变现。人世间每一个角落都是修行的道场，就看你会不会用心，会用心者得大受用，享大果报。那么，悟道不悟道，只有自己清楚，只有自己知道，如若不明白，就去泡一壶茶，慢慢地想去。

大音希声，大道至简，平凡生活就是禅，平凡生活就蕴含禅理禅味。所谓"青青翠竹尽是法身，郁郁黄花无非般若"。放眼望去，万物皆具如来本性，"有情无情，同圆种智"，只看你用心没有。只要你用心，你就具备了一颗禅心，有了禅心，你就会说禅话，你就会做禅事，你就会把一切入耳的声音化为禅音。禅者，善也，德也，真也，美也。所以无德禅师对一个前来求取如何才能成为最具魅力法宝的高贵女人说道："禅话，就是说欢喜的话，说真实的话，说谦虚的话，说利人的话。"

女施主又问道："禅音怎么听呢？"

无德禅师道："禅音就是化一切音声为微妙的音声，把辱骂的音声转为慈悲的音声，把毁谤的音声转为帮助的音声，哭声闹声，粗声丑声，你都能不介意，那就是禅音了。"

女施主再问道："禅事怎么做呢？"

无德禅师道："禅事就是布施的事，慈善的事，服务的事，合乎佛法的事。"

女施主更进一步问道："禅心是什么心呢？"

无德禅师道："禅心就是你我一如的心，圣凡一致的心，包容一切的心，普利一切的心。"

女施主听罢，如醍醐灌顶，茅塞顿开。

佛陀有言，佛、法、僧乃同一法身慧命，芸芸众生皆具佛性、皆可成佛，只看你悟解了没有，悟解了多少。你得到多大的智慧，就有相应的果位加持于你，回光返照于你。那么，身为凡夫的你我，何不泡一壶茶，无需去道场，因为世间无处不道场，也无需诵经持戒、打坐参禅，因为生活中处处有禅，禅不高深，也不玄妙，我们的真心本来面目就是禅，我们看不见禅，是对禅视而不见、熟视无睹，习以为常了，也是我们心灵的窗户被重浊的烦恼习气屏蔽了。曾经，骏马奔驰，日行千里，是我们公认的最快出行速度，而今，这样的旅程，我们的动车1h便可到达；曾经，我们的信息依靠鸿雁传书、邮差递交，而今，电子发送只需指尖轻轻一点，千里万里之遥成为分分钟秒秒钟的事情；曾经，我们衣不蔽体食不果腹，而今，衣则西装革履、丝绸裘缎，食则山珍海味、满桌佳肴，大碗喝酒大块吃肉。阳光遍洒大地，春风荡漾原野，生活如此美好，江山如此多娇，然而不知为何，我们的心情却火烧火燎，我们的肠胃却冷若冰霜，我们的烦恼却与日俱增？我们何不找出一点时间，选一个角落，面对一壶茶，静静地、细细地品味每一个过去的、现在的、未来的日子，平复浮躁的心，洗去身心的尘埃，让阳光进驻心里，恢复上苍给予我们的原始设置，找回我们的真心本来面目，为社会添加一份和谐与安宁，添加一份精气神，添加一份正能量。不求成佛成圣，但求成为一个问心无愧、无祸于民、善待他人、和睦近邻、友好亲朋，有美德、有正义感的公民，一句话，如高尔基所说，成为一个大写的人。

（蒲河山人）

茶道禅道的美丽邂逅

禅茶一味，是茶道与禅道的美丽邂逅。

茶道唯情，禅道唯心。茶道讲求"敬、和、清、寂"要义，禅道追求"戒、定、慧、缘"精神。禅道和瑜伽，有许多通融之处，因此茶道与禅道，我们可以引申为茶与瑜伽。茶与瑜伽，一个是草木之精华的代表，一个是身心和谐合一的禅修，二者包容通融，凝聚着处世恭敬、为人平和、品质清洁、身心静寂等修身养性方面的意涵。在凤冈，西部茶海因瑜伽而灵动飘逸、天人合一；瑜伽因茶而活色生香、意境隽永。茶的盛事与瑜伽活动一遇，禅茶一味，完美组合，既是对茶道禅道的弘扬光大，更是创造了一道道美丽风景，为茶海之心4A级景区注入了不可多得的文化元素。茶之海洋，境之静雅，心之荡漾；佳茗佳人，相映成趣，相得益彰。茶海云蒸霞蔚，宽阔、宁静、灵动，人们俨然就是茶香氤氲里飞翔的鱼。伽人玉树临风，从容、淡泊、端庄，舞动仙人岭，尽显春花之绚烂，秋叶之静美，爽心悦目。

"海为茶世界，云是心家乡"。凤冈生态环境良好，气候舒适宜人，被誉为"生命的起源、心灵的故乡、养生的天堂"。当茶与瑜伽在锌硒有机茶乡欣然相遇，便会催生出独具特色的"禅茶瑜伽"体验，人心向暖人心向善，进而实现从迷到悟、从俗到雅的转化，将茶旅一体提升到新的档次和境界。健康养生、幸福生活，是小康社会里人们的孜孜以求，可谓千金不易。凤冈正在倾力打造"禅茶瑜伽·养生凤冈"这张名片，举办茶文化节和瑜伽竞技活动，以此为媒介，广交天下朋友，必将掀起新一轮品茗习伽、享受健康的热潮，顺势应时，推动健康产业朝气蓬勃发展。

盛世办盛会。以茶道与禅道的美丽邂逅为契机，凤冈的知名度、美誉度、吸引力、亲和力不断提升，旅游软硬件建设逐步完善。百里桂花大道一路风景，茶区公路四通八达，水电通信一应俱全，仙人岭拉膜会场独树一帜，景区栈道移步换景，树编造型匠心独具，宾馆茶庄窗明几净，特色商品、茶乡美食令人欲罢不能，旅游接待能力跃上了新的台阶。茶乡儿女诚待天下，热情好客，服务周到，给客人留下了深刻的印象。人们慕名而来，来而有获，留得住，住得好，纷纷表示此行不虚，相约此后还来。

杭州市西湖区和凤冈县联袂打造"东有龙井·西有凤冈"茶的传奇，起步高端，前景看好。如果说"东有龙井·西有凤冈"是茶产业茶文化的东西合璧，龙凤呈祥，那么禅道与茶道的殊途同归、美丽邂逅就是禅茶同味，通脱高尚，有不足为外人道的个中韵味，升华到形而上的境界。

（亦云）

第六节　茶的说唱

龙灯、花灯、茶灯、船等、推推灯等民间灯戏，还有春官说唱送春历，每年新春佳节都在全县乡村和集镇上演，营造和睦吉祥喜庆的新年氛围。灯戏表演中，与茶有关的内容很多，或道茶的缘由根生，或诉种茶采茶贩茶的酸甜苦辣。围绕一个茶字，他们可以借题发挥，见子打子，说唱不停，其韵郎朗，其音悠扬，亦庄亦谐，备受人们喜欢。

下面选录的《采茶调》是汤友裳收集的，载于《凤冈民歌选》；《十二月采茶谣》《贩茶谣》《船灯采茶调》《说春道茶》是唐文荣先生收集的，载于《乡风民俗话凤冈》。

采茶调

正月采茶是新年，二十四节要瞅闲。刘金送瓜游地府，借尸还魂李翠莲。
二月采茶茶发芽，美女落在帝王家。构皮造纸文官写，弯木雕弓武将拿。
三月采茶茶叶青，红娘端来奉张生。张生扯住红娘手，红娘开口笑盈盈。
四月采茶正栽秧，四郎失守在番邦。五郎怕死为和尚，镇守三关杨六郎。
五月采茶是端阳，武松打虎景阳冈。醉打山门鲁和尚，会耍双刀孙二娘。
六月采茶热茫茫，韩信追赶楚霸王。霸王追到乌江死，韩信功劳不久长。
七月采茶茶叶长，桃园结拜刘关张。七擒孟获诸葛亮，关公温酒斩华良。
八月采茶桂花放，杜康造酒滴血香。酿得三杯神药酒，醉死东海老龙王。
九月采茶是重阳，九里山前活埋娘。九里山前活埋母，五百年后出贤郎。
十月采茶茶叶黄，孟姜千里送衣裳。送到长城不见郎，棒打鸳鸯各一方。
冬月采茶茶树空，唐朝军师徐茂公。瞒功昧良张仁贵，仁贵挂帅去证东。
腊月采茶去一年，替父从军花木兰。女扮男装上战场，巾帼英雄美名扬。

十二月采茶谣

正月采茶柳茂梅，仙风吹下梅花归。爆竹一声吹腊去，梅花几点送春回。
元宵佳节月光辉，万家烟火听春雷。十二红灯高高照，家家户户醉人归。
二月采茶百花开，重重叠叠上瑶台。刚被太阳收拾去，欲将明天送将来。
二月节，把花栽，家家户户好安排。五色云中传福玉，九重天上送春来。
三月采茶雨纷纷，有花有酒过清明。种桃道士归何处，桃花又见一年春。
三月节，是清明，家家户户挂亲坟。洛阳三月花强锦，多少功夫织得成。
四月采茶雨后晴，南山当户传分明。更无柳絮因风起，惟有葵花向日倾。
四月节，早秧青，家家户户忙不停。乡村四月闲人少，插秧薅草费苦辛。
五月采茶正龙华，一位迁客去长沙。黄鹤楼中吹玉笛，江城五月落梅花。
端阳节，煮棕粑，家家户户祭田家。青苗土地千丘榜，一粒落地万粒归。
六月采茶六月中，风光不比四时同。接天莲叶无穷碧，映日荷花别样红。
六月节，日融融，家家户户凉水冲。睡到秋声无觅处，满街梧叶月明中。
七月采茶秋风凉，天上织女会牛郎。八仙庆寿朝王母，王母蟠桃宴琼浆。
七月节，孟澜香，家家户家祭先亡。牛郎织女来相会，紫薇花邀紫薇郎。
八月采茶到天涯，仙人举步唱仙家。月中丹桂常不老，八月十五放光华。
中秋节，月亮大，家家户户看月华。归到玉堂清不昧，月钩初上紫薇花。
九月采茶到天边，月落乌啼霜满天。青女素娥俱耐冷，月中霜里斗婵娟。
重阳节，菊花鲜，家家户户美酒甜。同来玩月人何在？风景依稀是去年。
十月采茶雪纷纷，北风吹雁飞不停。岭上腊梅先吐秀，谷黍又逢小阳春。
十月节，小阳春，家家户户乐升平。劝君更敬一杯酒，西山阳关无故人。
冬月采茶老令公，一捋胡子白蓬蓬。令婆本是佘氏女，所生九子在朝中。
冬月节，冬冬冬，家家户户火炉红。烟冲冲到神仙府，慢腾腾来暖烘烘。
腊月采茶老令婆，怀抱孙儿笑呵呵。手执腊梅花几朵，报到来年喜庆多。
腊月节，息干戈，家家齐唱太平歌。虽然是个十八扯，一年四季喜事多。

贩茶谣

正月贩茶到贵州，本省茶多价不优。一心要想卖高价，收拾箱担往外游。
二月贩茶到云南，上场接风把价还。当值一千喊一万，一本万利不为贪。
三月贩茶到广西，新陈交接茶价低。若要这回不蚀本，忙把草鞋多买些。
四月贩茶到四川，山高水深地土宽。人烟稀少茶难卖，多少卖点做盘餐。

五月贩茶到广东，谁知茶价涨得凶。纵然高到值金价，货赶到时价又松。
六月贩茶到湖南，天气暑热担难担。摇扇打伞汗长淌，茶三酒四烟八杆。
七月贩茶到北京，买茶之人很认真。毛尖细茶他就买，质量差点买不成。
八月贩茶到山东，正值茶铺已卖空。一时不济正好卖，可恨搬运不用功。
九月贩茶到山西，风飘飘来雨稀稀。翻山越岭难行走，人人怕冷穿棉衣。
十月贩茶到河北，天寒地冻落大雪。只为贩茶在外跑，哪个怜悯路头客。
冬月贩茶到江苏，不知何日才归屋。货不翻身钱难赚，人上托人往外除。
腊月贩茶到浙江，钞票卖得几皮箱。不分昼夜把路赶，卖了细茶转回乡。

船灯采茶调

正月采茶是新年，郎骑白马进茶园，茶园点得十二亩，情哥情妹两相玩。
二月采茶茶叶发，姐妹双双去薅茶。姐薅多来妹薅少，薅多薅少一样发。
三月采茶茶叶青，姐妹双双织手巾。织得龙来龙戏水，织得虎来虎显身。
四月采茶茶叶长，农夫脚下两头忙。一忙五谷要去管，二忙茶山采茶忙。
五月采茶茶叶圆，茶树脚下细语言。一言茶叶长得好，二言茶叶好价钱。
六月采茶热忙忙，上栽茶树下栽桑。多栽茶树把茶采，少栽杨柳歇荫凉。
七月采茶秋风凉，裁缝下山裁衣裳。一家老小都裁起，穿起新衣赶茶场。
八月采茶是中秋，五谷丰登庆九州。九州都有茶叶卖，一本万利不用愁。
九月采茶是重阳，家家户户茶飘香。大姐提茶劝二姐，姐妹双双品茶忙。
十月采茶过大江，脚踏船来手搬仓。坐船过河忙忙走，卖了细茶转回乡。
冬月采茶又一冬，十担茶叶全卖空。卖得茶钱回家转，全家老幼乐融融。
腊月采茶又一年，家家户户庆丰年。炮竹声声辞旧岁，梅花点点迎新年。

说春道茶

贵府主人真义气，进屋就把茶倒起。不提茶来犹自可，提起茶来有根生。
唐三藏，去取经，带来茶种落地生。小路旁边种九颗，大路旁边种九根。
九十九根成一片，九十九笼成茶林。松土施肥管理好，二三月里茶发青。
采了春茶采夏茶，送进茶厂加精品。客人吃了连声谢，春官吃了传名声。
一传东北西南省，二传北京与南京。

第七节　茶谚、茶谜

一、茶谚语

平常人家日常生活所必需的七样东西，俗称开门七件事。宋代吴自牧《梦粱录·鲞铺》说："盖人家每日不可阙者，柴米油盐酱醋茶。"元代武汉臣戏曲《玉壶春》第一折唱道："早晨起来七件事，柴米油盐酱醋茶。"

茶既然是寻常人家生活的必需品，那么在长期的生产生活实践中，必然会产生许许多多的谚语、俗语、谜语。辑录凤冈常见的与茶有关的谚语、俗语、谜语于后：

好茶好饭待远亲，用事用务靠近邻。

清晨一杯茶，饿死卖药家。

茶好客常来。

来客无烟茶，算个啥人家。

人熟好办事，烟茶不分家。

人走茶就凉。

酒满敬人，茶满伤人。

茶逢知己千杯少，壶中共抛一片心。

君子之交淡如水，茶人之交醇如茶。

茶水喝足，百病可除。

午茶助精神，晚茶导不眠。

吃饭勿过饱，喝茶勿过浓。

酒吃头杯，茶吃二盏。

茶吃后来酽。

平地有好花，高山有好茶。

酒吃头杯好，茶喝二道香。

好吃不过茶泡饭，好看不过素打扮。

当家才知茶米贵，养儿方知报家恩。

冷茶冷饭能吃得，冷言冷语受不得。

有茶有酒好兄弟，急难何曾见一人。

茶怡情，酒乱性。

二、茶谜语

生在山上,卖到山下。一到水里,就会开花。(茶叶)

生在青山叶儿蓬,死在湖中水染红。人爱请客先请我,我又不在酒席中。(茶叶)

颈长嘴小肚子大,头戴圆帽身披花。(茶壶)

一只没脚鸡,蹲着不会啼,吃水不吃米,客来把头低。(水壶)

言对青山说不清,二人地上说分明。三人骑牛无有角,一人藏在草木中。("请坐奉茶"四字)

出身山中,死在锅中,活在杯中。(茶叶)

生在世上嫩又青,死在世上被火熏,死后还要被水浸,奴家苦命真苦命!(茶叶)

深山沟里一蓬青,玉爪金龙取我心,带到潼关来逼死,水底扬花半还魂。(茶叶)

孔明祭起东南风,周瑜设计用火攻,百万雄兵推落水,赤壁江水都变红。(烹茶)

山顶一只猴,客人一到就点头。头大项颈小,肚大嘴巴翘。(茶壶)

一个小崽白油油,嘴巴生在额角头。见了客人乱点头。(茶壶)

一个坛子两个口,大口吃,小口吐。(茶壶)

怪样怪样,鼻子长在背上。(茶罐)

我家爹高,你家妈矮,我家爹屙尿淋你家妈崽。(茶壶倒水在茶杯中)

一个灰鸡母,叮叮咚咚在向火。(茶罐)

一个老汉白又白,翘起鸡鸡儿来陪客。(茶壶)

第八节 茶书刊

2005年以来,凤冈茶产业发展迅速,锌硒茶品牌在全国叫响,茶业经济成为农民脱贫致富的主打产业。作为托起茶产业腾飞的两只翅膀,科技和文化功不可没。

有关茶业科技、文化、文艺的书籍和刊物,在这一时期也如雨后春笋,纷纷出现。

2005年,县西部茶海办公室、县茶叶协会编印《龙泉话茶》读本,以传说故事、政策解读、知识介绍、题目问答等形式,系统宣传推介凤冈茶业。此后,该书还多次修改、重印。

2015年、2016年等年份,凤冈县与杭州市西湖区联合举办多次"东有龙井·西有凤冈"茶文化研究、茶品牌推介、茶论坛交流等活动。活动结束后,县茶叶产业发展中心将上述活动的领导讲话及致辞、专家演讲及论文等汇编成《"东有龙井·西有凤冈"茶文化资料汇编》，在茶海之心举行的茶事活动上发放。

2017年，县茶文化研究会编辑的《龙凤茶缘——"东有龙井·西有凤冈"品牌与茶文化论坛文荟》（图11-7），作为"东有龙井·西有凤冈"茶文化系列丛书之第一部，由北京燕山出版社出版。该书收录2015年、2016年间有关"东有龙井·西有凤冈"茶文化研究、茶品牌推介、茶论坛交流等活动的领导讲话及致辞、专家演讲及论文、征文获奖作品、西湖区与凤冈县签署的合作协议等。全书分成序、殷殷期望、领导讲话、专家论

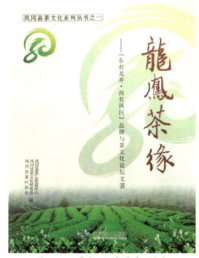

图11-7《龙凤茶缘》图书

图11-8《龙凤茶苑》期刊

坛、论文选粹、获奖征文、附录、后记等几部分，彩色印刷，图文并茂。

2016年12月，由县茶叶产业发展中心主管，县茶文化研究会、县茶叶协会主办的《龙凤茶苑》创刊（图11-8）。《龙凤茶苑》旨在弘扬茶文化，推进茶产业，提升凤冈锌硒茶品牌的知名度和美誉度，推进"东有龙井·西有凤冈"茶文化与茶品牌的融合发展、共建共享。《龙凤茶苑》为半年刊，每年6月和12月出刊，大16开本，图文并茂，80页左右，彩印，免费赠阅。《龙凤茶苑》开设茶政文选、茶论集萃、高端评说、他山问道、茶事茶人、茶艺茶道、茶史茶俗、茶韵诗文、茶海觅珠、龙凤佳话、茶海短波等栏目。

近年来，县有关部门还编印了《诗意凤冈》《茶乡诗韵》《风从茶乡走过》《禅茶瑜伽》《记住》《行摄行乐》等多本文集、画册、影集，宣传凤冈茶产业、茶文化。

此外，县茶叶协会会长谢晓东先生出版了两部专著，一部是《凤茶掠影》，另一部是《凤冈锌硒茶》；另有曹坤根著的《贵州工夫红茶》。

第九节　凤冈茶事古图

凤冈地域传统的饮茶、敬茶方式多种多样，其饮茶、敬茶场所也涉及生活的众多角落。如今，我们还能从遗存下来的一些古老饮茶、敬茶图上窥一斑而见其豹。

① **镇宅之神敬茶图**：黔北传统的农家堂屋正中，一般都有一高约1.8m、宽约2m的祭祀敬神木柜，柜子面板正中常镶嵌40cm×30cm大小的深浮雕敬茶图案。这个图案一般都用白杨木、楠木、梨木等上好材质的木板雕刻而成。图案主要由三个人物像组成，中间为头戴官帽的"长生土地"，右边为右手提茶壶的"瑞庆夫人"，左边为双手托元宝的"招财童子"，这三个人物

图 11-9　敬茶神图中的长生土地、瑞庆夫人、招财童子

共同组成为黔北传统的镇宅之神（图11-9）。意为土地才是永恒长生的，提示主家时时敬重土地，爱护土地，要在祭祀节日，必须用净茶敬奉人们赖以生存的土地，才能迎来五谷丰登、吉庆祥瑞，才会人丁兴旺、财源滚滚。

② **富贵平安敬茶图**：在凤冈民间，另一种敬茶木雕图为"富贵平安敬茶图"（图11-10），此类木雕一般镶嵌于茶台茶桌前面正中，宽约60cm，高约20cm。图案正中为一象腿几案上放一只茶壶象征平安，茶壶两旁刻牡丹图象征富贵，牡丹侧旁又有蜡烛一对寓为祝福，最边上为一对喜鹊闹梅图意为喜在眉梢。整幅木雕意为以茶为媒，祝福主家日日喜在眉梢，一生平安富贵。

如今，凤冈乡村百姓，大多还传承着每年正月初一清晨，先用非常洁净铁锅烧一大碗清茶，在堂屋叩拜、敬奉天地后，才可以打开财门（大门）的习俗。

图 11-10　何坝镇船头"富贵平安敬茶图"

③ **骑马敬茶图**：绥阳镇金鸡村姚家寨的一栋老民居，在其吞口、晒壁上均装有精美的木雕花窗子，其中吞口的一花窗上有一幅

图11-11 绥阳镇金鸡村民居上"骑马敬茶图"

"骑马敬茶"深浮雕图案（图11-11）。此图为优质白杨木雕,长约70cm,高约25cm,其上雕有四个人物图像,中间一男一女为图案主角,左边是一男士身骑骏马,右手拉着缰绳,左手举着茶盏,骑马者的后面有一肩搭钱布袋、手握蚊刷的随从。右边是一头包帕子的尖脚妇人站着,左手拿着丝帕,右手提着茶壶,正欲给男士倾倒茶水状,其后面又有一头包帕子的尖脚妇人,双手拿着似盛装干粮茶叶的布袋,故作娇羞状。此图似有"劝君更饮一杯茶,远出阳关念故人"依恋情景。

④ **驿站饮茶图**：何坝镇太极洞的七窍天开洞窟里,有一个后花园,花园中有一组合石雕曰"富贵花开第一观"。在这组深浮雕中有一幅"驿站饮茶图"（图11-12）,该图画面高约45cm、宽约70cm,图中有一座两重屋檐六角形驿站茶亭,亭内有一茶灶,灶上有一正煮沸的大茶壶,灶的两旁各坐一人。左侧坐着的是穿长衫的官人或商客模样,正在用左手托盏右手揭

图11-12 太极洞石刻"驿站饮茶图"

盖,似要品茗喝茶状。右侧亦为穿长衫的或官或商富态男士,正要用右手端起放在茶灶上的茶盏。

"驿站饮茶图"的人与物画面显得非常宁静气和,两人都自在悠闲。这正是凤冈地域,从新花铺、甘溪铺、蜂岩铺、桶口铺,直通乌江一线的几个古驿站、古邮铺茶亭景象的缩影。

⑤ **夷州茶神、茶王图**：曾是唐代夷州治所所在地的绥阳镇,民间传承下来一块非常珍贵的木印板,此印板长40cm,宽24cm,厚2cm,乃本地花梨木质,浅浮雕手法刻图成字。此印板刻有两个人物像,其中一人物像为传说中的古夷州"茶神",其面容慈祥,脸庞丰润,呈盘腿打坐状态,身旁两边雕刻有片片茶叶相互连绵。另一人物像又为传说中的蛮夷之地仡佬茶王"山古",其脸部肌肉横生,似面恶心狠状,头上还有一对似角非角的凸起,手里拿着号令黄卷,身旁两边亦有多片茶叶相互连绵。印板右侧竖刻有"顶上

雨前龙井雀舌毛尖细茶"12个楷体字（图11-13）。

此块印板古朴老旧，年代久远，木质上乘，其雕刻工艺亦较流畅，会让人心旷神怡。一块以茶为背景的木刻印板，能在古夷州故土留存至今，实乃凤冈茶人之幸。

图11-13 绥阳镇"古夷州茶神图"

⑥ 美女庭院饮茶图：

在凤冈县内过去的一大户人家的老木柜四扇门上，有一组用矿物颜料彩绘的8幅人物绘画，其中就有3幅"美女庭院饮茶图"（图11-14）和1幅"美女老人饮茶图"。这四扇门整体宽128cm，高107cm，每扇门分别在上下两半各绘一幅人物画，每幅画边框为高33cm，宽24cm，画面用传统的彩色矿物颜料绘制，天长日久均不易褪色脱落。

绘画的内容是以大家庭院和琴棋书房为背景的生活瞬间，其中有一幅图为10名美女

图11-14 清代龙泉"美女庭院饮茶图"

围坐桌边，桌上放有8个茶盏或茶碗，其中一女子在给另一女子喂茶或是灌茶，另有一小女子手中端着茶盘，盘中放有2个茶盏。另两幅图均为7名美貌女子围坐桌边闲聊，桌上摆放着茶盏茶杯，显得很是悠然自得。另一幅则为3位老者及2名中年妇女围坐桌旁，桌上只摆放了2个茶杯。3位老者表情凝重，2名妇女神态亦似有所思，此画不知何意。从整组板画中多处出现古柏、怪石之景来看，似有《红楼梦》大观园里的影子。

第十二章 凤冈茶与人物

凤冈茶产业从无到有,从弱到强,可谓风雨兼程,一波三折,经历了漫长的发展过程。在这个过程中,热爱茶的人士,不管是党政领导干部、茶叶科技工作者,还是茶农、茶商、茶企、茶馆经营者,还有茶文化教学者、传播者,都呕心沥血,做出了贡献。他们中,不论老少,不分性别,我们把他们统称为茶人。

第一节 茶界名人与凤冈锌硒茶

凤冈茶产业发展过程中,受到县外许多茶界名人大咖的称赞、关注与支持。本节对受聘于凤冈茶产业、茶文化顾问,凤冈县荣誉县民,倡导打造凤冈锌硒茶品牌及其投资凤冈茶业规模较大的人士进行介绍(按年龄大小排序)。

一、陈宗懋:凤冈茶产业首席顾问

陈宗懋,男,1933年10月出生,上海人,中国工程院院士,著名茶学家,现任中国农业科学院茶叶研究所研究员、博士生导师,中国茶叶学会名誉理事长和国际茶叶协会副主席(图12-1)。2007年至今,担任凤冈锌硒茶首席顾问。

图12-1 凤冈茶产业顾问陈宗懋院士

2005年4月8日,陈宗懋在首都北京老舍茶馆举行的纪念当代茶圣吴觉农先生诞辰108周年大会上,与在京全国茶叶社团组织、全国茶叶龙头企业等茶界顶级人物,就凤冈锌硒茶发表点评。陈宗懋院士在老舍茶馆现场品尝了凤冈锌硒茶后,现场点评:凤冈锌硒茶"浓而不苦、青而不涩、鲜而不淡、醇厚回甘、锌硒同具、全国唯一。"2007年10月15—16日,陈宗懋到凤冈考察茶叶产业,再一次高度评价凤冈茶叶的内在品质和茶产业发展思路,称凤冈:"好山好水出好茶,锌硒有机茶金不换。"凤冈县人民政府聘任陈宗懋为凤冈县茶产业发展首席顾问,并颁发聘任证书。

在凤冈期间,陈宗懋以茶叶清洁化生产、茶与人体健康等为主题,举办了茶叶知识讲座。凤冈县四大班子领导、全县副科级以上干部、县内所有茶业企业负责人、50亩以上的茶园种植户共500余人参加培训。

随后,陈宗懋、阮建云等专家考察凤冈茶产业。陈宗懋认为:"凤冈土壤、气候生态条件优越,其茶叶产品具有富含锌硒的独特性,发展有机茶有明显的天然优势,发展潜力大,很有希望。"陈宗懋从茶叶规模、产品多样化、技术、宣传上为凤冈茶产业指点迷津。他指出,在规模上,首要是提升生产和加工水平、扩展销售渠道、注重茶苗生产及茶苗品种选育;在多样化上,要靠名优茶带动,让大众茶唱主角,既要加工名优茶,也要加工大众茶;在技术上,茶园的改造、种植、管理、加工等需要一支强大的技术力量支撑,要通过送出去培训、引进高校来这里办培训基地、开展种茶技术能手竞赛等形式,为种植、管理、加工、销售等方面提供技术保障;在宣传上,要加入对茶农优秀的经验、做法及收入情况的宣传,宣传喝茶的好处,多参加各地举办的茶事活动。

通过"以才引才",陈宗懋院士带动引荐了中国农业科学院茶叶研究所所长肖强等4名顶尖茶叶研究专家,成立了"院士专家凤冈锌硒茶项目推动组",形成集聚领军型人才的"强磁场",先后推动了茶产业标准化建设、茶叶保鲜、生产加工及销售等项目。

二、王录生:凤冈茶"三位一体"质量至上

王录生,男,汉族,1936年12月生,浙江浦江人,民建成员,曾任贵州省政协副主席,第七届、第八届全国人大代表,第九届全国政协委员(图12-2)。王录生在任期间和退休后,多次深入凤冈调研茶叶产业,积极倡导凤冈打造锌硒茶品牌,为凤冈茶产业发展"支招",为凤冈申报"中国富锌富硒有机茶之乡"做出积极贡献。

图12-2 王录生先生

王录生对凤冈锌硒茶的评价是"三位一体",质量至上。据王录生介绍,凤冈锌硒茶名字的由来,这中间还有一个小故事。以前大家只知道凤冈产茶,但不知道茶中含有微量元素。1994年,时任民建贵州省委副主委的王录生邀请了安徽农业大学的刘和发老师一同来到凤冈县田坝村调研,喝了当地产的茶后,认为这茶的"色、香、味、质、型"都是上乘的,茶品质很好,一定是土壤里含有人体所需的微量元素。于是便取了一些土样带回贵阳进行化验,竟发现茶叶中含有锌和硒两种微量元素。此后,凤冈县成功申报为中国富锌富硒有机茶之乡。

王录生说:"凤冈锌硒茶做的是锌、硒、有机三位一体,质量至上。"目前凤冈县的有机茶园,均按照有机茶的标准进行种茶。凤冈县地理环境优越,生态环境好,位于北

纬27°31′~28°22′，平均海拔在700m以上，仙人岭的海拔在1100m以上，云雾缭绕，非常适合茶叶的种植。全县森林覆盖率达67%以上，永安镇的森林覆盖率加上茶园达到90%以上，这使得喜阳却不喜直晒的茶叶可以充分吸收树荫反射下来的阳光。得天独厚的自然优势，富含锌硒的土壤，使凤冈锌硒茶备受消费者青睐，成功培育"凤冈锌硒茶"中国驰名商标，共获国家级金奖59枚，银奖17枚。凤冈锌硒茶出口欧盟等国家，2017年出口茶叶1761t。

三、刘和发："凤冈锌硒茶"的有功之臣

刘和发，男，1939年11月出生，本科学历，安徽农业大学教授，1993年退休。刘和发从事茶学教学近40年，潜心专研茶学，并培育出很多优秀学生。2014年，刘和发教授被授予凤冈县"荣誉县民"称号（图12-3）。

刘和发教授是我国著名的理化研究专家，尤其是对微量元素的研究具有极深的造诣。1994年2月，在时任民建贵州省委副主委王录生的带领下来到凤冈，与凤冈县政协达成支持凤冈茶叶生产的智力支边协议。1994年3月，以刘和发教授

图12-3 刘和发（右二）教授被授予凤冈县荣誉县民称号

为组长的专家组进驻凤冈县茶叶公司，分别在公司所属大堰茶场、新建茶场和田坝茶场开展技术指导工作。同年4月，专家组将凤冈茶叶产品和土壤送到贵州省理化测试分析研究中心测试分析，结果为土壤中锌含量为67.22~95.34mg/kg，硒含量为1.38~3.75mg/kg；茶叶中锌含量为52.15~84.8mg/kg，硒含量为0.12~1.52mg/kg。根据测试结果，刘和发教授经过认真分析指标含量后，建议开发凤冈富锌富硒绿茶，并指导制定企业标准。刘和发教授对凤冈县茶叶中富含锌硒元素的发现，为"凤冈锌硒茶"品牌的打造奠定了坚实基础，有力推动了凤冈县茶叶产业的快速健康发展。

截至目前，全县茶园面积达50万亩，其中投产面积40万亩，茶叶加工企业205家。其中国家级产业化龙头企业1家，省级龙头企业16家，市级龙头企业27家，获SC认证企业51家，有机认证茶叶加工厂9家。"凤冈锌硒茶"成功申报为中国驰名商标，被评为全国最具品牌发展力的品牌，并先后荣获"中国地理标志保护产品""贵州三大名茶"等荣誉称号。

四、林治：凤冈茶文化首席顾问

林治，男，汉族，1947年出生，福建福州人，本科学历，现任中国国际茶文化研究会常务理事、中国茶文化国际交流协会顾问、陕西省茶文化研究会副会长、西安六如茶文化研究所所长、西安六如茶艺培训中心导师（图12-4）。

作为凤冈县聘请的茶文化首席顾问，林治多次到凤冈调研指导工作，潜心研究传播凤冈茶文化10多年，对

图12-4 凤冈茶文化首席顾问林治先生

研究凤冈茶产业、弘扬凤冈茶文化、传播凤冈茶知识做出了积极性贡献。这些年来，林治先后编著出版了《中国茶艺》《神州问茶》《茶道养生》《中国茶道》《古今茶情》《中国茶艺集锦》《中国茶艺学300问》等20余部茶文化专著，其中《中国茶道》（英文版）荣获国家优秀版权出口奖。《茶道养生》2006年出版后一直畅销不衰，2014年被评选为最受欢迎的当代茶书，2015年出了典藏版。

林治先生的茶文化专著不仅数量多，而且内容丰富，体裁多样，文字生动，很接地气。《中国茶道》一书构建了以"和、静、怡、真"四谛为总纲的严谨的理论体系，并深入阐述了儒释道三教理论精华及中国古典美学与茶道的关系。《中国茶艺学》根据茶艺的六大要素和主要功能把茶艺归纳为表演型、生活型、营销型、修身养性型四大类，并创编了多姿多彩的各类经典茶艺，在全国各地广为流传。《神州问茶》林治先生是用3年时间行程十多万千米，以纪实文学的形式客观而又诗情画意地记录了我国跨入21世纪时茶产业和茶文化的发展实况，由人民文学出版社出版发行后，茶学泰斗张天福先生认为"既有文学价值、茶学价值，又有史学价值"。《古今茶情》以人物传记的形式写了陆羽、白居易、苏东坡、陆游、郑板桥、乾隆皇帝等著名茶人与茶的故事，为后人习茶树立了有血有肉的榜样。

林治到凤冈县以多种形式开展茶文化教育，十分注重推广普及凤冈茶文化工作，多次在凤冈举办茶文化专题讲座，邀请凤冈茶叶界人士到他创办的西安六如茶艺培训中心免费培训，为凤冈培养了大批优秀的茶艺人才。林治是凤冈茶人的良师益友，每年到凤冈来，都要和茶人在一起交流茶与茶文化，所以对茶的认识比较全面、准确、系统。

五、陈胜建：锌硒有机茶的践行者

陈胜建，男，1952年1月生，本科学历，汉族，现任贵州野鹿盖茶业有限公司董事长，凤冈县政协委员，凤冈县茶文化研究会副会长，凤冈县茶叶协会副会长（图12-5）。

陈胜建曾在贵阳机务段当过火车司机，任过贵阳机务段技术工程师及车间主任，在中国进出口商品基地建设总公司贵州分公司工作，曾任贵州新顺和公司经理和法人。2005年到凤冈县投资茶叶产业，创办贵州野鹿盖茶业有限公司，投资4000余万元建设有机茶园基地200hm^2，分别在凤冈县永安镇和土溪镇建大型茶叶加工厂。

图12-5 陈胜建先生

这些年来，陈胜建坚持高标准建茶园、标准化生产、清洁化加工、企业化营销，为凤冈有机茶生产加工和营销探索了一条新路子，在扶贫帮困、发展茶产业方面做出积极贡献。农民日报、贵州日报、贵州都市报、遵义日报等媒体，以《让土地迸发力量》《贵阳人老陈的凤冈实验》《有机农业顺应时代需求大有可为》《珍藏自然的秘密》《茶是土地的艺术》为题作了全方位的报道。

野鹿盖茶业公司获"贵州省级扶贫龙头企业""农业产业化经营重点龙头企业"称号。野鹿盖生产加工的凤冈锌硒茶获第八届"中茶杯"一等奖，"野鹿盖"牌商标系列产品红茶、绿茶荣获贵州省著名商标。公司获全国科普惠农兴村先进单位奖。陈胜建个人先后获得遵义市委、市政府颁发的"全市茶园种植大户先进个人奖"、凤冈县总工会授予"爱员工的优秀厂长（经理）"称号，2019年获凤冈县茶产业特别贡献奖、被凤冈县茶叶协会聘为凤冈茶产业顾问。

六、曹坤根：凤冈红茶加工的领军人

曹坤根，1953年11月出生，专科学历，茶艺师、助理经济师。他从事茶叶栽培、加工长达40多年，曾任无锡市茶叶研究所副所长，现为贵州野鹿盖茶业有限公司红茶技术指导，凤冈县红茶技术顾问，凤冈县荣誉县民（图12-6）。

图12-6 曹坤根先生

几十年来，曹坤根潜心研究茶叶栽培和茶叶制作，先后发表了《老茶树更新改造措施》《茶树有性系嫁接换种改植》《名优茶微波机械自动连续化工艺流程初探》《提高工夫红茶品质的理论与技术》等论文，获微波机械的多项专利及凤冈县绿茶加工技术专利，出版图书《贵州工夫红茶制作》。

2011年春，曹坤根受贵州野鹿盖茶业有限公司负责人陈胜建之邀，来该公司试制工夫红茶。当时凤冈县茶类比较单一，为清一色的绿茶。曹坤根用江苏红茶的最佳加工工艺，结合茶树品种的特点，加工制作了丹桂红茶、金观音红茶、福鼎红茶等工夫红茶。

之前，县内各企业加工对工艺流程及红茶物理反应及化学变化认识不足，加工出来的锌硒红茶质量低劣，参差不齐。县总工会、县茶叶产业发展中心、县工商局等部门联合发文，连续5年在贵州野鹿盖茶业有限公司举办了凤冈县茶企红茶加工技术培训班，吸引了其他县（区）市的茶农前来参加培训。曹坤根一边上理论课，一边实际操作，在操作过程中遇到困难和问题及时解答，收到了显著的效果。截至2018年，他共举办了8期红茶加工技术及提升加工工艺要求的培训班，培训人数近千人。通过一系列的培训，凤冈锌硒红茶的技术明显提高，收到了显著的经济效益及社会效益，并在省内外有了一定的知名度。

凤冈各涉茶企业技术人员通过培训后，掌握红茶加工技术，涉茶企业纷纷加工工夫红茶，工夫红茶成为凤冈县茶叶新的经济增长点。曹坤根介绍说："凤冈锌硒红茶的品质好，外形自然纤细紧结，略显毫；汤色红黄、明亮；香气自然，花香显；滋味醇厚、鲜爽；叶底完整、红亮。"

在曹坤根的培训和技术指导下，野鹿盖茶业公司陈世勇在参加贵州省第四届手工红茶比赛中获银奖。野鹿盖茶业公司陈世勇、黔之源茶业公司苏鑫参加贵州省第五届手工茶比赛，双双获银奖。野鹿盖茶业公司陈世勇被评为"贵州省十大民族制茶大师"。娄山春茶叶专业合作社罗明刚的"娄山春"牌红茶获得第十二届"中茶杯"一等奖，获2016年亚太茶茗大奖银奖，并连续3年在"中绿杯"获奖。贵州放牛山茶业有限公司获2018年贵州省秋季斗茶大赛红茶类银奖。2017年凤冈锌硒红茶、锌硒绿茶双双入选中国名茶库，珍藏于中国茶叶博物馆。

七、牟春林：凤冈锌硒茶"绿宝石"创始人

2020年已年逾六旬的牟春林，高级农艺师，现任贵州贵茶有限公司副总经理、总工程师，凤冈县茶产业技术顾问，他利用凤冈锌硒茶一芽三叶加工"绿宝石"，成为绿宝石品牌的创始人、制茶大师（图12-7）。

牟春林很早跟随其父牟运书（茶专家）奔走在贵州各地茶场，对茶叶产业有很深的研究，并成立了春秋茶业公司。1999年，随着公司的发展，牟春林发现了贵州茶产业中的一个大问题——没有大品牌，没有大众消费的名优品牌。"当时一芽二、三叶生产的茶都属于低端茶，只能以最低廉的价格进行售卖。但是用我们的技术做出来的一芽二、三叶的茶非常好喝"，他决心去开发这个产品，开发出百姓都能买得起的名优茶，打造大品牌。于是他把计划打造贵州绿茶品牌的计划告诉父亲，得到父亲的大力支持。说到不如做到，牟春林在他父亲的支持下，很快就在贵州农科院的水稻所，承包了

图12-7 牟春林制茶大师

13.4hm²茶园，开始做实验。虽然研发挑战很大，牟春林并不放弃。如何将一芽三叶做成珠形状，解决"三绿"问题（茶叶的"三绿"是指干茶要绿、泡茶汤色要绿，泡开叶片要绿）。经过三年时间的潜心研发，解决了"绿宝石"颗粒状茶的"三绿"问题。

牟春林研究出的绿宝石得到中国茶叶首席审评大师的认可后，非常高兴。回到贵州后，他们召开家庭会议，将茶叶品牌命名为"绿宝石"，并注册了商标。通过反复调研和考察，他认为原料最好的是凤冈锌硒茶原料。2006年，他带着资金技术来到凤冈永安镇田坝投资建厂，利用锌硒茶叶原料制作的绿宝石，成为市场上的抢手货，茶叶价格卖到80元1斤，是当时大众茶价格的4倍，喝茶的人没有一个说不好的，市场销路看好，产量远远不能满足市场需求。

2010年，"绿宝石"品牌被贵州贵茶有限公司收购，牟春林入职成为贵州贵茶有限公司副总经理。牟春林深知，"绿宝石"销量那么好，单靠自己是无法完成做"中国第一茶品牌"这个伟业的。为了做大做强贵州茶产业和茶品牌，扩大生产和加工能力，只有变一枝独秀为遍地开花。作为凤冈县聘请的茶产业技术顾问，牟春林想的是把凤冈锌硒绿宝石做大做强，把品牌做优。于是，他就"如何搞茶叶移栽暨冬季茶园管理"，每年分期分批对全县各乡镇长、分管领导、8个茶叶产业带负责人、3.4hm²以上的种茶大户及加工技术人员进行了培训。同时对加工工艺搞好传帮带，对加工机器设备进行改良，把所有核心技术传授给有实力的加工企业，很快迎来了凤冈锌硒绿宝石加工品牌的快速发展。随后，牟春林相继开发出"红宝石""乌龙宝石"等"宝石"系列品牌。作为贵州贵茶公司生产总工的牟春林，他强调以质量安全为核心，严格茶园基地管护。按照欧盟标准选

择专属茶园。实现"绿宝石"规模化、标准化生产。通过牟春林的带领和技术传授，凤冈县几家大型加工企业所出品的茶叶能够100%通过欧盟400多项检测标准，绿宝石出口欧盟等十多个国家和地区。

第二节　茶界先贤与当代茶人

新中国成立后，在凤冈茶产业发展过程中，先后涌现出许多茶种植、加工、文化、科技、推介、宣传方面的人物。本节择选部分人士，作为凤冈本土茶人进行介绍。

一、杨思华：凤冈现代茶业发展的先驱

杨思华（1925—1999年），男，汉族，贵州余庆人。1945年7月至1949年9月就读于贵州省立湄潭实用职业学校茶科专业，师从中国现代桐茶职业教育大师朱源林学习茶叶知识。曾任湄潭桐茶实验场技术助理员、中国人民解放军军政大学五分校学员、见习干事、见习参谋、军务科参谋。上海柴油机厂成品管理员；从20世纪60年代初到凤冈一直从事农业茶叶生产科研工作，曾任凤冈县农业局技术员、副站长、农艺师，凤冈县农业局茶叶联营公司经理、农艺师，凤冈县茶叶公司经理，高级农艺师。1988年被评为高级农艺师，贵州省茶叶学会理事，曾任中国茶叶学会会员（图12-8）。

图12-8　杨思华先生

凤冈茶产业发展到今天，应该说与杨思华这位茶业科技工作者的奉献是分不开的。在他的不断努力下，1982年，凤冈县与省科委、省农业厅签订了低产茶园攻关技术改造合同。1982—1986年，由他负责牵头并具体组织实施的"凤冈县低产茶园攻关技术改造"课题，通过3年的实施后，取得了增产增值效果，对凤冈县茶叶事业的发展作出了不可磨灭的基础性贡献。

在茶叶生产科研事业上，杨思华心无旁骛，默默耕耘。他先后撰写了《凤冈县茶叶生产布局考察报告》《凤冈县低产茶园改造技术攻关初见成效》《凤冈县低产茶园改造攻关技术工作总结》《对云南大叶茶的培育和观察》《茶树叶面喷施锌效果显著》《凤冈县茶叶公司在科技改革中成长》等文章。同时，他的"茶树叶面喷施锌肥试验"课题荣获1985年遵义地区科技成果二等奖；1986年12月，在科技扶贫服务工作中被评为遵义地区

科技扶贫先进工作者;1989年6月,他的"茶树叶面喷施锌肥"课题在遵义地区首次优秀科技成果运用评选中获二等奖;1990年,他荣获遵义地区茶叶发展规划项目科技进步三等奖;其被评为省茶叶科技先进个人。

2019年12月,贵州省著名茶文化专家张其生先在"纪念中央农业实验茶场落户湄潭80周年大会"上题为《茶人精神,永放光芒》的演讲文章中,将杨思华的名字列入"曾在中央茶场工作过的科技精英:李联标、朱源林、徐国桢、李成章、林世成、李成智、王正容、刘其志、祝敬奇、牟应书"等国内知名茶界专家之列。

一代茶人杨思华与茶结缘三十六载,最终以国家高级茶叶农艺师、贵州省茶叶学会常务理事、中国茶叶学会会员等与茶相关的荣誉载入凤冈茶业、遵义茶业、贵州茶业,乃至中国茶业文化史册。

二、罗胜寅:凤冈县第一任茶叶试验场场长

罗胜寅(1927—2008),男,汉族,凤冈县进化镇黄荆村人,中共党员,专科学历,茶叶专家、农艺师(图12-9)。

1948年7月,罗胜寅于贵州省立湄潭实用职业学校高级农科班茶叶专业毕业。新中国成立后,曾先后任凤冈县进化小学教导主任、凤冈县建设科副科长、县良种场场长、县农业局局长、县科协副主席、凤冈县人民政府副县长等职。

图12-9 凤冈县第一任茶叶试验场场长罗胜寅先生

罗胜寅从20世纪40年代在贵州省立湄潭实用职业学校高农茶科涉茶开始,师从中国著名茶科专家李联标、朱源林、徐国桢学习茶叶生产加工等专业知识,与贵州省著名茶叶专家牟运书先生是当年高农茶科班同窗好友。罗胜寅1953年任凤冈县农场场长,亲自组建了凤冈县第一个茶叶试验场。1961年任凤冈县良种场场长期间,十分关注凤冈县茶叶生产和茶叶科研工作,为后来凤冈茶叶产业的快速发展打下了坚实基础。在20世纪70年代大力发展茶叶生产基地的高潮时期,罗胜寅以县良种场场长的身份,为全县各社队茶叶基地的规划和建设,以及茶叶生产加工技术服务付出了心血和汗水。这期间,全县各公社和大队的80多个社队茶场,都留下了他的足迹。

20世纪80年代任凤冈县人民政府副县长分管农业工作后,他更是全身心关注和重视全县茶叶产业工作。他亲自参与落实县职业中学茶叶实验基地——柏梓茶场选址工作,关注永安田坝乡茶叶职业中学教育办学,使凤冈县从20世纪80年代开始,就源源不断地向社会培养了一批又一批中等茶叶生产和加工专业技术人才。后来二十余年间,这些人

才成为了凤冈全县茶叶生产基地和茶叶加工技术的中坚力量。在全县茶叶基地建设方面，他亲自带领凤冈县茶叶公司生产技术专家韩克文、杨思华、黄银定、任明华等到永安镇田坝村、新建乡新建村和官田村、龙泉镇西山村老街组、琊川镇大都村、天桥乡天桥茶场等地进行实地调查选址，利用早年学过的茶叶专业知识和多年积累的茶叶良种培育经验，亲自参与茶叶品种的选定和种植技术方案的制定。到20世纪80年代末，全县茶园面积达四万余亩，在全省茶叶领域占有举足轻重的位置。

罗胜寅用自己对茶的挚爱，诠释他四十余年从茶叶生产科研的实践者到茶叶产业的管理者，再到茶叶产业领导者的茶路人生。凤冈县20世纪80年代在现有耕地上挖潜力、在非耕地上搞开发、大力发展乡镇企业和茶叶产业的"三篇文章"做得风生水起，罗胜寅功不可没。

三、陈仕友：茶农致富的带头人

陈仕友，男，土家族，1944年2月出生，贵州凤冈人，曾任凤冈县浪竹茶业公司总经理，现为浪竹茶业公司顾问。先后获得"贵州省劳动模范"称号、凤冈县茶产业发展先进个人等殊荣（图12-10）。

图12-10 凤冈县茶农致富带头人陈仕友

四十多年来，陈仕友在大集体当生产队队长时，带领大家发展茶园13.4hm²，增加了农户收入。土地下户后，他在带头发展茶园的同时，率先搞起茶叶加工厂，成为当时田坝乡第一家搞茶叶加工的企业，带动了全乡茶叶产业迅速发展壮大。在他的带领下，全村现有大小茶叶加工厂87家。

20世纪90年代中期，陈仕友针对当地茶叶大部分都是点茶，茶枝不发达，茶叶下树率低，产量不高，效益不好等实际情况，自费到湄潭县茶科所取经学艺，主攻扦插育苗技术。学成归来后，他请来贵州省茶科所专家现场指导，自己率先育苗0.7hm²并获得成功，把茶苗赊给当地农民移栽，产生效益后付还本钱，带动当地农民种茶致富增收。这些年来，他义务向种植大户传授扦插育苗技术，传授茶叶加工技术，短短十多年时间，全村扦插种植覆盖3000多农户，种茶面积1333.3hm²，实现家家种茶，人均一亩茶，户户种茶增收。田坝茶农称他是茶农致富的带头人，传授技术的热心人，脱贫致富的有心人。

这些年来，他先后投资数千万元资金分别在石径、蜂岩、何坝、永安领办6间茶叶加工厂，带动当地农民种茶致富增收。在遵义、贵阳等地开锌硒茶专卖店6家，为积极推介凤冈锌硒茶品牌，拓展凤冈锌硒茶市场销售作出积极贡献。

四、孙德礼：发展茶产业的领头雁

孙德礼，男，苗族，1952年出生，就是这位年近古稀的苗族老人，谈到茶叶产业，他眼睛里总是闪烁着年轻的光芒，坚定又睿智。他曾任过凤冈县永安镇田坝乡乡长，县茶叶公司经理，现任仙人岭茶业公司董事长；遵义市政协第三届、四届、五届委员，凤冈县茶产业顾问；被评为"贵州省劳模"，获全国绿化造林劳动

图12-11 凤冈发展茶产业的领头雁孙德礼

奖章，获凤冈县茶产业特别贡献奖，被评为"新中国成立70周年感动凤冈十大人物"等（图12-11）。他的公司获得了贵州省重点龙头企业、省林业龙头企业，遵义市十佳扶贫龙头企业和爱心企业等殊荣。

改革开放初期，孙德礼在老家后山和尚坪、大石坳等地承包荒山植树造林，是有名的林业大户。后来，他带领乡亲们开荒种茶，闯出了一片天地，建立了仙人岭茶业公司，开发茶旅一体产业，把昔日荒山秃岭变成了人间仙境，号称仙人临、茶海之心，茶园林地成为国家4A级旅游景区。二十多年来，仙人岭集团不断壮大的同时，孙德礼把贫困户当亲人，开展结对帮扶，为脱贫攻坚助力发力，一步一步传递着社会正能量，带动群众脱贫致富奔小康。

2007年，仙人岭茶业公司成立十字茶叶专业合作社，当时40户社员入社，现在达500多户，合作社按照"猪—沼—茶—林"生态建园模式种植茶叶，在茶园里安装摄像头、频振杀虫灯和黄板，保证茶叶品质、质量和食品安全。

孙德礼常说："建企业搞加工关键是解决民生问题，让茶农的茶叶卖得出有收益。"公司自建厂二十多年来，常年解决119人就业，春茶采摘高峰，每天有近千人在基地打工，每年仅采茶费就要付出500多万元，这些年公司付出采摘费共计达8000万元以上。

为拓展市场、打造品牌，孙德礼在山东、深圳、山西等地投资开锌硒茶专卖店44家，解决132人就业。

为做好企业品牌，孙德礼每年免费为茶农举办2~3次茶叶种植、采摘、加工销售培

训班,把40多户茶农带进了茶叶加工行业。公司建立"产品质量信誉"档案制度、责任追究制、源头追溯制,严格"五统一"管理。公司生产的毛峰、翠芽、仙竹、明珠茶多次获国际茶叶博览会金奖。仙人岭仙竹、仙人岭明珠被湖北省天门市茶经楼博物馆收藏。在2015年米兰世博会上,仙竹牌茶叶荣获百年世博中国名茶金奖。

这些年来,孙德礼先后向田坝小学、鱼泉小学的留守儿童,村里的留守老人和困难户捐款30多万元献爱心。近三年来,孙德礼投入资金500多万元,在茶区修建产业路、旅游路20多千米,为困难户修建连户路2km,修路经过的地方,群众没要一份补偿,每年为合作社社员免费提供上百万元有机肥。

"天行健,君子以自强不息"。孙德礼"不忘初心,牢记使命",把壮大产业、发展企业,带领乡亲共同富裕作为脱贫攻坚的新任务。

五、周朝利:田坝发展茶叶的先行者

周朝利,男,汉族,1952年出生,中共党员,他担任永安镇田坝村村委主任长达二十多年,与村支两委一道反复调研,大胆探索"水路不通走旱路,发展茶园来致富"路子,走出一条生态美、产业兴、百姓富的乡村文明之路(图12-12)。在周朝利的带领下,田坝村通过二十多年的艰辛努力,农民人均纯收入达到13000余元,比全县农民人均纯收入高5000多元,比全遵义市农民人均纯收入高3284元。

图12-12 凤冈田坝发展茶叶的先行者周朝利

田坝村现有2300多户农户中,拥有千万元以上资产的6户,百万元以上资产的60余户,茶园面积1666.7hm^2,有大小茶叶加工厂87家,家家有茶园、户户能增收,农民拥有家庭轿车1000余辆。

周朝利上任伊始,当地水资源匮乏,"田大丘、土大块、一年种一季,三年两不收"是全村的真实写照,全村人均吃粮不足300斤,农民年人均纯收入不到300元,村里80%的农户到了农历二、三月就闹饥荒。实行联产承包制,分田到了户,虽然情况稍有改观,但村民还是穷,到20世纪90年代,人均年收入也只有500元。当时全村茶园面积不到60hm^2,大部分茶园是点茶、品种劣、效益差、产量低,难以形成规模化产业。他带领当地种茶大户和加工企业外出取经学艺,发展扦插育苗小叶福鼎茶,采取党支部带企业、专业合作社带大户、强户带弱户、富裕户带贫困户的种植模式,大力发展"畜—

沼—茶—果—蔬"生态茶园。短短20年时间里，茶园面积发展到现在的1666.7hm²。同时，动员有经济基础的茶叶大户领办茶叶加工厂，在茶园里套种桂花、桃李、杨梅、梨子等，形成"林中有茶、茶中有林、林茶相间"生态茶园，森林覆盖率加上茶园达90%以上，助力茶叶产业发展提速增质。

如今全村有40多家茶农开茶庄和茶乡宾馆，道路交通四通八达，人居环境焕然一新，率先成为全县第一批小康村。茶海之心4A级国家旅游景区的核心景区在田坝，全国最美茶园在田坝，茶旅一体化的典范在田坝。

六、罗胜明：凤冈茶文化建设的推动者

罗胜明，男，贵州凤冈人，土家族，1953年2月出生，贵州师范大学政教系毕业，在凤冈从政多年，文艺界称"黔北老鬼"，茶界称"夷州茶怪"（图12-13），而今，已年近古稀。这位20世纪50年代出生在凤冈县天桥镇乌江河畔一个小山村的土家族人，长期从事行政管理及文艺工作，与茶结缘，以茶会友，为宣传、推介凤冈茶产业做出了积极贡献。

图12-13 凤冈县茶文化研究会副会长罗胜明

他自幼与茶结缘，乡村里能喝到的那些茶都喝过了。从本地原生品种的苔茶到细茶、粗茶、甜茶、苦茶、老鹰茶、刺刺茶，甚至连刺藜或火棘（红籽）的嫩叶炒制的假茶叶都吃过了。或清香或甘甜或苦涩的滋味，至今还在记忆里飘溢着。浓酽的罐罐茶，清香的油茶，伴着农村、农民艰辛的日子，伴随他走过的青春岁月。

淡淡的茶香，总在生活里弥漫着，一任岁月变迁，总是不离不弃。罗胜明真正对茶产生浓厚兴趣，与茶结下不解之缘，已是"知天命"的年龄了。2005年5月28日贵州省首届茶文化节在凤冈举办，他参与了这次文化节总体方案的策划和组织实施的全过程，执笔写了《茶文化活动总体方案》，参与《茶文化知识普及读本》的编写，凤冈锌硒茶宣传画册的方案策划，凤冈锌硒茶电视宣传片的脚本创作以及茶文化节大型文艺演出的串词撰稿等，为贵州省首届茶文化节在凤冈成功举办贡献了自己的力量，受到县委、县政府的表彰。

凤冈县茶文化研究会成立后，罗胜明被推选为第一届理事会秘书长。2016年，凤冈县茶文化研究会改选，他被推选为第二届理事会副会长。从此，他为凤冈茶产业茶文化

的宣传推介担当起了做"嫁衣裳"的责任。

2005年,他书写"凤冈锌硒茶"五个字作为宣传广告被政府采用。后经县茶叶协会申请,由国家工商行政管理总局商标局批准,这五个手书字成了凤冈锌硒茶地理标志证明商标和中国驰名商标的标识,永远定格在凤冈茶的历史上,为打造凤冈茶品牌、提升凤冈茶的知名度和美誉度发挥了作用。多年来,他先后多次为凤冈锌硒茶宣传推介、宣传画册的策划方案和电视专题片的脚本(解说词)创作,也为"野鹿盖""仙人岭""苏贵茶业""龙江"等数十家茶叶企业做过宣传文化方面的策划。这些画册和专题片,曾走进北京老舍茶馆,外交部面向外国使节的产品推介会,以及国内、国际的多种大型茶事活动,为凤冈锌硒茶走出大山,走向全国,走向世界提供了宣传文化方面的支撑。

这些年来,他以多种文体创作了关于茶产业、茶企业、茶历史、茶文化、茶风茶俗、茶人茶事、茶诗茶歌、茶艺节目等茶相关的文章100余篇(首),同时还参与了《龙凤茶苑》等多种茶书刊的编辑工作。这些文章,或发表于报刊杂志,或收录于文艺书籍,或表演于舞台。

虽说罗胜明年近古稀,退休赋闲,但终日与茶为伴,闻着茶香,听着茶歌,回想茶事,慢慢地品味和感悟人生。常言说:喝酒容易误事,但没听说过喝茶误事的,茶味的生活是健康宁静的、清醒明白的,人生如茶、世事如水,能够自在自然、平淡平安地活着,便是幸福。

七、李廷学:乐为凤冈茶发展做奉献

"茶文化研究会要依法服从管理机关的管理,积极完成县茶叶产业发展中心交给的工作任务,严格按章程办事,积极开展工作有所作为"。这是2016年3月12日,凤冈县茶文化研究会召开第二次会员大会,李廷学再次当选凤冈县茶文化研究会会长时的就职发言。这些年来,他是这样说的,也是这样做的。

图12-14 凤冈县茶文化研究会会长李廷学接受记者采访

李廷学,男,汉族,贵州凤冈县人,1956年2月出生,毕业于贵州大学历史系历史学专业,曾任贵州省政协第十届委员会委员,遵义市一届人大代表,遵义市政协第二、三、四届委员会委员(图12-14)。他无论是任凤冈县委办主任、县委常委、县委宣传部部长,还是任县政协主席期间,李廷学都十分关注茶叶产业发展,积极为全县茶产业发展出谋划策,建言献策,宣传推介凤冈锌硒茶,邀请人民日报、光明日报、中央电视台、中央人民广播台等主流媒体齐聚凤冈以"有机茶叶绿了青山富了民"为题在媒体上先后发稿,对凤冈茶产业进行深度宣传,为凤冈茶叶产业发展作出了积极贡献。

退休后,李廷学依然心系凤冈茶产业,总希望自己能继续为做大做强凤冈锌硒茶产业做贡献。2016年3月12日,凤冈县茶文化研究会召开第二次会员大会期间,他带头起草《凤冈县茶文化研究会章程》,推荐凤冈县茶文化研究会理事会成员建议名单,并获大会表决通过。随后,县茶文化研究会召开第一次理事会,李廷学希望全体会员要严格遵守章程,积极参加会内的各项活动。全体会员要主动思考,发挥聪明才智,奉献社会、奉献凤冈;要完善社团登记,取得合法身份,要完善会内制度,规范社团管理,研究制定计划,扎实开展工作,完成好各项工作任务。

这些年来,凤冈县茶文化研究会在李廷学的带领下,协助县委、县政府先后在浙江杭州举办了"东有龙井·西有凤冈"首届凤冈锌硒茶论坛会,在凤冈县茶海之心仙人岭拉膜广场举办了第二届"东有龙井·西有凤冈"锌硒茶论坛会,并编辑出版了《龙凤茶缘》一书,该书收集整理了"东有龙井·西有凤冈"论坛系列文章;编辑《龙凤茶苑》杂志9期,全方位宣传报道和推介凤冈锌硒茶品牌。每年坚持举办中秋品茗和"九九重阳节"敬茶活动,同时,在凤凰广场组织多家茶叶企业开展品茗活动等,为宣传推介凤冈茶品牌作出了积极贡献。在编辑出版《中国茶全书·贵州遵义凤冈卷》等书籍时,李廷学既统筹谋划提纲挈领,又亲自参与具体的编务工作,写稿改稿,参与校对,确保书刊质量。

八、谢晓东:茶业穿行者,凤茶记录人

谢晓东,男,贵州遵义人,生于1957年6月。1980年毕业于贵州大学。先后任凤冈县龙泉镇镇长、绥阳区区长;县政府办公室主任,县政府副调研员、调研员;现任中国茶叶流通协会常务理事、贵州省茶叶协会副会长、遵义市茶叶行业流通协会副会长、凤冈县茶叶协会会长。国家一级评茶师、国家高级茶技师(图12-15)。2010年获"新中国60周年社团管理茶事

图12-15 凤冈县茶叶协会会长谢晓东主持祭茶大典

功勋"人物称号；2011年获"2011年度中国茶叶行业贡献奖"；2014年获"中国西部茶产业发展特别贡献奖"；2015年获中国西部茶行业"百佳基层社会组织优秀带头人"称号。2017年获中国贵州"吴觉农贡献奖"。

中国茶文化专家林治先生在为谢晓东所著的《凤茶掠影》一书作"序"中述："谢晓东先生把茶业视为一大功德，在他心中，茶是天地人三才化育的灵物，给社会带来祥和，给人类带来健康。他以茶人的胸怀，从茶人的视角，用茶人的深情，不仅成功地成为凤茶振兴的推动者，而且成功用文字和图片生动地记录了凤茶途程、讲述了凤茶故事。"中共凤冈县委书记王继松在为谢晓东编著的《凤冈锌硒茶》一书作"序"中述："谢晓东先生是凤冈茶产业发展全过程的推动者、实践者。难能可贵的是，他十年来笔耕不辍，孜孜不倦地用笔、用心、用汗水去书写、去记录、去总结凤冈茶业的发展。凤冈需要前赴后继的茶吏、茶商、茶人，更需要有像谢晓东先生这样用笔撰写凤冈茶事的记录者、思考者。"

谢晓东是凤冈锌硒茶从孕育，出生，成长到壮大的参与者、推动者、执行者和见证人，他策划并组织实施了事关凤冈茶产业跨越发展的一系列茶事活动，如贵州省首届茶文化节、中国西部茶海·遵义凤冈首届春茶开采节、中国西部茶海·遵义凤冈首届生态文学论坛、中国绿茶泛珠三角茶产业区域合作论坛、中国贵州·遵义茶文化节、贵州凤冈茶业经济年会等；策划并组织实施了事关凤茶品牌建设的一系列活动，如成功申报并获得了"中国锌硒有机茶园之乡""中国名茶之乡""贵州十大名茶""贵州三大名茶"中国重点产茶县""中国特色产茶县"等荣誉称号；策划并组织实施了事关凤茶品质提升的一系列活动，如凤冈锌硒茶、凤冈锌硒乌龙茶省级地方标准的起草与评审；与中茶所合作，开展锌硒土壤（茶叶）的研究，提出凤冈锌硒茶"五统一"管理办法。此外，他还倡导并组织实施了凤冈锌硒茶"春茶开采、中秋品茗、茶王大赛"以及凤冈锌硒茶品鉴等一系列提升凤茶品质的竞赛活动。

谢晓东生致力于茶业产业发展的同时，更加注重茶文化的研发与普及，策划并组织实施了凤茶文化的研究与开发，先后编著了《凤茶掠影》和《凤冈锌硒茶》；主编《龙泉话茶》《凤茶300问》等茶文化普及丛书；撰写并编排"凤茶八式""凤冈冲泡"等茶艺节目；连续十多年策划并组织举办了"中秋品茗""春茶开采"等群众性茶事活动；牵头并组织实施了在凤冈塑中国西部地区最大的一尊陆羽圣像；提出并推行"凤茶进窗口、茶艺进社区、知识进校园、技术进农家"为主要内容的茶文化氛围营造、茶文化知识普及的凤茶"四进"活动。

谢晓东退休之后，仍关注凤冈茶的发展，撰写《凤茶三问》《致仕言茶》《不忘初心与茶相伴》《公共品牌运作之典范》等文章,提出凤茶的发展,应在坚持规模自信、路径自信、品质自信、品牌自信的基础上,坚定不移地走"市场兴茶、科技强茶、文化扬茶"之路,打造凤冈锌硒茶公共品牌为经营凤冈锌硒茶公共品牌。

茶业穿行者,凤茶记录人。2003年以后,凤冈茶业的发展、一个绕不开、避不过、不得不论及、不得不谈起的人——"夷州茶叟"谢晓东。

九、安家健:锌硒茶综合标准化建设的监督者

安家健,生于20世纪60年代初,曾任凤冈县绥阳镇党委副书记、镇长,何坝乡党委书记,凤冈县质量技术监督局局长,凤冈县茶叶协会副会长,现在遵义市汇川区市场监督管理局工作。国家中级评茶员,被凤冈干部群众誉为"夷州茶督"(图12-16)。

图12-16 凤冈县茶叶协会副会长安家健

他任凤冈县质量技术监督局局长期间,先后组织并参与了凤冈锌硒茶申报国家地理标志保护产品。2006年,凤冈锌硒茶获得国家质检总局地理标志产品保护,为加大凤冈锌硒茶在全国全省的知名度美誉度打下了坚实的基础。他参与并组织了《凤冈锌硒茶》《凤冈锌硒乌龙茶》两个省级地方标准的制定工作,牵头组织申报国家第六批农业标准化示范项目,凤冈锌硒茶综合标准化示范区建设,该示范区历时3年,顺利通过国家标准化管理委员会验收;牵头制定了凤冈第一个省级茶叶地方标准和第一个省级乌龙茶标准,结束了凤冈茶没有标准的历史。《凤冈锌硒乌龙茶》标准填补了贵州没有乌龙茶标准的空白。

踏遍青山人未老,深入企业解疑难。这些年来,安家健坚持深入凤冈县各茶叶加工企业,积极帮助企业解难释疑,为加工企业申报茶叶商标、打造茶叶品牌、推升茶叶品质、维护凤冈锌硒茶品牌、宣传推介凤冈锌硒茶等方面做出了贡献,被评为凤冈县"十一五"茶叶产业先进个人。

"茶亦人,人亦茶;茶如人生,人生如茶",这是安家健的人生信条。

十、任克贤:夷州茶仆

任克贤,男,汉族,生于1963年3月,1988年毕业于贵州省农业管理干部学院,专科学历。1981年8月—1984年9月在永安农技站工作;1984年10月—1986年8月在凤冈

县农业局工作；1986年9月—1988年7月在贵州省农干院学习；1988年10月—1992年10月在凤冈县农委任科员；1992年11月—2002年9月任凤冈县茶叶公司经理；2002年10月—2004年12月任凤冈县茶叶办主任；2005年1月—2012年11月任凤冈县西部茶海领导小组办公室副主任；2005年12月—2013年12月任凤冈县茶叶协会秘书长；2014年任凤冈县茶叶协会副会长；2016年3月任凤冈县茶文化研究会秘书长（图12-17）。

图12-17 凤冈县茶文化研究会秘书长任克贤（右）

任克贤1992年从事茶叶生产经营工作至今。其先后到贵州大学、西南大学进修茶叶生产技术及茶文化学。1994年主持"凤冈富锌富硒茶研究项目"并完成了《凤冈富锌富硒绿茶》企业标准，经贵州省茶叶科学研究所专家评审、县质监局备案发布使用；1999年主持实施"凤冈茶树良种扦插育苗项目"被评为凤冈县农业科技成果二等奖；2000年主持实施"凤冈机制名优茶试制项目"被评为凤冈县农业科技项目课题管理三等奖；2003—2004年参与"凤冈有机茶认证"和"凤冈富锌富硒有机茶之乡申报"获得成功，2005—2010年参与筹划和组织实施了"贵州省首届茶文化节""贵州省春茶开采旅游节"等多次茶事活动；主持编制了《凤冈锌硒绿茶标准体系》《凤冈锌硒乌龙茶》等省级地方标准；领队《凤冈土家油茶情》在云南获第四届全国民族茶艺茶道大赛二等奖、《喜迎亲人进茶乡》茶艺获"马连道杯"全国茶艺大赛二等奖；编写了《龙泉话茶》《凤冈县有机茶生产、加工技术规程》等读本；取得国家一级评茶师、中级茶艺师资格，2017年1月获聘贵州省茶叶学会茶叶审评专家。荣获凤冈县"十一五"茶产业建设先进工作者，凤冈县2016年度茶文化优秀工作者，2016年度贵州茶行业"十佳优秀管理者"，2017年贵州绿茶首届全民冲泡大赛铜奖，2020年贵州省茶叶科技工作者。

"一生侍茶，始至不渝；浓淡随缘，心静如水"，这是任克贤的人生信条。

十一、李忠书：凤冈锌硒有机茶品牌打造的践行者

李忠书，男，1963年出生，苗族，贵州凤冈人，本科学历，曾任凤冈县档案局、县环境保护局、县住建局局长，县绿色产业办副主任，贵州省茶叶协会常务理事，凤冈县茶叶产业办主任，凤冈县有机产业办主任，现任凤冈县茶文化研究会副会长，凤冈县茶叶协会副会长，贵州茶文化生态博物馆茶文化专家委员会委员。先后获得凤冈县茶叶产

业先进个人、凤冈县"十一五"茶产业发展先进个人、贵州省"十一五"环境保护先进个人等殊荣（图12-18）。

自2003年在凤冈县绿色产业办从事凤冈锌硒有机茶品牌打造之始，李忠书便与茶结缘。他先后参与了凤冈县首个有机茶基地、三家有机茶加工企业申报有机产品认证、凤冈县中国富锌富硒有机茶之乡申报认证工作；参与了2005年4月凤冈锌硒有机茶进在北京老舍茶

图12-18 凤冈县茶文化研究会副会长李忠书，2010年10月，接受中央电视台记者就凤冈县"十一五"期间创建国家有机食品生产基地示范县采访

馆举行的"纪念当代茶圣吴觉农先生诞辰108周年大会"凤冈锌硒有机茶宣传推介活动；率领凤冈县有机茶认证企业参加"2005年上海首届春茶博览会暨国际有机产品交易会"；2005—2007年参与和组织实施了"贵州省首届茶文化节"和"贵州省春茶开采节"等茶事活动，组织参与编制起草《凤冈锌硒茶》省级地方标准、《凤冈锌硒茶地理标志产品保护》等标准文本；组织凤冈县有机茶基地有机认证茶叶企业及县有关部门负责人，三赴国环有机食品发展中心接受有机产品认证专业培训。2007年李忠书撰写题为《着力实施"五个优"，推动凤冈茶产业》的调研文章，中国茶文化知名专家林治先生在其《神州问茶》（第二版）中，专门提到了这篇调研文章。2008—2019年先后出席"中国·南昌首届世界低碳与生态论坛暨国际有机食品博览会""中国·南京水产养殖、水环境保护与食品安全中美国际论坛""国家有机食品生产基地管理办法（试行）版修订专家评审会"，并作关于凤冈有机茶基地及凤冈锌硒有机茶生产管理、品牌创建交流发言。"凤冈锌硒有机茶"于2009年秋季代表中国有机产品与"西湖龙井茶""贵州茅台酒"同台展示在意大利博罗利亚市举行的国际有机食品博览会上，实现于"凤冈锌硒茶"在国际有机食品舞台上的零突破。

2007年5月从县茶叶办（有机产业办）调任县环境保护局局长后，兼任县有机产业办主任。他充分利用环保部南京有机食品发展中心平台，成功申报创建国家有机食品生产示范基地。在此期间，中央电视台等四家中央媒体于2009年3月齐聚凤冈，报道凤冈有机食品生产基地创建成果。2010年秋，环保部宣教司和中央电视台赴凤冈进行"十一五"成果专题报道，对李忠书进行专题采访。2012年3月，他被贵州省人民政府表彰为贵州省"十一五"期间环境保护先进个人。2016年以来，他参与编辑出版了9期《龙凤茶苑》茶文化专刊和《龙凤茶缘》丛书，发表涉茶报告文学、散文、诗歌30余篇。

李忠书说："茶之道在于得茶之精神熏染，并为之而'癫狂'。"他被誉为"夷州茶癫"。茶癫之"癫"，癫在其人日常工作与生活态度和茶之本色为镜，虽勤而苦之，亦乐在其中。人虽身在红尘，心却从茶的那一刻起，已溶入茶境了。

十二、潘年松：情有独钟凤冈锌硒茶

潘年松，男，汉族，1964年1月出生，贵州凤冈人，无党派人士，博士后，作为遵义市委市政府人才引进到遵义市工作，长期从事中药药理、食品标准与法规等教学与研究工作，以及中医临床、法医毒物鉴定等工作（图12-19）。

2008年，潘年松与其博士同学禹玉洪一起，受凤冈县有关部门委托，专题研究凤冈锌硒茶。7年时间，他发表了《凤冈锌硒茶中锌硒含量调查与启示》《贵州凤冈茶最佳冲泡方法研究》《贵州凤冈锌硒茶中常见化学成分测定》《药食两用中药凤冈锌硒茶的显微结构》等多篇研究论文，研究成果获得遵义市人民政府2010年度、2011年度科技三等奖，2018年度申报中国中医药研究促进会科技一等奖。

图12-19 潘年松博士

十三、安文友：全身心融入茶产业

安文友，男，汉族，贵州凤冈人，1963年出生，本科学历，曾任凤冈县茶叶办主任、县农业办副主任、县茶叶产业发展中心副主任、县茶叶协会秘书长、县茶叶协会常务副会长（图12-20）。他从事茶产业30年来，为凤冈茶叶产业发展作出了积极贡献。先后获省"十一五"贵州茶产业发展贡献奖，省"十二五"茶产业发展先进个人，连续3年被评为"遵义市茶产业先进工作者"，"中国西部茶行业基层组织优秀带头人"等称号。

图12-20 凤冈县茶叶协会常务副会长 安文友

安文友多年来全身心投入茶叶产业事业，在全省推进的低产茶园改造茶技术攻关课题中，从调种过程中品种的鉴定到种植技术的指导，发挥了积极作用。2004年全县掀起茶产业发展浪潮时，他以加强茶园基地建设为突破口，按照"猪—沼—茶—林"四位一体生态建园模式,通过不间断地新建和补植茶园,使全县茶园规模从当时的2000hm^{2}发展到今天的33333.3hm^2,荣获"全国生态茶园示范县"称号。在开展有机基地认证和有机加工认证中,他提出了以地块为单元,单元内以农户为载体的质量追溯体系,得到国家环保总局南京有机产品认证中心的高度赞扬,彻底解决了茶产品过程中溯源难题。他积极推进加工能力提升,深入茶企业鼓励他们新建及改扩建茶叶加工厂,提出了"作业机械化、过程安全化、产品标准化、服务社会化"的"四化"建厂标准,提升了茶叶加工能力和茶叶加工质量。在推广茶叶"资源—资产—资金"的"三资转换"模式中,他编制《凤冈县茶园资产评估管理办法》,通过茶园确权、资产评估登记后,向银行抵押贷款,拓宽了企业融资渠道。他参与制定凤冈锌硒茶标准和3个省级地方标准(《地理标志产品 凤冈锌硒绿茶》《锌硒乌龙茶》《绿宝石》),参与编写了《凤冈锌硒茶加工技术规程》《凤冈锌硒茶门店标准》《凤冈锌硒茶冲泡饮用指南》,组织编写了《地理标志产品 凤冈富锌富硒绿茶》《地理标志产品 凤冈富锌富硒绿茶加工技术规程》,规范了凤冈锌硒茶标准,为凤冈县茶叶产业化发展打下了基础。

他积极为凤冈茶产业发展建言献策,编著了《凤冈茶产业发展初探》《凤冈茶产业调研报告》等;积极申报茶叶项目,向上级争取茶叶产业项目资金达4000余万元,为全县茶园基地、加工能力建设提供了保障。2013年他主持申报了"田坝有机茶生产示范区国家级农业产业化示范基地",并成功获得农业部审批;主持实施的"贵州茶园主要病虫防控新技术集成与示范推广"项目,获得了贵州省农业丰收二等奖;积极参与茶叶市场扩张及"凤冈锌硒茶"公共品推介宣传,为凤冈获得一系列国家级殊荣及茶叶出口做出了积极贡献。

十四、孙德权:与茶结缘情满茶乡

孙德权,出生于重庆巴南区,在遵义师范学院毕业后,从事教育工作35年,曾在绥阳县旺草中学任教,先后担任龙潭中学办公室主任、政教主任,琊川中学校长,凤冈二中党支部书记、副校长。2010年,适逢凤冈大力发展茶叶产业,他到凤冈县茶叶协会工作,从此,与凤冈锌硒茶结缘,余生与茶相伴,为凤冈茶叶产业发展做出了积极贡献(图12-21)。

图12-21 孙德权在凤冈县中秋品茗暨凤茶文化建设座谈会上发言

孙德权常说："人生如茶，第一道苦如生命，第二道香如爱情，第三道淡如清风。一片茶叶，看起来是那样细小、纤弱，那样的无足轻重，却又是那样的妙不可言。"孙德权在县茶叶协会工作以来，曾任县茶叶协会副秘书长，因工作成绩突出，2005年获贵州省首届茶文化节表彰，2013年获全县"十一五"茶产业发展先进个人殊荣，受到县委、县政府表彰。

孙德权到茶叶协会工作来，干一行、爱一行、专一行，对茶情有独钟。他先后参加了"山东国际茶博会凤冈锌硒茶推介会""贵州茶丝绸之路行凤冈锌硒茶系列推介"，贵州茶博会、贵州省每年举办的茶文化节等系列活动；参与"国家有机食品生产基地管理办法（试行）版修订专家评审会"；参与编辑7期《龙凤茶苑》茶文化专刊和《龙凤茶缘》凤冈茶文化丛书，为宣传推介凤冈茶做出贡献。

"好山好水出好茶，富锌富硒富饶地"。这些年来，孙德权走遍了凤冈县涉茶乡镇和茶叶加工企业，为种茶大户和加工企业问诊把脉，积极搞好茶叶技术上的传帮带。茶叶加工企业的老总们说："孙德权是茶叶发展的有心人，解难帮困的热心人，服务茶叶企业的上心人，品牌打造的作为人。"

"茶，是最美好的感觉，茶之可贵，是因为它能成为我们每个人的终身之友，它不被贵贱所奴役，它那一股平淡的精神，也应该是我们每个人追求悟道的根源，与茶结缘，与茶相伴，茶伴我余生"。这就是孙德权经常说的一段话。

十五、汤权：茶文化的传播者

汤权，男，仡佬族，生于1962年，凤冈县绥阳镇人，1982年参加工作，先从医，后改行当记者，业余爱好摄影、考古、收藏及茶文化研究，曾任凤冈县摄影协会主席，现任遵义市历史文化研究会凤冈分会会长，凤冈县茶叶协会理事，凤冈县茶文化研究会理事（图12-22）。

图12-22 凤冈夷州老茶馆茶人汤权先生

从21世纪开始，他潜心于地方茶俗、茶礼、茶品的文化探究。在这期间，他先后将家庭经营照相馆的大部分收入，用于黔北及乌江流域地区古老茶事文化的探研和茶文物的收集中。二十多年来，他自费驾车行程数十万千米，足迹遍及贵州大部分地区，以及渝东、湘西等地区，累计投入资金数百万元，收集到地方民俗、民间茶文化器物千余件。

2008年初，在凤冈县人民政府关心下，他自筹资金开办了"凤冈县茶文化展览中心"，又名"古夷州老茶馆"（图12-23），后更名"凤冈县夷州长廊民族民俗文化有限公司"。

图12-23 古夷州老茶馆一角

目前，中心展览有宋、元、明、清至民国时期，罕见的土家族、仡佬族传统古老茶桌、茶椅、茶凳、茶柜、茶盘、茶博架以及古老的茶文化图雕等上百件；有宋至民国时期的土陶茶灶、茶甑、茶壶、汤瓶、茶叶罐等数十件；有明清至民国时期的铜茶壶、铜茶罐、瓷茶壶、瓷茶罐、锡茶壶、锡茶罐、木茶罐等上百件；有与黔北茶礼、茶俗、茶饮、茶食、茶疗及茶馆、茶事等相关的其他器物上百件；他还挖掘整理了土家油茶、古夷州老茶的秘制方法，收藏了天下奇书《太极洞鸾书》拓片，收集了当地民间茶礼、茶疗、茶歌、茶馆唱本等古籍文字，整理成集有《凤冈地名歌》《醒俗歌》《戒烟歌》《太极洞经验神方》等，均在中心公开展示。

该展示中心的上千件茶器文物，涵盖了湘、黔、渝地区之汉、苗、侗、仡佬、土家等民族近千年的茶俗历史文化，是不可多得的地方文化遗产。凤冈县茶文化展览中心是黔北乃至毗邻地区以茶文化为主的专题展示馆之一，已俨然成为一个小型的茶文化博物馆，亦是贵州省屈指可数的几个私家博物馆之一。

通过这些年的潜心研究，汤权在地方茶俗、茶礼、茶文物等方面已取得了一些学术成果，曾有多篇茶文化类文章在国内媒体、书刊上公开发表，《源远流长的黔北茶文化》《立体解读凤冈锌硒茶》等文发表后，引起了读者的关注、好评。2009年，贵州省茶文化研究会授予汤权"茶文化研究贡献奖"。

十六、汪孝涛：做好凤冈茶卫士

汪孝涛，男，汉族，1974年8月生，本科学历，曾任永安镇副镇长（主管茶产业），凤冈县农业局副局长、凤冈县茶叶产业发展中心主任、凤冈县茶叶协会副会长，遵义市茶叶流通协会副秘书长，遵义市茶馆业协会常务理事，贵州省茶叶协会会员，凤冈县农投公司总经理。先后获得全县茶产业发展先进个人、中国茶叶流通协会"全国茶叶品牌建设优秀贡献奖"、全县"十一五"茶产业发展先进个人、全省"十一五"茶产业发展先进个人等殊荣（图12-24）。

如何做大做强凤冈茶？汪孝涛说："这些年来，凤冈立足于实际，按照'生态产业化、产业生态化'的思路,大力发展茶产业,给世界一杯干净茶,让世界爱上凤冈茶。"近年来,凤冈茶凭借锌硒同聚的特色,严把质量关,顺利通过了欧盟400多项检测,成功出口欧盟、东南亚以及美国等地。

汪孝涛在分管茶产业较长一段时间里,坚持当好茶卫士,严格推行"五级防控"模式,即第一级茶农资历

图12-24 凤冈县茶叶协会副会长汪孝涛谈凤冈锌硒茶质量安全

防控,第二级茶企、合作社主体责任防控,第三级村级防控,第四级乡镇属地管理防控和第五级执法监督防控,狠抓茶园标准化建设和茶叶质量安全,确保茶叶的质量安全。全面推行绿色防控,采用张贴黄蓝板、安装杀虫灯、使用性诱剂,开展病虫害统防统治,每年推广6666.6hm²以上。茶区全面禁止销售、施用高毒高残留农药、水溶性农药,全面施用低毒低残留农药、脂溶性农药。对接互联网,实行二维码质量追溯。推动以质量安全云服务平台为重点的质量可追溯体系建设,确保凤冈茶叶质量安全的公信度和核心竞争力。加大茶青、茶产品的检测力度。建设第三方检测平台,加强检验检测,全面实施茶叶检测合格上市制度,确保实现上市茶叶检测合格率100%。加大标准的执行。对授权使用凤冈锌硒茶品牌的企业,实施"同线同标同质"工程,推动企业按标生产、对标检验。加大"三品一标"认证管理,为全县茶叶基地全部通过"三品一标"认证做出积极贡献。

十七、陈昌霖:宣传报道凤冈茶产业的"名记"

陈昌霖,这位出生于20世纪60年代末期的凤冈人,曾在云南边防某部服役14年,先后任士兵、文书、政治处书记、师要讯办主任等。2000年7月转业回到地方后,先后在县委通讯组、县外宣中心工作,曾任外宣中心办公室主任、摄影部主任、记者部主任、工会主席等,现为凤冈县融媒体中心记者、县摄影协会副主席、县茶叶协会理事、县茶文化研究会会员(图12-25)。

陈昌霖在部队服役14年间,一直从事新

图12-25 陈昌霖先生奔走在茶乡林间采访

闻工作，因新闻报道成绩突出，11次荣立三等功，一次荣立二等功，多次被评为优秀党员、优秀新闻工作者。转业回到地方后，他紧紧围绕县委、县政府的中心工作，围绕凤冈主导产业做文章，坚持深入田间地头，深入茶叶加工企业和基地，全方位多渠道宣传报道凤冈茶产业，积极报道凤冈县举办的各种茶事活动，多次到上海、北京、广东、福建、重庆、山东、湖北、湖南、浙江、贵阳等地宣传推介凤冈锌硒茶以及品茗活动，参与编辑凤冈茶书籍和茶叶画册等，他采写的《凤冈锌硒茶舞进齐鲁大地》《凤冈锌硒茶醉倒中国茶老总》《凤冈茶园管护忙增收》《凤冈1500亩茶园找到婆家》《凤冈扦茶育苗忙》《凤冈锌硒茶走俏省内外》《凤冈茶叶出口占去全省半壁江山》等700多篇（幅）茶叶新闻稿见诸于农民日报、中国绿色时报、中华合作时报、贵州日报、遵义日报、当代贵州及中央人民广播电台、贵州人民广播电台等国家、省、市主流报刊媒体。为宣传推介凤冈锌硒茶，他提供200多幅图片制作宣传画册和宣传展板，为10多家茶叶企业策划凤冈锌硒茶专卖店、提供茶园和茶叶加工图片上百张，为宣传凤冈锌硒茶做出了积极贡献。

2006年6月，他被贵州省政府授予"全省优秀复原退伍军人"称号，他采写的茶叶新闻稿多次被贵州日报、遵义日报、多彩贵州网评为二、三等奖，连续2届获得"遵义市优秀新闻工作者""遵义市抗击雪凝灾害优秀新闻工作者""遵义市走、转、改优秀新闻工作者"称号；2011年，获凤冈县"十一五"茶产业宣传贡献奖。

十八、姚秀丽：凤冈茶艺表演的传播人

姚秀丽，女，侗族，1979年出生，中共党员，研究生学历。现任中共遵义市委党校教师，国家一级茶艺技师（图12-26）、国家二级评茶师，茶艺师考评员、高级调酒师。曾任遵义市茶艺表演艺术团团长，遵义市民间文艺家协会理事，凤冈县茶叶协会副秘书长，凤冈县茶文化研究协会会员。

图12-26 高级茶艺师姚秀丽女士

2005年，凤冈县组建锌硒茶乡志愿者服务队，她主动担任领队，为凤冈茶产业及茶事活动服务，获得国家部委、省、市、县及外来嘉宾的高度评价，获得贵州省"首届茶文化节活动先进个人"荣誉称号；2005—2013年在凤冈县职业学校担任茶艺教师期间，她培养了大批茶艺技能人才；2008年，她创办凤冈县静怡轩茶楼，获得全国百佳茶艺馆及贵州省首批三星级茶馆的殊荣；2010年，她被凤冈县消防大队聘为警营茶文化辅导员；2011年，

被评为凤冈县茶产业建设先进个人，同年，她为凤冈县消防大队创编及参演的茶艺节目《军心如茶》荣获贵州省第三届茶艺大赛银奖及大赛组委会特别贡献奖；创编、参演的茶艺节目《喜迎亲人进茶乡》代表贵州参加全国马连道杯茶艺大赛获银奖；她带领茶艺表演艺术团，多次参加贵州茶博会·遵义万人品茗活动茶艺表演活动，赢得好评；2012年，她被评为凤冈县"十一五"茶产业建设先进工作者；2013年，在贵州省茶艺职业技能竞赛中获得茶席设计赛银奖。

近年来，她为凤冈县教育局编写的《凤冈县中、小学生茶知识读本》茶艺篇，深受欢迎。2014年，她创编、参演的茶艺节目《花好月圆三道茶》荣获贵州省第五届茶艺大赛银奖；2015年在首届中国西部名茶节上，荣获"中国西部茶产业基层组织优秀带头人"称号，同年，她创编的茶艺节目《仡佬故事》在湖北天门举行的全国茶艺大赛中获铜奖；2015年，她创编的茶艺节目《禅茶一味》在贵州省第六届茶艺大赛上获铜奖。

2014—2017年期间，她多次担任遵义市职业院校茶艺技能比赛评委及遵义市职工茶艺技能比赛评委。这些年来，她义务为凤冈茶艺表演培养和输送大批茶艺人才，并在浙黔茶界交流品茗会及国际瑜伽大会上表演获得好评。

十九、杨秀贵：凤冈自强巾帼茶人

杨秀贵，女，仡佬族，初中文化，1971年6月出生，家住凤冈县永安镇田坝村塘沙组，是一名普通的农村肢体残疾的残疾人（图12-27）。1989—1997年在家务农；1997—2007年在浙江省永嘉县打工，2008年回乡学习茶叶加工技术，2009年创业搭建简易的茶叶代加工小作坊，2011年注册凤冈县成友茶叶加工厂，

图12-27 全国助残先进个人茶人杨秀贵

2014年更名为凤冈县秀姑茶业有限公司。她2011年3月荣获凤冈县"自强残疾人"称号；2013年8月荣获遵义市妇女联合会评选为遵义市"农村科技致富女能手"；2013年11月6日荣获"青春遵义、激情创业"凤冈选拔赛一等奖；2014年5月荣获凤冈县创业设计大赛一等奖、中华全国妇女联合会"全国最美家庭"提名奖、"贵州省茶叶行业十大返乡农民创业之星"、遵义市"最美家庭之星"；2015年获"贵州省残疾人自强模范"称号、"遵义市劳动模范"称号、"全国女性创业之星"金奖；2016年被贵州省妇女联合会评为"贵州省农村科技致富女能手"，2016年5月被中华全国妇女联合会评为"全国五好文明家

庭"、遵义市"十佳文明家庭"、凤冈县"十佳制茶能手"。2017年当选为遵义市人大代表，被评为凤冈县"十佳制茶能手""十佳创业人才"、"中国肢残青工委委员""贵州省文明家庭"；2018年被评为贵州省"优秀创业女性"、凤冈县茶产"销售精英"等。2019年获遵义市"五一劳动标兵岗"、荣获"全国助残先进个人"。同年9月，获凤冈县"感动凤冈"人物、贵州"脱贫攻坚群英谱"等荣誉称号。

她所创办的秀姑茶业公司成立以来，曾荣获遵义市残疾人联合会"遵义市残疾人就业基地"；2015年荣获凤冈县妇女联合会"巾帼创业示范基地"、贵州省妇女联合会"贵州省四星级巾帼示范基地"、贵州省三八绿色示范基地、遵义市第四届旅游发展大会妇女手工展"特色食品"、凤冈县"县级龙头企业"、凤冈县慈善公益募捐"爱心企业"、遵义市"市级龙头企业"、遵义市"市级扶贫龙头企业"、凤冈县残疾人就业扶贫"三变"改革示范点、年月荣获"优秀电商个人店铺"、"贵州省诚信企业"、贵州省农村科普示范基地、凤冈县具有竞争力企业等荣誉称号

秀姑茶业从2019年12月开始，对所辖茶叶基地建档立卡的116贫困户进行分红，每户311元，共36076元；同时向重度残疾人股东38户（一户多残家庭共52人，其中女生20人男生32人）每户重度残疾人股东分红1000元，共38000元；企业慰问当地孤寡老人、残疾儿童及贫困户36000元。2019年总金额达110076元；2020年，在新型冠状病毒肺炎疫情期间，公司捐赠现金及物资共计人民币12.3万元，慰问贫困残疾人3600元。2020年6月，公司向田坝社区股份经济合作社捐赠20000元作为茶园管护费。杨秀贵从创办茶叶企业的那一刻起，就以超乎常人都难以承受的毅力，凭借着身带残疾的身躯，白手起家，以茶致富，同时不忘带动周边贫困群众，特别是带动残疾人农户共同致富，成为贵州助残典范和茶产业中的"巾帼英雄"。

二十、吴宗惠："全国五一劳动奖章"获得者

吴宗惠，女，仡佬族，1967年4月7日出生。1982年9月—1985年8月在永安镇崇新中学上初中；1985年8月—1988年8月在家从事农业生产；1988年8月—1990年3月在浙江温岭吉祥鞋厂打工，任生产组长；1990年3月—1995年3月在家从事农业生产；1995年3月—2002年6月在广东中山市恒达电线厂任质检员、品管员；2002年6月—2008年2月在广东中山市金河电子有限公司任车间主任、品管部主任；2008年2月—2009年12月是个体工商户；2010年

图12-28 全国五一劳动奖章获得者茶人吴宗惠

2月至今在贵州野鹿盖茶业有限公司工作。

吴宗惠于2010年2月入职贵州野鹿盖茶业有限公司，她勤勤恳恳，踏踏实实，认真学习茶知识，尤其注重企业管理与服务，不仅为公司创造了价值，也实现了自己的价值。她是个富有责任感的人，虽然只是一名普通员工，但是其严谨的工作作风、饱满的工作热情使她从众人中脱颖而出。她工作兢兢业业、任劳任怨，以高度的责任感参与公司的日常工作，获得了公司领导及同事们的高度赞赏，于2013年获得贵州野鹿盖茶业有限公司"先进个人"荣誉称号；2016年获得凤冈县"企业优秀管理工作者"称号；2017年当选凤冈县妇女第九次代表大会代表；2019年4月荣获贵州省总工会授予的贵州省五一劳动奖章；2021年4月荣获全国五一劳动奖章（图12-28）。

二十一、毛洪毅：全国制茶大赛能手"遵义工匠"获得者

毛洪毅，男，汉族，生于1982年4月，贵州凤冈人，2007年3月—2017年8月在贵州野鹿盖茶业有限公司工作；2017年8月至今在凤冈县苏贵茶业旅游发展有限公司工作（图12-29）。现为凤冈县苏贵茶业旅游发展有限公司茶叶加工厂师傅。

图12-29 毛洪毅在遵义市第五届职工技能大赛茶叶项目技能（左一）竞赛荣获手工扁形茶一等奖

2016年，在全国手工绿茶制作技能大赛中，毛洪毅荣获个人三等奖。同年，荣获"林达杯"贵州遵义第三届职工技能大赛手工扁形绿茶项目比赛三等奖；荣获凤冈县2016年度"十佳制茶能手"称号。2017年，在全国茶叶加工职业技能竞赛暨"遵义绿杯"全国手工绿茶制作技能大赛中荣获个人一等奖。2018年，荣获遵义市第四届职工技能大赛手工扁形绿茶制作项目比赛二等奖。同年，荣获遵义市人力资源和社会保障局及遵义市总工会颁发的"遵义市技术能手"称号；荣获遵义市总工会颁发的"遵义工匠"称号。同时，在2018年贵州省职业技能大赛"多彩贵州·黔茶飘香"茶艺职业技能大赛中，获得茶艺团体赛优秀奖。2019年1月，荣获凤冈县人民政府颁发的2018年度茶产业工作"制茶能手"。同年4月，在湄潭参加2019年全国茶叶（绿茶）加工技能竞赛"遵义杯"全国手工绿茶制作技能大赛中荣获一等奖。2020年5月，遵义市第五届职工技能大赛茶叶项目技能竞赛荣获手工扁形茶一等奖；2020年8月，荣获"遵义工匠"称号；同年，荣获"全国优秀农民工"称号。

二十二、陈世勇：贵州省劳动模范称号获得者

陈世勇，男，仡佬族，1984年8月出生，国家二级茶叶加工技师，高级评茶员，学习茶叶加工至今。陈世勇潜心研究茶叶加工技术，以工匠精神严格要求自己，在茶叶加工上取得了不少佳绩：2015年荣获贵州省第四届手工制茶技能大赛条形红茶二等奖，贵州省遵义市第三届职工技能大赛手工红条茶二等奖；2016年荣获贵州省第五届手工制茶技能大赛条形红茶二等奖，2016年度贵州茶行

图12-30 贵州省劳动模范茶人陈世勇

业优秀工作者，首届"贵州民族制茶工艺大师"称号，荣获"贵州省制茶能手"称号，凤冈县2016年度"十佳制茶能手"称号；2017年荣获贵州省第六届手工制茶技能大赛条形红茶三等奖；2018年荣获贵州遵义第四届职工技能大赛手工扁形绿茶三等奖；2019年荣获全国手工绿茶扁形一等奖；2020年荣获贵州遵义第五届手工技能大赛手工扁形绿茶三等奖，"贵州省劳动模范"称号（图12-30）；2021年荣获贵州省第十届手工制茶技能大赛红茶三等奖。

第三节 中外人士寄语凤冈锌硒茶

自唐代以来，凤冈茶就受到人们的广泛称赞。下面辑录部分人士关于凤冈茶的"语录"，可从各个侧面反映凤冈茶的品质、声誉、影响。

陆羽《茶经》："茶生思州、播州、费州、夷州……往往得之，其味极佳。"

清乾隆三十五年，罗文思撰《石阡府志·七卷·物产》："茶……龙泉各山间有……"

1994年3月，民建贵州省委副级委王录生率智力支边专家组刘和发教授一行，进驻凤冈县茶叶公司开展茶叶生产技术指导工作。同年4月，专家组分别取凤冈大堰茶场、新建茶场、田坝茶场等茶叶产品和茶叶基地土壤送贵州省理化测试分析研究中心检测。结果显示，样品土壤中锌含量为67.22~95.34mg/kg，硒含量为1.38~3.75mg/kg；茶叶中锌含量为52.15~84.8mg/kg，硒含量为0.12~1.52mg/kg。刘和发教授认真分析该指标后，向凤冈县提出了开发凤冈富锌富硒绿茶的建议，并指导制定企业标准。2014年8月，凤冈县人大常委会授予刘和发"凤冈县荣誉县民"称号。

民建贵州省委副级委王录生评："凤冈县生产的茶是天然的保健饮品富硒富锌茶。"（1994年7月10日《贵州日报》）。

2005年4月8日，中国农业科学院茶叶研究所原所长、中国工程院院士陈宗懋于北京老舍茶馆点评凤冈锌硒茶："浓而不苦，青而不涩，鲜而不淡，醇厚回甘，锌硒同具，全国唯一。"

2005年4月8日，北京市原副市长、吴觉农茶学思想研究会会长郭弘瑞在北京老舍茶馆品尝凤冈锌硒茶后，赞口不绝，并现场挥毫题词"茶香益人"。

2005年4月8日，北京工业大学教授齐敬在老舍茶馆品尝凤冈锌硒茶后，寄语凤冈县人民政府带领全县农民发展茶叶产业，现场挥毫题词"昭代昌炽，茶运人壮"。

2005年4月8日于北京老舍茶馆，中华茶人联谊会秘书长邵曙光，被凤冈县委、县政府领导为发展和宣传推介凤冈锌硒茶的做法所感动，承诺联络在京中字号的中茶社团组织企业和茶叶专家，2005年5月28日亲赴凤冈参加贵州省首届茶文化节，再品凤冈锌硒茶，感受凤冈土家族传统茶文化的神奇魅力。

2005年4月8日于北京老舍茶馆，吴觉农茶学思想研究会常务副会长吴甲选点评凤冈锌硒茶"养在深闺人未识，一朝选入君王侧，六宫粉黛无颜色"，非常有条件成为世界名茶，并现场挥毫题词"凤冈凤凰，展翅飞翔。"

2005年4月8日于北京老舍茶，吴觉农茶学思想研究会会长高鳞溢点评凤冈锌硒茶："内质很高级，外型叶子条索整齐，各方面都好，香气很好，很有发展前途。"

2005年4月8日于北京老舍茶馆，中国医疗科学院疫病教授韩驰评凤冈锌硒茶："味、颜色、条型都不错。"

2005年4月8日于北京老舍茶馆，中国茶叶流通协会常务副会长王庆评凤冈锌硒茶的特色关键是："锌硒有健康保健作用，口感很好，味道不错。要通过多种渠道，介绍给全国人民。"

2005年4月8日于北京老舍茶馆，国际茶业科学文化研究会理事长刘崇礼点评凤冈锌硒茶："出自高山云雾茶园，特别是含锌硒元素，很了不起。"

2005年4月8日于北京老舍茶馆，中国茶叶流通协会秘书长吴锡端点评凤冈锌硒茶："锌硒特色，品质优良。"

2005年5月28日，中国茶叶研究院名誉院长、国际茶业科学文化研究会副会长于观亭，在参加凤冈承办的贵州省首届茶文化节期间，挥毫题赞凤冈锌硒茶为"锌硒神茶"。中国茶文化专家林治称凤冈锌硒茶是"中国绿茶营养保健第一茶"，并赋诗"西湖龙井甲天下，凤冈翠芽沁心田；江山代有名茶出，各领风骚数十年"。贵州省茶科所研究员、茶文化专家张其生寄语凤冈锌硒茶："古韵馨香夷州茶，富锌富硒味更佳；建好有机茶基地，凤冈湄潭胜江南。"贵州省茶叶专家吴子铭点评凤冈锌硒茶："茗苑奇葩——贵州凤冈天然富硒富锌茶。"贵州省茶科所茶叶专家汪恒武点评凤冈锌硒茶："凤冈田坝茶叶产品,汤色绿中透金黄,香气浓郁,滋味醇厚回甘。田坝绿茶加工技术已居省内先进水平。"贵州省茶叶专家牟应书点评凤冈锌硒茶:"凤冈富含锌硒微量元素的名优茶,在全国茶中是少见的,更加显示独特的营养保健功效,是很有特色,很有发展前途的名优绿茶。"时任贵州省茶科所副所长郑道芳点评凤冈锌硒茶称:"'凤冈油茶'——陆羽《茶经》中记述中国古代饮茶法的'活化石'。"时任四川大学华西公共卫生学院博士后流动站博士后潘年松点评凤冈锌硒茶称:"凤冈茶居全世界茶溶出物中锌硒含量之冠。"

2005年11月8日,国际茶叶科学文化研究会常务副会长、美国哥伦比亚大学教授、美国新西理工大学生物信息与系统研究中心副主任、茶与肿瘤研究专家、美籍华人王志远于凤冈做《关于现代茶业发展思路探索》讲座时说:"凤冈土壤硒含量高出龙井茶区土壤20多倍,凤冈有锌硒特色优势,发挥凤冈茶自身优势,凤冈一定会闯出一条新路来。"

2007年7月,中国农业科学院茶叶研究所原所长、中国工程院院士陈宗懋于凤冈县茶海之心说:"凤冈好山好水出好茶,锌硒有机茶金不换。"

2008年9月4日,中国茶文化研究会会长刘枫于凤冈县田坝茶海之心考察期间题赞:"好山好水出好茶。"

2008年9月,时任贵州省委副书记、省长林树森在凤冈县田坝茶海之心考察时称赞:"凤冈生产的绿宝石下树率高,耐冲泡,价格适中,适合大众消费。"

2009年3月21日,中央电视台新闻联播节目称:"凤冈锌硒有机茶,绿了青山富了农。"

2009年4月23日,时任贵州省委书记石宗源于凤冈县田坝茶海之心考察时说:"田坝茶叶专业村好比'凤冈的东方瑞士'。"

2009年4月24日,时任中国农业科学院茶叶研究所所长杨亚军于凤冈县举办的中国绿茶专家论坛上说:"凤冈绿茶规模适中,种植模式合理,茶叶加工清洁,茶叶产品安全,保障且富含锌硒,开发前景十分广阔。"

2009年4月25日,贵州省茶叶协会副会长王亚兰于凤冈县举办的中国绿茶专家论坛上说:"珍稀奇葩——凤冈天然富锌富硒有机茶。"

2009年5月15日,中国农业科学院茶叶研究所原所长陈启坤在接受中央电视台记者采访时点评凤冈锌硒茶:"林茶相间的生态环境铸就了凤冈茶叶上好的内在品质;上天赐予凤冈的锌硒土壤,其茶既富锌又富硒,在全国是独一无二的;'猪—沼—茶—林'的种植模式和清洁化的茶叶加工,决定凤冈茶是有机的、安全的、健康的。"

2013年,时任凤冈县委副书记蔡珑宾于凤冈县说:"凤冈锌硒茶——献给世界一杯净茶。"

2014年2月,时任贵州省委副书记、省长陈敏尔在凤冈调研时,给予凤冈锌硒茶"东有龙井、西有凤冈"的高度赞誉。

2015年10月，第一届"东有龙井·西有凤冈"品牌文化交流论坛在杭州市举行。中国工程院院士陈宗懋致贺信赞："凤冈锌硒茶，国内绿茶新秀，中国茶叶最具发展潜力品牌。'东有龙井·西有凤冈'是珠联璧合的龙凤配。"时任贵州省人大常委会副主任傅传耀在论坛上撰联赞西湖龙井茶和凤冈锌硒茶。上联：东去龙井；下联：西去凤冈；横批：茶仙问道。他说："西湖龙井是中国绿茶龙头，贵州绿茶是龙身，凤冈锌硒茶是龙尾，龙头一摇，龙身一动，龙尾一摆，中国茶业就活了。"中国国际茶文化研究会常务副会长孙忠焕寄语西湖龙井茶和凤冈锌硒茶："东有龙井，西有凤冈。结缘联姻，情缘厚重。愿龙井凤冈龙凤配，龙凤呈祥，龙飞凤舞，比翼双飞，天长地久。"时任贵州省农委常务副主任胡继承寄语："守住茶叶根本，我们一定能把'东有龙井·西有凤冈'做成文化品牌。时任中国作家协会会员、中国茶叶学会会员、陕西省茶人联谊会会长韩星海寄语凤冈锌硒茶："东有龙井茶领先，西有凤冈在赶超。一带一路新机遇，同心共筑国茶梦。"浙江大学茶学系教授、博士生导师屠幼英称："研究表明，凤冈富硒茶比一般绿茶有更好的抗氧化性能，饮用凤冈富锌富硒茶能显著提高机体的免疫力，达到预防疾病的作用。"中国国际茶文化研究会副秘书长、浙江省茶叶学会副理事长、研究员王建荣寄语："东有龙井，茗门皇后香飘天下；西有凤冈，茶之新秀名声日隆。"中国农业科学院茶叶研究所研究员、中国国际茶文化研究会学术委员会副主任姚国坤称："凤冈茶讨人喜爱的三大原因：第一，地处茶树原产地区域；第二，位于北纬30°附近，茶叶科学家公认的中国绝大多数名优绿茶分布地质带上；第三，凤冈茶是长在树林里的茶。"

2016年4月，第二届"东有龙井·西有凤冈"品牌文化交流论坛上，贵州省人大常委会原副主任禄智明寄语："凤冈锌硒茶要以'为世界泡一杯净茶'为奋斗目标。时任浙江省农业厅副厅长唐冬寿寄语："'茶中有林，林中有茶'的凤冈茶区优异的生态环境，留下了深刻印象。'东有龙井·西有凤冈'论坛把中国东部绿茶与中国西部绿茶有机结合，东西合璧，相互携手，创造了中国茶产业跨区域联合发展的新模式。"时任浙江省杭州市茶叶研究院院长张士康寄语西湖龙井茶和凤冈锌硒茶："东成西就有龙凤，南征北战有井冈。"时任浙江省杭州中国农业科学院茶叶研究所副所长鲁成银寄语凤冈："加强凤冈锌硒茶地域人脉的研究，做大做强凤冈锌硒茶。一片茶叶，十年时间，改变了凤冈。"

2017年4月，新加坡神州艺术院院士、北京国尚书画艺术研究院常务理事谢生林参观凤冈县百壶春茶叶公司后题赠："一壶春露暂留客，两杯锌硒几欲仙。"

2018年5月，美国蒙大拿州立大学教授适利娜·阿哈姆德（Selenea Ahmed）在杭州第二届中国国际茶叶博览会上于凤冈县苏贵茶业公司展位品茶后称赞："凤冈锌硒茶有一个爽滑的滋味，香气丰富，鲜爽适中，很有美味！"

第十三章 凤冈茶政

凤冈茶政，力求对政府的政策、茶产业执行机构、服务机构等进行简述。同时，对政府茶产业发展政策进行方向性、探索性地介绍，期待凤冈茶产业能有更加辉煌的未来。

第一节 茶政概述

凤冈县种茶历史悠久，但在清代以前，民间很少有人种茶，近代因为各种原因茶叶生产基本没有发展。1949年前，凤冈没有成规模的茶园，只有零星茶丛和野生茶树。1958年，县人民政府为解决人民饮用茶叶的供求矛盾，发动群众在水河村开辟茶园，并创办了第一个社办茶场，以此带动全县茶叶生产的发展。凤冈县茶叶产业发展经历了以下三个阶段。

一、初期发展及其挫折阶段（20世纪50—70年代）

新中国成立后，政府对茶叶生产实行统购、统销，凤冈县的茶叶生产才得以恢复，期间共创办了137个乡村茶场、3个知青茶场，茶园面积发展到了1533.3hm^2，但布局分散、规模小、单产低、加工设备简陋、工艺简单，产品局限于晒青茶、青毛茶、炒青茶三种。

二、科技攻关与徘徊发展阶段（20世纪80—90年代）

这一阶段是计划经济向市场经济转型时期，产、供、销体制发生改变，跑市场与茶园基地建设成了茶人必须面对的问题。1987年成立县茶叶公司，对全县茶叶的开发、生产、加工、销售实行一体化经营管理，茶叶生产得到巩固。采取公司建基地模式，新建茶园800hm^2，但因缺乏资金，无力管护等原因，实现保留下来的仅有333.3hm^2。1999年茶园面积为1926.7hm^2，主要产品有"凤泉雪剑""毛峰""毛尖""富锌富硒绿茶"等名优茶，注册了"仙人岭""浪竹"等商标，磨炼出了一批适应市场发展的茶人。这一时期茶产业得到了巩固和提高，参加了省农业厅和省科委组织的低产茶园改造技术攻关项目，被省里评为"攻关"一等奖，同时凤冈被列入"贵州省十大产茶县"之一。

三、快速发展阶段（2000年至今）

1999年凤冈在迎接西部大开发中，开展解放思想大讨论，12月23日《凤冈报》刊登《解放思想大讨论综述》，提出尽快组建凤冈县茶叶有限责任公司，把仙人岭、凤泉雪剑、富锌富硒绿茶向品牌发展，加快实现茶叶产业化。2000年1月，代理县长王贵在县人代会上做工作报告，提出到2005年建立以永安田坝为中心的3万亩高产优质茶叶基地的目标。同年4—6月,全县开展"'西部大开发'凤冈怎么办"大讨论;4月4日《凤冈报》刊登时任县长王贵《建设生态家园、开发绿色食品》一文,再次提出建设3万亩高产优质茶园基地。同年,县实施西部大开发的意见,把茶叶列为六大基地之一。2002年11月,党的十六大报告指出:统筹城乡经济社会发展,建设现代农业,发展农村经济,增加农民收入,是全面建设小康社会的重大任务。县委、县政府在把握时代性、发展性和深化县情认识的基础上,结合凤冈的地理、生态条件和土壤富含锌硒元素的特点,审时度势,决定加大茶叶产业发展力度。2003年1月,凤冈县政府工作报告提出建设绿色蔬菜和有机茶叶4万亩;5月,成立凤冈县绿色产业办公室;8月,王贵到永安调研,提出"凤冈茶叶要走差异化发展的路子"。2005年5月28日,凤冈承办"贵州省首届茶文化节";8月10日,《绿色凤冈》刊登王贵文章《打造中国西部茶海的构想》;2006年1月11日,《绿色凤冈》刊登时任县委常委、副县长廖海泉文章《抢抓机遇、乘势而上、努力把茶叶产业做成凤冈的支柱产业》,凤冈茶叶发展正式步入快车道,提出了打造"西部茶海",创建"中国西部最大有机茶之乡"的构想,做出了用茶产业来引领新一轮经济社会发展的决定,提出了"高端运作、抢占先机"的发展思路,坚持"差异就是特色"的发展理念,采取市场化、品牌化、规模化、标准化的运作方式,坚持"以茶兴县,以茶扬县,以茶富民"的发展战略;采取各种措施支持产业发展,县财政仅2007—2011年通过整合资金投入茶产业达84704万元,茶叶税收从2013年的137万元增加到2020年的1175万元。2012年9月,时任凤冈县委书记覃儒方提出"茶叶改变凤冈"这个命题,持续推进凤冈茶产业向一二三产融合发展。茶产业的发展,为凤冈茶农脱贫致富奔小康发挥了极大的作用,提升了经济效益、生态效益、社会效益,凤冈宣传效应收到良好效果。

第二节　涉茶文件概要

1992年7月,中共凤冈县委文件(县发〔1992〕11号)提出"强农、重工、兴商",发展"粮油烟畜茶桑林果药",即"三篇文章九个字"发展思路。

2000年7月,县委、县政府制定《关于实施国家西部大开发战略的初步意见》,提出"建设生态家园,开发绿色产业"的发展战略,把建设富锌富硒有机茶基地列为六大产业基地之一。

2004年9月,凤冈县人民政府文件《关于加快茶叶产业发展的实施意见》(凤府发〔2004〕30号):重点推广"猪—沼—茶"生态经济模式,以标准化生产为手段,把茶叶产业培育成凤冈县农民增收、财税增长的又一后续支柱产业。鼓励机关事业单位干部职工带薪离职参与茶叶产业化经营。

2005年1月，中共凤冈县委办公室、凤冈县人民政府办公室文件《凤冈县鼓励支持干部职工、城镇居民和个体工商户、私营业主参与生猪、茶叶产业建设实施细则》（县办发〔2005〕1号）：鼓励支持干部职工留职带薪、带职带薪，城镇居民、个体工商户、私营业主独资、合资，创办生猪养殖场或茶园和配套发展加工、营销实体。

2005年9月，中共凤冈县委、凤冈县人民政府文件《关于鼓励县直各单位部门参与茶园建设的通知》（县通〔2005〕6号）：根据中共凤冈县委办公室、凤冈县人民政府办公室文件《凤冈县鼓励支持干部职工、城镇居民和个体工商户、私营业主参与生猪、茶叶产业建设实施细则》精神，各单位可采取领导带头、扶持资金等，鼓励支持本单位干部、职工以留职带薪、带职带薪等方式自主创办茶园。

2006年7月，凤冈县人民政府文件《关于加快茶叶产业发展的实施意见》，建立公共激励机制，推动茶叶产业发展。实施新建茶园补助、茶苗补贴，在茶区内配套建设小水窖、沼气池和产业路，鼓励有机茶和质量安全认证、申报工作，茶事活动或茶艺表演，争创各级龙头企业称号，确立了茶叶产业作为凤冈县建设生态农业的首选产业和支柱地位。

2006年，中共凤冈县委第十次党代会和凤冈县第十四次人代会提出了"强茶、壮烟、兴畜、稳粮、重特"的产业结构调整思路，确立了茶叶产业作为建设生态农业的首选产业和支柱地位。

2007年，县人民政府出台了《关于调整茶叶产业发展政策的意见》，决定在5年之内连续每年投入1000万元用于扶持茶叶基地建设、生产加工和品牌打造等方面。茶产业作为凤冈新农村建设的主要内容和现代农业的抓手，良好的发展态势深受国家、省、市的高度关注，2007年被列为国家财政支农资金整合试点县，有力地推动凤冈茶产业实现跨越式发展。

2008年1月，中共凤冈县委十届五次全会通过《关于加快茶叶产业发展的决定》，明确提出：到2012年，实现茶园面积25万亩，确保到2015年，全县投产茶园达到20万亩，以带动和辐射发展，把凤冈县建设成为优质绿茶出口县和全国名优绿茶基地县，实现"以茶富民、以茶兴县"目标；同年，县人民政府出台了《关于2008年度茶叶产业发展政策的若干意见》，决定整合资金2000万元以上，用于茶产业发展。

2009年和2010年，县人民政府分别出台了《关于2009—2010年度茶叶产业发展的若干意见》和《关于2010—2011年度茶叶产业发展的若干意见》，进一步贯彻落实县委"以茶富民、以茶兴县"发展思路，加快了凤冈县茶产业建设步伐。

2012年，县委、县政府出台了《关于"十二五"期间加快茶叶产业发展的实施意见》，提出"八大转型工程"，拉开了凤冈茶产业转型升级的序幕。

2014年,县委、县政府出台了《关于加快推进茶产业转型升级的实施意见》和《凤冈县茶产业发展奖励和补助办法》。

2016年,县人民政府出台了《凤冈县2016年茶产业发展奖励和补助办法》。

2018年,凤冈县出台了《进一步推进茶产业发展的实施意见》《加快推进茶产业发展三年行动计划(2018—2020年)》等产业发展文件,提出着力实施基地提升、品质提升、加工提升、品牌提升、市场提升、人才提升"六大提升工程",加快茶产业转型升级。

第三节 涉茶制度选登

一、《凤冈锌硒茶地理标志证明商标管理办法(试行)》

第一章 总则

第一条 为维护"凤冈锌硒茶"在国内外市场的信誉,保护生产企业和消费者的合法权益,促进凤冈茶产业持续健康发展,根据《中华人民共和国商标法》《中华人民共和国商标法实施条例》和国家工商行政管理总局《集体商标、证明商标注册和管理办法》等相关法律法规,特制定本办法。

第二条 "凤冈锌硒茶"是经国家工商行政管理总局商标局注册的地理标志证明商标(以下简称证明商标),用以证明凤冈锌硒茶生产的地域环境和特定品质。凤冈县茶叶协会是"凤冈锌硒茶"证明商标的注册人和持有人,对该商标享有专用权,受县人民政府的委托,对凤冈锌硒茶地理标志证明商标(公共品牌)实施"五统一"管理。

第三条 使用"凤冈锌硒茶"证明商标的,须按本办法规定的条件、程序提出申请,由凤冈县茶叶协会审核批准后方能使用。

第四条 "凤冈锌硒茶"证明商标使用许可按照"企业申报、茶协审批、监测淘汰"的原则进行管理。

第二章 申请使用证明商标的条件和程序

第五条 凡申请使用"凤冈锌硒茶"地理标志证明商标的企业,必须同时具备下列条件:

1. 凤冈县茶叶协会会员或会员单位。

2. 已办理工商营业执照、组织机构代码证、税务登记证、食品工业生产许可证(QS证)或食品流通经营许可证。

3. 执行"凤冈锌硒茶"省级地方标准,即:DB52/T 489—2015和DB52/T 1003—2015。

4.遵守"凤冈锌硒茶"证明商标"五统一"管理规定。即：生产标准统一、包装风格统一、门店形象统一、宣传口径统一、标识管理统一。

第六条 申请使用"凤冈锌硒茶"证明商标，应当向县茶叶协会提供以下证明文件。

1.递交《凤冈锌硒茶证明商标使用申请书》；

2.出具符合"凤冈锌硒茶"标准的生产、加工及产品质量证明文件。

第七条 凤冈县茶叶协会自收到企业书面申请后，在30个工作日内完成下列审核工作：

1.组织县农牧局、县茶叶产业发展中心、县市管局等部门到申请厂家进行实地审查，对其产品进行随机抽样检测（农残检测、锌硒含量检测），并由监督管理部门审核申请厂家出具的凤冈锌硒茶生产、加工和产品质量的证明文件。

2.根据检测结果和资料审查，凤冈县茶叶协会书面回复申请厂家是否许可使用"凤冈锌硒茶"证明商标。

第八条 对符合使用条件，经批准许可使用"凤冈锌硒茶"证明商标的茶叶企业，应在媒体上予以公告，并在许可后三个月内报县市管局和国家工商行政管理总局商标局备案。

第九条 经批准许可使用"凤冈锌硒茶"证明商标的茶叶企业，应办理如下事项：

1.与凤冈县茶叶协会签订《证明商标使用许可合同》，并报送相关部门备案；

2.申请厂家领取《证明商标许可使用证》；

3.申请厂家交纳"凤冈锌硒茶"证明商标管理费。

第十条 "凤冈锌硒茶"证明商标使用许可合同有效期为3年，要求继续使用的，应在有效期届满前30天内，按本办法规定重新申请。逾期未申请者，合同自然解除。

第十一条 未获准使用"凤冈锌硒茶"证明商标的企业，可在收到审核意见通知书15天内向县市管局申诉，并由其复核裁定。

第三章 使用证明商标的权利与义务

第十二条 使用"凤冈锌硒茶"证明商标企业的权利：

1.可在统一的"凤冈锌硒茶"证明商标包装物上冠注企业商标和企业名称、地址、联系电话等；

2.按"五统一"要求，可在企业商业活动中对本企业和"凤冈锌硒茶"证明商标进行宣传；

3.参加凤冈县茶叶协会主办或协办的技术培训、贸易洽谈、信息交流等活动。

第十三条 使用"凤冈锌硒茶"证明商标企业的义务：

1.维护"凤冈锌硒茶"特有品质、质量和市场声誉,保证产品质量安全;

2.接受县茶叶协会、县农牧局、县茶叶产业发展中心、县市管局等单位按"凤冈锌硒茶"标准对生产、加工、包装以及经营进行动态监测、监督管理;

3.必须严格执行"凤冈锌硒茶"省级地方标准。

第四章 保护措施

第十四条 未按本办法申报许可,擅自使用与"凤冈锌硒茶"证明商标标志(或近似标志)的,由县市管局依法查处;构成犯罪的,由司法机关追究其刑事责任。

第十五条 "凤冈锌硒茶"证明商标的使用企业违反本办法之规定,或经有关部门检验检测达不到"凤冈锌硒茶"生产、加工、包装等质量标准的,由县茶叶协会收回其《证明商标使用证》,终止其"凤冈锌硒茶"证明商标标志使用资格。

第五章 附则

第十六条 "凤冈锌硒茶"证明商标使用收费标准,由县茶叶协会按照国家有关规定制订。

第十七条 "凤冈锌硒茶"证明商标使用费主要用于印制证明商标标识、市场监管、案件证明材料收集以及宣传等工作。

第十八条 本办法由县茶叶协会理事会成员讨论制定,经县人民政府批准并报国家工商行政管理总局商标局备案。

第十九条 本办法自县人民政府批准之日起实施,由县茶叶协会、县茶叶产业发展中心负责解释。

(2015年5月19日)

二、《关于凤冈锌硒茶地理标志证明商标"五统一"管理办法的实施意见》

为进一步规范"凤冈锌硒茶"地理标志证明商标的管理(以下简称证明商标),维护"凤冈锌硒茶"证明商标生产厂家和消费者的合法权益,结合我县实际,特制定本实施意见。

一、县人民政府委托并授权凤冈县茶叶协会,负责对"凤冈锌硒茶"证明商标(公共品牌)实施"五统一"管理。

二、"凤冈锌硒茶"证明商标"五统一"管理模式的内容是:1.生产标准统一(省级地方标准:DB52/T 489—2015和DB52/T 1003—2015);2.包装风格统一;3.门店形象统一;4.宣传口径统一;5.标识管理统一。

三、任何单位和个人使用"凤冈锌硒茶"证明商标,必须按照"凤冈锌硒茶地理标志证明商标管理办法"的规定，经凤冈县茶叶协会许可后方能使用，并报国家工商行政管理总商标局备案。

四、经凤冈县茶叶协会许可使用"凤冈锌硒茶"证明商标的茶叶企业，必须执行"凤冈锌硒茶"省级地方标准（DB52/T 489—2015和DB52/T 1003—2015）。

五、根据"凤冈锌硒茶"省级地方标准对"凤冈锌硒茶"茶形和包装的要求，"凤冈锌硒茶"包装物的设计和印制由凤冈县茶叶协会按规定面向全社会公开招标确定。经许可使用"凤冈锌硒茶"证明商标的单位和个人，须持凤冈县茶叶协会的印制委托证书，在中标印刷厂家印制。

六、在县内外开设"凤冈锌硒茶"专卖店的，其门店的门头设计须按凤冈县茶叶协会提供的图纸和要求装饰。未按统一设计图纸装饰的，不允许使用有"凤冈锌硒茶"字样的文字和图案。

七、"凤冈锌硒茶"的生态环境、地理条件、茶叶品质特征、锌硒含量、保健作用、工艺流程、冲泡方法等须按凤冈县茶叶协会统一的要求和口径宣传，不得随意更改。

八、凤冈县茶叶协会会同县农牧局、茶产业发展中心、市场监督管理局、卫生局等单位，对许可使用"凤冈锌硒茶"证明商标的茶叶企业实施"质量标准和标识"管理。建立企业"产品质量信誉"档案制度，一次抽查不合格的，在相关媒体上曝光；一年内有两次抽样检查不合格的，取消"凤冈锌硒茶"证明商标的使用资格。

九、有下列行为之一的，由县茶叶协会提请县市场监督管理局等部门，依法追究其责任：

1.未经凤冈县茶叶协会许可，擅自使用"凤冈锌硒茶"证明商标的，或使用与"凤冈锌硒茶"证明商标近似商标（名称）的；

2.销售假冒伪劣"凤冈锌硒茶"产品的；

3.擅自在其门店门头、包装、宣传册等物件上使用"凤冈锌硒茶"证明商标字样的；

4.印制单位无商标印制资质，无凤冈县茶叶协会的书面印制委托，擅自印制有"凤冈锌硒茶"证明商标字样的。

十、"凤冈锌硒茶"证明商标使用权不得擅自转让或变相转让给其他单位和个人使用，一经发现，县茶叶协会将取消其证明商标使用权，并提请县市场监督管理局依法处理。

十一、鼓励有条件的茶叶企业打造和使用企业自主品牌（商标），支持使用自主品牌的茶叶企业对外宣传、举办活动、开设门店，拓展市场。

十二、对"凤冈锌硒茶"公共品牌实施"五统一"管理，事关"凤冈锌硒茶"公共品牌的声誉和全县茶产业的可持续发展，各有关部门应根据各自职能，拟定切实可行的措施。加大宣传力度，规范"凤冈锌硒茶"生产、经营秩序。纵深推进"凤冈锌硒茶"公共品牌建设，努力促进凤冈茶产业的转型升级。

（2015年5月19日）

第四节　茶叶管理机构演变

1987年12月，凤冈县人民政府批准成立局级企业"凤冈县茶叶公司"，对全县茶叶的开发和茶叶的生产、加工、销售实行一条龙管理，一体化的经营。

2002年11月，凤冈县成立茶叶事业办公室，任克贤任主任。县政府明确一名副县级领导干部专抓茶叶产业，并成立茶叶生产领导小组，负责组织、领导、协调全县茶叶生产。

2005年1月，李忠书任茶叶事业办公室主任。

2007年5月，茶叶事业办与县农业局整合，保留副科级单位，主任汪孝涛。

2008年1月，农业局副局长康生兼任县农业局茶叶事业办公室主任。

2010年6月，县农业局党组成员安文友兼任县茶叶事业办公室主任。

2012年2月，为进一步推动全县茶产业发展，县茶叶事业办公室进行机构改革，从县农业局脱离，成立为正科级事业单位，更名为凤冈县茶叶产业发展中心，编制人数25人，班子设一正两副，唐波任主任。主要职责为：负责全县茶叶产业发展的政策研究、拟定。负责全县茶叶产业发展的规划、技术培训和技术指导。负责全县茶叶生产、加工、销售的行业管理，茶叶质量监管，相关情况的统计调查。负责全县茶叶项目库的建立及管理，项目的争取、实施、检查、验收和上报；引导企业进行茶叶新产品、新工艺的开发。茶叶品牌的打造、推介；开展茶事活动，推广茶文化、茶知识；茶产业的宣传报道以及市场拓展工作。完成县委、县政府及业务主管部门交办的其他工作任务。

2013—2014年，凤冈县茶叶产业发展中心编制经过两次调减，编制人数减为19人。

2015年4月，汪孝涛任凤冈县茶叶产业发展中心主任。

2018年1月，姜凤任凤冈县茶叶产业发展中心主任。

2019年9月，凤冈县茶叶产业发展中心与县农业农村局整合，由吴亮负责茶叶产业工作。

第五节　凤冈县西部茶海办公室

2005年凤冈县委办公室、县政府办公室文件《关于成立"中国西部茶海"工作领导小组的通知》，办公室设在政府办公室，谢晓东同志兼任领导小组联络员，分管"中国西部茶海"工作领导小组办公室工作。2005年12月26日，由贵州省茶叶科学研究所、凤冈县人民政府、湄潭县人民政府、余庆县人民政府共同申报的"中国西部茶海特色经济联合体"正式获得中国茶叶流通协会命名。因种种原因，几年后，西部茶海办公室名存实亡，其职能于2011年11月合并到凤冈县茶叶协会。

凤冈县西部茶海办公室自成立后来，组织和参加了一系列的茶事活动，为凤冈锌硒茶的快速发展做出了一定贡献。先后组织举办贵州遵义茶文化节、民间祭茶大典、中秋品茗、春茶开采节、旅游节等，参加了一系列省内外的博览会、推介活动，组织的茶艺节目《凤冈土家油茶》《军心如茶》《花好月圆三道茶》，多次演出并获奖。

凤冈县西部茶海办公室先后组织和参与了《凤冈锌硒茶》省级地方标准（2005年10月）、《凤冈锌硒乌龙茶》省级地方标准（2007年11月）等标准的制订。2006年1月24日，国家质量技术监督检验检疫总局（2006年第10号公告）《关于批准对凤冈富锌富硒茶实施地理标志产品保护的公告》。2011年12月凤冈锌硒茶地理标志证明商标获得国家工商总局注册。

凤冈县西部茶海办公室先后组织凤冈锌硒茶参与了贵州省2005年、2009年两次名优茶评选活动，凤冈锌硒茶被评为"贵州十大名茶"，2010年10月，获"贵州三大名茶"和"贵州五大名茶"称号。

凤冈县西部茶海办公室先后与贵州省《西部开发报·茶周刊》《中华合作时报·茶周刊》、中国茶叶研究会、茶文化专家林治老师等合作，宣传凤冈锌硒茶。

第六节　凤冈县茶叶协会

凤冈县茶叶协会成立于2002年10月，是中国茶叶流通协会常务理事单位，贵州省茶叶协会、遵义市茶叶流通协会副会长单位。现任会长谢晓东，秘书长冯毅。至2020年已发展会员191名，其中：理事42名，常务理事10名，副会长18名，副会长单位5个，会长1名，名誉会长1名。目前驻会人员5名，会长、常务副会长、秘书长各1名，工作人员2名。

茶叶协会自组建以来，充分发挥了其桥梁纽带、行业自律、反映诉求、茶人之家的职能。主要工作：一是组织和参与有关茶事活动。如一年一度的春茶开采祭茶活动、两年一度的茶王大赛、中秋品茗座谈会、全民茶会等。二是组织会员参加国内外各种茶事活动。如产品推介、斗茶大赛、技术交流等活动。三是开展凤冈锌硒茶地理标志证明商标管理日常管理工作。四是组织和参与相关荣誉和商标等申报工作。如"凤冈锌硒茶"地理标志证明商标的申报工作。五是积开展调查研究，收集反映会员诉求，为县委、县政府提供意见。

第七节　凤冈县茶文化研究会

凤冈县茶文化研究会成立于2005年8月，李廷学同志任会长，罗胜明同志任秘书长，聘请中国国际茶文化研究会常务理事林治先生为首席顾问。2016年3月12日换届后李廷学同志继续担任会长，谢晓东、李忠书、汪孝涛、罗胜明、罗逸、孙德礼、陈胜建、罗林任副会长，任克贤同志任秘书长。研究会有会员62人，其中会长1人、副会长8人、常务理事5人、理事30人，该研究会是由县内茶学界、茶文化界、茶企业界和爱茶人士自愿结成的学术性、非营利性的社团组织。研究会的宗旨：倡导"茶为国饮"，弘扬茶文化，促进茶经济，造福种茶人和饮茶人；广泛联系县内外茶学界和茶文化界人士，研究凤冈茶的历史文化和社会影响；开展学术研究，促进茶学和茶业经济的发展；普及科学饮茶知识和茶文化知识，增进全县人民身心健康，促进和谐社会建设；开展茶文化交流，增进县内外茶人间的友谊，加强合作；遵守宪法、法律、法规和国家政策，遵守社会道德风尚，推进社会文明发展。该研究会接受登记管理机关凤冈县民政局的监督管理和业务主管单位凤冈县茶叶产业发展中心的指导。业务范围：举办全县范围的茶文化活动，不定期举办专题性的活动；对凤冈茶的历史文化、民族民间茶文化、锌硒有机特色文化等进行挖掘研究，搭建茶文化研究与学术交流平台，组织编辑出版有关茶文化的书刊，宣传、普及茶文化；组织开办面向社会的茶文化和茶业经济的职业技术培训；组织开展其他形式的茶文化交流活动。研究会创办有会刊《龙凤茶苑》。

第八节　凤冈县生态茶业商会

凤冈县生态茶业商会是由凤冈县从事茶叶生产和经营的茶叶企业及代表人自发组织成立，2015年1月15日经民主选举，并报经县工商联批准和县民政局登记备案的茶业界非营利性群众组织，会长孙德礼，现拥有会员100余人，生产性企业80余家，营销企业20余户，会员年生产总值达10亿余元，常设办事机构由秘书长、副秘书长、会计、出纳和办公文秘人员组成。商会在县工商联的领导和县茶产业发展中心的指导下开展工作，主要负责会员的生产、管理、融资、营销等协调工作。

第九节　凤冈茶的未来

2021年是"十四五"规划实施的开局之年，凤冈茶产业"十四五"规划尚未制定完善，但总体发展将紧紧围绕贵州省建设茶产业强省发展思路，充分结合县情实际，深化茶产业资本化、规模化、品牌化、外贸化、标准化"五大革命"，着力实施基地提升、品质提升、加工提升、品牌提升、市场提升、人才提升"六大提升工程"，将茶产业作为富民强县和实施乡村振兴战略的重点产业来抓，努力将凤冈县建设成为全国最优质的茶叶基地、最好的茶产品加工基地、最知名的茶叶出口基地。在"十三五"的基础之上，严控茶叶质量安全，集中力量做强"凤冈锌硒茶"公共品牌，茶园面积夯实稳定在50万亩，茶叶产量、产值、综合产值、出口茶叶力争取得新的突破。鼓励支持企业创建2~3个茶叶知名品牌，培育1~2个销售额超亿元的茶叶集团和1~2个产值超亿元的龙头加工企业。

1. 夯实产业基础，促进基地提升

做实茶叶基地。根据现有可发展基地空间，支持企业（合作社）为主体，通过土地流转、农民入股等方式，重点发展集中连片优质茶园，实现基地组织化、规模化、集中化建设。结合旅游发展规划设计，围绕县内主要交通要道沿线建设茶旅一体产业带。加大高香型茶叶品种的推广力度，逐步对不适应市场需求的老品种和低产茶园进行更新改良，对成活率较低的茶园及时进行补植补造。

加强茶园标准化建设。重点支持企业（合作社）推进茶园标准化建设，对100亩以上茶园实行一茶园一档案管理，对有机茶园、绿色茶园、欧标出口茶园、无公害茶园进行分类管理，进一步提升管理水平；实施有机肥替代化肥行动计划；坚持实施"畜—沼—茶—林（花、果）"生态建园模式。

推广茶园机械化生产。支持企业、合作社开展茶园机械化耕管、采摘和修剪等作业，提升茶园机械化生产水平，降低成本，有效解决"采茶难""管理难"问题。

完善茶区基础设施建设。加大通村公路、石漠化治理、退耕还林、农网改造、农业综合开发、产业化扶贫、乡村振兴等项目资金整合力度，重点向茶区倾斜。

2. 狠抓茶叶质量安全，促进品质提升

扩大茶叶品质认证规模。以"双有机"战略为引领，实施"三品一标"认证，大力支持有机、绿色、"欧标"、出口茶基地创建。支持鼓励茶园开展绿色、有机认证，支持鼓励茶叶企业开展质量保证（ISO9001）、食品质量安全保证（ISO22000）、HACCP认证等。

提升茶园组织化管理。培育壮大茶叶专业合作社，大力推行"合作社+N"模式，完善各环节利益联结机制；鼓励支持企业与合作社开展合作，实行分段经营，推进茶园规模化经营、集约化管理，集中统一管理技术标准，守住洁净底线。

实施茶园病虫害绿色防控。全面禁止施用贵州省茶叶禁用农药。大力推广使用有机肥、黄板蓝板、杀虫灯、生物农药等。在重点产茶镇乡开设茶叶农资超市或专柜。

强化行业监管力度。扎实推进"五级防控"管理模式，大力实施质量安全"两防一治"工作措施。逐步在集中连片茶区安装推广视频监控，实时跟踪茶园投入品，以技术手段实现源头防控；加大茶叶质量安全宣传培训力度，强化意识防控；在重点时段、重要区域组织开展茶叶质量安全专项执法检查，从严打击违规农药、催芽素、除草剂等农业投入品使用。

3. 重视茶叶加工基础设施建设，实现加工水平提升

提升加工水平。鼓励支持在加工能力不足的茶区新建（改扩建）中型以上茶叶加工厂；引导加工企业贯标生产，提升加工标准化和清洁化水平；支持企业进行设备和技术改良，加大加工技术培训力度，促进产品品质实现大提升。鼓励扶持企业采购先进精制设备，实现大规模、大批量拼配和分级，提高产品标准化和规模化水平。

支持加工并购。引进国内外知名茶叶企业落户凤冈建加工厂。鼓励和支持茶叶加工企业收购兼并、联合重组，培育2~3家在全国乃至全球有影响力的大型加工企业，提高加工规模化、集约化水平，提高产业集中度。

延长产业链。鼓励支持企业开发茶提取物食品、茶酒、茶化妆保健品等，延长茶产业加工链，提高茶叶资源利用价值。

4. 加大品牌管理宣传力度，促进品牌提升

实施公共品牌的管理和宣传。继续深化"凤冈锌硒茶"公共品牌统一标识、统一宣传口径、统一产品包装、统一门店风格、统一技术标准"五统一"管理，实施"凤冈锌硒茶"地理标志证明商标申报准入制，切实维护公共品牌形象。鼓励引导企业申报使用"贵州绿茶""遵义红""遵义绿"等公共品牌。积极与知名主流媒体宣传合作，开辟专栏，长期宣传推广凤冈锌硒茶公共品牌；将高速公路沿线、旅游景区、酒店、公交、机场、餐饮企业等打造为宣传凤冈茶叶的重要窗口。充分利用政府门户网站、微信、微博、自媒体等网络媒体广泛传播，提高凤冈锌硒茶知名度。

改进茶产品包装。以包装简洁大方、标识清新醒目、方便泡饮为基本原则，制定凤冈锌硒茶包装标识基本规范。开发多种类型的包装样式，以适应酒店、民航、高铁、企

业集团、行业协会、机关事业单位配用的定制包装，规范大众茶包装。

做强企业品牌。坚持扶优扶强，优先扶持2~5家具有发展前景的企业，将其培育成凤冈县具有影响力和带动力的龙头企业，促进分散、弱小的企业向龙头企业聚集，促进品牌整合，做大做强企业品牌。

完善茶文化体系建设。深入挖掘"东有龙井·西有凤冈""良心产业·有机凤冈""禅茶瑜伽·养生凤冈""锌硒茶乡·长寿凤冈"四张名片茶文化蕴含；支持茶园景区茶庄建设；建设完成"凤冈锌硒茶"茶博物馆；坚持开展祭茶大典、茶王大赛、中秋品茗等活动；加大茶文化研究与茶文化遗产保护，积极创作出版茶文化丛书；积极开展茶文化和茶艺茶道表演进机关、进学校、进酒店、进社区"四进"活动，支持县城及集镇茶馆业建设，积极参加全国茶馆评选竞级活动；在全县范围内营造浓厚的茶文化氛围。

5. 加快渠道建设，实现市场提升

大力开拓国际市场。对标欧美、日韩、中东等国际市场消费标准，大力支持县内茶叶企业开展自营出口贸易，加强与国际茶商和茶叶行业组织的交流合作。重点支持茶叶出口企业扩大茶叶出口规模，积极引进大型茶叶国际贸易企业与凤冈县茶叶企业合作，或到凤冈县建立出口茶叶加工基地或加工车间，推进茶叶出口大幅度增长。

积极抢占省外市场。积极支持企业抱团利用各种茶叶主流通渠道推销凤冈茶产品，重点支持在北京、上海、广州、深圳等地建设销售推广中心，在各大中城市茶叶批发市场建设销售专区，积极支持公共品牌企业开发民航、高铁、酒店旅客专用茶和茶楼、机关事业单位、大中型企业用茶市场。积极支持公共品牌企业与老舍茶馆、吴裕泰、天福茗茶、张一元等品牌连锁经销企业合作。鼓励支持以凤冈为基地、主营凤冈锌硒茶公共品牌的省外茶叶连锁经销企业发展。大力引进培育茶叶经销商，加快培育一支强大的营销队伍，巩固完善凤冈锌硒茶市场营销网络。

巩固提升省内市场。鼓励支持凤冈县企业在全贵州省各茶城和城镇开设经销网点。在全省高速公路服务区开设统一店面形象标识的凤冈锌硒茶销售专柜和旅客休息茶饮品鉴区，推进凤冈锌硒茶随高速流通销售。在省内星级以上酒店开设凤冈锌硒茶品鉴销售区，定制酒店、民航班机、高铁供应旅客专用袋泡茶。

运用电商扩展市场。鼓励支持茶叶企业在天猫、京东、手机惠农等大型电商平台，以及美国Amazon（亚马逊）、中国阿里巴巴等跨境电商平台，开设电商销售店。支持企业在省内贵农网、农经网、黔茶商城等电商平台销售凤冈锌硒茶。支持茶叶企业扩展经营电商业务，发展"网上看样下单，实体店体验提货消费"的线上线下融合营销模式。

6. 强化培训，实现人才提升

建立人才培训长效机制。建立茶叶人才库，制定实施茶叶人才培训计划，鼓励和支持县职校继续开办茶学专业班，培育更多茶叶后备人才，积极与国内大专院校加强茶叶专业人才信息平台沟通，积极引进茶叶专业人才进入凤冈县茶业界就业。同时研究制定出台单位用人相关优惠政策，优先保障本土培育的茶专业人才实现就业。整合县人社局、县农牧局、县总工会、县电商办、县扶贫办、县妇联等部门培训项目，积极开展茶企经营管理人员、种植人员、采茶工、加工人员、销售人员、茶艺师、评茶员等专项人才培训。通过举办或组织参与竞赛，评选一批采茶能手、制茶能手、加工能手、营销精英以及茶文化传播者。

参考文献

常璩.华阳国志神[M].北京：国家图书馆出版社，2018.

陈涛.中国古今茶经大全[M].呼和浩特：内蒙古人民出版社，2009.

贵州省凤冈县地方志编纂委员会.凤冈县志[M].贵阳：贵州人民出版社，1994.

李启彰.茶器之美[M].北京：九州出版社，2016.

罗文思.石阡府志[M].北京：中国文史出版社，2013.

马书田.华夏诸神[M].北京：北京燕山出版社，1999.

木陶斋主.古陶与木雕造像随品[M].北京：中国人民大学出版社，2011.

佘彦焱.中国历代茶具[M].杭州：浙江摄影出版社，2013.

谭其骧.简明中国历史地图集[M].北京：中国地图出版社，1996.

唐译，梁歌.图说茶具[M].北京：北京燕山出版社，2009.

王建荣，郭丹英，陈云飞.茶艺百科知识手册[M].济南：山东科学技术出版社，2005.

王秋墨，龙志丹.中国老茶具图鉴[M].北京：中国轻工业出版社，2007.

线装经典编委会.茶道茶经[M].昆明：云南教育出版社，2011.

乙力.茶经·续茶经[M].兰州：兰州大学出版社，2004.

樂史.太平寰宇记[M].王文楚，校.北京：中华书局，2007.

中国硅酸盐学会.中国陶瓷史[M].兰州：兰州大学出版社，1982.

宗力，刘群.中国民间诸神[M].石家庄：河北人民出版社，1987.

凤冈县茶业发展大事记

一、东晋时期

据《华阳国志·卷一·巴志》记载："其地东至鱼复，西至楚道，北接汉中，南极黔涪，土植五谷，牲具六畜，桑麻柠鱼盐铜铁丹漆茶蜜……皆纳贡之。"又载："涪陵郡……无蚕桑，少文学，惟出茶丹漆蜜蜡。"

二、唐朝时期

中唐茶圣陆羽在《茶经》中记载："茶之出……黔中生思州、播州、费州、夷州……往往得之，其味极佳。"夷州即今凤冈县。

三、北宋时期

乐史著《太平寰宇记》记载："夷州土产茶、朱砂、水银、蜡烛。"

四、中华民国时期

1941年，全县产茶15担。1945年产茶18担，到1949年新中国成立时，全县茶叶产量为170担。

五、中华人民共和国时期

1949年，凤冈县茶叶年产量为1.7万斤。

1958年，凤冈县茶叶年产量3.6万斤。

1969年，凤冈县第一个茶场在水河公社创建，茶园面积536亩。品种为浙江中小叶群体品种。

1969—1981年，是凤冈茶叶产业的恢复发展时期，累计茶园面积43800亩，共创办

137个乡村茶场，3个知青茶场。

1982—1985年，是凤冈茶叶生产发展史上的一个转折点。凤冈县作为全省五个重点产茶县参加了省农业厅和省科委组织的低产茶园改造技术攻关项目，聘请省茶科所的专家作技术指导，低改茶园面积5160亩，经省有关部门检查验收，凤冈被评为"攻关一等奖"。

1985年1月，经县人民政府批准，由县农业局、省茶科所和全县各茶场联合组建了"凤冈县茶叶联营公司"，初步形成了产、供、销一条龙的管理体制。

1986—1989年，凤冈积极响应遵义地委、行署发出《关于搞好非耕地开发，大力发展绿色企业》的号召，从省茶科所引进无性系"福鼎大白茶"茶苗60多万株，建立高标准良种茶园150亩。截至1989年，全县茶园面积恢复发展到40878亩。

1987年12月，县人民政府批准成立"凤冈县茶叶公司"，对全县茶叶的开发和茶叶的生产、加工、销售实行一条龙管理，一体化的经营。

1994年1月，民建贵州省委、贵州省智力支边办公室、安徽农业大学刘和发、范远景等四位老师到凤冈开展科技智力支边，帮助凤冈开发名优茶和富锌富硒绿茶。同年10月，由县茶叶公司开发的"凤泉雪剑"名茶和"富锌富硒绿茶"企业标准审定通过；11月，"富锌富硒绿茶"获中国现代家庭消费品质量鉴评和最佳质量保健品金奖。

1995年3月7日，凤冈富锌富硒茶获中国攀枝花市第四届苏铁观赏暨物资交易会金奖。

1996年6月19日，凤冈县茶叶公司生产的"凤泉雪剑"茶，被评为遵义市首届名优茶评比优质产品。

1999年底，全县实有茶园面积28900亩，产量170万斤，产值690万元。全县拥有大小茶场19个，初制厂房19间，精制厂1间；拥有绿茶机具100台（套），红茶设备5台（套），珠茶机械10台（套），名优茶机械6台，绿茶精制设备15台，茶叶修剪机5台。全县有7126户农民从事茶叶生产，28500多人参与茶叶生产和经营。茶叶专业技术人才100余人，其中：高级农艺师1人，经济师2人，助理农艺师7人，技术员5人，农民技师近100人。茶叶产品主要有：炒青绿茶、烘青茶、红碎茶、珠茶、边销茶等，名优茶产品有："凤泉雪剑""凤泉毛峰""凤泉毛尖""富硒富锌高级绿茶"。

2000—2002年，利用小额扶贫贷款在永安镇、新建乡进行老茶园的换种改造。茶树品种有"福鼎大白茶""黔湄809""福云6号"。

2002年10月，凤冈县茶叶协会成立，任克贤同志任会长，安文友同志任秘书长。2005年12月改选，谢晓东同志任会长，任克贤同志任秘书长。

2003年8月5日，凤冈县人民政府在永安镇组织召开北部四乡镇的茶叶发展专题会议，提出"猪—沼—茶—林"生态循环经济的建园模式。会议拉开了大力发展茶叶产业的帷幕，标志着凤冈茶产业进入一个崭新的发展阶段。

2003年10月，龙江茶厂被遵义市农业局、遵义市茶叶协会评为"2003年度茶叶工作先进单位"。

2004年5月13日，南京国环有机产品认证中心对凤冈县申报的2847亩茶园进行转换期颁证，3家茶叶加工厂同时获有机茶加工厂认证。

2004年10月，中国特产之乡推荐暨宣传活动组织委员会授予凤冈县"中国富锌富硒有机茶之乡"称号。

2005年4月8日，在北京老舍茶馆纪念当代茶圣吴觉农先生诞生108周年纪念会上，凤冈锌硒绿茶得到中国工程院院士陈宗懋等国内外茶界知名专家的一致好评，凤冈富锌富硒茶"浓而不苦，青而不涩，鲜而不淡，醇厚回甜，锌硒同具，全国唯一"由此而得。

2005年4月29日，贵州省人民政府授予龙江茶厂陈世友"贵州省劳动模范"称号。

2005年5月，南京国环有机产品认证中心派员对凤冈县2847亩茶园和3个有机茶加工厂进行转换期复审，同月通过认证。

2005年5月，中国茶文化专家林治应邀对凤冈茶产业和茶文化进行详细考察后，提出"打好锌硒牌、打好有机牌、打好高原牌、打好生态牌"的理念。欣然出任凤冈茶文化首席顾问。

2005年5月28—30日，由遵义市人民政府、贵州省人民政府研究室、贵州省茶叶协会主办，凤冈县人民政府承办的"贵州省首届茶文化节"在凤冈县成功举办。该活动的主题是"锌硒特色、有机品质"。在该次活动中，开展了丰富多彩的"专家采茶活动""凤冈锌硒茶点评""贵州十大名茶评选""贵州省第二届茶艺茶道大赛"等内容。其中"凤冈富锌富硒绿茶"获"贵州十大名茶"称号；凤冈锌硒茶艺表演队获"贵州省茶艺茶道大赛"一等奖。

2005年8月25日，在凤冈的倡议下，由湄潭、凤冈、余庆三县和贵州省茶科所发起，成立了"中国西部茶海特色经济联合体"。时任县长王贵同志出任第一任执行主席，谢晓东同志出任第一任常务副秘书长。同年12月，"中国西部茶海"获得中国茶叶流通协会正式命名。

2005年8月，凤冈县茶文化研究会成立，李廷学同志任会长，罗胜明同志任秘书长，聘请中国国际茶文化研究会常务理事林治先生为首席顾问。

2005年10月，《凤冈锌硒茶》省级地方标准通过省质量技术监督局专家团评审，并正式颁布实施。该标准的颁布实施为凤冈锌硒茶质量的稳定和提高奠定了标准基础。

2006年1月24日，国家质量技术监督检验检疫总局发布了《关于批准对凤冈富锌富硒茶实施地理标志产品保护的公告》(2006年第10号公告)。

2006年10月，在贵州省茶叶协会升格为一级协会的成立大会上，谢晓东同志当选为副会长。

2007年3月，万壶缘茶楼获"全国百佳茶馆"(2005—2006年度)。

2007年3月31日，中国西部茶海·遵义首届春茶开采节在凤冈举办。此次活动的主题为"生态·环保·茶文化·绿色健康带回家"。

2007年7月，在中国茶叶流通协会第四届年会上，谢晓东同志被增选为中国茶叶流通协会常务理事。

2007年9月，凤冈县总工会、团县委、县妇联、县茶海办、县茶叶协会、县茶文化研究会等单位联合举办了"凤冈锌硒茶'寸心草'杯茶知识暨品茗大赛"活动。

2007年10月15—16日，中国工程院院士陈宗懋考察凤冈县茶产业，高度评价了凤冈茶叶的内在品质、茶产业发展思路和运作方式，称凤冈："好山好水出好茶；锌硒有机茶金不换"，并出任凤冈县茶叶产业发展的首席顾问。

2007年10月14—17日，贵州凤冈春秋茶业有限公司选送的"雀舌报春"，贵州凤冈黔凤有机茶业有限公司选送的"明前翠芽"在第四届中国国际茶业博览会上荣获金奖，占据该届中国国际茶业博览会十大金奖的1/5，占贵州金奖总数的1/2，一举实现了凤冈茶叶国际金奖的零突破。

2007年11月29日，国家环保总局有机食品认证中心，对凤冈县新申报的5881.5亩有机茶基地及1个有机茶加工厂进行检查评审，符合有机认证标准。凤冈县有机茶园认证面积达到8728.9亩，有机茶加工厂增至4家。

2007年11月，《凤冈锌硒乌龙茶》省级地方标准通过专家评审，同年颁布实施。贵州省《凤冈锌硒乌龙茶》地方标准的制定，填补了贵州省特种茶标准的空白。

2007年冬，凤冈率先在全省推行保水剂栽植、机械耕作、专业队移栽等技术和措施，当年完成茶苗移栽5.4万亩。

2008年1月和5月，凤冈锌硒茶两进中南海和人民大会堂，称之为"感恩之行"和"通关之旅"。

2008年3—5月，凤冈举办"中国茶海之心·遵义凤冈首届生态文学论坛"大型系列茶事活动，分别在贵阳、凤冈、广州、北京举办了"中国茶海之心·遵义凤冈首届生态文学论坛"系列茶事活动。全国20多位知名作家、30多家省内外新闻媒体聚集凤冈，用特殊的方式——"作家镜像"深度宣传、推介凤冈。

2008年4月，贵州凤冈黔风有机茶业有限公司被农业部授予第四批"国家级龙头企业"称号。

2008年6月，中国茶文件专家林治先生在其《神州问茶》一书中，贵州凤冈问茶记篇以"与君更把长生盏、仙山奇茗味无穷"详细介绍了凤冈的生态环境和茶产业的发展，称凤冈锌硒茶为：中国第一保健茶。

2008年8月，凤冈县与中国茶叶研究所合作，就凤冈茶业开展茶树品种的选择与布局、茶叶标准化体系建设、茶叶栽培与加工技术培训、凤冈锌硒茶宣传与推介等课题的合作与研究。

2008年9月4日，中国国际茶文化研究会会长刘枫一行到凤冈考察，对凤冈茶产业发展给予高度评价，为"夷州老茶馆""黔风有机茶业公司""春秋茶业公司""仙人岭机茶业公司"等挥毫题字（词）。

2008年9月，凤冈举办"凤冈锌硒茶'绿宝石杯'茶知识暨品茗大赛"活动，旨在弘扬凤茶文化、营造茶文化氛围，助推茶产业发展。

2008年10月，凤冈锌硒茶在第五届中国国际茶业博览会上荣获4金1银，是该届茶博会上获金牌总数最多的县。

2008年10月，在中国茶叶流通协会第五届年会上，孙德礼同志当选为"2008茶叶行业十佳年度经济人物"。

2008年11月，凤冈锌硒茶凭借优良的品质在广州第九届国际茶文化博览会荣获7金2银的优异成绩。

2008年，时任贵州省委副书记、省长林树森在凤冈考察时，评价凤冈春秋茶业公司生产的"绿宝石"："下树率高、耐冲泡、价格适中、适合大众消费。"

2009年3月15日，凤冈田坝茶农在仙人岭举行一年一度的"春茶开采节"。

2009年3月，人民日报、光明日报、中央电视台、中央人民广播电台等国家级主流媒体齐聚凤冈，对凤冈茶产业进行了深度报道；3月21日，以"有机茶叶绿了青山富了农"为题在中央电视台新闻联播中播出。

2009年4月23日，时任贵州省委书记石宗源莅凤考察，对凤冈提出的生态立县发展思路进行了充分肯定，在凤冈田坝考察时，被林茶相间的万顷茶海、错落有致的田园茶庄所吸引，将田坝村誉为"凤冈的东方瑞士"。同月，时任贵州省副省长禄智明考察凤冈，将凤冈列为实践科学发展观的联系点。

2009年4月25—26日，由中国农业科学院茶叶研究所、中国茶叶学会、贵州省旅游局主办，凤冈县委、凤冈县人民政府、遵义市旅游局承办的"中国绿茶专家论坛暨茶海之心旅游节"在凤冈举行。该次论坛会上达成如下成果：凤冈县人民政府与中国农业科学院茶叶研究所共同签署了"茶产业合作协议"；就"泛珠三角区域茶产业合作"达成共识，签署了"泛珠三角区域茶产业合作"之"凤冈宣言"。

2009年5月，中央电视台七频道《乡土》栏目到凤冈拍摄"端午问茶"，通过"茶农过端午节"展示了凤冈厚重的茶文化。该节目于2009年6月1日在央视七频道播出。

2009年7月，在遵义举行的2009年中国国际绿茶博览会上，凤冈县茶叶协会申报的凤冈锌硒茶、贵州凤冈黔风有机茶业有限公司申报的"春江花月夜"牌明前毛尖、凤冈春秋茶业有限公司申报的绿宝石，被评为"贵州十大名茶"。

2009年7月，万壶缘、静怡轩茶楼获"全国百佳茶馆"（2007—2008年度）。

2009年10月，凤冈县被中国茶叶流通协会授予"全国重点产茶县"称号。

2010年1月，凤冈锌硒共获2009—2010年度"多彩贵州十大特产"荣誉称号。

2010年4月3日，遵义·凤冈春茶开采旅游节在茶海之心——田坝举行。

2010年4月23日，从中国茶叶流通协会传来喜讯，由凤冈县古夷州茶叶专业合作社选送的"娄山春"娄山凤冠，凤冈县田坝茗茶茶厂选送的宣仁茗峰，贵州寸心草有机茶业有限公司选送的"寸心草"遵义毛峰，凤冈县芳智锌硒茶业有限公司选送的"人生绿"锌硒翠芽4支茶叶荣获2010年中国名优绿茶评比金奖。

2010年4月，凤冈县被贵州出入境检验检疫局授予"中国·贵州凤冈出口质量安全示范区"称号。

2010年8月，首届"国饮杯"大宗茶评比活动，获特等奖的凤冈企业有：凤冈县古夷州茶叶专业合作社、贵州凤冈春秋茶业有限公司、贵州寸心草有机茶业有限公司。

2010年9月，凤冈县一品仙生态有机茶业有限责任公司与露芽春茶厂签署了合作协议；同济堂贵州贵茶公司与贵州凤冈春秋茶业公司签署了合作协议。同济堂贵州贵茶公司与贵州凤冈春秋茶业公司各以600万元分别收购了"绿宝石"珠茶品牌和贵州凤冈县仙人岭锌硒有机茶业有限公司"九堡十三弯"250余亩茶园，极大地激励了凤冈县茶人。

2010年10月，在贵州省茶文化研究会、贵州省茶叶协会和贵州省绿茶品牌促进会共同发起的"贵州五大名茶"评选中，"凤冈锌硒茶"品牌获"贵州三大名茶"和"贵州五大名茶"称号。

2010年10月，凤冈县被中国茶叶流通协会授予"全国特色产茶县"称号。

2010年10月30日，凤冈县获"中国名茶之乡"殊荣。

2011年3月，"贵州凤冈锌硒茶应用研究——冲泡方法及香气来源探讨"项目（潘年松、禹玉洪、谢晓东）获遵义市科学技术进步奖三等奖。

2011年4月18日，由遵义市人民政府和贵州省农业委员会主办，凤冈县人民政府承办的"2011中国·贵州遵义茶文化节"在凤冈县成功举办。

2011年7月，贵州省第三届茶艺大赛，由凤冈县茶叶协会选送的节目《军心如茶》获银奖，同时获特别贡献奖。

2011年7月，永安镇获"贵州十大最美茶乡"称号（省农委和省旅游局给予联合授牌）。

2011年12月7日，凤冈锌硒茶地理标志证明商标获国家工商总局注册。

2011年12月，由贵州贵茶有限公司生产的500kg"绿宝石"牌凤冈锌硒茶通过检疫合格顺利出口德国，这是贵州茶叶出口质量安全示范区建立以来首次出口茶叶，首批出口订单总价值2万欧元（约17万元人民币）。

2011年12月，第七届中国茶业经济年会上，凤冈县茶叶协会会长谢晓东被中国茶叶流通协会授予"2011年度中国茶叶行业贡献奖"。

2011年，"全国重点产茶县"排行榜中，凤冈县以3500t产茶量排名54名。2011年底凤冈县已认证的有机茶面积3.2万亩，成为西南最大的有机茶基地。

2012年10月，中国茶叶流通协会第五届一次理事会讨论通过，批准谢晓东为副秘书长、常务理事。

2012年11月，央视1、4、7、13频道再次聚焦凤冈，在"新闻联播""行进中国""远方的家""新闻调查""致富经"等栏目中报道了凤冈县茶叶产业发展和标准化建设的成果。

2013年1月，凤冈锌硒茶获"贵州省自主创新品牌100强"称号。

2013年1月，由人民网主办的"城市符号征集活动之最具影响力十大茶产地"评选，凤冈县位居第二名。

2013年3月30日，由县茶叶协会主办，仙人岭茶业公司承办，县茶叶产业发展中心、永安镇人民政府协办的凤冈县第九届"春茶开采节"在仙人岭"茶圣"广场如期举办。

2013年4月，凤冈县与贵州省《西部开发报·茶周刊》合作，全方位宣传和报到凤冈茶产业的发展情况，与中国农业科学院茶叶研究所开展"锌硒茶研究、技术培训、品牌宣传与推介"等方面的合作；与茶文化专家林治老师等名人合作，开展文化交流活动。

2013年4月，凤冈锌硒茶包装设计完成招标工作，其设计已进入"反复征求意见，完善设计方案"阶段。

2013年4月26日,县茶叶协会与县总工会、县茶叶产业发展中心、县质监局合作,在静怡轩茶楼成功举办凤冈锌硒茶首届品鉴活动。

2013年6月,贵州省丹寨县向国家质量监督检验检疫总局申报"丹寨硒锌茶"地理标志产品保护,凤冈县茶叶协会获悉后,于2013年7月30日至函给国家质量监督检验检疫总局提出异议,表明凤冈县茶叶协会维护凤冈锌硒茶证明商标的态度与决心。

2013年7月20—23日,县茶叶协会与县茶叶产业发展中心在兰州举办"凤冈锌硒茶走进甘肃"系列活动。

2013年7月,凤冈为在西北民族大学举行的第十三届全国大学生田径锦标赛捐赠价值20万元的茶叶产品,并开展凤冈锌硒茶走进甘肃兰州推介活动。

2013年8月,凤冈县组团参加了"2013中国·贵州国际绿茶博览会"。凤冈县静怡轩茶楼获得贵州省三星级茶楼的殊荣。贵州省第四届茶艺大赛,凤冈县锌硒茶乡艺术团表演的《土家油茶情》获得铜奖。凤冈茶叶企业参加中茶杯评选活动,夷洲公司"伊依草"牌锌硒翠芽、世外茶源公司"绝谷草"牌翠芽获"中茶杯"特等奖;浪竹公司"凤头羽"牌春芽、"香珠玉叶"牌香珠玉叶,茗都公司"新尧"牌锌硒翠芽,娄山春茶叶专业合作社"娄山春"牌娄山凤冠,龙江汇绿茶厂"汇陆"牌翠芽获一等奖。

2013年9月17日,县茶叶协会与同心音乐协会联合举办第九届中秋品茗暨华盛杯音乐晚会。

2013年10月,县茶叶协会组织参加"遵义市2013年度评茶员职业技能培训班"培训学习,凤冈县共有35人通过了评茶员初级、中级或高级的培训,并获得《职业资格证书》。

2013年11月,在第九届中国茶业经济年会暨中国茶叶流通协会五届二次理事会上,凤冈县荣获"2013年度中国十大生态产茶县"称号,列全国21名(2012年为48名),位居贵州第一。"2013中国茶叶100强区域公用品牌价值排行榜"评比,以品牌价值为4.93亿元位列74名。凤冈县野鹿盖茶业公司董事长陈胜建荣获"2013年度中国茶叶行业贡献奖"殊荣。

2013年12月27日,国家工商行政管理总局商标局公布认定2013年度中国驰名商标,凤冈县"凤冈锌硒茶"证明商标顺利通过认定,成为贵州省茶叶类地理标志类驰名商标,成为凤冈首个农产品类驰名商标。

2013年,"多彩贵州绿茶好"贵州茶行业十大系列评选活动,贵州寸心草有机茶业有限公司获十大外商投资茶叶企业奖。贵州凤冈县仙人岭锌硒有机茶业有限公司、贵州省凤冈县浪竹有机茶业有限公司获十大本土企业奖。贵州野鹿盖茶业有限公司陈胜建获十大种茶能手奖。贵州省凤冈县茗都茶业有限公司周朝都、贵州省凤冈县田坝魅力黔茶有限公司张泽旻、贵州省凤冈县浪竹有机茶业有限公司陈其波获十大制茶能手奖。凤冈县田坝村孙流琴和贵州贵茶公司何培丽、李梅获十大采茶能手奖。田坝村茶海之心获贵州十大茶旅目的地奖。贵州露芽春生态茶业有限公司、贵州省凤冈县连帮林茶农民专业合作社周咪、凤冈县成友茶叶加工厂杨秀贵获贵州茶叶行业十大返乡农民创业之星奖。贵州贵茶公司绿宝石获"三绿一红"品牌十大领军企业评选奖。

2014年5月28日,贵州省第五届茶艺大赛凤冈县茶叶协会茶艺表演队的《花好月圆三道茶》荣获银奖。

2014年,中国茶叶流通协会"2014年度全国重点产茶县排名",凤冈县列16名(2013年为21名),位居贵州第二。2014年凤冈锌硒茶品牌价值评估为6.83亿元。

2014年9月,县茶叶协会与台湾嘉义县玉山茶叶生产合作社开展茶文化交流活动,并建立战略合作伙伴关系。

2014年12月,国家质检总局批准凤冈县为"国家级出口茶叶质量安全示范区"。

2015年3月15日,贵州省地方标准《凤冈锌硒茶》(DB52/T 489—2015)和《凤冈锌硒茶加工技术规程》(DB52/T 1003—2015)正式开始实施。

2015年,中国茶叶区域公用品牌价值排行榜,凤冈锌硒茶品牌价值9.63亿元。

2015年5月4日,凤冈县茶叶协会举办首届"凤冈锌硒茶茶王"大赛,凤冈县娄山春茶叶专业合作社选送的明前芽茶和贵州贵茶公司选送的珠茶分获"茶王"称号。

2015年7月3日,经百年世博中国名茶国际评鉴委员会公开评鉴,凤冈锌硒茶凭借优越的自然条件及独特的加工工艺脱颖而出,入选百年世博中国名茶金奖。"仙人岭"牌锌硒茶、"野春姑"牌锌硒茶等茶企品牌入选百年世博中国名茶金骆驼奖,并全程参与米兰世博会中国馆中国茶文化周活动,这标志着凤冈锌硒茶阔步走向世界。

2015年8月,中国北方茶博会联合主办的2015年度中国茶界"茶圣奖"评选活动结果揭晓。贵州凤冈县仙人岭锌硒有机茶业有限公司、贵州凤冈万壶缘锌硒茶业有限公司分别获得了"茶圣奖"最具投资价值品牌奖、"茶圣奖"最具影响力品牌奖。

2015年10月,凤冈县获得"中国茶业十大转型升级示范县"称号。由省农委、杭州市西湖区、凤冈县联合主办的暨"东有龙井·西有凤冈"品牌交流论坛在杭州市举行,在第二届中华茶奥会上,杭州市西湖区与凤冈县签订联合开展"东有龙井·西有凤冈"茶产业发展战略合作框架协议等系列合作协议,凤冈锌硒茶借船出海,通过论坛宣传和推介凤冈茶品牌,"东有龙井·西有凤冈"发展格局正逐步形成。

2015年11月,凤冈锌硒茶成功荣获农业部农产品地理标志产品登记。

2015年12月8日，凤冈县永安镇田坝村新村组村民，成友茶叶加工厂总经理杨秀贵获"贵州省自强模范"称号。

2015年12月，贵州省凤冈县茗都茶业有限公司周朝都获"贵州茶品牌优秀营销精英"称号。

2016年，中国茶叶区域公用品牌价值排行榜，凤冈锌硒茶品牌价值11.86亿元，名列第51位，贵州第四。

2016年3月20日，在中国医药卫生事业发展基金会、健康时报社、中国保健营养理事会等单位主办的中国健康小城促进会暨中国长寿之乡凤冈授牌仪式上，凤冈正式获"中国长寿之乡""中国健康小城"称号。

2016年3月27日，由县茶叶协会主办，仙人岭茶业公司承办的凤冈县第十二届"贵州·凤冈茶海之心"祭祀活动在仙人岭"茶圣"广场隆重举行。采茶体验、现场手工制茶、登茶经山、游万亩茶海之壮观等环节，来自省内外的嘉宾和大批游客、摄影爱好者参加此次活动。

2016年6月29日，凤冈举办"凤冈锌硒茶第二届品鉴活动"。娄山春茶叶专业合作社、贵州贵茶公司分别获绿茶卷曲形、颗粒形特等奖，寸心草茶业公司获红茶特等奖。

2016年9月27日，凤冈县承办了"贵州省第五届手工制大赛"。贵州省9个州12支代表队、72名选手参加了本次大赛。大赛上凤冈野鹿盖茶业公司陈世勇、黔之源茶业公司苏鑫获红条茶二等奖。

2016年10月25日，中国茶叶流通协会在黄山市召开第十二届中国茶业经济年会，凤冈县荣获"中国十大最美茶乡"称号。

2016年11月14日，凤冈县成立"遵义绿"地理标志证明商标申报领导小组，标志着凤冈作为遵义高品质绿茶产区，代表遵义市申报"遵义绿"绿茶公共品牌工作正式启动。

2016年，贵州省茶叶企业"优秀工作者"评选活动，野鹿盖茶业公司陈华被评为"十佳技术员"，仙人岭茶业公司孙晓英、茗都茶业公司周兴、魅力黔茶业公司付银被评为"十佳营销员"，聚福轩万壶缘茶业公司任克贤被评为"十佳管理者"以及黔之源茶业公司沈鑫、盘云茶业公司刘健会、茗馨茶业公司刘明星、富祯茶业公司周霖鸿、寸心草茶业公司龚洪周、野鹿盖茶业公司陈世勇、娄山春茶业专业合作社罗成被评为"优秀工作者"。

2016年，全国100个重点产茶县凤冈县排名13位，贵州第二。

2017年3月12日，凤冈县第一届茶业经济年会召开，凤冈县茶叶协会批准授权县内仙人岭等31家茶叶企业使用"凤冈锌硒茶"证明商标。

2017年3月16日，在仙人岭茶圣广场举行第十三届祭祀茶圣活动。

2017年4月15日，中国茶叶区域公用品牌价值评估，凤冈锌硒茶以13.53亿元，全国排名上升到第45位，并获得"全国最具品牌发展力的三大品牌"。

2017年4月27日，浙黔茶业大会在凤冈田坝景区召开。

2017年4月28日，由贵州省体育局、遵义市人民政府主办，中国瑜伽联盟、凤冈县人民政府承办，仙人岭茶业公司协办的2017中国第二届"禅茶瑜伽·养生凤冈"凤羽伽人魅力大赛在国家4A级旅游景区——中国茶海之心隆重举行。

2017年5月10日，环保部有机食品发展中心授予凤冈县"国家有机产品认证示范创建区"称号，并与凤冈县签署战略合作协议。

2017年5月17日，凤冈锌硒茶之"锌硒红茶""锌硒翠芽""锌硒茗珠""锌硒毛峰"四个标准茶样入榜中国茶博馆。

2017年5月18—21日，由农业部、浙江省人民政府主办的首届中国国际茶叶博览会在杭州国际博览中心举行。凤冈县仙人岭茶业、世外茶源茶业等10家茶叶生产企业参展。

2017年6月18日，由中国茶叶流通协会、北京市西城区人民政府主办，凤冈县人民政府承办，中国瑜伽行业联盟、杭州和厚堂文化创意有限公司协办的"锌硒茶乡·醉美凤冈"推介会在北京展览馆报告厅举行。

2017年7月21日，由贵州省农委、省工商业联合会、省商务厅、省供销合作社联合社主办，凤冈县人民政府承办的2017"丝绸之路·黔茶飘香"重庆站推介活动在重庆市江北区举行。

2017年8月18日，凤冈县娄山春茶叶专业合作社娄山春牌精品红茶获第十二届"中茶杯"全国名优茶评比一等奖。

2017年9月9日，凤冈县茶叶协会会长谢晓东获贵州省茶叶协会颁发的"觉农贡献奖"。

2017年9月18日，任克贤获得省绿茶品牌发展促进会主办的贵州绿茶首届全民冲泡大赛铜奖。

2017年9月26日，凤冈县中秋品茗活动在君德大酒店举行。

2017年10月，中国茶叶流通协会授予凤冈县"2017年度中国十大生态产茶县""2017年全国重点产茶县"称号。

2017年11月30日，贵州寸心草有机茶业有限公司"寸心草牌·金黔眉"获贵州省秋季斗茶赛"红茶茶王"称号。

2018年1月16日，环保部有机食品发展中心致函凤冈县人民政府，正式批复凤冈县列为国家有机食品生产基地建设示范县（试点）。

2018年3月6日，凤冈县成立督查组、巡查组、执法组、宣传组，狠抓茶园五级防控、"凤冈锌硒茶"公共品牌"五统一"管理、茶青市场规范化交易、茶青和成品茶的抽检和成品茶的市场准入和包装规范工作，在全县开展以茶产业为主的农产品质量安全"惊雷行动"，持续推进茶叶产业发展提质增效。

2018年3月10日，中国茶叶区域公用品牌价值评估"凤冈锌硒茶"品牌价值16.49亿元，全国排名第44位。

2018年4月4日，凤冈县第十四届春茶开采暨民间祭茶大典活动在永安田坝仙人岭举行。

2018年4月29日—5月1日，"贵州茶一节一会"万人品茗活动在遵义市凤凰山广场举行，凤冈县组织12家茶企业参加品茗活动，宣传推介凤冈锌硒茶，助推凤冈茶旅产业发展。

2018年5月5—8日，凤冈县组团赴湄潭县参加"2018中国·贵州国际茶文化节暨茶产业博览会"。

2018年5月18—22日，第二届中国国际茶叶博览会在杭州召开，凤冈苏贵茶旅、寸心草、红魅、盘云、仙人岭、娄山春、魅力黔茶、惠美春、绿池河、聚福轩10家茶企业前往参展。

2018年5月28—29日，凤冈县第二届茶王大赛在县城成功举办。本次大赛邀请了贵州省茶叶专家、国家一级评茶师王亚兰、国家一级评茶师刘晓霞等专家组成评委。大赛共有75家茶叶企业参赛，送茶样135支。经专家和大众评审组审评，分别评选出了毛峰（卷曲形）、珠茶、红茶（卷曲形）三类茶王、冠军、季军。凤冈县茗馨茶叶加工厂选送茶样获红茶茶王，凤冈县娄山春茶叶专业合作社获红茶亚军，凤冈县苏贵茶业旅游发展有限公司获红茶季军。凤冈县娄山春茶叶专业合作社选送样品获毛峰茶王，凤冈县东峰农业开发有限责任公司获毛峰亚军，凤冈县绿缘春茶场获毛峰季军。凤冈县绿缘春茶场获珠茶茶王，凤冈县娄山春茶叶专业合作社获珠茶亚军，贵州凤冈县盘云茶业有限公司获季军。

2018年6月8日，第九届"中绿杯"中国名优绿茶评比结果出炉，由凤冈县娄山春茶叶专业合作社选送的"娄山毛峰"获银奖。

2018年8月8日，贵州省茶叶学会公布的2018年第六届"黔茶杯"评比获奖结果，凤冈县东峰农业开发有限公司的参赛茶样："峰铭舌尖"以92.9分获一等奖，凤冈县苏贵茶业旅游发展有限公司的参赛茶样："茶寿山牌白寿·绿意生辉"以92.8分获一等奖。凤冈县苏贵茶业旅游发展有限公司的参赛茶样:"茶寿山牌米寿·春暖花开"与"茶寿山牌白寿·红情绿意"分别获二等奖。

2018年8—10月,凤冈县启动"润草"人才提升工程,相继开展了茶园管理、加工技术、茶艺师、评茶员等系列培训。

2018年8月13日,凤冈县举行茶产业战略合作协议签订仪式暨茶产业发展培训会,会上与浙江大学茶学系签订战略合作协议。

2018年9月20日,凤冈县召开《中国茶全书·贵州遵义凤冈卷》编撰启动会。

2018年9月22日,凤冈县2018年"纪念改革开放40周年暨中秋品茗民族音乐会活动"在凤凰广场举行,同时在茶海之心大酒店举行了中秋品茗茶话座谈会。

2018年9月25日,凤冈锌硒茶三支茶样(凤冈县茗馨茶叶加工厂的卷曲形红茶、凤冈县娄山春茶叶专业合作社卷曲形毛峰、凤冈县绿缘春茶场珠茶)成功入选中国茶叶博物馆馆藏。

2018年10月17日,凤冈县首届"九九重阳节敬老茶会"在县城不夜之侯茶室举行。

2018年10月,凤冈县先后出台了《凤冈县进一步推进茶产业发展的实施意见》《凤冈县加快推进茶产业发展三年行动计划(2018—2020年)》等茶产业发展文件。

2018年10月20日,凤冈茶海之心景区仙人岭荣登全国森林康养试点第四批建设基地光荣榜。

2018年10月24日,凤冈县苏贵茶业旅游发展有限公司茶艺节目《召唤》获"多彩贵州·黔茶飘香"团体茶艺大赛优秀奖,实现了凤冈茶叶企业团体茶艺节目走出去的突破。

2018年11月3日,"凤冈县第一届全民茶会"在县城凤凰广场举行。

2018年11月,凤冈县入榜"2018中国茶业百强县"。

2018年,全县茶园总面积50万亩,其中有机茶园5.18万亩,无公害茶园44.3万亩,投产茶园45万亩,总产量5.5万t,产值45亿元,综合产值70亿元。

2018年11月,2018年度凤冈锌硒茶地理标志证明商标新增授权企业16家。目前授权企业共计47家。

2018年11月17日,凤冈县万吨精制出口茶厂建设项目在凤冈县永安镇仙人岭会议室成功签约。县农业投资发展有限公司与中裕瑞嘉将在彰教园区联合投资5000万元建10000t出口茶叶精制拼配加工厂。

2018年11月25日,贵州省秋季斗茶大赛结果出炉,贵州凤冈放牛山茶业有限公司选送产品获红茶类银奖,凤冈县娄山春茶叶专业合作社选送的产品获绿茶类铜奖,贵州黔知交茶业有限公司选送的产品获红茶类铜奖。

2018年12月,凤冈县仙人岭茶业公司总经理孙亮民获第七届贵州茶业经济年会系列活动"2018年度贵州茶行业十大新锐茶人"称号。

2018年12月,贵州凤冈黔风有机茶业有限公司获农业农村部第八次监测合格农业产业化国家重点龙头企业(全国共37农茶类企业上榜)。

2019年1月21日,凤冈召开第二届茶业经济年会,县委副书记、政法委书记张正伟,县委常委、常务副县长张大亮,时任副县长田茂荣,县茶文化研究会会长李廷学,县茶叶协会会长谢晓东出席会议。

2019年3月25日,由贵州聚福轩茶业食品有限公司主办的寻找108位"善行贵州,大爱黔茶"助农惠民公益人启动仪式在凤冈县永安镇举行。国际茶叶委员会主席伊恩·吉布斯,凤冈县委副书记、政法委书记张正伟出席启动仪式。

2019年3月25日,凤冈县第十五届春茶开采暨民间祭茶大典活动在永安田坝仙人岭举行。

2019年3月30日,县茶文化研究会召开会员大会暨《龙凤茶苑》杂志作者采风会。

2019年4月3日,由县总工会主办,县茶叶产业发展中心、龙泉镇凤翔社区承办的易地扶贫搬迁户手工采茶技能竞赛在何坝镇知青茶山举行。

2019年4月11日,在2019中国茶叶大会·绍兴茶叶博览会·第十三届新昌大佛龙井茶文化节上发布了"2019中国茶叶区域公用品牌价值评估"课题结果。凤冈锌硒茶荣膺2019中国最具发展力品牌,品牌价值为19.57亿元。

2019年4月16日,第二次"贵州省2019春季双手采茶大赛"在余庆县松烟镇二龙村举行,由余庆、凤冈、石阡、瓮安组织的10支队伍共计50名选手参加了本次比赛。凤冈县代表队的王明凤以0.5h采得4.6斤茶青的优异成绩摘得个人奖的桂冠。

2019年4月16日,2019年全国茶叶(绿茶)加工技能竞赛暨"遵义红杯"全国手工绿茶制作技能大赛在湄潭举行,凤冈县陈世勇、毛洪毅获一等奖,吴宗友、游忍获二等奖,罗明刚、孙亮明获三等奖,王权、汪德丽获优秀奖。

2019年4月17日,凤冈县开展茶叶病虫害绿色防控技术培训,县人大常委会副主任曹大远、各镇乡分管茶产业负责人、茶叶种植大户及茶叶种植企业代表等共100余人参加培训。此次培训会邀请了贵州大学植保专家、研究员金林红,省植保植检站植保专家、教授谈孝凤分别培训。

2019年4月19日,浙江大学—凤冈县茶产业发展交流座谈会成功举办。浙江大学茶学系屠幼英教授一行莅凤为凤冈县茶产业的发展问症把脉。

2019年4月19日,浙江大学茶学系主任、博士生导师屠幼英教授一行来到凤冈开展茶叶产业发展交流座谈会。凤冈县委副书记、县长马华，县委副书记、政法委书记张正伟，县委常委、副县长陈凯，县委常委夏亚斌，副县长笪娟出席会议。

2019年4月20日，凤冈县举办2019年"锌硒茶乡·有机凤冈"茶产业推荐会。会议邀请山东省、黑龙江省、四川省、甘肃省、陕西省、浙江省等地嘉宾共品锌硒茶，共话茶事，互传发展经。中国国际茶文化研究会副会长侯国云，中国茶叶流通协会副会长周敏，浙江大学茶学系教授屠幼英，遵义医科大学公共管理学院党委书记涂旭，凤冈县领导王继松、马华、张正伟、肖兴国、陈凯、曹大远、田茂荣参加推荐会。侯国云、周敏、屠幼英发言，王继松作"凤冈锌硒茶"推介发言，马华致辞，张正伟主持推介会。

2019年4月28日，由凤冈县总工会主办的2019年第六期"润草"茶叶加工技能培训班在土溪镇野鹿盖茶叶加工厂举行开班仪式。县人大常委会副主任、县总工会主席胡国才，副县长田茂荣，县茶文化研究会会长李廷学出席开班仪式。

2019年5月3日，由凤冈县人民政府、中国瑜伽行业联盟等联合举办的"2019中国第四届禅茶瑜伽文化大赛"在国家4A级旅游景区凤冈茶海之心举行。

2019年5月10日上午，由山东省茶文化协会、济南世博展览策划有限公司主办，凤冈县茶叶产业发展中心协办的第18届山东茶文化博览交易会暨紫砂工艺展开幕式在济南舜耕国际会展中心举行。山东省茶文化协会创会会长王裕晏，山东省茶文化协会会长侯国云，贵州茶文化研究会会长傅传耀，凤冈县委副书记、县长马华，县委副书记、政法委书记张正伟等出席开幕式。

2019年5月10日，由山东省茶文化协会、贵州省茶文化研究会、贵州省绿茶品牌发展促进会发起，凤冈县举办的"黔茶出山·风行齐鲁"泉城产销对话活动在济南市举行。对话以"共融、共享、共建"为主题，达成产销共识宣言，山东省茶文化协会会长侯国云宣读宣言。

2019年5月11日，凤冈县委副书记、县长马华率县茶叶产业发展中心、农业农村局、农业投资公司等单位有关负责人到山东省济南市广友茶城，就凤冈锌硒茶在山东市场销售情况进行实地考察。县委副书记、政法委书记张正伟参加考察。

2019年5月26日，在沪遵消费扶贫，沪遵订制茶园开园典礼上，来自上海的周巧玲、潘晓峰、顾燕新、陆叶等12名企业家在凤冈县永安镇田坝社区现场认领了30余亩茶园，正式成为凤冈锌硒茶的茶园主人。上海市奉贤区圆梦办副主任肖云，凤冈县委副书记、县长马华，县委常委、副县长陈凯，副县长笪娟，上海亿熙农产品产销专业合作社董事长唐卫东，贵州省扶贫基金会副秘书长黄立东出席活动现场。

2019年贵州省第七届"黔茶杯"名优茶评比在贵阳学院落下帷幕，凤冈送评的有4

款茶榜上有名。本届"黔茶杯"共收到贵州省8个市州100只茶样（红茶29个、绿茶69个、花茶1个，白茶1个）。由凤冈县苏贵茶业旅游发展有限公司送评的三款茶："茶寿山牌白寿红情绿意""茶寿山牌白寿绿意生辉""茶寿山牌喜寿古夷红韵"，由凤冈县东峰农业开发有限责任公司送评的"峰名舌尖"牌毛峰，均榜上有名。

2019年8月5日，在"2019北京世园会·贵州省日活动之贵州森林康养暨民宿项目招商推介会"上，贵州发布了《贵州省第三批省级森林康养试点基地名单》，此次发布的第三批省级森林康养试点基地名单共计20个，其中凤冈县茶寿山森林康养基地榜上有名。

2019年，贵茶联盟2019首届宝石系列斗茶赛贵州省凤冈县煌泽农业发展有限公司绿宝石春茶获绿宝石系列金奖，贵州省凤冈县洪成金银花茶业有限公司红宝石夏秋茶获红宝石系列茶王。

2019年8月19日，凤冈县举行茶叶品牌创建专题讲座。讲座邀请了国家一级评茶师、高级茶艺师、制茶工程师、浙江大学茶学系客座教授戎新宇为大家授课。县委副书记张正伟，县委常委、副县长陈凯，县人大常委会副主任曹大远以及全县40余家茶叶企业有关负责人到现场聆听讲座。

2019年9月10日，贵州省茶叶协会年会召开，省茶叶协会副会长、凤冈县茶叶协会会长谢晓东及茶协相关负责人出席。

2019年9月12日，中华人民共和国成立70周年中秋品茗茶话会在县城举行，9月12日，凤冈县茶文化研究会、茶叶协会会员以及茶叶企业代表欢聚一堂，举办庆祝新中国成立70周年暨中秋品茗茶话会。茶话会由凤冈县政协原主席、县茶文化研究会会长李廷学主持，凤冈县政协原副主席、县关工委主任王建忠，凤冈县政府原副调研员、县茶叶协会会长谢晓东出席茶话会。

2019年11月1日，由遵义市人民政府主办的中国·遵义市茶旅专题推介会在韩国首尔举办。中国驻韩国大使馆公使衔参赞王鲁新，韩中文化友好协会会长曲欢，遵义市委常委、常务副市长胡洪成，凤冈县委副书记、县长马华等出席专题推介会。凤冈县苏贵茶业旅游发展有限公司、贵州凤冈县仙人岭锌硒有机茶业有限公司两家企业代表参加推介会。

2019年11月3日，由湖南广播电视台茶频道、贵州省扶贫基金会、凤冈县人民政府联合主办的湖南电视台茶频道第三季最美茶艺师贵州赛区海选赛在凤冈举办，来自全省各地的茶艺爱好者为大家带来了一场精彩的茶艺表演盛宴。

2019年11月6日，凤冈县召开茶叶协会五届三次会员大会暨凤冈锌硒茶品牌建设推进会。总结报告茶协工作，安排下步工作，表彰十佳凤冈茶人，发起质量安全倡议，全力推动凤冈茶叶产业持续健康发展。

2019年11月6日，遵义市委副书记陈代军来到凤冈县调研茶叶产业发展工作。市委副秘书长陆天强、市茶叶产业发展中心主任田维祥，凤冈县委副书记张正伟陪同调研。

2019年12月4日，以"绿色·标准·传承·创新"为主题的2019贵州省秋季斗茶赛在贵阳举行。活动自10月初启动以来，经过初赛选样、理化与安全指标检测、专家审评、分赛场评茶4个主要环节近两个月的比拼，贵州黔知交茶业有限公司选送的金牡丹红茶荣获此次秋季斗茶赛红茶类金奖。

2019年12月4日，凤冈县举办有机产品标准暨风险警示培训会，邀请了国家生态环境部有机食品发展中心主任肖兴基，南京国环有机产品认证中心王邢平、殷奎阳、刘威三位专家对有机农业国内外发展情况、有机生产技术、有机产品管理及质量风险防范等内容进行授课。凤冈县副县长田茂荣出席培训会。

2019年12月14日，"一带一路·盛世荣光"——"黔货出山"西安推广中心揭牌仪式暨年会庆典在西安举行。凤冈县委常委、副县长夏亚斌，县茶叶产业发展中心负责人，凤冈县苏贵茶业旅游发展有限公司、贵州凤冈县仙人岭锌硒有机茶业有限公司、贵州省凤冈县红魅有机茶业有限公司代表，与贵州相关部门领导、商会代表参加活动。

2019年12月27日，凤冈千人宣誓捍卫茶叶质量安全。来自凤冈县的茶叶企业、茶农和党员干部代表在县政府一号会议室庄严宣誓，坚决捍卫"凤冈锌硒茶"产品质量安全，助力凤冈锌硒茶产业提质增效。凤冈县领导王继松、马华、田景高、张正伟、陈兴建、张洪元、曹大远、田茂荣、徐仁琼等出席誓师大会。县委书记王继松讲话，县委副书记、县长马华就捍卫凤冈锌硒茶产品质量进行安排，县委副书记张正伟主持会议。

2019年12月，在庆祝新中国成立70周年·第二届成长在贵州优秀企业品牌传播评选活动中，"凤冈锌硒茶"获"十佳影响力品牌"称号。

2020年1月5日，据统计2019年凤冈县茶叶产量5.7万t，产值47亿元，出口茶叶5933.1万美元，占全省的49.9%，涉及9家企业。

2020年1月9日，凤冈县召开锌硒茶品牌运营推广座谈会。国家一级评茶师、高级茶艺师、制茶工程师戎新宇，县委常委、副县长陈凯，副县长田茂荣出席会议。

2020年1月11日，凤冈县召开冬季茶园管理暨茶叶质量安全现场观摩会，副县长田茂荣出席。县直相关部门负责人、茶农100余人参会，与会人员到凤冈县苏贵茶业旅游发展有限公司茶园基地参加现场观摩。会上签订了茶叶质量安全承诺书。

2020年2月，凤冈茶界众志成城抗击新冠肺炎疫情，积极响应号召捐款捐物。

2020年3月12日，第十六届春茶开采暨民间祭茶仪式在永安镇仙人岭以简易形式开展（因受新冠肺炎疫情影响），县茶文化研究会会长李廷学，县茶叶协会会长谢晓东及茶叶协会、茶文化研究会相关人员参加。

2020年4月8日，高级农艺师、贵州省茶叶学会第五届理事会理事、遵义工作站站长黄富贵技能大师工作室（手工制茶）在凤冈县苏贵茶业旅游发展有限公司挂牌成立。

2020年4月22日，2020年全省采茶技能竞赛（初赛）在永安镇田坝社区举行，来自全县的37名采茶能手参赛。

2020年，凤冈1—4月出口茶叶49.09t，金额261.327万美元，实现了历年没有春茶出口的突破。

2020年5月11日，遵义市茶产业调度会暨实用技术大轮训启动仪式在凤冈举行。凤冈县副县长田茂荣对凤冈茶产业发展情况作了介绍，凤冈红魅茶业公司负责人分享了茶叶出口的做法和经验，市农村局有关负责人安排部署了遵义市茶产业工作，省茶叶研究所加工团队首席专家潘科介绍了遵义市茶叶加工现状，市农业农村局副局长、市茶叶产业发展组办公室主任何祖华出席并提要求。

2020年5月21日，纪念联合国粮食及农业组织大会宣布设立每年5月21日为"国际茶日"，2020年为首个"国际茶日"，凤冈县茶文化研究会、县茶叶协会邀请了县内茶界的茶商、茶企和部分外地客商召开座谈会。

2020年5月22日，凤冈县副县长田茂荣带领县投资促进局、县财政局、县农业农村局等部门及凤冈8家企业负责人，到兰州、银川、西安招商推介凤冈锌硒茶。

2020年5月26日，凤冈县委副书记张正伟率凤冈县农业农村局、财政局及凤冈苏贵茶旅、凤冈红魅茶业、凤冈仙人岭茶业等8家茶企人员，到浙江丽水市松阳县作贵州茶及凤冈茶推介。

2020年7月20日，欧盟授权正式签署中欧地理标志协定。随后，中国与德国、欧盟正式签署了《中华人民共和国政府与欧洲联盟地理标志保护与合作协定》（下称"《协定》"）。凤冈锌硒茶入围《协定》第一批100个知名地理标志，全国28个茶叶地理标志保护产品入先首批保护清单。协定生效后将获得欧盟法律保护，有效阻止仿冒等侵权行为的发生。该协定谈判于2011年启动，共历时8年，于2019年底，中欧双方宣布结束谈判。《协定》包括14条和7个附录，主要规定了地理标志保护规则和地理标志互认清单等内容。根据《协定》，纳入《协定》的地理标志将享受高水平保护，并可使用双方的地理标志官方标志等。

2020年7月19—22日，贵州凤冈县仙人岭锌硒有机茶业有限公司太原小店区专营店开业暨凤冈锌硒茶推介活动。县茶叶协会会长谢晓东及县茶文化研究会、县农业农村局相关负责人前往参加活动。

2020年8月13日，由中国茶叶流通协会、中国国际茶文化研究会、浙江省农业农村厅、宁波市人民政府共同主办的第十届"中绿杯"名优绿茶质量推先活动，凤冈县娄山春茶叶专业合作社选送的"娄山凤冠"和"娄山毛峰"两款茶叶银奖。

2020年8月14—18日，第十四届中国青岛国际茶博会暨紫砂艺术展在山东青岛市举行。凤冈县14家茶企参展。

2020年9月1日，凤冈县"双有机"展示馆揭牌开馆。时任县委书记王继松，县委副书记、县长马华，县委常委、县委办主任张洪元等领导参加揭牌仪式。凤冈县"双有机"展示馆位于进化镇临江村。

2020年9月2日，凤冈县举办贵州绿茶国家地理标志农产品保护工程专题培训，特邀省农业农村厅农安处副处长蔡兴洪，贵州省绿茶品牌发展促进会秘书长、省茶文化研究会秘书长徐嘉民、贵州省茶叶研究所博士李帅作专题培训。凤冈21家茶企参加。

2020年9月25日，凤冈县总工会、县农业农村局联合举办秋季红茶加工暨感官审评培训班开班。副县长田茂荣出席开班仪式。此次培训班为期3天，培训技能涉及茶叶审评技能、加工作业指导及手工红茶制作等，70余人参加培训。

2020年9月26日，由县农业农村局、县茶文化研究会、县茶叶协会主办的凤冈县第十四届"中秋品茗"活动在县城举行。县委常委、宣传部部长陈兴建，县茶文化研究会会长李廷学，县茶叶协会会长谢晓东出席。

2020年9月28日，第九届海峡两岸茶文化季暨"鼎白杯"两岸春茶茶王擂台赛颁奖典礼在厦门市举行，凤冈县娄山春茶叶专业合作社理事长罗明刚荣获绿茶金奖。

2020年9月30日，凤冈县人民政府与遵义茶业（集团）有限公司签订战略合作协议。县委副书记、县长马华，县委常委、常务副县长陈清松，县委常委、宣传部部长陈兴建，副县长田茂荣及遵义茶业（集团）有限公司董事长张蕾参加签约仪式。

2020年10月4日，由凤冈县人民政府主办，凤冈县文体旅游局、经贸局、农业农村局、凤逸旅投公司承办的"2020茶酒文化委·国庆嘉年化"系列活动之才艺大赛在茶海之心景区举行。

2020年10月16日，凤冈县召开2020年茶叶质量安全（冬管）暨出口工作推进会。县委书记王继松，县委副书记、县长马华，县委常委、宣传部部长陈兴建，县委常委、县委办公室主任张洪元，副县长田茂荣出席会议。

2020年10月25日，凤冈县2020年（第三届）"九九重阳节"敬老茶会在县城举行。本届敬老茶会由凤冈县老干局、凤冈县农业农村局主办，凤冈县老区建设促进会、凤冈县茶文化研究会、凤冈县茶叶协会承办。县长马华，县委常委、组织部部长李忠烈，县委常委、统战部部长周宗琴，县茶文化研究会会长李廷学，县茶叶协会会长谢晓东等参加活动。

2020年11月4—6日，县茶叶协会组织相关企业和会员单位负责人共19人赴恩施市，考察学习茶叶品牌建设管理、茶叶加工营销、茶文化推广等。

2020年11月13日，在第五届中国有机大会暨首届武夷山论坛上，凤冈县人民政府、贵州凤冈县仙人岭锌硒有机茶业有限公司董事长孙德礼、贵州野鹿盖茶业有限公司等获得5项殊荣。

据了解，第五届中国有机大会暨首届武夷山论坛由福建省南平市人民政府、中国有机大会组委会主办。会上，凤冈县人民政府获得中国区域公共品牌培育示范单位、贵州凤冈县仙人岭锌硒有机茶业有限公司董事长孙德礼获得中国有机匠人奖、贵州野鹿盖茶业有限公司获得中国有机百强品牌，贵州省凤冈县洪成金银花茶业有限公司、贵州黔知交茶业有限公司获得中国有机优秀品牌。

2020年11月17—20日，凤冈县副县长田茂荣、县茶叶协会会长谢晓东、县农业农村局局长李刚、县茶叶协会秘书长冯毅一行4人，到云南勐海县参加第十六届中国茶业经济年会。凤冈县获2020年度中国茶业百强县第六名。本年度凤冈锌硒茶品牌价值为22.96亿元，列全国第39位。

2020年11月30日，凤冈锌硒茶公共品牌发展论坛活动在县城开展。论坛由茶专家戎新宇主持，徐嘉民、张士康、翁昆、包小村、谢晓东等专家在论坛活动上发表讲话，县委常委、宣传部部长陈兴建，县委常委、统战部部长周宗琴，副县长田茂荣等领导出席。

2020年，全县共有茶叶出口企业17家，已累计完成茶叶出口1864.489t、7027.028万美元，较上年全年分别增长-1.35%和18.44%，其中开展自营出口茶叶企业3家，累计完成茶叶自营出口258.54t、1234.3855万美元，较上年同期分别增长8.04%和38.29%。

2020年年度会员及会员单位获奖情况（不完全统计）：毛洪毅获遵义市第五届职工技能大赛手工扁平绿茶制作项目竞赛一等奖；冉琼荣获遵义市第五届职工技能大赛茶艺项目一等奖，贵州黔知交茶业有限公司获2020年贵州省秋季斗茶大赛红茶类金奖；贵州省凤冈县茶海红茶业有限公司获2020年度"遵义茶业集团杯"第二届遵义春季斗茶大赛红茶类银奖；贵州黔知交茶业有限公司、贵州凤冈县盘云茶业有限公司红珠茶获2020年"端午安康"全国硒水鉴茶大赛银奖；凤冈县苏贵茶业旅游发展有限公司选送的"茶寿山牌白寿红情绿意""茶寿山牌雪芽绿珠"获2020"黔茶杯"一等奖，"茶寿山牌金红红眉"荣获2020"黔茶杯"二等奖。

后记

《中国茶全书·贵州遵义凤冈卷》的编撰工作，得到了县委、县政府的高度重视。2018年12月6日，中共凤冈县委办公室、凤冈县人民政府办公室印发了《关于〈中国茶全书·贵州遵义凤冈卷〉编纂工作方案的通知》以来，对编撰工作的组织架构、人员组成、完成时限等进行了明确。经过编撰人员近三年的艰苦努力，终于成书，要与读者见面了。

本书纲目是根据凤冈县茶文化研究会会长李廷学先生2016年起草的《凤茶述略》纲目，结合《中国茶全书》编写纲目要求，经本书编辑部集体反复讨论确定，突出体现了凤冈茶文化发展的特色，也有别于其他茶文化书籍的结构。

本书选用县委书记王继松，县委副书记、县长马华的文章，分别作为代序。前言为凤冈县政协原主席、县茶文化研究会会长、本书主编李廷学先生所写。全书共13章，后加附录，从自然地理、历史人文、种植加工、品牌营销、茶艺茶道、风俗人情、文学艺术、未来展望、要事回顾等多个角度，对凤冈茶产业、茶科技、茶文化进行了较为系统深入的介绍，可谓一部凤冈茶的百科全书。

本书第三章第八、九、十节分别对凤冈生产的苦丁茶、老鹰茶、甜茶加工进行介绍。目的是记录凤冈人千百年来的生活习惯。它们虽然是代用茶，但老百姓生活中从来没有离开过它们。

本书收录资料除少量图片外，起止时间上至东晋，下至2020年12月止，按照厚今薄古要求，对当代茶事部分资料收录较为全面，其余较略。

书中对省级以上产业龙头企业进行了重点介绍，其余茶企业未列入重点介绍范围。

本书所录茶人物，无论县外县内，均按年龄大小排序，同时，凡涉在职政界人士如王贵、覃儒方、廖海泉、向承强、唐隆强等虽对凤冈茶产业发展做出了许多贡献，一律未予录入。

由于章节独立叙述的需要，有的数据与史实存在反复出现的情况。

各章节的作者、统稿者、审稿者分别是：

第一章：第一节古代茶事部分汤权撰稿，本章其余部分为任克贤撰稿。第一章统稿任克贤，审稿任克贤。

第二章：第一节凤冈茶产业概况，王俊红撰稿；凤冈茶区分布、凤冈茶产业发展规划，张天明撰稿。第二节，张天明撰稿。第三节，徐文学、安应飞撰稿。第二章统稿张天明，审稿王俊红。

第三章：第一节安文友、张天明撰稿，第二节安文友、唐彬彬撰稿，第三节安文友、吴小勇撰稿，第四、五节安文友撰稿，第六节洪俊花撰稿，第七节张天明撰稿。第八、九、十节安文友撰稿。第三章统稿安文友，审稿安文友。

第四章：第一节茶的注册商标部分，秦智芬撰稿；茶的品牌宣传部分，张绍伦撰稿。第二节，李忠书撰稿。第三节，何江斌、张天明撰稿。第四、五节，张绍伦撰稿。第四章统稿李忠书，审稿李忠书。

第五章：第一节第一部分、第二节，蒋再福撰稿。第一节第二部分，黄小兵、敖维琼撰稿；第三节朱飞撰稿。第四节张晓波撰稿。第五节张天明撰稿。第六节曹维兴撰稿。第七节汪孝涛撰稿。第五章统稿张晓波，审稿黄小兵。

第六章：第一节，吴长刚撰稿。第二节，任克贤撰稿。第三、四节，孙德权撰稿。第五节，吴长刚撰稿。第六节，李忠书撰稿。第七节，孙德权撰稿。第八节李忠书撰稿。第六章统稿孙德权，审稿吴长刚。

第七章：第一、二、三节安斯旭撰稿；第四节汤权撰稿；第五、六、七节安斯旭撰稿。第七章统稿肖平义。审稿肖平义。

第八章：第一节、第二节汤权撰稿；第三节李忠书撰稿；第四节唐文荣撰稿；第五节蒋再福撰稿。第八章统稿汤权，审稿李忠书。

第九章：第一、二、三节汤权撰稿；第四节姚秀丽撰稿。第九章统稿：汤权，审稿：任克贤。

第十章：第一节，凤冈老茶馆，汤权撰稿；万壶缘茶楼，任克贤撰稿；静怡轩茶楼，姚秀丽撰稿；不夜之侯·清茶坊，冉琼撰稿。第二、三、四节，谢晓东撰稿和收集。第五节，姚秀丽、谢涛撰稿。第六、七节，姚秀丽撰稿。第八节，姚秀丽、高鹏撰稿。第十章统稿任克贤，审稿任克贤。

第十一章：第一节，凤冈茶灯述略，秦智芬撰稿；沙坝茶灯，王义、曾令一撰稿。第九节，汤权撰稿。本章其余部分为肖平义收集整理。第十一章统稿：肖平义、审稿：肖平义。

第十二章：第一、二节，陈昌霖撰稿；第三节，李忠书撰稿。第十二章统稿肖平义，审稿肖平义。

第十三章：撰稿人方英艺。第十三章统稿吴亮，审稿：孙德权。

凤冈县茶业发展大事记，冯毅撰稿，统稿冯毅，审稿冯毅。

参与本书筹划、撰稿、统稿、审稿、供图、编校和后勤服务的人员众多，难以一一列举。对大家的辛勤工作和无私奉献，在此一并致谢。如记述有错漏遗误之处，亦请相关人士予以谅解。

因时间、学识、专业水平所限，本书肯定存在不足或遗漏，诚挚希望有关人员和读者批评指正。

编　者

2021年6月